实时系统与计算机网络关键技术

彭超 任双印 韩岗
李荣森 王俊辉 窦文华 ◆ 著

国防科技大学出版社
· 长沙 ·

图书在版编目（CIP）数据

实时系统与计算机网络关键技术 / 彭超等著. -- 长沙 : 国防科技大学出版社, 2025. 6. -- ISBN 978 - 7 - 5673 - 0668 - 4

Ⅰ. TP316. 2; TP393

中国国家版本馆 CIP 数据核字第 20258JC646 号

实时系统与计算机网络关键技术

SHISHI XITONG YU JISUANJI WANGLUO GUANJIAN JISHU

彭 超 任双印 韩 岗 李荣森 王俊辉 窦文华 著

责任编辑：胡诗倩

责任校对：朱哲婧

出版发行：国防科技大学出版社

地 址：长沙市开福区德雅路 109 号

邮政编码：410073

电 话：（0731）87028022

印 制：长沙市精宏印务有限公司

开 本：710 × 1000 1/16

印 张：25. 25

字 数：467 千字

版 次：2025 年 6 月第 1 版

印 次：2025 年 6 月第 1 次

书 号：ISBN 978 - 7 - 5673 - 0668 - 4

定 价：98. 00 元

中和未命中过程。在 OpenFlow 交换机中队列规则安装在每个输出端口，我们研究了输出端口共享的聚合冲突模型和输出端口不同的交换冲突模型，并分析了两种冲突模型在流表查询命中和未命中的情形。在单交换机的基础上研究了若干交换机的串联的情形。此外，我们基于网络演算研究了聚合流调度理论用以分析通用的网络资源共享，研究了基于丢尾策略的先入先出（first in first out，FIFO）队列网络演算分析方法。随机公平排队（stochastic fair queuing，SFQ）可以看作若干个丢尾策略的 FIFO 队列均权轮询共享网络资源，分层口令桶（hierarchical token buckets，HTB）是将 FIFO 队列采用分层口令桶系统进行资源共享调度。二是面向 SDN 的流量矩阵与网络演算服务矩阵研究。流量矩阵反映整个网络的流量负载情况，为网络规划、流量工程和路由优化提供决策依据。基于 OpenFlow 协议的事件信息，在 SDN 中实现了一种响应式流量矩阵提取与评估算法。在响应式流量矩阵评估算法中，SDN 控制器通过获取的网络全景视图提取出核心链路作为监控链路，然后通过 OpenFlow 事件所携带的信息以及查询指令查询核心链路的流量负载信息，并通过评估方法评估聚合链路上的流量负载，进而构建一个完整的流量矩阵。在流量矩阵提取与评估的算法之上，我们基于美国 Abilene 骨干网络中获取的流量时间空间的分布特性，提出了一种流量矩阵的周期性统计算法，记录整个网络流量的时间空间分布特性。在利用流量矩阵进行路由优化方面，我们提出了网络演算矩阵化理论，将流量矩阵的信息用于网络演算服务矩阵的构建，发展了基于矩阵的延迟上限和流量积压的分析定理，形成了一个流量矩阵用于指导端到端的服务质量保障的理论系统。三是软件定义网络服务质量（quality of service，QoS）路由研究。我们搭建了基于 Mininet 系统的仿真环境平台，此平台以网络分布式虚拟交换机（open vSwitch，OVS）为数据层，以 Ryu 控制器为控制端，并通过 OpenFlow 实现数据层和控制层的信息传输，以 OVSDB（open vSwitch database）协议和 ssh 协议实现了对交换机和客户终端的控制。SDN 控制层可以提供网络的全局视图，并基于全局视图的信息提供端到端的流量评估，在仿真平台中研究了 SDN 路由算法，引入了资源图记录全局网络资源，用资源锁解决资源分配过程中一致性问题，采用分层口令桶队列规则进行输出端口资源共享。而且提出了基于网络演算模型的带宽资源保障的路由算法，为尽量服务（best effort，BE）数据流提供最短距离路由，为服务质量保障数据流提供服务质量保障的路由。单业务流的网络演算模型并不能为业务流提供延迟服务保障，而基于流量矩阵的服务质量研究可以获得全局网络的流量负载和分布，因而可以提供更精确的服务质量保障。

第4章讨论Ad Hoc网络安全关键技术，主要涉及两个方面：一是无线Ad Hoc网络安全体系结构技术研究。我们在分析了存在的威胁和现有安全体系结构的基础上，提出了一种新的簇型安全体系结构。与已有安全体系结构相比，首先对簇首已经被攻破的情况进行了处理，确保了在簇首被攻破或者簇首和备份簇首同时被攻破的情况下，系统仍能安全运行；其次针对节点加入、退出、被俘获等不同情况，设计了不同的簇密钥更新机制，确保了簇密钥的安全性。提出的安全体系结构主要包括初始簇首产生、网络私钥门限共享、网络公钥生成、簇首轮换机制、新加入节点认证、节点公钥证书签发、证书合法性验证、簇密钥更新过程、恶意节点及节点漫游攻击处理机制、簇首被攻击以及节点被俘获的判定等几个大的过程。从全网私钥安全、簇密钥安全、通信安全三个方面对提出的安全体系结构进行了安全性分析，并在网络模拟器第三版（network simulator version 3，NS3）中进行了仿真实验。理论分析和NS3模拟实验结果证明了所提出的安全体系结构是安全可靠的，运行效率高。二是无线Ad Hoc网络安全IP协议技术研究。我们研究并提出了一种安全IP协议，即会话初始化协议（session initialization protocol，SIP），在采用IPSec核心思想的基础上，通过将其安全协定（security association，SA）变为简化安全协定（simplified security association，SSA），在网络层和数据链路层之间添加了一个无连接的安全层，透明地加在网络协议栈中。当节点要参与通信时，先通过无线接入认证建立点对点的SSA，然后进行报文的发送等操作。节点收到SIP数据报文的时候，先进行安全验证和解密，然后再将正常的IP报文提交给IP层；

节点发送数据时，将要发送的 IP 层数据报文先经 SIP 加密并计算认证头部，然后再转交给数据链路层。新协议在保持 IPSec 安全性的同时，性能和可用性更好，能够很好地适用于移动自组织网络（mobile Ad Hoc network，MANET）特殊的无线通信环境。理论分析和实验结果进一步证明了 SIP 的安全性和高效性。

本书主要面向实时系统和计算机网络方向的研究生和本科生，以及从事物联网、软件定义网络、无线通信、安全网络的研究、开发、应用和管理的有关人员。可以作为实时系统和计算机网络方向研究生和本科生的教材或教学参考书，以及相关方向研究人员、工程技术人员等了解、熟悉和掌握前沿技术研究和发展动态的重要技术参考书。

该著作受到国家重大科学研究计划（973）课题“面向高性能计算机超结点的关键微纳光电子器件及其集成技术研究”和国家高技术研究发展计划（863）课题“大尺度真三维”的资助和支持，本书中部分研究成果是课题的总结和凝练。

本书中，彭超组织、策划、统稿并撰写了第 1 章，韩岗撰写了第 2 章，任双印撰写了第 3 章，李荣森撰写了第 4 章，王俊辉负责校核，窦文华负责审定。本书直接或间接地引用了许多专家和学者的文献和著作，在此向他们表示衷心的感谢。

由于作者水平有限，书中难免有疏漏和不妥之处，敬请读者批评指正。

作者

2025 年 1 月

前　言

人类生活的方方面面都离不开实时系统，如工业控制、交通、航空航天和电力能源等。这些重要的系统如果存在不稳定或不可靠等实时漏洞（例如，飞机或汽车等的电子控制系统不能安全工作），将会造成极大的社会危害和经济损失。实时系统的主要研究目标是确保能够正确预测系统在时间上的行为，以避免出现不安全的情况。然而，随着控制系统的电子化、自动化、连接化的不断提高，实时系统所承担的功能和性能要求也越来越高。同时，系统中的任务种类、数量和负载也急剧增加，这就给实时系统的时间验证带来了巨大的挑战。因此，复杂实时任务系统的可调度性分析一直都是研究热点。另外，多核处理器开始应用实时系统，其任务数量及各处理器节点之间的通信数据迅速增长，导致任务间通信机制和实时通信网络设计出现新的问题。

物联网的发展要求在更大尺度将各种计算设备或终端连接起来，而不仅仅是多核处理器之间的通信。如何高效保证网络的服务质量一直都是计算机网络的热点问题。软件定义网络由于其控制层和数据层剥离的特性，为通过编程控制网络提供了极大的便利和高可靠的服务，越来越受到关注。另外，为了避免网络上传输的信息被窃取、更改、破坏等恶意操作，对网络的安全性提出了明确要求。特别是，无线网络自 20 世纪 90 年代引入并持续发展，然而由于信道开放，它的安全性研究依然是学术前沿方向。

本书各章节都是当前实时系统和计算机网络领域的研究热点，阐述了这些研究领域的应用背景、国内外研究现状、相关研究成果等，结构如下。

第1章讨论基于图的实时任务模型的可调度性分析研究，主要涉及三个方面：一是有向图实时任务模型的可调度性分析。作为多种实时任务模型的严格扩展，有向图实时任务模型为现实世界中的实时应用提供了更强的表达能力，并且能够支持形式化研究时间约束问题。然而，对于有向图实时任务模型的可调度性分析研究只集中在时限满足帧分离特性或l-MAD特性的情况下，而具有任意时限特性的有向图实时任务模型的可调度性分析方法尚未提出。另外，相比于请求限定函数，相干限定函数提供更精确的可调度性判断条件。但是，相干限定函数具有较高的时间开销，并且目前不存在高效的计算方法。为了进一步研究和优化有向图实时任务模型的可调度性分析问题，我们为任意时限的有向图实时任务模型提出了严格和近似的响应时间分析方法。基于极大加代数（max-plus algebra）的理论结果，证明了相干限定函数是线性周期的，即该函数可以通过有限的非周期性部分和无限重复的周期性部分表示，从而使得相干限定函数的计算独立于间隔时间的大小。二是同步有限状态机任务模型（Simulink/Stateflow）的可调度性分析。在嵌入式软件的开发中，计算同步反应式（synchronous reactive，SR）模型的应用非常广泛。Matlab/Simulink工具能够有效支持同步反应式模型的分析和仿真，其包括两种重要的区块类型：Dataflow和Stateflow。然而，当前时间分析方法仅仅为基于单个任务实现的Stateflow提供了充分不必要的可调度性判断条件，而更精确的时间分析方法尚无文献研究。我们对同步有限状态机模型的可调度性分析问题进行了研究。由于同步有限状态机按照同步的周期时间进行触发，我们的分析考虑带有同步偏移（offset）的周期任务。同时，提出了同步有限状态机任务的严格响应时间分析方法，并证明了同步有限状态机的严格分析是强coNP-hard。证明的核心思路是找到一个从有向图任务的严格分析（已知的强coNP-hard问题）到有限状态机的严格分析的一个伪多项式时间的归约。我们也研究了基于请求限定函数或相干限定函数的近似响应时间分析方法，以及它们相对于严格响应时间的加速因子。为了进一步加速响应时间分析，提出了利用线性周期特性高效计算请求限定函数的算法。三是动态自适应变化速率任务模型的可调度性分析。在内燃机车辆中，存在一类按照预先定义的发动机曲柄的转动角度来触发执行的应用任务。在系统设计中，为了减少在高转速情况下的工作负载，这些角度任务在不同的转速区间内将采用不同方法实现。然而，当前的研究只考虑在设计时配置任务实现的切换转速。这样的离线固定配置不能够充分适应动态情况。我们提出并研究了动态调整切换转速的任务模型，其是静态自适应变化速率任务模型的严格扩展。而且为这样的新实时任务模型开发了可调度性分析方法。该方法通过引入一种新的有向图的任务模型来安全地近似这类转角度任务的执行负载。实验结果表明，与已有的采用静态分析的方法相比，所提出的可调度性分析方法具有更高的准确性，并且能够有效降低时间复杂度。

第 2 章讨论嵌入式实时系统通信机制与优化技术，主要涉及三个方面：一是多核实时系统任务间通信机制。嵌入式多核系统大多为共享内存多处理器体系结构，多核任务间通信通常以读写共享变量的方式进行，因而在对通信机制进行设计时，需要考虑共享变量的互斥访问问题。而已有的任务间通信机制在时间开销、存储开销以及对系统可调度性的影响等性能指标上各有优劣。为了探索一种能够在各关键指标上均能满足系统要求的通信机制，我们提出了一种新颖的弹性多处理器通信机制（flexible multiprocessor communication scheme，FMCS），该机制针对每个共享变量的不同属性（如访问时长、占用缓冲区大小、访问该变量的任务数量等），为每个共享变量分配最适用的通信策略和冲突处理策略，在保证系统可调度的情况下，使得系统整体存储开销尽可能低。FMCS 给出了每个任务在最坏情况下的响应时间（worst - case response time，WCRT）计算公式，从而能够对实时系统进行确定性的时间分析。二是实时通信网络的消息部署问题。在当今嵌入式实时系统领域，由于系统功能越来越复杂，大多采用基于模型的设计开发流程来降低设计难度。这种设计方法在开发过程初期通过仿真和模型检验方法对系统的一些重要属性（响应时间、安全性等）进行验证，能够及早发现问题，缩短研发周期。基于模型的设计流程要求在系统实现时要保证语义属性

（尤其是延迟属性）与模型保持一致，而在具体实现时若端到端延迟无法保证与模型完全一致，则需放松要求并对模型进行迭代设计。另外，对于以控制为主的实时系统，控制路径的延迟大小会对控制精度产生很大影响。因此，在将消息部署到通信网络中时，需要尽可能减少消息的延迟时间。为此，我们提出一种用于通信网络消息部署的优化设计模型，在确保所有控制路径满足延迟约束且系统可调度的前提下，尽可能地减少关键控制路径的单位延迟数。三是实时通信网络的安全机制。在目前的嵌入式实时系统的开发过程中，对于信息安全的考虑过少，一般不会将信息安全作为一个单独设计部分。然而，实时通信网络允许接入设备以相对直接的方式（无须消息认证）进行非授权的访问，这使得实时通信网络极有可能受到攻击。随着嵌入式软件和联网设备的增加以及各种控制系统电子化程度的提高，这种内在的安全漏洞将变得更加显著。针对这些安全隐患，提出了一种用于实时通信网络的智能安全机制（smart security scheme，SSS），该安全机制能够有效抵御伪造和篡改攻击，提高了通信系统中消息传输的安全性，并允许在负载较轻的处理器上以软件方式代替原本由硬件实现的安全相关操作（签名、认证等），降低硬件开销。而且提出了 SSS 的优化设计模型，该模型对网络的安全性和其他指标（如可扩展性、成本等）进行了优化设计，使得 SSS 通过合理的选择安全相关操作的软/硬件实现方式，在保证通信安全性和系统可调度性的同时，尽可能少地引入硬件资源，显著降低了实现成本。

第 3 章讨论基于网络演算的软件定义网络服务质量，主要涉及三个方面：一是基于网络演算的软件定义网络分析模型。网络演算是一种基于最小加代数的分析计算机网络性能的理论。在软件定义网络（software defined networks，SDN）的三层网络架构中建立网络演算流冲突模型以及用网络演算分析 SDN 中的队列规则都与传统的开放式系统互连（open systems interconnection，OSI）参考模型中分析方式有着很大的差异。这部分工作研究了在 SDN 架构中交换机的分析模型，依据 OpenFlow 交换机的功能结构，利用网络演算分析了交换机协议解析功能和基于流水线的流表查询过程，分别讨论了数据流抵达的流表查询命

目录 CONTENTS

第1章　基于图的实时任务模型的可调度性分析研究

1.1　概　述

1.1.1　研究背景及意义

一般来说，实时系统被认为能够通过接收数据、处理数据，以及足够快的返回计算结果影响环境，从而实现对环境的控制[1]。在计算机科学中，实时系统描述了受时间约束影响的软硬件系统，其正确性不仅取决于功能的逻辑正确，也取决于结果产生的时间。如果时间约束得不到充分满足，实时系统将会发生错误。根据错误的影响，实时系统可以分为以下三类[2]。

一是硬实时（hard real-time）：时间约束必须得到完全满足，否则将造成重大安全事故。

二是准实时（firm real-time）：时间约束得不到满足不会引起系统故障，但是生成的结果对系统是无用的。

三是软实时（soft real-time）：时间约束得不到满足不会对系统的运行造成严重危害，但是会影响系统的服务质量。

实时系统要能够对实时任务的执行情况进行判断，确定是否能够满足时间约束要求。实际上，复杂嵌入式实时系统广泛地应用于航空航天、汽车电子、远程医疗等安全攸关应用领域，它对系统可靠性、安全性和实时性有着严格的要求，特别对实时性要求具有严格时间约束[3]。这些重要的系统如果存在稳定性或可靠性等方面的实时漏洞（例如，飞机或汽车等的电子控制系统不能安全工作），将会造成极大的社会危害和经济损失。因此，实时系统的主要研究目标是确保能够正确预测系统在时间上的行为，以避免出现不安全的情况。

然而，随着控制系统的电子化、自动化、连接化的不断提高，实时系统所承担的功能和性能要求也越来越高。同时，系统中的任务种类、数量和负载也急剧增加，这就给实时系统的时间验证带来了巨大的挑战。另外，人工智能（artificial intelligence，AI）应用的引入也正在进一步增加这一挑战[4]。因此，开展对复杂实时任务系统的可调度性分析与性能优化的研究具有重大意义。

1.1.2 实时系统简介

实时系统的研究已经持续了近半个世纪，其最早的学术会议 IEEE Real-Time Systems Symposium（RTSS）可以追溯到 1980 年。Buttazzo[5] 在 2014 年 RTSS 上的主题报告中区分了以下三种计算系统。

一是实时系统（real-time system）：能够为具有限定执行时间的任务提供限定的响应时间的计算系统。

二是嵌入式系统（embedded system）：嵌入在一个决定控制功能的更大硬件并且能够管理可用资源和简化用户交互的计算系统。

三是信息物理系统（cyber-physical system）：支持软件与其控制设备的物理特性紧密耦合的计算系统。

同时，Buttazzo 认为三者之间不是简单的包含关系，而是互不隶属的，并且任意两者之间都存在（巨大的）交叉领域。由于实时系统广泛应用在嵌入式系统中，有时也称为嵌入式实时系统[6]。

1.1.2.1 实时系统的主要特点

计算机系统由硬件系统和软件系统组成。硬件系统构成了计算机的物理基础，提供计算能力（如中央处理器、数字信号处理器）、存储能力（如寄存器、内存等）、通信能力（如网络通信设备）等；软件系统构成了计算机的功能基础，提供通用系统管理功能（如操作系统、驱动软件等）、用户专用功能（如特定应用软件）等。因为计算机系统的本质，实时系统具有计算机系统的通用属性。然而，由于其特殊用途，实时系统也具有与一般计算机系统不同的特点。

1. 时间约束性

正确结果产生的时间对实时系统具有极为重要的作用。因此，时间约束性是实时系统的软硬件设计的重要指标。特别的，硬实时系统要求时间约束必须得到满足，而准实时和软实时系统允许在一定程度上放宽时间约束性要求。

2. **可预测性**

由于时间约束性，实时系统必须能够可分析地预测所有任务的执行行为。如果确定所有的时间约束都能够满足，那么系统可以投入使用；否则，将重新设计软硬件系统来满足系统的时间约束。可预测性的实现依赖于一系列因素，包括支持时间预测的硬件架构、内核调度机制和编程语言等。

3. **可靠性**

实时系统应用的领域多集中在关系到生命和财产安全的重要领域，任何微小的差错都可能带来巨大的损失，所以实时系统的设计要支持能够在规定的时间和环境下无故障完成规定条件的功能。因此，可靠性是实时系统设计的重要方面。一般在系统设计时要充分考虑突发情况，提供充分的余量，尽可能地避免安全问题。

4. **高效性**

由于实时系统的特殊需求，大多数实时系统都运行在较小型的设备上。因此，一般存在诸如内存小、计算能力弱、供能少等多种资源限制。这些限制导致了实时系统通常都是在高负荷下工作。然而，在最坏的情况下实时系统都要能够在规定的时限内进行响应。这就要求实时系统能够高效利用可用资源，从而实现期望的功能。

5. **复杂性**

实时系统的复杂性可以分为两部分：环境复杂性和约束复杂性。由于实时系统需要与外部环境进行频繁交互，要能够快速响应环境变化，因此环境的复杂性对实时系统的正确运行具有重要的影响。另外，在调度实时任务时，存在诸如时间、语义、资源和性能等多种约束[6]。环境和约束的复杂性极大地增加了实时系统的设计难度。

1.1.2.2 实时系统的基本概念

实时系统的任务可以视为运行在处理器上的计算执行实体，一般也称为进程或线程（轻量级进程）。如果多个并发任务在单处理器上执行，那么它们将会在时间上出现执行重叠。因此，这些任务将按照预定的规则分时使用处理器（计算资源）。在实时系统中，将预先定义的规则称为调度策略，而计算出这些策略的算法称为调度算法。通常，按照系统设计，任务可能存在多种状态。下面列举了六种通用的任务状态。

(1) 激活：任务可以开始执行。

(2) 准备：任务进入准备队列等待执行（系统中可能存在多个准备队列）。

(3) 执行：任务正在执行。

(4) 挂起：执行的任务被挂起（挂起的原因可以是高优先级任务抢占处理器）。

(5) 阻塞：执行的任务被阻塞（阻塞的原因可以是所需的内存等资源已被占用）。

(6) 完成：任务完成执行。

图 1.1 给出了实时任务状态的转移图，其中箭头标明任务状态的转移方向。值得指出的是，任务状态之间的转移方向和触发条件可能会根据不同的系统设计而有所不同。下面将分别介绍实时系统的任务约束和调度算法。

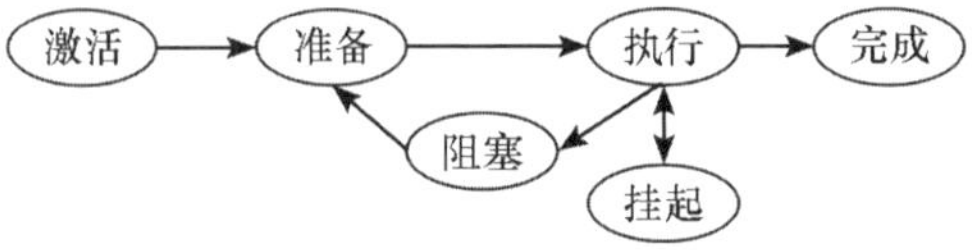

图 1.1 实时任务状态的转移图

1.1.2.3 实时系统的任务约束

1. 时间约束

根据之前讨论的，实时系统最重要的约束是时间约束。实际上，实时任务能够通过一些关于时间的参数进行描述。图 1.2 给出了七种常用的时间参数，分别表示如下。

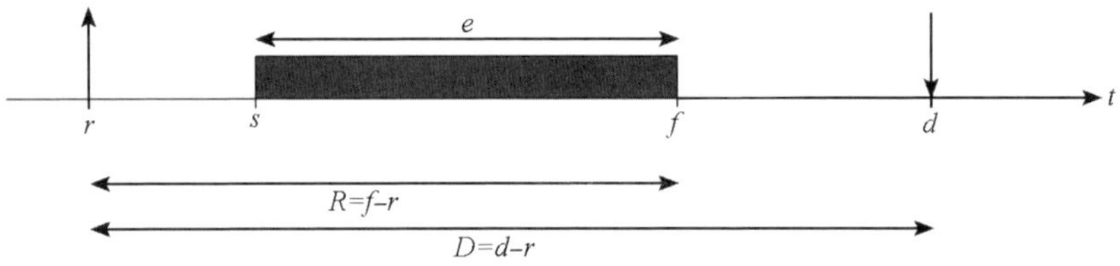

图 1.2 实时任务的典型参数

一是释放时间（release time）r：任务释放或准备执行的时间。

二是执行时间（execution time）e：处理器不中断执行任务所需要的时间。然而，任务的执行时间可能会根据执行时的情况（例如，输入参数）而发生变化。因此，一般也使用最坏情况下的执行时间（worst-case execution time，WCET）来表示任务执行时间的上界，记为 C。

三是绝对时限（absolute deadline）d：任务必须在该绝对时间之前完成，否则将影响系统正确执行。

四是相对时限（relative deadline）D：绝对时限和释放时间之间的差值，即 $D = d - r$。

五是开始时间（start time）s：任务开始执行的时间。

六是完成时间（finish time）f：任务完成执行的时间。

七是响应时间（response time）R：任务从释放到完成所经过的时间，即 $R = f - s$。

因此，对于具体的任务来说，可以通过验证 $R \leqslant D$ 来判断是否满足时间约束。

2. 语义约束

在一些特定的实时系统中，任务的执行存在着特定的顺序。这种相互之间的顺序依赖关系称为语义约束，一般可以描述为有向图。例如，图 1.3 给出了六个任务的执行顺序，其中箭头表示执行的先后顺序。从图中可以观察到：任务$_2$、任务$_3$的执行需要在任务$_1$执行完成之后，任务$_4$（任务$_6$）的执行需要当任务$_2$（任务$_3$）执行完成，以及任务$_5$的执行需要当任务$_2$和任务$_3$都执行完成。

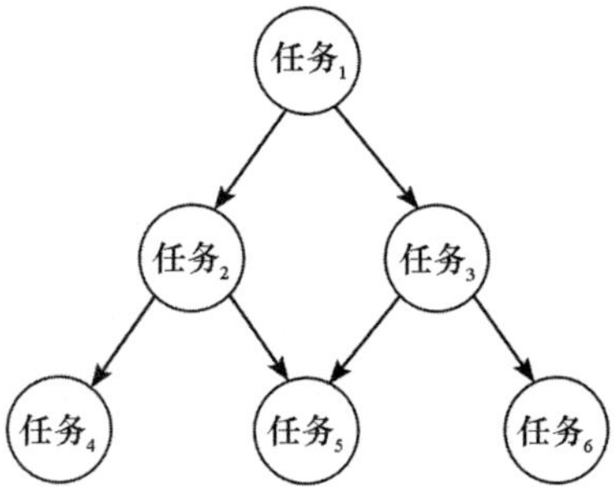

图 1.3　实时任务的语义约束示例

3. 资源约束

除了计算资源，多个实时任务在执行时也可能共同使用其他的系统资源（如存储资源、通信资源等），然而一般来说系统资源只能被单个任务独占使用，这就导致了资源约束。因此，当存在资源约束时，必须按照一定的资源访问协议来避免死锁的发生，减少阻塞等待时间，从而提高系统性能。

4. **性能约束**

性能约束指的是满足诸如时间约束性、可预测性、可靠性、高效性等性能指标。

1.1.2.4 实时系统的调度算法

在实时系统中，调度算法决定如何分配系统资源。调度程序既要完成任务调度功能，又要确保执行流程能够满足时间约束。调度程序通常使所有计算资源保持繁忙，允许多个任务有效地共享系统资源，实现目标服务质量（例如，最大化吞吐量、最大化资源利用率、最小化等待时间、最小化平均服务延迟等）。然而，在实际应用中，这些目标经常发生冲突（例如，最大化吞吐量与最小化服务延迟），因此调度程序的实现一般要采用适当的折中。通常，实时系统的调度算法可以分类如下[4]。

1. **非抢占式和抢占式**

在非抢占式调度中，任务一旦开始执行，在完成之前不能够被中断。然而，在非抢占式调度中，如果正在执行的任务具有较长的 CPU 执行时间，那么另一个任务即便具有更高的优先级也不得不等待很长时间，这增加了准备队列中任务的平均等待时间。在抢占式调度中，允许打断正在处理器中运行的任务而执行其他的任务。当前任务在执行过程中被中断，并被置于准备队列中，直到具有高优先级的任务执行完毕。这样，准备队列中的每个任务都会有一些时间来占用 CPU。抢占式调度更为灵活，但是增加了将任务从运行状态切换到准备状态的开销。

2. **静态优先级和动态优先级**

静态优先级调度是一种基于预定义的优先级执行任务的调度算法，其要确保处理器优先执行具有高优先级的任务。频率单调（rate monotonic，RM）算法和时限单调（deadline monotonic，DM）算法是静态优先级调度的典型例子。动态优先级调度是一种允许系统在执行期间内动态计算当前任务的优先级的调度算法，其目标是动态适应执行变化以形成最优配置。最早时限优先（earliest deadline first，EDF）算法是动态优先级调度的典型例子。

3. **离线式和在线式**

如果任务的调度规则在开始执行前就已经确定，那么这样的调度算法称为离线式。离线式调度算法是基于在执行前就已经知道任务的基本情况（如执行时间、占用资源、优先级等）来离线确定任务的调度规则。如果任务的调度规则是在执行时确认，那么这样的调度算法称为在线式。在线式调度算法是基于任务执行过程中收集到的执行情况来在线确定任务的调度规则。

4. **最优式和启发式**

对于给定性能指标的情况，如果调度算法能够最大化性能，那么这样的算法称为最优式。在没有指定的性能指标的情况下，只要存在可行的调度规则时算法总是能够找到，那么这样的算法称为启发式。一般来说，最优式调度算法能够获得最佳性能或可行的调度规则，然而最优式调度算法的执行时间都比较长。基于启发函数的启发式调度算法能够有效避免较长的运行时间，但通常只能获得次优解或未必能够找到可行的调度规则。

1.1.2.5 实时操作系统

一般来说，操作系统是管理计算机的硬件资源和软件（任务）执行的一类系统应用程序。然而，鉴于时间约束性、可预测性、可靠性等主要特点，实时操作系统对时间精度和可靠性要求都是极高的。下面将简要介绍实时操作系统标准和多种常用的实时操作系统软件。

实时操作系统标准提供了平台间的可移植性，也允许不同系统供应商基于相同的标准提高服务质量。当前的标准主要针对代码级的可移植性，存在如下几种主要的标准[2]：①RT-POSIX 是基于 UNIX 系统的 POSIX（portable operating system interface based on UNIX）标准面向实时领域的扩展。RT-POSIX 标准指定了一组用于促进并发编程的系统调用，通过优先级继承和信号量同步来共享存储器。它还指定了用于实现可预测时间行为的服务，例如固定优先级抢占式调度、睡眠操作、定时器等。②OSEK/VDX 是多个汽车公司的联合项目，其目的是在满足汽车控制领域对系统安全性和资源高效利用的要求的同时，提高实时操作系统的应用程序接口的移植性，主要包括：操作系统规范、通信规范、网络管理规范和 OSEK 实现语言。③AUTOSAR 来源于 OSEK/VDX 标准，面向整车电子系统开发定义了汽车软件架构。它的四个核心概念包括：电子控制单元（electronic control unit，ECU）软件架构、软件组成、虚拟功能总线和设计方法，同时也具有模块化、标准化、规范化等多种特点。随着多年的发展，AUTOSAR 标准已经成为汽车电子电气设计领域的发展方向，其目标是满足未来汽车需求、增加可扩展性和移植性、优化成本等。④ARNIC-APEX 是航空实时系统的软件标准，指定了在相同硬件上的多个应用程序的行为。ARNIC-APEX 标准支持构建实现、认证和执行可分析的安全相关的实时应用程序。

当前，存在多种支持实时应用的操作系统，包括：①VxWorks 是当前使用最广泛的实时操作系统，由美国 Wind River System 公司开发。它的内核默认使用基于优先级抢占的调度算法，并能够支持多达 256 个优先级和在执行过程中使任务按需改变优先级。VxWorks 由于采用 POSIX 标准而具有较好的模块化结构，用户可以按照需求对其进行适当裁剪。②OSE 是一种具有高性能和可确定性的结构小巧的实时操作系统。它主要面向移动计算优化领域，广泛应用于通信设备和移动终端设备。③μC/OS 是基于 C 语言编写的、面向多任务的可抢占的硬实时内核。其 μC/OS－II 版本最多能够管理 64 个任务，同时提供了多种任务管理的系统调用函数，具有较高的执行效率和较小的执行空间，能够满足实时系统的高效性和可扩展性等需求。同时，它的最新发行版 μC/OS－Ⅲ的性能相对于上一个版本具有较大提高，能够支持具有优先级查表指令的新一代 CPU。④RTLINUX 是基于 LINUX 的一种开源免费的实时系统。目前，RTLINUX 已经成功应用于电子通信、工业自动化和航空航天等多种实时领域。为了将时间的可预测性引入 LINUX 系统中，RTLINUX 在内核和硬件层之间增加了一个中间层，用来为任务提供硬实时服务。⑤PREEMPT_RT 是 LINUX 的一种实时内核补丁，可提供更高的可预测性和确定性。除内核的最核心、最关键的进程外，它允许几乎所有的内核代码抢占执行。⑥Erika Enterprise 是基于 OSEK/VDX 标准的一种免费开源的实时操作系统，提供了面向单核和多核的最小 1～4 kbit 闪存的实时内核和基于 RT-Druid 的 Eclipse 开发环境。⑦FreeRTOS 是一种具有微小内核结构的开源实时操作系统。它不存在任务数量限制，包含了实时系统所需要的任务管理、任务同步、任务通信等多种功能。

1.1.3 相关工作分析

如果实时系统的时间约束条件得到满足，就称系统是可调度的，即每个任务在其各自的时限前完成。因此，要求能够预先判定其是否是可调度的。如果是不可调度的，那么就需要增加系统资源或者减少任务负载从而使得系统重新变成可调度的。鉴于本书的研究重点，我们将对运行在抢占式单处理器上的实时系统的可调度性分析的研究情况进行简要综述。

1.1.3.1 典型的实时任务模型

典型的实时系统包含一定数量的共享有限硬件资源的并发任务。为了进行可调度性测试，系统设计者需要根据实时系统对计算资源的需求去抽象构造对应的实时任务模型。目前，一系列的具有不同表达能力和分析复杂性的基于图表示的任务模型已经被提出。基于这些抽象模型，我们能够形式化研究和分析系统的时间约束。在这些模型中，节点表示不同的任务，而边确定控制流方向。另外，每个边通过其连接的两个节点间的最小释放间隔时间（minimum inter-release time）来进行标识。事实上，每一种实时任务模型定义了特定的任务释放模式。

1. **周期性和偶发性任务模型**

Liu 和 Layland[7]引入了第一个（也是最简单的）模型，称为周期性任务模型（periodic task model）。每个周期性任务模型基于固定周期释放任务，并且这些释放的任务的 WCET 都相同。周期性任务 τ_i 能够被三元组（C_i，T_i，D_i）进行描述，其利用率表示为 $U_i = C_i/T_i$。为了进一步放宽周期性任务的释放限制，Mok[8]提出了偶发性任务模型（sporadic task model），能够允许只要满足距离其前一个任务的释放时间至少相差一个固定的时间就可以释放新的任务。偶发性任务也可以采用相同的三元组（C_i，T_i，D_i）表示。

周期性任务和偶发性任务都可以用包含一个带有自旋边的节点来表示［图 1.4（a）］，周期性任务的释放必须严格按照 T_i 的间隔时间进行［图 1.4（b）］，而偶发性任务的释放只要满足不小于 T_i 即可［图 1.4（c）］。尽管相对于周期性任务，偶发性任务在释放时间约束上存在差异，但是一般情况下，偶发性任务最差情况下的执行负载发生在其以最小释放间隔时间释放任务实例时。因此，周期性任务的可调度性分析方法也适用于偶发性任务。

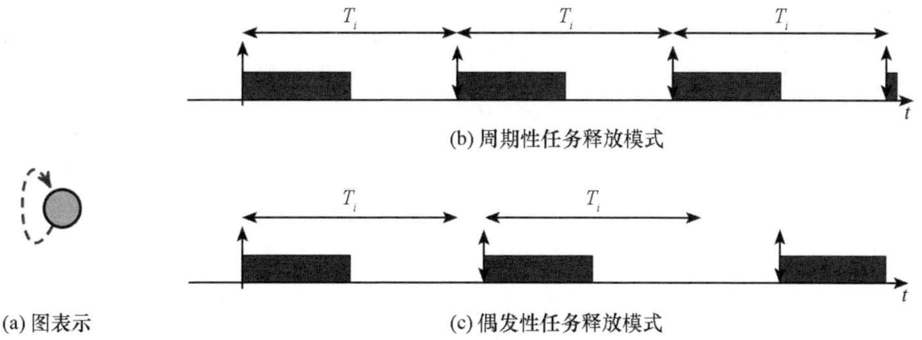

图 1.4　周期性和偶发性任务的图表示和释放模式

Liu 和 Layland[7]首先为采用 RM 抢占式调度算法的周期性任务系统提出了

基于处理器利用率的可调度性判断条件，描述在如下定理中。

定理 1.1　对于在一个处理器上运行的 n 个独立周期性任务（其相对时限等于各自周期，即 $\forall i=1, \cdots, n;\ D_i=T_i$），其调度策略采用抢占式静态优先级 RM 算法，系统是可调度的，如果满足下式：

$$U^{\Sigma} \leqslant n(\sqrt[n]{2}-1) \tag{1.1}$$

式中：U^{Σ} 为所有周期性任务的总利用率。

值得指出的是，相比于式（1.1），Bini 等[9]在式（1.2）中提供了更紧致的测试条件：

$$\prod_{i=1}^{n}(U_i+1) \leqslant 2 \tag{1.2}$$

式中：U_i 为第 i 个任务的利用率。然而，式（1.1）和式（1.2）只提供了可调度测试的充分不必要条件，即其判定的结果是可调度的，则系统是可调度的；其判定的结果是不可调度的，则系统也可能是可调度的。

最早由 Lehoczky 等[10]提出的响应时间分析方法能够提供一种更精确的可调度性测试。对于采用 RM 抢占式调度算法的周期性任务系统，当 $D_i \leqslant T_i$ 时响应时间分析的基本形式如下：

$$R_i = C_i + \sum_{j \in hp(i)} \left\lceil \frac{R_i}{T_j} \right\rceil C_j \tag{1.3}$$

式中：R_i 为周期性任务 τ_i 的 WCRT。事实上，式（1.3）中的 R_i 采用迭代计算，即求解能够满足等式最小的 R_i。最后，系统的可调度性可以基于不等式 $R_i \leqslant D_i$ 来进行判定，等效形式展现在下面的定理中。

定理 1.2　对于在一个处理器上运行的 n 个独立周期性任务（其相对时限不大于各自周期，即 $\forall i=1, \cdots, n;\ D_i \leqslant T_i$），其调度策略基于抢占式静态优先级，系统是可调度的。当且仅当[2]：

$$\forall i = 1,\cdots,n\ \exists t \in (0,D_i]: C_i + \sum_{j \in hp(i)} \left\lceil \frac{t}{T_j} \right\rceil C_j \leqslant t \tag{1.4}$$

随后，Bini 和 Buttazzo[11]证明了在式（1.4）中只需要考虑一些关键时间点即可：

$$\forall i = 1,\cdots,n\ \exists t \in \mathcal{P}_{i-1}(D_i)(0,D_i]: C_i + \sum_{j \in hp(i)} \left\lceil \frac{R_i}{T_j} \right\rceil C_j \leqslant t \tag{1.5}$$

其中，$\mathcal{P}_i(t)$ 按照如下的迭代公式定义：

$$\begin{cases} \mathcal{P}_0(t) = \{t\} \\ \mathcal{P}_i(t) = i-1\left(\left\lfloor \frac{t}{T_i} \right\rfloor\right) \cup \mathcal{P}_{i-1}(t) \end{cases} \tag{1.6}$$

Zeng 和 Di Natale[12] 利用混合整数线性规划（mixed integer linear programming, MILP）方法进一步减少关键时间点的数量。

然而，当允许出现 $D_i > T_i$ 的情况时，τ_i 释放的任务实例可能会受到它的上一个任务实例的影响，此时上式不再正确。Lehoczky[13] 最早给出了静态优先级调度的具有任意时限的周期性任务 τ_i 的可调度性判定条件：$\max\limits_{k \leqslant N_i} W_i[k,(k-1)T_i + D_i] \leqslant 1$，其中：

$$W_i(k,x) = \min_{t \leqslant x}\left[\left(\sum_{j \in hp(i)} C_j \left\lceil \frac{t}{T_j} \right\rceil + kC_i\right) / t\right] \tag{1.7}$$

更进一步，Bini 等[14] 提出了具有任意时限的周期性任务 τ_i 的 WCRT 的计算方法和限定上界。

2. **多帧任务模型**

Mok 和 Chen[15] 对周期性和偶发性任务模型提出了第一个扩展模型，称为多帧任务模型（multiframe task model）。在该模型中，假设 WCET 不是固定的而是按照周期行为定义的，因此具有链式释放结构。多帧任务 τ_i 能够通过最小释放间隔时间 T_i、执行时间向量 $\boldsymbol{C}_i = (C_{i,1}, \cdots, C_{i,m_i})$ 和相对时限 $D_i = T_i$ 来描述。多帧任务模型的一个典型例子是采用多种帧类型的 MPEG 视频流解码应用，能够模拟视频帧的周期性到达和不同解码时间等特征。

多帧任务可以用具有链式结构的图表示［图 1.5（a）］，其中实心节点表示任务执行的入口。此外，多帧任务的执行时间是可变的，但释放模式和相对时限是固定的［图 1.5（b）］。

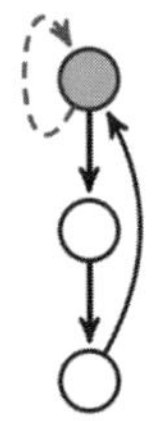

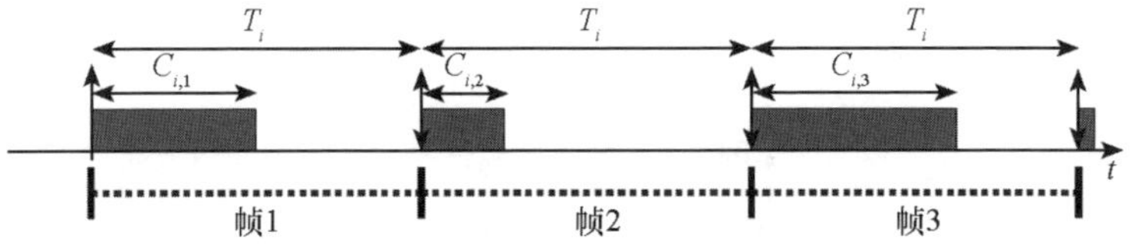

图 1.5　多帧任务的图表示和释放模式

Mok 和 Chen[15] 为采用 RM 抢占式调度算法的多帧任务系统给出了基于处理器利用率的可调度性测试条件，总结在下面的定理中。

定理 1.3　对于在一个处理器上运行的 n 个独立多帧任务，其调度策略采用抢占式静态优先级 RM 算法，系统是可调度的。如果满足下式：

$$U^{\Sigma} \leqslant r \cdot n \cdot \left[(1 + 1/r)^{1/n} - 1\right] \tag{1.8}$$

式中：$r = \min_{j=1}^{n} r_j$，$r_j = \dfrac{C_{j,\max K}}{C_{j,(\max K+1)\bmod m}}$，$\max K$ 为 $\boldsymbol{C}_i$ 中最大执行时间的下标序号，即 $C_{j,\max K} = \max\limits_{k=1,\cdots,m_j} C_{j,k}$。

值得注意的是，当 $r=1$ 时（此时多帧任务也是周期性或偶发性任务），式（1.8）等同于式（1.1）。另外，Zuhily[16] 扩展了式（1.3），使其能够计算出多帧任务 τ_i 的响应时间。

3. **广义多帧任务模型**

Baruah 等[17] 一般化多帧任务模型，提出了广义多帧任务模型（generalized multiframe task model，GMF）。广义多帧任务 τ_i 能够基于最小释放间隔时间向量 $\boldsymbol{T}_i=(T_{i,1},\ \cdots,\ T_{i,m_i})$，执行时间向量 $\boldsymbol{C}_i=(C_{i,1},\ \cdots,\ C_{i,m_i})$ 和相对时限向量 $\boldsymbol{D}_i=(D_{i,1},\ \cdots,\ D_{i,m_i})$ 等三个向量进行描述，因此具有更大的表示自由度。

如图 1.6 所示，与多帧任务相似，广义多帧任务也可以用具有链式结构的图表示［图 1.6（a）］，其中实心节点表示任务执行的入口。与多帧任务不同，广义多帧任务允许周期和时限灵活配置［图 1.6（b）］。

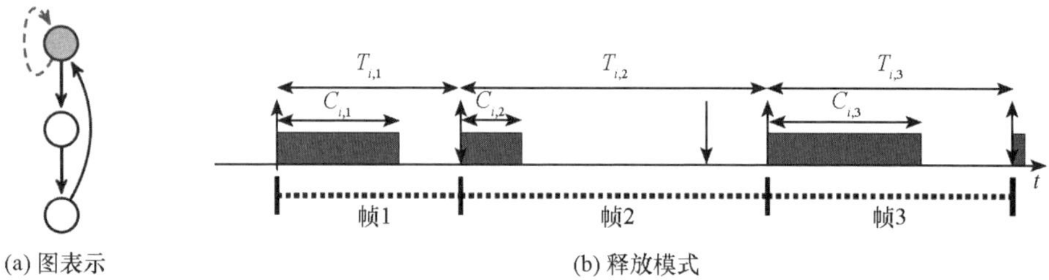

图 1.6　广义多帧任务的图表示和释放模式

对于具有帧分离特性的广义多帧任务系统（其中每个广义多帧任务 τ_i 满足 $\forall k=1,\ \cdots,\ m_i,\ D_{i,k} \leqslant T_{i,k}$），Takada 和 Sakamura[18] 通过定义最大干扰函数（maximum interference function，MIF）给出了响应时间的迭代计算公式，即：

$$R_i = \max_{k=1,\cdots,m_i} R_{i,k} \tag{1.9a}$$

$$R_{i,k} = C_{i,k} + \sum_{j \in hp(i)} \tau_j \cdot mif(R_{i,k}) \tag{1.9b}$$

值得注意的是，最大相干函数本质上与相干限定函数①相同。然而，Stigge 和 Yi[19]指出基于式（1.9）计算出的响应时间高于实际的严格响应时间，同时也证明广义多帧任务的严格可调度性分析具有强 coNP-hard 的复杂度。

4. 无环广义多帧任务模型

无环广义多帧任务模型（Non-Cyclic generalized multiframe task model，Non-Cyclic GMF）[20]移除了任务释放的周期性限制。具体来说，只要满足相对的释放时间限制，就可以释放新的任务。

无环广义多帧任务可以用类似于去除自旋边的图 1.6（a）来表示[图 1.7（a）]，因此，其任务释放不强制要求周期性［图 1.7（b）］。相似于式（1.9），Berten 和 Goossens[21]基于请求限定函数②提出了无环广义多帧任务的响应时间的上限评估。

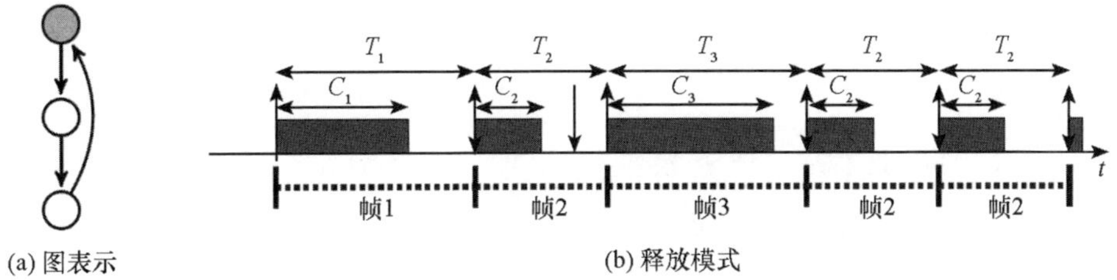

图 1.7　无环广义多帧任务的图表示和释放模式

5. 重复分支、重复实时和无环重复实时任务模型

相对于广义多帧任务模型，Baruah[22]提出的重复分支任务模型（recurring branching task model，RB）具有更少的限制，其允许选择不同的节点去释放任务，并且可以通过有向树模拟分支释放行为（图 1.8）。该模型的两类扩展模型分别是：重复实时任务模型（recurring real-time task model，RRT）[23]和无环重复实时任务模型（Non-Cyclic recurring real-time task model，Non-Cyclic RRT）[24]。前者的任务释放模式是任意的有向无环图（图 1.9），后者相比于

① 相干限定函数将在第 1.2.3 节详细介绍。

② 请求限定函数将在第 1.2.3 节详细介绍。

前者不需要具有全局周期性（图 1.10）。

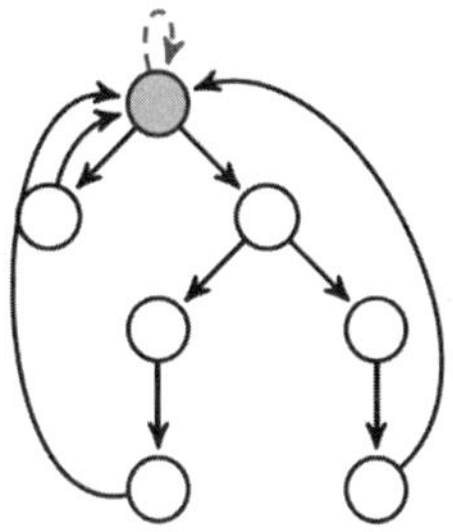

图 1.8　重复分支任务模型的图表示

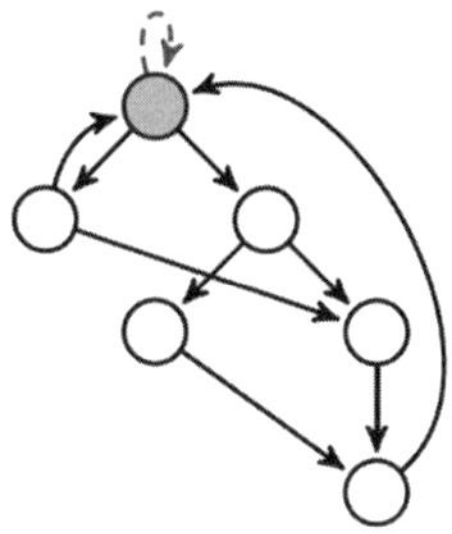

图 1.9　重复实时任务模型的图表示

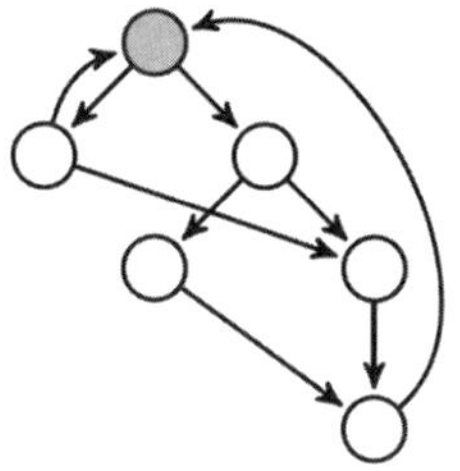

图 1.10　无环重复实时任务模型的图表示

Baruah[23] 基于请求限定函数和需求限定函数①给出了具有伪多项式时间的可调度性分析方法，展现在如下定理中。

定理 1.4　对于在一个采用抢占式静态优先级调度策略的处理器上运行的 n 个独立并发分支任务，系统是可调度的，如果满足下式：

$$\forall i = 1,\cdots,n: \forall t: \exists t' \leqslant t: \left[\left(t' - \sum_{j \in hp(i)} \tau_j.\, rbf(t')\right) \geqslant \tau_i.\, dbf(t)\right] \tag{1.10}$$

1.1.3.2　有向图实时任务模型

作为以上提到的几种典型的实时任务模型的严格扩展，有向图实时任务模型（digraph real-time task model，DRT）通过支持表示任意的环结构，从而移除了重复限制（因此是任意有向图），从而能够表示更宽泛的释放模式，最终极大地增加了模型的表达能力[25-26]。有向图实时任务模型已经被验证其能够表示同步有限状态机（例如，应用在通用工具 Stateflow[27] 和 SynchCharts[28-29] 的模型）的实时任务负载[30]。

同时，几种具有更强表达能力的模型也被提出。扩展的有向图实时任务模型（extended digraph real-time task model，EDRT）在文献［31］中被提出，其对 DRT 引入了全局释放间隔时间限制。同步有向图实时任务模型（synchronous digraph real-time task model，SDRT）[32] 进一步扩展了 DRT，其通过 rendezvous 机制支持任务间同步。具体来说，有向图中的每个边可以被额外

① 需求限定函数将在第 1.2.3 节详细介绍。

规定一种同步行为，来自不同任务但具有相同同步行为的边的终止点将会被同时释放。时间自动机模型（timed automata model）[33]支持更复杂的任务释放和同步。一些文献[26,34]也总结了这些模型之间的关系。

当前，有向图实时任务模型的可调度性分析被广泛研究。对于采用动态优先级调度的任务系统，最早时限优先被认为是最优的，并且其分析也是容易的，即对于一个限定利用率的系统，它的分析不会比伪多项式时间更复杂[26]。然而，采用静态优先级调度的任务系统具有更高的分析复杂性。GMF 的严格可调度性分析被证明是强 coNP-hard：通过验证 GMF 任务集是不可调度的补问题是 NP-hard[19]。该结论可以通过从 3-PARTITION（经典的 NP-hard 问题）[35]进行规约而证明。本质上，严格分析要求检查每一个路径组合的执行需求是否都能够被满足。为了提高效率，Stigge 和 Yi[36-37]提出了一种组合抽象精炼（combinatorial abstraction refinement）方法，其递归精炼路径抽象直到满足可调度性条件。然而，在最坏情况下，它的复杂性依然相同。并且，相应的结论也只适用于帧分离（frame separation）特性的系统，即要求任务的绝对时限不大于下一个任务的释放时间。

一种更高效的分析方法是利用充分的可调度性条件。Guan 等[38]利用描述有向图中所有路径的最大执行请求的请求限定函数（request bound function，RBF）提出了近似响应时间分析。文献中也提出了一种更精确的分析方法。该方法是利用表示有向图中任务单独执行在 CPU 上的最大负载的相干限定函数（interference bound function，IBF）。这两种基于 RBF 和 IBF 函数的近似分析方法都具有伪多项式时间的复杂性，同时也存在相应的限定加速因子（bounded speed-up factors）[38]。为了提高计算 DRT 的请求限定函数和需求限定函数（demand bound function，DBF）的效率，Zeng 和 Di Natale[39]使用极大加代数的相关理论结果去证明这两个函数具有线性周期（linear periodicity），这使得函数计算的复杂性独立于间隔时间的长度。

其存在的问题有：一方面，当前对于有向图实时任务模型的可调度性分析研究只集中在时限满足帧分离特性或 l-MAD 特性，而具有任意时限特性的有向图实时任务的 WCRT 尚未提出；另一方面，相比于请求限定函数，相干限定函数具有相似的形式，并且以较大的时间开销为代价提供更精确的响应时间。然而，目前不存在计算相干限定函数的高效方法。

1.1.3.3 同步有限状态机任务模型

在嵌入式软件的开发中，计算同步反应式（SR）模型的应用非常广泛。

同步反应式模型可以视为对基于时钟编程（cycle-based programming）的典型硬件设计到软件函数的概念扩展。在本节中，我们将回顾关于 SR 模型的形式化定义、实现和可调度性分析的相关工作。许多形式定义属于同步反应模型的通用类别。在 20 世纪 80 年代早期，同步语言 Signal[40]、Lustre[41] 和 Esterel[42] 就被形式化定义。此后，学术界基于多种主题展开研究，包括形式化验证和自动化代码生成。

图形化语言 SyncCharts[28,43] 首先作为一个开源学术项目出现，然后成为 SCADE 套件的一个商用扩展。SyncCharts 通过使用（扩展的）有限状态机的图形和文本描述提供了它的形式化的同步实现[44]。

Simulink/Stateflow 工具集[27] 在控制系统设计领域中非常著名。尽管它的语义（semantics）没有形式化定义在任一单独文件，但是它与时间联合到一系列的执行规则中，且这些规则可以在用户手册中获取。由于一些原因，对 Simulink 模型和系统的研究主要集中在仿真和控制领域，以及一些著名的例外情况。例如，文献［13］和［45］提出 Stateflow 语义的子集的形式化定义（部分内容现在已经过时），文献［46］研究了它的组合型。另外，文献［47］讨论了 Stateflow 和分层的有限状态机的一般化模型的相似性。

随着 Simulink/Stateflow 工具得到了工业界认可，同步语言社区初始研究了从 Simulink/Stateflow 到 Lustre 的转化条件和规则[48-50]。在所有的这些文献中，作者们描述了在映射（mapping）时发现的所有可能会破坏 Simulink/Stateflow 模型的可预测性和确定性的语义问题，并且也概述了在语言的“安全”子集中的限制使用上的建议。

要求 Simulink 模型在目标执行平台的实现必须是切实可行的，既要满足可调度性和内存的限制，又要符合逻辑时间的执行语义（区块和通信流的执行频率和顺序）[51]。Embedded Coder/Simulink Coder[27] 的商用代码实现工具能够自动生成维持语义的实现，其假设对每个 Stateflow 区块代码生成单个的周期任务，并且在固定优先级上进行调度。生成的任务周期是触发信号的最大公约数。每一次任务被触发，它检查任意激活触发信号，如果存在这样的信号，那么将处理它们。一个 Stateflow 区块的多任务实现能够增加可调度性和减少内存使用[51-52]。

Zeng 和 Di Natale[30] 利用基于时间区间定义的请求限定函数和需求限定函数为同步有限状态机任务提出了充分不必要的可调度性分析方法。

其存在的问题有：最先进的时间分析方法[30] 只提供了充分不必要的可调度性判断条件，而更精确的可调度分析方法尚无文献研究。

1.1.3.4 自适应变化速率任务模型

在内燃机车辆中，发动机控制系统决定燃油的注入时间和油量。因此，这类按照预先定义的发动机曲轴的转动角度触发执行的应用任务称为角度任务（angular task）。Buttle[53] 在 2012 年 Euromicro Conference on Real-Time Systems（ECRTS）会议上的主题报告中指出：现在的发动机控制系统在不同发动机转速区间采用不同的控制策略，不同控制策略具有不同的执行负载需求，其以 WCET 进行度量。越高级的控制策略（例如，在发动机转动一圈时进行多次燃油喷射的策略）具有越佳的性能（就排放和燃油效率而言）。然而，高级控制策略中过大的 WCET 将导致发动机在高转速情况下宿主微控制器的执行过载。因此，发动机控制系统被设计为能够在较高转速时自适应选择简单的控制策略（如单次燃油喷射）执行。基于这个原因，角度任务常被称为自适应变化速率任务（adaptive variable-rate task，AVR）[54]。

研究者关于发动机控制系统的工作很多，成果参见综述文献［54］。除了一些例外，来源于之前引用过的 Buttle[53] 的模型被大部分的研究者采用。Kim 等[55] 提出节奏（rhythmic）任务模型和相应的分析方法。然而，该模型存在一些限制，例如在加速时释放间隔时间以固定比率被缩短。Pollex 等[56-57] 假设角度任务释放和 WCET 是独立的，这将导致分析时过度地悲观评估。Feld 和 Slomka[58] 考虑发动机控制任务中关于频率和偏移的依赖关系，但是任务的 WCET 被假设为关于发动机转速的连续函数（而不是一定数量的离散模式[53]）。

总结文献［53］涉及模型的相关工作，大量的可调度性分析的研究工作集中于解决角度任务的 WCET 和释放间隔时间都依赖于发动机转动速度所带来的时间分析困难。我们注意到角度任务存在一些假设、模型和命名上的差异，相关的详细信息参见文献［54］。

对于固定优先级调度的系统，Davis 等[59] 提出了一些关于角度任务的最坏情况下干扰的充分条件的分析方法，例如连续发动机转速空间的离散化。Biondi 等[60] 提出了支配转速（dominant speeds）的概念，其代表一定的转速范围。基于支配转速能够精确计算最坏情况下的干扰，这避免了简单量化带来的分析精度损失。另外，一种严格响应时间分析技术被推导出[61-62]，以及一些切换转速的优化设计技术也被提出[25,63]。Feld 和 Slomka[64] 改善了可调度性分析的运行时间，如果最大加速度和减速度具有相同的绝对值，则这种优化方法是精确的。Huang 和 Chen[65] 为角度任务的每个模式分配唯一的优先级，并提出基于利用率的可调度性测试。

对于采用 EDF 调度算法的系统，一些基于利用率的充分可调度性测试被提出[66-68]。不同的是，Biondi 等[69-70]提出了一种基于文献［60］中的支配转速概念的精确分析。Mohaqeqi 等[71]提出将转速空间进行划分，并将角度任务转换为有向图实时任务[26]。

其存在的问题有：所有以前的工作都是假设切换转速是离线固定的，这显然不能够充分适应动态情况。

1.2 有向图实时任务模型的可调度性分析研究

1.2.1 引言

有向图实时任务模型（DRT）具有较好的表达能力，是多种任务模型的一般化扩展[72]。尽管 DRT 的可调度性分析研究受到了广泛关注，然而还没有文献对任意时限特性的 DRT 的可调度性分析进行研究。因此，在本节中，我们为具有任意时限特性的 DRT 提供了严格响应时间分析方法和近似响应时间分析方法。此外，为了加速基于相干限定函数的有向图实时任务的充分不必要的可调度性分析，证明了相干限定函数是线性周期的，即该函数能够通过有限的非周期性部分和无限重复的周期性部分表示。利用线性周期的结果，在较大间隔时间的情况下，依然可以高效计算相干限定函数。

另外，对于 DRT，文献［26］和［34］分别提出了两种具有不同紧致性的响应时间的线性上界。在本节中，通过利用相干限定函数的线性上界推导出一种闭合形式的响应时间线性上界，以及研究相应的近似质量。值得注意的是，Bini 等[14]为偶发性任务模型提出了一种响应时间的线性上界，其是本节给出的响应时间线性上界的一个特例。

为了进一步研究和优化 DRT 的可调度性分析问题，我们为任意时限的 DRT 提出了严格和近似的响应时间分析方法。基于极大加代数的理论结果，证明了相干限定函数是线性周期的，即该函数可以通过有限的非周期性部分和无限重复的周期性部分表示，使得相干限定函数的计算独立于间隔时间的大小。另外，推导出相干限定函数的线性上界，以及研究了相比于现有方法[26,34]其应用在响应时间分析中的分析精度。实验结果表明，相比于最先进的计算方法[38]，本书提出的基于相干限定函数的线性周期特性的计算方法能够有效提高计算效率，以及极大减少可调度性测试的运行时间。

1.2.2 有向图实时任务模型

一个有向图实时任务 τ 被表述为一个有向图 $\mathbb{D}(\tau)=(\mathbb{V},\ \mathbb{E})$，其中节点集合 $\mathbb{V}=\{v_1,\ v_2,\ \cdots\}$ 表示能够被实时任务 τ 释放的任务类型。为了简化，我们也使用 $\mathbb{D}(\tau)$ 表示 DRT。每个节点 $v_i\in\mathbb{V}$(或者任务类型）通过一个有序对 $\langle e(v_i),\ d(v_i)\rangle$ 表示，其中 $e(v_i)$ 和 $d(v_i)$ 分别是 WCET 和相对时限。边代表可能的控制流方向，即 τ 释放任务的顺序。一个边 $(v_i,\ v_j)\in\mathbb{E}$ 通过参数 $p(v_i,\ v_j)$ 描述，其是 v_i 和 v_j 的最小释放间隔时间。我们假设所有的参数（WCET、相对时限和最小释放间隔时间）是正整数（即属于集合 $\mathbb{N}^+$），并且每个节点的 WCET 不大于它所有出边的最小释放间隔时间，即满足：

$$\forall\,(v_i,v_j)\in\mathbb{E},e(v_i)\leqslant p(v_i,v_j) \tag{1.11}$$

我们按照通用性递增的顺序来考虑以下三种类型的时限设置。

（1）任务具有帧分离特性[23]，也称为受限时限（constrained deadlines）[38]，释放的任务满足：

$$\forall\,(v_i,v_j)\in\mathbb{E},d(v_i)\leqslant p(v_i,v_j) \tag{1.12}$$

也就是说，每个任务的时限不大于它的任意出边的最小释放间隔时间。这种性质保证了，如果系统是可调度的，那么每个任务都必然在下一个任务释放之前完成。

（2）一种更宽松的条件是 l-MAD 特性[23]，释放的任务满足：

$$\forall\,(v_i,v_j)\in\mathbb{E},d(v_i)\leqslant d(v_j)+p(v_i,v_j) \tag{1.13}$$

在这种情况下，任务的绝对时限可以大于下一任务的释放时间，但不能超过下一个任务的绝对时限。尽管这种特性比帧分离特性更一般化，但是它仍然充分保证了在任意任务序列的最后一个任务的绝对时限是所有任务中最大的。

（3）如果任务对释放间隔和时限之间没有限制，我们称这样的任务具有任意时限（arbitrary deadlines）。具有这样特性的任务的时限可以取任意值。

注意对于 l-MAD 和任意时限，式（1.1）中的假设不是必要的。

例 1.1　图 1.11 是一个带有三个节点（任务类型）的有向图实时任务的例子。节点 v_1 与参数对〈2，3〉相关联，表示 v_1 的 WCET 是 2 和相对时限是 3。边（v_1，v_2）的权重是 4，意味着节点 v_1 和 v_2 的释放间隔至少是 4 个时间单位。图中，所有边都满足式（1.12），因此该例子满足帧分离特性。

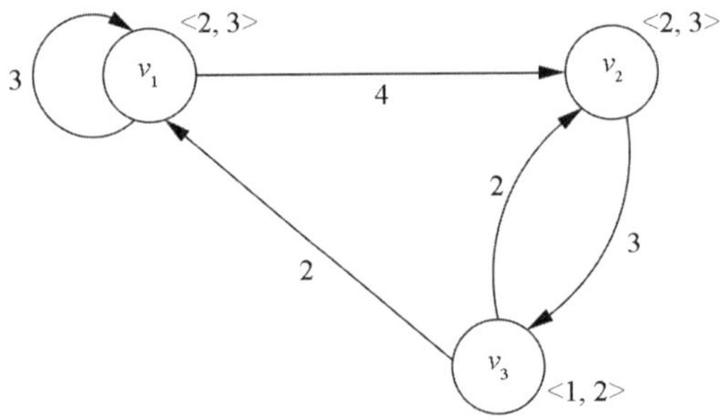

图 1.11　有向图实时任务的一个例子

一个任务系统包括独立实时任务集合 $\{\tau_1, \tau_2, \cdots\}$。每个任务具有唯一的优先级，并且它释放的任务继承相同的优先级。我们假设这些任务执行在抢占静态优先级调度的单处理器上。任务集是可调度的当且仅当该任务集生成的所有任务序列都能够执行且结束在时限之前。值得指出的，严格分析的复杂性被证明是强 coNP-hard[19]。

1.2.3　基于负载函数的响应时间分析

1.2.3.1　负载函数

我们首先基于抽象层次总结负载函数，这些负载函数将会应用到具体的分析中。路径级（path-level）的负载函数为任务图中的每个路径定义了一个函数，同时任务级（task-level）的抽象函数为每个任务定义唯一函数。

1. 路径级负载函数

为了严格分析涉及路径级负载函数的计算[36-37]，我们首先给出一些相关定义。

定义 1.1　在一个有向图实时任务 $\mathcal{D}(\tau)=(\mathbb{V}, \mathbb{E})$ 中，一个路径 π 是一个节点序（v_1, v_2, $\cdots$, $v_{l=|\pi|}$），其中（v_k, v_{k+1}）是$\mathbb{E}$集合中的一个边。另外，$|\pi|$表示路径中的节点数量。换句话说，π 模拟了任务的某个特定执行序列。如果在路径中不存在重复节点，路径 π 被称为简单路径（elementary path）。对于一个路径 π，它的长度 $p(\pi)$ 是路径上每个边（v_k, v_{k+1}）对应的 $p(v_k, v_{k+1})$ 的总和，即 $p(\pi)=\sum_{i=1}^{|\pi|-1} p(v_i, v_{i+1})$。路径权重 $e(\pi)$ 是路径上所

有节点的 WCET $e(v_i)$ 的总和，即 $e(\pi) = \sum_{i=1}^{|\pi|} e(v_i)$。路径密度 $\lambda(\pi)$ 定义为：

$$\lambda(\pi) = \begin{cases} \dfrac{e(\pi) - e(v_{|\pi|})}{p(\pi)} = \dfrac{\sum_{i=1}^{|\pi|-1} e(v_i)}{\sum_{i=1}^{|\pi|-1} p(v_i, v_{i+1})} & , |\pi| > 1 \\ 0 & , |\pi| = 1 \end{cases} \tag{1.14}$$

注意在上式中，对于 $|\pi| > 1$ 情况，路径中最后一个任务的执行时间 $e(v_{|\pi|})$ 没有被包括在分子中。如果 $v_1 = v_{|\pi|}$，路径 π 被称为一个环。相似的，如果在环中除了 v_1 和 $v_{|\pi|}$ 不存在重复节点，那么 π 被称为一个简单环（elementary cycle）。任务图 $\mathcal{D}(\tau)$ 的最大环密度（maximum cycle mean）是任务图中所有环的最大密度，记为 $\lambda(\tau)$。事实上，最大环密度等同于任务利用率[26,34]。我们进一步定义任务图 $\mathcal{D}(\tau)$ 的最大路径密度（maximum path mean）作为 $\lambda^*(\tau)$。显然，我们有 $\lambda^*(\tau) \geqslant \lambda(\tau)$。如果图上的任意节点都存在一个路径，我们称这样的有向图是强连通的（strongly connected）。

为了计算 $\lambda(\tau)$，Stigge 等[26] 提出一种具有伪多项式时间复杂度的算法。该算法基于如下观察：计算 $\lambda(\tau)$ 只需要考虑简单环。相似的，引理 1.1 表明我们也能够通过迭代所有的简单路径计算 $\lambda^*(\tau)$。由于文献［26］的引理 V.5 的证明也可以应用到路径（不仅仅是环），因此该引理也是正确的（这里省略相应证明）。

引理 1.1　对于任意路径 π，必然存在一个简单路径 π' 满足 $\lambda(\pi') \geqslant \lambda(\pi)$。

请求函数（request function，RF）和相干函数（interference function，IF）分别表示一个有向图实时任务中给定路径的执行请求和执行负载。

定义 1.2　对于任务 τ，任务图 $\mathcal{D}(\tau)$ 上的路径 $\pi = (v_1, \cdots, v_{|\pi|})$ 在任意长度为 t 的间隔时间上的最大累积执行请求（cumulative execution request）定义为它的请求函数 $\tau.rf_\pi(t)$[36-38]，即：

$$\tau.rf_\pi(t) = \max\{e(\pi') \mid \pi' \text{是路径 } \pi \text{ 的前缀,并且 } p(\pi') < t\} \tag{1.15}$$

式中：路径 π 的前缀指的是 π 开始于节点 v_1 的子路径。

定义 1.3　对于任务 τ，任务图 $\mathcal{D}(\tau)$ 上的路径 $\pi = (v_1, \cdots, v_{|\pi|})$ 在任意长度为 t 的间隔时间上的最大执行的负载（executed load）定义为它的相干函数 $\tau.if_\pi(t)$[38]，即：

$$\tau.if_\pi(t) = \max\{ee(\pi', t) \mid \pi' \text{是路径 } \pi \text{ 的前缀,并且 } p(\pi') < t\} \tag{1.16}$$

式中：$ee(\pi',t) = \sum_{i=1}^{|\pi|-1} e(v_i) + \min\{e(v_{|\pi|}), \max[0, t-p(\pi)]\}$。

另外，对于具有 l-MAD 特性的任务，文献［72］定义了需求函数（demand function，DF）。相对于 RF 和 IF 函数，DF 的限定性更强，它要求任务的时限也要在给定的间隔时间内。

定义 1.4　对于具有 l-MAD 特性的任务 τ，任务图 $\mathcal{D}(\tau)$ 上的路径 $\pi = (v_1, \cdots, v_{|\pi|})$ 的任务释放和时限均在长度为 t 的间隔时间内的最大累积执行需求定义为它的需求函数 $\tau.df_\pi(t)$[72]，即：

$$\tau.df_\pi(t) = \max\{e(\pi') \mid \pi' \text{是路径 } \pi \text{ 的前缀,并且 } d(\pi') \leqslant t\} \quad (1.17)$$

式中：$d(\pi) = p(\pi) + d(v_{|\pi|})$。

通过这些定义，对于任意 $t \leqslant 0$，$\tau.rf_\pi(t) = \tau.if_\pi(t) = \tau.df_\pi(t) = 0$。RF 函数是一个非递减阶梯函数，它的水平部分是左开右闭的。IF 函数是一个非递减连续倾斜阶梯函数，其中每部分的斜率是 0 或 1[38]。同时，DF 与 RF 一样也是非递减阶梯函数，但是它的水平部分是左闭右开的。事实上，我们可以简单验证：IF 能够通过 RF 进行构造，只需要用倾斜部分替换掉 RF 的垂直部分。为了简化，在本节其余部分，我们称这样的关系为垂直到斜率一替换（vertical-to-slope-one-replacement）。然而，一般来说，由于 DF 函数考虑了时限，DF 和 RF 之间不存在类似这样的简单关系。

定理 1.5　对于任务 τ 中的同一路径 $\pi = \{v_1, \cdots, v_{|\pi|}\}$ 的两个函数 RF 和 IF，存在垂直到斜率一替换关系，对于 RF 的任意垂直部分定义如下：

$$\tau.rf_\pi(t^+) = \tau.rf_\pi(t) + \kappa, \kappa > 0 \text{ 且 } t^+ \triangleq \lim_{\epsilon \to 0, \epsilon > 0} t + \epsilon \quad (1.18)$$

必然有：

$$\tau.if_\pi(t) = \tau.rf_\pi(t) \text{ 和 } \forall t' \in [0,\kappa], \tau.if_\pi(t+t') = \tau.if_\pi(t) + t' \quad (1.19)$$

证明： 证明是直接的。简单来讲，基于 RF 的定义，对于任意 t 满足式（1.18），必然存在路径 π 的前缀 π' 以致 $t = p(\pi')$ 和 $\kappa = e(v_j)$，其中 v_j 是 π' 的最后一个节点。根据式（1.11）的假设，可以断言 $\tau.if_\pi(t) = \tau.rf_\pi(t) = \sum_{i=1}^{j-1} e(v_i)$。另外，基于 IF 的定义，最终有 $\forall t' \in [0,\kappa]$，$\tau.if_\pi(t+t') = \tau.if_\pi(t) + t'$。

然而，任务级抽象函数（RBF 和 IBF）不存在这样的关系，我们将在第 1.2.3 节中提供一个反例。

例 1.2　作为一个例子，图 1.12 展示了在图 1.11 中的有向图的路径 $\pi = (v_1, v_2)$ 的 RF、IF 和 DF 三种函数。我们可以简单验证 RF 和 IF 满足定理 1.5。

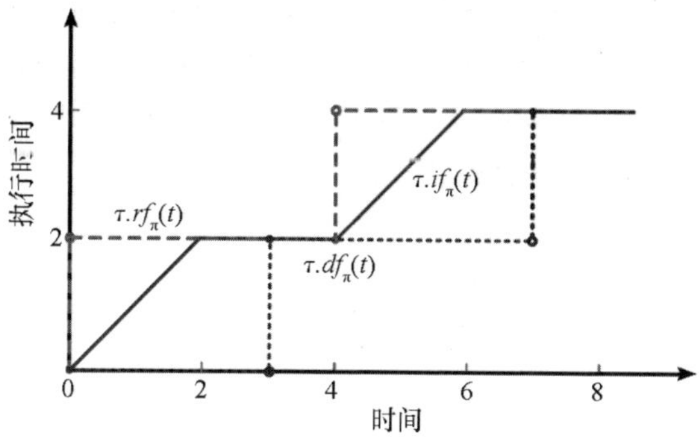

图 1.12　图 1.11 中路径 $\pi=(v_1, v_2)$ 的三个函数 RF，IF 和 DF

2. **任务级抽象函数**

为了推导出更快的分析技术，以上函数被进一步抽象和定义在给定的任务（而不是路径）。下面我们定义这些新的函数，命名为请求限定函数（RBF），相干限定函数（IBF）和需求限定函数（DBF）。简单而言，RBF（IBF 或 DBF）能够被看作所有路径的相应路径级函数 RF（IF 或 DF）的最接近的上限阈值。

定义 1.5　对于任务 τ，它的任务释放在任意长度为 t 的间隔时间内的最大累积执行请求定义为它的请求限定函数 $\tau.rbf(t)$[23]，即：

$$\forall t \geqslant 0, \tau.rbf(t) = \max_{\pi \in \mathcal{D}(\tau)} \{\tau.rf_\pi(t)\} \tag{1.20}$$

定义 1.6　对于任务 τ，它的任务释放在任意长度为 t 的间隔时间内的最大数量的执行负载定义为它的相干限定函数 $\tau.ibf(t)$[38]，即：

$$\forall t \geqslant 0, \tau.ibf(t) = \max_{\pi \in \mathcal{D}(\tau)} \{\tau.if_\pi(t)\} \tag{1.21}$$

为了检验系统的可调度性，也可以使用任务的执行需求，通过任务的需求限定函数（DBF）表示。

定义 1.7　对于任务 τ，它的任务释放并且时限均在间隔时间 t 内，其最大的累积执行需求定义为它的需求限定函数 $\tau.dbf(t)$[23,26]，即：

$$\forall t \geqslant 0, \tau.dbf(t) = \max_{\pi \in \mathcal{D}(\tau)} \{\tau.df_\pi(t)\} \tag{1.22}$$

直观来说，RBF 和 IBF 函数分别量化最大累积执行请求和负载，而 DBF 函数度量任务释放和必须被完成在给定的间隔时间内的执行时间的大小。与 RF 函数相同，RBF 函数是一个非递减阶梯函数，它的水平部分是左开右闭的。同时，IBF 函数继承了 IF 的特性，也是一个连续倾斜阶梯函数。如同 DF 函数，DBF 函数是一个阶梯函数，它的水平部分是左闭右开的。

例 1.3　图 1.13 给出了图 1.11 中有向图例子的 RBF，IBF 和 DBF 三种函

数。一般来讲，RBF 和 IBF 不满足垂直到斜率一替换关系。这是因为对于给定时间 t，贡献给 RBF 的路径可能不同于贡献给 IBF 的路径。考虑时间 $t\in(2, 3)$，我们有 $\tau.rbf(t)=\tau.rf_{(v_3,v_1)}(t)=3$。然而，$\tau.if_{(v_3,v_1)}(t)=1+(t-2)=t-1$，这小于路径 (v_1, v_2) 的 IF 函数值：$\tau.if_{(v_1,v_2)}(t)=2$。

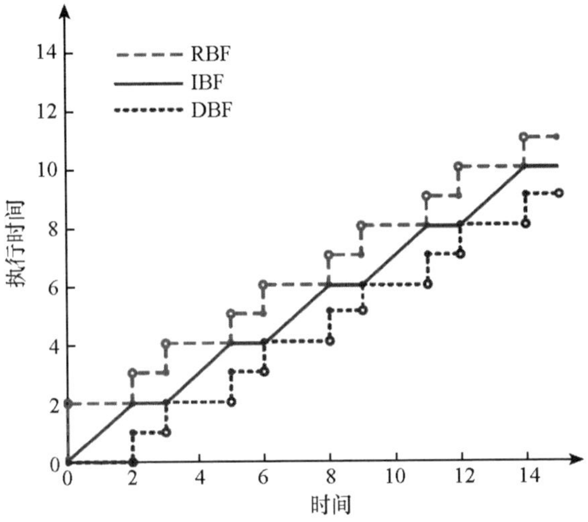

图 1.13　图 1.11 中的有向图例子的 RBF，IBF 和 DBF 三种函数

基于定义，RBF，IBF 和 DBF 函数能够通过搜索所有可能路径的 RF，IF 和 DF 的最大值。然而，由于路径数量（复杂性）是任务图大小的指数关系，这种简单的做法不具有可扩展性。采用动态规划（dynamic programming）技术能够高效计算这些函数[26]，并且算法复杂度与间隔时间 t 具有多项式关系。

定理 1.6　对于一个一般有向图实时任务 τ，它的 RBF 和 DBF 函数是近似线性周期的（almost linear periodic）[34,39]，即存在一个实数 q 和一对整数 r 和 p 满足：

$$\forall t>r, \tau.rbf(t+p)=\tau.rbf(t)+p\cdot q \tag{1.23a}$$

$$\forall t>r, \tau.dbf(t+p)=\tau.dbf(t)+p\cdot q \tag{1.23b}$$

式中：r，p 和 q 分别为线性退化（linear defect）、线性周期（linear period）和线性因子（linear factor）。可以证明线性因子与任务利用率是相同的[34,39]，即 $q=\lambda(\tau)$。定理 1.6 允许 RBF 和 DBF 函数以间隔时间长度的渐近复杂度计算。进一步，用来证明线性周期性的任务图转换也允许推导出 RBF 和 DBF 的紧致的线性限定：

$$\forall t>0, \tau.rbf(t) \leqslant C^{rbf} + \lambda(\tau)\cdot t \tag{1.24a}$$

$$\forall t>0, \tau.dbf(t) \leqslant C^{dbf} + \lambda(\tau)\cdot t \tag{1.24b}$$

式中：C^{rbf}和C^{dbf}为固定的。

在第 1.2.4 节中，我们证明对于任意的有向图实时任务，它的 IBF 与 RBF 和 DBF 具有相同的线性周期特性，并且为 IBF 提供了一个相似的线性上界。

1.2.3.2 帧分离特性下的响应时间分析

一旦这些函数能够被计算，我们可以分析有向图实时任务系统的响应时间。我们首先考虑实时任务满足帧分离特性。根据该特性，任务释放的任意实例的绝对时限不大于下一个任务实例的释放时间。因此，节点的可调度性不会被相同有向图实时任务的其他节点影响。假设分析任务 τ_v 中的节点 v，让 $\Gamma=\{\tau_1, \cdots, \tau_n\}$表示所有具有更高优先级的任务集合，$\Pi(\Gamma)$是 Γ 中的所有路径组合的集合，并且 $\sigma=(\pi_1, \cdots, \pi_n)$ 表示 $\Pi(\Gamma)$集合中的一个元素。v 的严格响应时间是集合 $\Pi(\Gamma)$中的所有路径组合的最大值，通过下式计算[38]：

$$\begin{aligned} R(v,\Gamma) &= \max_{\sigma\in\Pi(\Gamma)}\left\{\min_{t>0}\left[t \mid e(v) + \sum_{\pi_i\in\sigma}\tau_i.rf_{\pi_i}(t) \leqslant t\right]\right\} \\ &= \max_{\sigma\in\Pi(\Gamma)}\left\{\min_{t>0}\left[t \mid e(v) + \sum_{\pi_i\in\sigma}\tau_i.if_{\pi_i}(t) \leqslant t\right]\right\} \end{aligned} \tag{1.25}$$

由于 RF 和 IF 在响应时间计算上是等效的[38]，式（1.25）既可以使用 RF，也可以使用 IF。任务的严格可调度性分析是基于测试所有的节点是否都满足条件 $R(v, \Gamma)\leqslant d(v)$。

如同式（1.25）展示的，严格分析要求全面检查高优先级任务的请求函数的所有组合情况，等价于考虑高优先级任务的所有组合路径。然而，有向图中的路径数量与节点数是成指数关系的。为了提高分析效率，文献［73］提出了迭代精炼方法，其先检验路径的抽象的可调度性，如果没有满足可调度性条件则进行精炼操作。然而，在最坏情况下，这种迭代精炼方法不能降低复杂度。

可选的，近似响应时间分析提供了充分的判断条件。相似于式（1.25），对于一个节点 v 和它的相干任务集合 Γ，它的近似响应时间能够通过下式计算[38]：

$$R_{rbf}(v,\Gamma) = \min_{t>0}\left\{t \mid e(v) + \sum_{\tau_i\in\Gamma}\tau_i.rbf(t) \leqslant t\right\} \tag{1.26a}$$

$$R_{ibf}(v,\Gamma) = \min_{t>0}\left\{t \mid e(v) + \sum_{\tau_i\in\Gamma}\tau_i.ibf(t) \leqslant t\right\} \tag{1.26b}$$

式（1.26）提供了节点 v 的两种响应时间 $R_{rbf}(v,\ \Gamma)$ 和 $R_{ibf}(v,\ \Gamma)$，其分别利用 RBF 和 IBF 函数计算。由于每个高优先级任务 τ_i 被抽象成一个单一 RBF 或 IBF 函数，因此避免了在严格响应时间计算中的路径组合问题[38]。如果 $R_{rbf}(v,\ \Gamma)\leqslant d(v)$ 或 $R_{ibf}(v,\ \Gamma)\leqslant d(v)$，那么节点 v 被认为是可调度的。另外，由于 $\forall t\geqslant 0$，$\tau.ibf(t)\leqslant \tau.rbf(t)$，下列不等式总是成立[38]：

$$R(v,\Gamma)\leqslant R_{ibf}(v,\Gamma)\leqslant R_{rbf}(v,\Gamma) \tag{1.27}$$

近似率（approximation ratio）[14] 和加速因子（speedup factor）[38,74] 这两个概念能够支持度量（相对于严格响应时间）任意近似响应时间分析的近似质量。

定义 1.8　响应时间分析方法 A 有一个 c 的近似率，该方法评估的响应时间 R_A 能够被严格响应时间 R 的 c 倍所限定，即 $R\leqslant R_A\leqslant c\cdot R$；如果这样的固定值 c 不存在，方法 A 被称为没有近似率[14]。

定义 1.9　响应时间分析方法 A 有一个 u 的加速因子，在速度 $-u$ 的处理器上采用该方法评估得到的响应时间 R_A^u 能够被严格响应时间 R 限定，即 $R_A^u\leqslant R$；如果这样的固定值 u 不存在，方法 A 被称为没有加速因子[38,74]。

文献［38］确定基于 RBF 和 IBF 函数的响应时间分析具有限定的加速因子，如下列定理所示。

定理 1.7　RBF 分析具有 2 的加速因子，同时 IBF 分析具有 $1+\sqrt{m^2-m}/m$ 的加速因子，其中 m 是高优先级任务的数量[38]。

我们现在证明这两个分析技术没有近似率。这意味着基于 RBF 和 IBF 函数的近似分析方法得到的响应时间可以任意大于严格响应时间。

定理 1.8　RBF 和 IBF 分析没有近似率。

证明： 对于任意给定的近似率 $c>1$，我们按照如下规则构造一个反例任务系统。反例包括一个需要分析的任务，其只有一个节点 v 和具有两个高优先级任务的任务集合 $\Gamma=\{\tau,\ \tau'\}$。节点 v 的 WCET 是 2，即 $e(v)=2$。

图 1.14(a)～(b)刻画了两个相干任务 τ 和 τ' 的有向图，其中 $\kappa=5\lceil c\rceil$（强制要求 κ 是正整数）。图 1.14（c）表示请求限定函数的和［即 $\tau.rbf(t)+\tau'.rbf(t)+e(v)$］和相干限定函数的和［即 $\tau.ibf(t)+\tau'.ibf(t)+e(v)$］。通过应用式（1.26），$R_{rbf}(v,\ \Gamma)$ 是请求限定函数的和与斜率为 1 的曲线的第一个交叉点。相似地，$R_{ibf}(v,\ \Gamma)$ 是相干限定函数的和与斜率为 1 的曲线的第一个交叉点。从图 1.14（c）中可以看出，$R_{rbf}(v,\Gamma)=R_{ibf}(v,\Gamma)=2\kappa^2+4\kappa$。

可以简单验证：严格响应时间是 $R(v,\ \Gamma)=5\kappa+1$，其中从 Γ 中贡献的路径组合是$(v_1,(v'_2,v'_1))$或$((v_2,v_1),v'_1)$。作为结果，近似率是$\frac{R_{rbf}(v,\Gamma)}{R(v,\Gamma)}=\frac{R_{ibf}(v,\Gamma)}{R(v,\Gamma)}=\frac{2\kappa^2+4\kappa}{5\kappa+1}>\frac{2\kappa}{5}=2\lceil c\rceil>c$。

由于给定任意的$c>1$，我们都能够构造一个任务系统反例使得近似率大于c。因此，基于 RBF 和 IBF 函数的分析不存在限定的近似率。

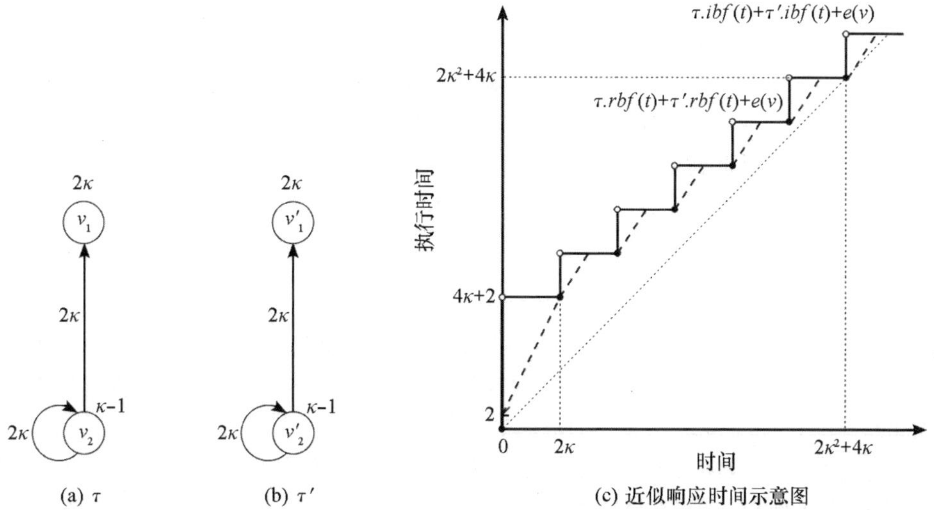

图 1.14　应用在定理 1.8 证明中的一个例子

1.2.3.3　任意时限特性下的响应时间分析

在 l-MAD 和任意时限特性下，节点v会被它的前向节点$u((u,v)\in\mathbb{E})$影响，即便u被假设是可调度的。这是因为当节点v被释放后u也可以继续执行。因此，式（1.25）和式（1.26）不再成立。我们首先总结下具有 l-MAD 特性的任务的近似可调度性分析。

如下定理利用任务级负载函数（RBF，IBF 和 DBF）为具有 l-MAD 特性的任务提供了检查可调度性的充分条件。

定理 1.9　对于任务τ和它的相干任务集合Γ具有 l-MAD 特性，如果满足：

$$\forall t\geqslant 0,\exists t'\leqslant t,\ s.t.\ \ \tau.dbf(t)+\sum_{\tau_i\in\Gamma}\tau_i.rbf(t')\leqslant t \tag{1.28}$$

则τ是可调度的[23]。

定理 1.10　对于任务 τ 和它的相干任务集合 Γ 具有 l-MAD 特性，如果满足：

$$\forall t \geqslant 0, \exists t' \leqslant t, \text{ s.t. } \tau.dbf(t) + \sum_{\tau_i \in \Gamma} \tau_i.ibf(t') \leqslant t' \tag{1.29}$$

则 τ 是可调度的。

定理 1.10　是一个简单扩展，可以采用与定理 1.9 相同的方法进行证明（在此省略证明过程）。

一般来说，对于定理 1.9 和 1.10，检查所有的 $t \geqslant 0$ 是不实用的。实际上，可调度性测试条件的时间实例 t 的上限 t_f 能够被推导出。对于任务 τ 和它的相干任务集合 Γ，如果利用率总和不大于 100%（否则，系统不可调度），一个上限 t_f 能够按照下式给出[34]：

$$t_f = \frac{\tau.C^{dbf} + \sum_{\tau_i \in \Gamma} \tau_i.C^{rbf}}{1 - \lambda(\tau) - \sum_{\tau_i \in \Gamma} \lambda(\tau_i)} \tag{1.30}$$

该公式利用了式（1.20）中 RBF 和 DBF 的线性上限。在第 1.2.5 节中，我们给出一个关于相干限定函数的线性上限，其能够进一步优化式（1.30）中的 t_f。

然而，对于具有任意时限特性的任务，定理 1.9 和定理 1.10 中的分析方法不能直接使用。没有 l-MAD 特性，节点 v 可能会有一个相比于这个任务之前释放的其他任务实例更小的绝对时限。因此，v 的执行需要等待之前任务的结束而无视其时限设置。另一方面，DF 和 DBF 函数不能够正确获得可能的执行干扰。下面，我们提供一个例子。

例 1.4　图 1.15 给出了定理 1.9 和 1.10 不适用的例子，其中任务具有任意时限特性并且 τ_1 的优先级高于 τ_2，以及 τ'_2 是 τ_2 通过设置 $d(v_2)$ 为 8 的转换后的有向图。由于 v_2 的时限大于 t，我们有 $\forall t \in [4, 19]$，$\tau_2.dbf(t) = 2$。因此，DBF 函数不能很好地采集 v_2 对 v_3 的干扰。最终，我们能够验证 $\forall t \in [4, 19]$，这表明式（1.28）或式（1.29）中的可调度性测试条件总是被满足（考虑 $t' = 4$）。一般来说，定理 1.9 和 1.10 判定 τ_2 是可调度的。但事实上，关于 τ_2 的可调度性结果提供了一个错误的判定。

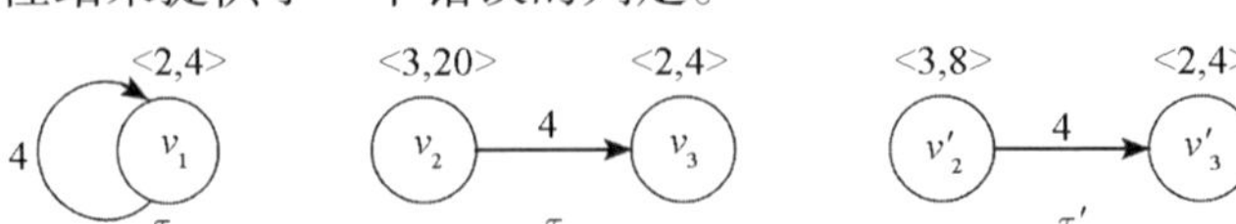

图 1.15　一个具有任意时限特性的任务例子

为了正确验证任意时限特性的有向图实时任务的可调度性，我们可以通过修改节点的时限，将这些有向图转换到满足 l-MAD 特性的新图。这种修改过程叫作时限修剪（deadline cutting），具体过程如下。如果存在任意边$(v_i, v_j) \in \mathbb{E}$不满足式（1.13）（即 l-MAD 特性），节点 v_i 的时限被设置为 $\min\{d(v_i), d(v_j)+p(v_i,v_j)\}$。值得指出的是：由于对于任意边$(v_i, v_j) \in \mathbb{E}$，如果 v_j 是可调度的，那么 v_i 在 0 时刻释放的任务必然在 $d(v_j)+p(v_i, v_j)$ 之前完成。因此，这样的时限修改不影响原来任务的可调度性。以图 1.15 为例，经过时限修剪，$d(v_2)$被设置为 8。因此，对于转换的任务 τ'_2，我们有 $\tau'_2.\,dbf(8)=5$。结果是，可以验证 $\exists t=8$，$\forall t' \leqslant t$，$s.\,t.\ \tau'_2.\,dbf(t)+\tau_1.\,rbf(t')>t'$。

这表明式（1.28）不被满足，并且定理 1.9 避免了在 τ_2 的可调度性判定上的可能的错误结论。相似的结论也可以应用到定理 1.10。

可选地，我们也可以通过计算节点的 WCRT 来验证 τ_2 的可调度性。通过基于之后开发的式（1.33）的严格分析，节点 v_3 的严格响应时间是 7，其超出了时限 4。

下面，我们考虑如何为任意时限特性的任务推导安全的响应时间分析。考虑任务 τ_v 中的节点 v，令 π_v 为 $\mathcal{D}(\tau_v)$ 中的任意路径，并且结束在节点 v。我们使用与第 1.2.3 节相同的标记 Γ（高优先级任务集）、$\Pi(\Gamma)$（Γ 的路径组合）和 σ[$\Pi(\Gamma)$中的一个元素]。因此，我们能够表达节点 v 的严格响应时间，施加影响的本身任务 τ_v 路径 π_v 和 Γ 中的相干路径组合 σ。这随后被使用去计算节点 v 的严格响应时间：

$$\begin{aligned} R(\pi_v,\sigma) &= \min_{t>p(\pi_v)}\{t-p(\pi_v) \mid \tau_v.\,rf_{\pi_v}(t)+\sum_{\pi_i\in\sigma}\tau_i.\,rf_{\pi_i}(t)\leqslant t\} \\ &= \min_{t>p(\pi_v)}\{t-p(\pi_v) \mid \tau_v.\,if_{\pi_v}(t)+\sum_{\pi_i\in\sigma}\tau_i.\,if_{\pi_i}(t)\leqslant t\} \end{aligned} \quad (1.31)$$

相似于帧分离特性，在推导这个公式中，RF 和 IF 函数的等效性可以被简单证明。

式（1.31）的思路是去找到第一个连续繁忙时间间隔（continuously-busy time interval）[0，t]，称之为繁忙时段（busy period）。这存在两种情况：

（1）如果 $t>p(\pi_v)$，这意味着繁忙时段结束在节点 v 的释放时间 $p(\pi_v)$ 之后。节点 v 在时刻 t 完成执行，这样节点 v 的响应时间能够通过 $t-p(\pi_v)$ 计算。

（2）否则，节点 v 必然在繁忙时段结束之后到来。组合路径 σ 和 π_v 在繁忙时段内释放的任务不会影响节点 v 的执行。注意在这种情况下 $R(\pi_v, \sigma)$是负数。

尽管由于情况（2）不能够预先获得，因此需要包括在计算中，但是这不影响确定 v 的真实响应时间。这是因为两个 max 操作在 $\Pi(\Gamma)$ 中的所有路径组合[式(1.32)]和所有可能路径 π_v[式(1.33)]。对于 $\pi_v=(v)$ 的情况，响应时间 $R(\pi_v, \Gamma)$ 是正数，因此高于在情况（b）下得到的负数的响应时间。

路径 π_v 的响应时间是 $\Pi(\Gamma)$ 的所有路径组合的最大值，通过下式计算：

$$R(\pi_v,\Gamma)=\max_{\sigma\in\Pi(\Gamma)}R(\pi_v,\sigma) \tag{1.32}$$

节点 v 的响应时间可以通过枚举所有结束在自己本身的路径计算，表达如下：

$$R(v,\Gamma)=\max_{\pi_v\in\mathcal{D}(\tau_v)}R(\pi_v,\Gamma) \tag{1.33}$$

直观来讲，式（1.33）检查所有的 v 释放的可能繁忙时段。任意节点 v 的最大响应时间发生在当 τ_v 和它的相干任务集 Γ 同时到达时。因此，这个公式能够正确计算 v 的严格响应时间。进一步，它是第 1.2.3 节中的式（1.25）的一般化：在帧分离特性下当 $\pi_v=(v)$ 时 $R(v, \Gamma)$ 取得最大值。明显地，式（1.33）比式（1.25）具有更高的复杂度。

例 1.5　现在我们在图 1.15 的例子中应用严格分析。通过式（1.33），v_3 的严格响应时间是 7，其中从 τ_2 中施加最大影响的路径是 $\pi_{v_3}=(v_2, v_3)$ 和从 τ_1 中施加最大影响的路径是 (v_1, v_1, v_1)。因此，v_3 的时限不能被满足，并且任务 τ_2 是不可调度的。

为了降低分析复杂度，我们使用 RBF 和 IBF 函数去开发近似响应时间，表达如下：

$$\begin{aligned}R_{rbf}(v,\Gamma)&=\max_{\pi_v\in\mathcal{D}(\tau_v)}R_{rbf}(\pi_v,\Gamma)\\&=\max_{\pi_v\in\mathcal{D}(\tau_v)}\left\{\min_{t>0}\left[t-p(\pi_v)\,|\,\tau_v.\,rf_{\pi_v}(t)+\sum_{\tau_i\in\Gamma}\tau_i.\,rbf(t)\leqslant t\right]\right\}\end{aligned} \tag{1.34}$$

$$\begin{aligned}R_{ibf}(v,\Gamma)&=\max_{\pi_v\in\mathcal{D}(\tau_v)}R_{ibf}(\pi_v,\Gamma)\\&=\max_{\pi_v\in\mathcal{D}(\tau_v)}\left\{\min_{t>0}\left[t-p(\pi_v)\,|\,\tau_v.\,if_{\pi_v}(t)+\sum_{\tau_i\in\Gamma}\tau_i.\,ibf(t)\leqslant t\right]\right\}\end{aligned} \tag{1.35}$$

一般来说，$\mathcal{D}(\tau_v)$ 中的 π_v 路径数量可能会很大甚至是无穷的。然而，我们可以仅仅考虑路径 π_v 满足 $p(\pi_v)\leqslant\mathcal{L}_{rbf}$，其中 $\mathcal{L}_{rbf}$ 是最小的 $t>0$，满足

$\sum_{\tau_i \in \Gamma \cup \{\tau_v\}} \tau_i.\ rbf(t) \leqslant t$。本质上，$\mathcal{L}_{rbf}$能够通过使用$\tau_v.\ rbf(t)$作为路径$\pi_v$的$rf(t)$的安全上界来进行推导。对于任意路径$\pi_v$满足$p(\pi_v) > \mathcal{L}_{rbf}$，$v$的前向节点被确保在释放时间$p(\pi_v)$之前完成，因此它们不会影响$v$的执行。相似的原因也可以应用到推导限定$\mathcal{L}_{ibf}$，最小的$t>0$满足$\sum_{\tau_i \in \Gamma \cup \{\tau_v\}} \tau_i.\ ibf(t) \leqslant t$。

1.2.4　确定 IBF 的线性周期

在本节中，我们将确定 IBF 函数是线性周期的，其证明依赖于粒度有向图实时任务（grained digraph real-time task，GDRT）的有向图实时任务转换。这种有向图实时任务转换不同于为了证明 RBF 函数的周期性而提出的转换。简单来讲，在证明 RBF 的线性周期[34]，转换的单位有向图实时任务（unit digraph real-time task，UDRT）与原图具有相同的 RBF。然而，如同我们在之前的例子 1.2.3 所显示的，一般来说，有向图实时任务的 RBF 和 IBF 函数不存在直接关系。因此，我们需要一种新的方法去证明 IBF 的线性周期。

我们首先描述从有向图实时任务到一个 GDRT 的转换规则。转换后的 GDRT 具有与原任务相同的 IBF 函数。注意到 GDRT 是一种特殊的有向图实时任务，因此它的 RBF 也是线性周期的。另外，我们能够证明当时间长度t是正数时，对于任意 GDRT 的 IBF 等于它的 RBF。这充分了保证了在 IBF 和 RBF 函数之间的垂直到斜率—替换关系，这样我们便可断言 GDRT 的 IBF 具有线性周期的特性，最终原有向图实时任务也具有该特性。

1.2.4.1　任务图转换

对于通用的有向图实时任务，我们转换它到另一种有向图实时任务，叫作 GDRT。在 GDRT 中，所有的释放间隔时间等于 1（与 UDRT 相同），并且每个节点的 WCET 等于 0 或 1。更具体地，对于一个有向图实时任务$\mathcal{D}(\tau) = (\mathbb{V}, \mathbb{E})$，我们生成一个相应的 GDRT $\mathcal{D}(\tau') = (\mathbb{V}', \mathbb{E}')$通过以下规则：

（1）每个节点$v_i \in \mathbb{V}$对应到在V'中的k_i个节点$\nu_{i,1}$，$\nu_{i,2}$，…，ν_{i,k_i}，其中$k_i = \max\{m_i,\ \max_{(v_i,v_j) \in \mathbb{E}} k_{i,j}\}$，$m_i = e(v_i)$，并且$k_{i,j} = p(v_i, v_j)$；

（2）在 GDRT 中的节点$\nu_{i,1}$，…，ν_{i,m_i}的执行时间是 1，并且所有其他的节点ν_{i,m_i+1}，…，ν_{i,k_i}的执行时间是 0；

（3）对于每个节点$\nu_{i,k}(1 \leqslant k \leqslant k_i - 1)$，添加一个边$(\nu_{i,k}, \nu_{i,k+1}) \in \mathbb{E}'$去连

接这些节点，从而构成一个链状拓扑结构；

（4）每个边$(v_i, v_j) \in \mathbb{E}$对应到边$(\nu_{i,k_{i,j}}, \nu_{j,1}) \in \mathbb{E}'$；

（5）在集合$\mathbb{E}'$中的所有边的最小释放间隔时间是1；

（6）由于只关心转换图的 RBF 和 IBF 函数，节点的时限可以被任意设置。

对于有向图实时任务τ，转换的 UDRT[34,39]和我们提到的 GDRT 是同构的（isomorphic），也就是说它们具有相同的图结构。它们的边上的标签（任务释放间隔时间）也是完全相同的（都等于1）。唯一的不同在 WCET 的分布：对于$\mathcal{D}(\tau)$中的节点v_i，它的执行时间$e(v_i)$在 GDRT 中均匀分发给节点$\nu_{i,1}$，…，$\nu_{i,e(v_i)}$，然而在 UDRT 中却累积在节点$\nu_{i,1}$。

例 1.6 对于在图 1.11 中的有向图实时任务τ，转换的 GDRT 如图 1.16 所示。τ中的节点v_1被转换到τ'中的四个节点$\nu_{1,1}$、$\nu_{1,2}$、$\nu_{1,3}$和$\nu_{1,4}$，v_2被转换到$\nu_{2,1}$、$\nu_{2,2}$、和$\nu_{2,3}$，以及v_3被转换到$\nu_{3,1}$和$\nu_{3,2}$。节点$\nu_{1,1}$、$\nu_{1,2}$、$\nu_{2,1}$、$\nu_{2,2}$和$\nu_{3,1}$的 WCET 被赋值为1，同时所有其他节点的执行时间为0。最小释放间隔时间等于1，另外图中忽略节点的时限。作为比较，图 1.17 刻画了图 1.11 转换的 UDRT。能够简单验证，这两个图是同构的。

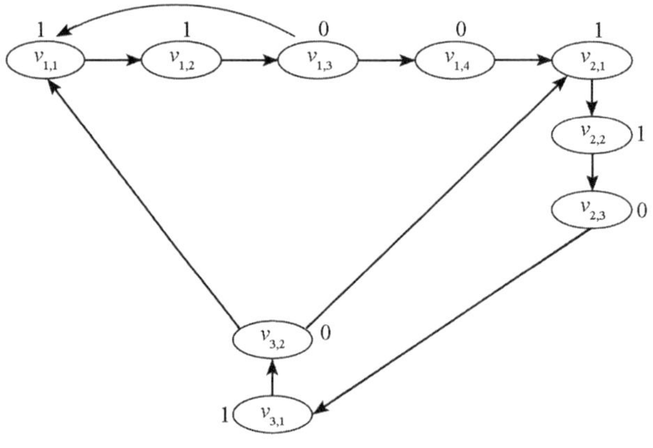

图 1.16 图 1.11 转换的粒度有向图实时任务

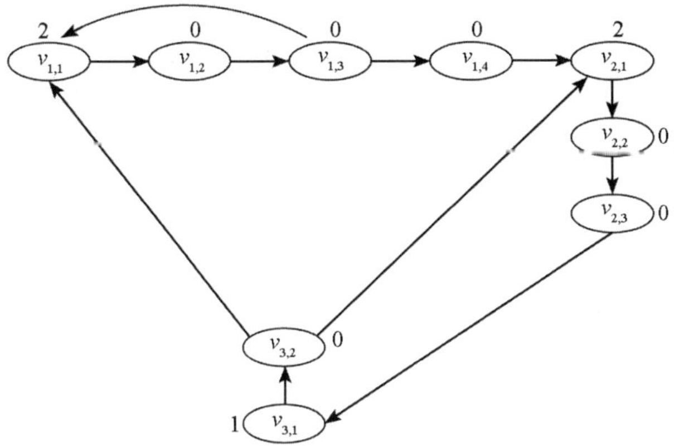

图 1.17　图 1.11 转换的单位有向图实时任务

下面的转换特性允许我们使用转换 GDRT 去研究有向图实时任务的 IBF 函数。

引理 1.2　有向图实时任务 $\mathcal{D}(\tau)$和它的转换 GDRT $\mathcal{D}(\tau')$的相干函数是相同的。

证明：（1） $\forall t\geqslant 0$，$\tau'.ibf(t)\leqslant\tau.ibf(t)$。假设 $\mathcal{D}(\tau')$中的任意路径 $\pi'=(\nu_{1,x},\cdots,\nu_{1,k_{1,2}},\nu_{2,1},\cdots,\nu_{2,k_{2,3}},\cdots,\nu_{j,1},\cdots,\nu_{j,y})$，其中 $1\leqslant x\leqslant k_{1,2}$和 $1\leqslant y\leqslant k_j$。之后，我们证明对任意的 $t\geqslant 0$ 存在一个结束在节点 v_j 的路径 π，以致对任意的 $t\geqslant 0$，$\tau'.if_{\pi}'(t)\leqslant\tau.if_{\pi}(t)$。证明是通过关于 j 的数学归纳法，ν 的第一个索引。

初始步($j=1$)。在这种情况，$\pi'=(\nu_{1,x},\cdots,\nu_{1,y})$。考虑 τ 中的路径 $\pi=(v_1)$。基于 IF 的定义，对于任意 $t\geqslant 0$，$\tau'.if_{\pi}'(t)\leqslant\tau.if_{\pi}(t)$显然成立。因此，$\tau'.ibf(t)\leqslant\tau.ibf(t)$。

递归步。对于 $j=n$，我们假设对于在 $\mathcal{D}(\tau')$中的每个路径 π'存在一个结束在 v_j 的路径 π，其满足对于任意 $t\geqslant 0$，$\tau'.if_{\pi}'(t)\leqslant\tau.if_{\pi}(t)$成立。现在我们考虑 $j=n+1$ 的情况。路径 π'能够被表达为：

$$\pi'=(\underbrace{\nu_{1,x},\cdots,\nu_{1,k_{1,2}},\nu_{2,1},\cdots,\nu_{2,k_{2,3}},\cdots,\nu_{n,1},\cdots,\nu_{n,k_{n,n+1}}}_{\pi'_n},\underbrace{\nu_{n+1,1},\cdots,\nu_{n+1,y}}_{\pi'_{n+1}})\tag{1.36}$$

基于在 $j=n$ 情况下的假设，存在一个结束在节点 v_n 的路径 π_n，以致对任意 $t\geqslant 0$，$\tau'.if_{\pi_n'}(t)\leqslant\tau.if_{\pi_n}(t)$成立。假设 $\pi=(\pi_n,\pi_{n+1})$其中 $\pi_{n+1}=(v_{n+1})$。我们讨论两种情况。

情况 1：如果 $t\leqslant p(\pi)$，我们有：

$$\tau'.if_{\pi}'(t)=\tau'.if_{\pi_n'}(t)\leqslant\tau.if_{\pi_n}(t)=\tau.if_{\pi}(t) \tag{1.37}$$

情况 2：如果 $t>p(\pi)$，可以简单验证：

$$\begin{aligned}\tau'\cdot if_{\pi}'(t)&=\tau'.if_{\pi'_n}[p(\pi_n)]+\tau'.if_{\pi'_{n+1}}[t-p(\pi_n)]\\&=\tau'.if_{\pi'_n}[p(\pi_n)]+\tau.if_{\pi_{n+1}}[t-p(\pi_n)]\\&\leqslant\tau.if_{\pi_n}[p(\pi_n)]+\tau.if_{\pi_{n+1}}[t-p(\pi_n)]\\&=\tau.if_{\pi}(t)\end{aligned} \tag{1.38}$$

结合这两种情况，递归步被证明。由于对任意路径 π' 均满足，这必然是 $\tau'.ibf(t)\leqslant\tau.ibf(t)$。

(2) $\forall t\geqslant 0$，$\tau.ibf(t)\leqslant\tau'.ibf(t)$。通过构造证明。让 $\pi=(v_1,\cdots,v_{|\pi|})$ 表示 $\mathcal{D}(\tau)$ 中的任意路径。我们构造一个相应的路径 π'，是通过用一系列的节点 $\nu_{i,k}[k=1,\cdots,k_{i,i+1}=p(v_i,v_{i+1})]$ 替换每个节点 v_i，除了路径中的最后一个节点 $v_{|\pi|}$。路径 π 中的最后一个节点 $v_{|\pi|}$ 用一系列节点 $\nu_{l,k}[k=1,\cdots,m_{|\pi|}=e(v_{|\pi|})]$ 替换。根据 π' 的构造方式，π' 必然是 $\mathcal{D}(\tau')$ 中的一个合法路径。基于 IF 的定义，我们可以简单验证，对于任意 $t\geqslant 0$，$\tau.if_{\pi}(t)\leqslant\tau'.if_{\pi}'(t)$ 成立。因此，$\tau.ibf(t)\leqslant\tau'.ibf(t)$。

1.2.4.2 IBF 的周期性

在本节中，我们通过确定对于任意 GDRT 在任意整数时间（$\forall t\in\mathbb{N}$）的 IBF 和 RBF 是相等的来证明 IBF 的周期性。这允许我们确定转换的有向图的 IBF 函数是线性周期的，并且最终原有向图实时任务的 IBF 函数也是线性周期的。

引理 1.3 对于任意的 GDRT $\mathcal{D}(\tau')$，有如下性质：

$$\forall t\in\mathbb{N},\tau'.ibf(t)=\tau'.rbf(t) \tag{1.39}$$

证明：通过对 t 实施数学归纳法。

初始步。根据 RBF 和 IBF 函数的定义易证：对于 $t=0$，$\tau'.ibf(0)=\tau'.rbf(0)=0$。

递归步。对于 $t=k$，我们假设 $\tau'.ibf(k)=\tau'.rbf(k)$。对 GDRT 中任意节点 ν，$e(\nu)\in\{0,1\}$，$\tau'.rbf(k+1)$ 只能取两种可能值：$\tau'.rbf(k+1)=\tau'.rbf(k)$ 或 $\tau'.rbf(k+1)=\tau'.rbf(k)+1$。

情况 1：$\tau'.rbf(k+1)=\tau'.rbf(k)$。基于 RBF 和 IBF 的定义，易知 $\tau'.ibf(k+1)\leqslant\tau'.rbf(k+1)$。我们也注意到 IBF 是非递减函数，因此，$\tau'.ibf(k)\leqslant\tau'.ibf(k+1)$。结合以上事实，我们有：

$$\tau'.rbf(k) = \tau'.ibf(k) \leqslant \tau'.ibf(k+1) \leqslant \tau'.rbf(k+1) = \tau'.rbf(k)$$
$$\Rightarrow \quad \tau'.ibf(k+1) = \tau'.rbf(k+1)$$
$$(1.40)$$

情况 2：$\tau'.rbf(k+1) - \tau'.rbf(k) = 1$。通过 RBF 的定义，这必然存在一个路径 $\pi' = (\nu_1, \cdots, \nu_k, \nu_{k+1})$ 满足 $\tau'.rbf(k) = \sum_{j=1}^{k} e(\nu_j)$ 和 $e(\nu_{k+1}) = 1$。我们能够验证：

$$\begin{aligned}\tau'.ibf(k+1) &\geqslant \tau'.if_{\pi}'(k+1) \\ &= \sum_{j=1}^{k+1} e(\nu_j) \\ &= \tau'.rbf(k) + 1 \\ &= \tau'.ibf(k) + 1\end{aligned} \quad (1.41)$$

另外，基于 *ibf* 的定义，*ibf* 的增加不能大于可用的 CPU 时间，因此：

$$\forall t \geqslant 0, \tau'.ibf(t+1) - \tau'.ibf(t) \leqslant 1 \quad (1.42)$$

结合以上两个不等式：

$$\tau'.ibf(k+1) = \tau'.ibf(k) + 1 \quad (1.43)$$

通过递归步的假设和情况 2 中的条件，我们有：

$$\tau'.ibf(k+1) = \tau'.ibf(k) + 1 = \tau'.rbf(k) + 1 = \tau'.rbf(k+1) \quad (1.44)$$

因此，对于以上两种情况，递归步被证明。

我们现在能够看到任意 GDRT 的 IBF 和 RBF 函数满足垂直到斜率一替换关系。更具体地，考虑 RBF 函数的垂直部分在时间 $k \in \mathbb{N}$：$\tau'.rbf(k+1) = \tau'.rbf(k) + 1$。由于以下的两种原因，相应的 IBF 是一个斜率为 1 的部分，即 $\forall t \in [k, k+1], \tau'.ibf(t) = \tau'.ibf(k) + (t-k)$。

第一，$\tau'.ibf(k+1) = \tau'.ibf(k) + 1$ 通过引理 1.3。

第二，IBF 的斜率不能大于 1（IBF 不能够增加快于可用的 CPU 时间）因此在 $[k, k+1]$ 内必然是 1，进而满足第一中的关系。

例 1.7 图 1.18 刻画了原有向图实时任务的 RBF 和 IBF 函数，以及转换的 GDRT τ' 的 RBF 函数。可以知道 GDRT 的 RBF 具有 1 的垂直增加的阶梯形状。我们能够验证 τ' 的 IBF 和 RBF 函数满足垂直到斜率一替换关系。

值得指出的是原来的 DRT（图 1.11）不满足引理 1.3，例如在时间 $t = 1$，4，7。这是因为与 GDRT 不同，一般的原 DRT 的节点的 WCET 不是 0 或 1［例如，在图 1.11 中 $e(v_1) = 2$ 和 $e(v_2) = 2$］。

通过利用转换 GDRT 的 RBF 函数是线性周期的这个事实（定理 1.6），并

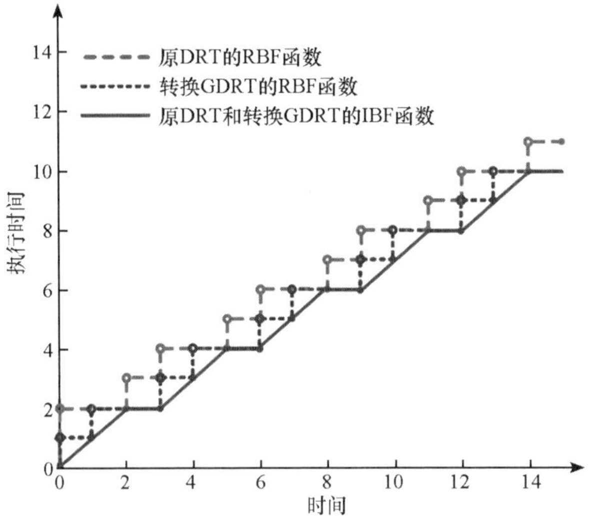

图 1.18　图 1.11 中的原有向图实时任务和图 1.16 中的转换 GDRT 的 RBF 和 IBF 函数

且原有向图实时任务和它的转换 GDRT 的 IBF 是相同的（引理 1.2），我们现在证明通用的有向图实时任务的 IBF 函数是线性周期的。

定理 1.11　通用有向图实时任务 τ 的 IBF 函数是线性周期的，即存在实数 q 与整数对 r 和 p 满足：

$$\forall t > r, \tau.ibf(t+p) = \tau.ibf(t) + p \cdot q \tag{1.45}$$

证明：对于有向图实时任务 τ，我们构造它的转换 GDRT τ'。基于定理 1.6，这存在一个实数 q' 与整数对 r' 和 p'，以致：

$$\forall t > r', \tau'.rbf(t+p') = \tau'.rbf(t) + p' \cdot q' \tag{1.46}$$

我们证明 IBF 函数具有如同式（1.45）中的周期性，其中 $r = r' + 1$，$p = p'$ 和 $q = q'$。

对于任意大于 r' 的整数 t，即 $t > r'$，$t \in \mathbb{N}$，通过引理 1.3，我们有下面关系：

$$\forall t > r' \wedge t \in \mathbb{N}, \tau'.ibf(t+p) = \tau'.ibf(t) + p \cdot q \tag{1.47}$$

对于 t 是任意实数的情况，我们建立 $\tau'.ibf(t)$ 与 $\tau'.ibf(k)$ 和 $\tau'.ibf(k+1)$ 之间的关系，在整数时间 k 和 $k+1$ 周围的，其中 $k = \lfloor t \rfloor$ 和 $\alpha = t - k$。具体如下：

$$\tau'.ibf(t) = (1-\alpha) \cdot \tau'.ibf(k) + \alpha \cdot \tau'.ibf(k+1) \tag{1.48}$$

通过考虑两种情况证明这个公式。如同在引理 1.3 中的证明，$\tau'.ibf(k+$

$1) - \tau'.ibf(k)$只能取两种可能的值：0 或 1。

情况 1：$\tau'.ibf(k) = \tau'.ibf(k+1)$。由于 IBF 函数的非递减特性，那么这必然是$\tau'.ibf(t) = \tau'.ibf(k) = \tau'.ibf(k+1)$，并且式（1.48）被满足。

情况 2：$\tau'.ibf(k+1) = \tau'.ibf(k) + 1$。通过 IBF 的定义，它的斜率不大于 1，并且有$\tau'.ibf(k+\alpha) \leqslant \tau'.ibf(k) + \alpha$。因此，$\tau'.ibf(k+\alpha) = \tau'.ibf(k) + \alpha$必然能够从时间 k 到时间 $k+1$ 增加 1。在这种情况下，式（1.48）也被满足。

随着式（1.48）被确定，我们能够推导式（1.45）是正确的。对于$\forall t > r'+1$，由于$k = \lfloor t \rfloor > r'$，式（1.46）成立。因此：

$$
\begin{aligned}
&\tau'.ibf(t+p') \\
&= \alpha \cdot \tau'.ibf(k+1+p') + (1-\alpha) \cdot \tau'.ibf(k+p') \\
&= \alpha \cdot \tau'.rbf(k+1+p') + (1-\alpha) \cdot \tau'.rbf(k+p') \\
&= \alpha \cdot [\tau'.rbf(k+1) + p' \cdot q'] + (1-\alpha) \cdot [\tau'.rbf(k) + p' \cdot q'] \\
&= \alpha \cdot \tau'.rbf(k+1) + (1-\alpha) \cdot \tau'.rbf(k) + p' \cdot q' \\
&= \alpha \cdot \tau'.ibf(k+1) + (1-\alpha) \cdot \tau'.ibf(k) + p' \cdot q' \\
&= \tau'.ibf(t) + p' \cdot q'
\end{aligned}
\tag{1.49}
$$

例 1.8　作为一个例子，图 1.11 中有向图实时任务的 IBF 函数如下的线性周期特性（其中 $p=3$，$q=\frac{2}{3}$和 $r=16$）：

$$\forall t > 16, \tau.ibf(t+3) = \tau.ibf(t) + 2 \tag{1.50}$$

1.2.4.3　计算强连通任务有向图的周期参数

为了使用周期特性去加速 IBF 的计算，最重要的事情是确定周期参数。我们集中研究强连通任务有向图（strongly connected task digraphs）的对应周期参数。这样的有向图适用于大多数应用，特别是对于安全相关的系统，因为需要将系统回溯到安全状态[34]。

通过定理 1.11 的证明，我们能够总结一些有用的特性。这提供了 GDRT 中的 IBF 和 RBF 两个函数在线性周期参数的直接关系。

推论 1.1　对于任意的有向图实时任务 τ 和它的转换 GDRT τ'，如果τ'的 RBF 函数的线性周期、线性因子和线性退化分别是 p，q 和 r，即：

$$\forall t > r, \tau'.rbf(t+p) = \tau'.rbf(t) + p \cdot q \tag{1.51}$$

必然有：

$$\forall t > r+1, \tau.ibf(t+p) = \tau.ibf(t) + p \cdot q \tag{1.52}$$

通过推论 1.1，有向图实时任务的 IBF 的每个周期参数能够通过它的转换

GDRT 的 RBF 函数的相应周期参数进行评估。注意到由于任意的 GDRT 中所有的边具有单位权重，所以 GDRT 也是一个单位有向图实时任务[21-22,34,39]。

文献［34］和［39］提出了一些算法去高效计算有向图实时任务 $\mathbb{D}(\tau)=(\mathbb{V},\mathbb{E})$ 的 RBF 函数的线性周期参数。我们总结这些算法和它们的时间复杂度如下。

（1）线性因子 q。线性因子本质上是任务图 $\mathbb{D}(\tau)$ 的最大环密度，能够使用文献［75］中的算法进行计算。时间复杂度是 $O(|\mathbb{V}||\mathbb{E}|\log(|\mathbb{V}|))$。

（2）线性周期 p。计算线性周期的详细技术细节参见文献［34］和［76］。时间复杂度是 $O(|\mathbb{V}|^3)$。

（3）线性退化 r。线性退化能够通过在原任务图 $\mathbb{D}(\tau)$ 中使用文献［26］采用的动态规划技术来计算。时间复杂度是 $O(|\mathbb{V}|+|\mathbb{E}|(r+p))$。

这些过程的复杂度都与有向图的大小相关。因此，为了得到任务 τ 的 IBF 函数的周期性参数，通过使用它的转换 GDRT τ'进行计算显然是低效的（推论 1.1）。$\mathbb{D}(\tau')$ 远大于原 DRT $\mathbb{D}(\tau)$，由于在 $\mathbb{D}(\tau)$ 中的每个节点 v_i 对应 $\mathbb{D}(\tau')$ 中的 k_i 个节点。计算 $\mathbb{D}(\tau')$ 的 RBF 函数的算法取决于 $\mathbb{D}(\tau')$ 的大小，这显然难以达到计算效率的期望。

下面，我们建立有向图实时任务的 RBF 和 IBF 两个函数的线性周期参数之间的关系，这避免了在转换的 GDRT 上直接操作带来的复杂度。特别地，我们利用有向图实时任务 $\mathbb{D}(\tau)$ 和其转换的 GDRT $\mathbb{D}(\tau')$ 和 UDRT $\mathbb{D}(\tau'')$ 上的已知结果：①τ 和 τ'的 IBF 函数是相同的（引理 1.2）；②τ 和 τ''的 RBF 函数是相等的[34]；③τ'任务的 RBF 和 IBF 函数的周期参数满足推论 1.1。我们发现 τ' 和 τ''的 RBF 函数是相同的补充缺失的关系，其呈现在引理 1.6。这允许我们为 τ 的 IBF 和 RBF 函数的周期参数提供简单的对应关系（定理 1.12）。因此，上面罗列的高效算法依然能够使用，并且时间复杂度取决于原有向图的大小，而不是转换的 GDRT 的大小。

关于 τ'和 τ''上的两个同构路径，我们首先提供对应的 RF 函数的引理如下。

引理 1.4　对于通用有向图实时任务 τ，考虑在转换 GDRT τ'中的一个路径 π'和在转换 UDRT τ''中的一个同构路径 π''，分别描述为：

$$\pi'=(\nu'_{1,x},\cdots,\nu'_{1,k_{1,2}},\nu'_{2,1},\cdots,\nu'_{2,k_{2,3}},\cdots,\nu'_{l-1,1},\cdots,\nu'_{l-1,k_{l-1,l}},\nu'_{l,1},\cdots,\nu'_{l,y}) \tag{1.53a}$$

$$\pi''=(\nu''_{1,x},\cdots,\nu''_{1,k_{1,2}},\nu''_{2,1},\cdots,\nu''_{2,k_{2,3}},\cdots,\nu''_{l-1,1},\cdots,\nu''_{l-1,k_{l-1,l}},\nu''_{l,1},\cdots,\nu''_{l,y}) \tag{1.53b}$$

其中，路径 π''能够从路径 π'转换，仅仅通过用 $\nu''_{i,j}$替换节点 $\nu_{i,j'}$，并且如果 $j=1$，则 $e(\nu''_{i,j})$赋值为 $e(v_i)$；否则赋值为 0。π'和 π''的 RF 函数满足下面特性：

$$\forall t > p(\pi') = p(\pi''), \tau'.rf_{\pi}'(t) = \tau''.rf_{\pi}''(t) + C(\pi') \tag{1.54}$$

其中，$C(\pi')$是一个固定项，并且仅仅依赖于路径 π'而与时间长度 t 不相关，$C(\pi') = \delta(x, m_1) + \gamma(y, m_l)$。

这里 $m_1 = e(v_1)$是任务 τ 中的节点 v_1 的执行时间，其被转换到 τ'中的一系列节点 $\nu'_{1,1}$，…，$\nu'_{1,k_{1,2}}$，m_l 和 v_l 被相似定义，以及 $\delta(\cdot,\cdot)$和 $\gamma(\cdot,\cdot)$函数的定义为：

$$\delta(a,b) = \begin{cases} 0, & a=1 \text{ 或 } a>b \\ b-a+1, & 1<a\leqslant b \end{cases} \tag{1.55}$$

$$\gamma(a,b) = \begin{cases} a-b, & 1\leqslant a\leqslant b \\ 0, & a>b \end{cases} \tag{1.56}$$

这里我们省略这个引理的形式化证明。直观来说，该引理来源于路径 π'和它的同构路径 π''的对应关系。π'和 π''的权重值区分在前缀子路径（prefix subpaths）$(\nu'_{1,x},\cdots,\nu'_{1,k_{1,2}})$和$(\nu''_{1,x},\cdots,\nu''_{1,k_{1,2}})$，以及在后缀子路径（suffix subpaths）$(\nu'_{l,1},\cdots,\nu'_{l,y})$和$(\nu''_{l,1},\cdots,\nu''_{l,y})$。具体的，我们有：

$$e(\pi'_1) = e(\pi''_1) + \delta(x, m_1) \tag{1.57a}$$

$$e(\pi'_l) = e(\pi''_l) + \gamma(y, m_l) \tag{1.57b}$$

这个引理表明，来源于两个任务 τ'和 τ''的两个同构路径的 RF 函数只相差一个固定项，并且依赖于对应初始和结束节点。因此，我们引入在一对节点上的精炼请求限定函数（refined request bound function）的定义[34,39]。

定义 1.10 给定节点对 v_i 和 v_j，有向图实时任务 τ 在间隔时间 t 上的精炼请求限定函数[34,39]，记为 $\tau.rbf(v_i,v_j,t)$，定义为：

$$\tau.rbf(v_i,v_j,t) = \max_{\pi: v_1=v_i, v_{|\pi|}=v_j} \tau.rf_{\pi}(t) \tag{1.58}$$

也就是说，$\tau.rbf(v_i,v_j,t)$是 τ 中任意路径 $\pi=(v_1,\cdots,v_{|\pi|})$的执行时间的总和的最大值，这些路径满足：

（1）对应第一个任务的节点是 $v_1=v_i$；

（2）对应最后一个任务的节点是 $v_{|\pi|}=v_j$；

（3）$p(\pi)<t$；

（4）$\tau.rbf(v_i,v_j,t)=\max\limits_{\pi} e(\pi)$。

如果 v_j 不能从 v_i 在任意间隔时间长度 t 内到达，那么我们定义 $\tau.rbf(v_i,$

$v_j,t)=-\infty$。通过定义，RBF 的取值范围是$\mathbb{R}^*=\mathbb{R}\cup\{-\infty\}$。

按照定义，RBF 函数是节点对 v_i 和 v_j 的最大值[34,39]：

$$\tau.rbf(t)=\max_{i,j}\{\tau.rbf(v_i,v_j,t)\} \tag{1.59}$$

对于任务 τ，考虑转换 GDRT τ'和 UDRT τ''的两个同构路径 π'和 π''，引理 1.4 表明这两个路径的权重具有固定的差异。如此简单的关系也存在于精炼请求限定函数之间，总结在如下引理中。

引理 1.5　对于通用有向图实时任务 τ，考虑转换 GDRT τ'的节点对 $\nu'_{1,x}$ 和 $\nu'_{l,y}$以及转换 UDRT τ''的同构节点对 $\nu''_{1,x}$和 $\nu''_{l,y}$，我们有下面性质：

$$\forall t\geqslant 0,\tau'.rbf(\nu'_{1,x},\nu'_{l,y},t)=\tau''.rbf(\nu''_{1,x},\nu''_{l,y},t)+\delta(x,m_1)+\gamma(y,m_l) \tag{1.60}$$

证明：考虑 τ'中的路径 $\pi'=(\nu'_{1,x},\cdots,\nu'_{l,y})$和它在 τ''中的同构路径 $\pi''=(\nu''_{1,x},\cdots,\nu''_{l,y})$。我们首先证明 $\tau'.rbf(\nu'_{1,x},\nu'_{l,y},t)$和 $\tau''.rbf(\nu''_{1,x},\nu''_{l,y},t)$满足如下性质，即 $\tau'.rbf(\nu'_{1,x},\nu'_{l,y},t)$对于路径 π'取得最大值当且仅当 $\tau''.rbf(\nu''_{1,x},\nu''_{l,y},t)$对于路径 π''取得最大值。

让 $\bar{\pi}'$表示 τ'中的任意路径，其初始和终止节点是 $\nu'_{1,x}$和 $\nu'_{l,y}$并且满足 $p(\bar{\pi}')<t$。$\bar{\pi}''$是 $\bar{\pi}'$在 τ''中的同构路径。明显地，$p(\bar{\pi}'')=p(\bar{\pi}')<t$。因此，我们有：

$$\begin{aligned}
&\tau'.rbf(\nu'_{1,x},\nu'_{l,y},t)\text{取得最大值通过路径 }\pi'\\
&\Leftrightarrow\forall\bar{\pi}',\tau'.rf_{\pi}'(t)\geqslant\tau'.rf_{\bar{\pi}}'(t)\\
&\Leftrightarrow\forall\bar{\pi}',\tau'.rf_{\pi}'(t)-C(\pi')\geqslant\tau'.rf_{\bar{\pi}}'(t)-C(\pi')\\
&\Leftrightarrow\forall\bar{\pi}',\tau'.rf_{\pi}'(t)-C(\pi')\geqslant\tau'.rf_{\bar{\pi}}'(t)-C(\bar{\pi}')\\
&\Leftrightarrow\forall\bar{\pi}'',\tau''.rf_{\pi}''(t)\geqslant\tau''.rf_{\bar{\pi}}''(t)\\
&\Leftrightarrow\tau''.rbf(\nu''_{1,x},\nu''_{l,y},t)\text{取得最大值通过路径 }\pi''
\end{aligned}$$

由于任意同构路径对 π'和 π''也满足引理 1.4，可以断言这个引理成立。

以上引理表明 $\tau'.rbf(\nu'_{1,x},\nu'_{l,y},t)$是线性周期的，当且仅当 $\tau''.rbf(\nu''_{1,x},\nu''_{l,y},t)$也是线性周期的，因为它们之间存在一个固定差异。我们能够利用这个事实并且利用 τ''的 RBF 的周期参数来推导 τ'的 RBF 函数的对应参数，这总结在下面的引理中。

引理 1.6　对于通用的有向图实时任务 τ 与它的转换 GDRT τ'和 UDRT τ''，如果存在一个实数 q 与一个整数对 r 和 p 满足 $\forall t>r$，$\tau''.rbf(t+p)=\tau''.rbf(t)+p\cdot q$，那么有：

$$\forall t>r,\tau'.rbf(t+p)=\tau'.rbf(t)+p\cdot q \tag{1.61}$$

证明：由于任务图 $\mathcal{D}(\tau)$ 是强连通的，因此它的转换任务图 $\mathcal{D}(\tau'')$ 也是强连通的，对于 $\mathcal{D}(\tau'')$ 中的任意两个节点 $\nu''_{1,x}$ 和 $\nu''_{l,y}$，下式成立：

$$\forall t>r,\tau''.rbf(\nu''_{1,x},\nu''_{l,y},t+p)=\tau''.rbf(\nu''_{1,x},\nu''_{l,y},t)+p\cdot q \qquad (1.62)$$

因此，基于引理 1.5，对于任意 $t>r$ 我们有：

$$\begin{aligned}\tau'.rbf(\nu'_{1,x},\nu'_{l,y},t+p) &= \tau''.rbf(\nu''_{1,x},\nu''_{l,y},t+p)+\delta(x,m_1)+\gamma(y,m_l)\\ &= \tau''.rbf(\nu''_{1,x},\nu''_{l,y},t)+p\cdot q+\delta(x,m_1)+\gamma(y,m_l)\\ &= \tau'.rbf(\nu'_{1,x},\nu'_{l,y},t)+p\cdot q\end{aligned} \qquad (1.63)$$

由于对于任意节点对 $\nu'_{1,x}$ 和 $\nu'_{l,y}$ 均能够被满足，根据式（1.40）我们有：

$$\forall t>r,\tau'.rbf(t+p)=\tau'.rbf(t)+p\cdot q \qquad (1.64)$$

下面定理表明对于任意有向图，IBF 和 RBF 的线性周期和线性因子是相同的，同时 IBF 的线性退化能够被安全地限定在 RBF 对应的周期参数加 1。

定理 1.12　对于通用有向图实时任务 τ，如果存在一个实数 q 与一个整数对 r 和 p 满足 $\forall t>r$，$\tau.rbf(t+p)=\tau.rbf(t)+p\cdot q$，那么有：

$$\forall t>r+1,\tau.ibf(t+p)=\tau\cdot ibf(t)+p\cdot q \qquad (1.65)$$

这个定理是引理 1.6 和推论 1.1 的直接结果，因此省略它的证明。基于这样的结果，在文献［34］中提出的计算 RBF 的线性周期参数的算法也适用于 IBF。

1.2.5　基于 IBF 的线性上界的响应时间上界

我们现在利用 IBF 的线性上界推导响应时间上界。这种限定直观上来说比相应的 RBF 更紧致，因为 IBF 比 RBF 更接近于严格分析。下面的例子验证了这种观察。

例 1.9　图 1.19 使用图 1.11 中的任务图去表示 IBF 的线性上界相对于 RBF 的线性上界的提高。

下面定理形式化地描述了 IBF 函数的线性上界。

定理 1.13　对于包含环的 DRT τ，有：

$$\forall t\geqslant 0,\tau.ibf(t)\leqslant C^{ibf}+t\cdot\lambda(\tau) \qquad (1.66)$$

其中，

$$C^{ibf}=\max_{\pi\in S(\tau)}\{e(\pi)-p^{\Sigma}(\pi)\cdot\lambda(\tau)\} \qquad (1.67)$$

$S(\tau)$ 表示 $\mathcal{D}(\tau)$ 中的所有简单路径的集合，并且对于路径 $\pi=(v_1,\cdots,$

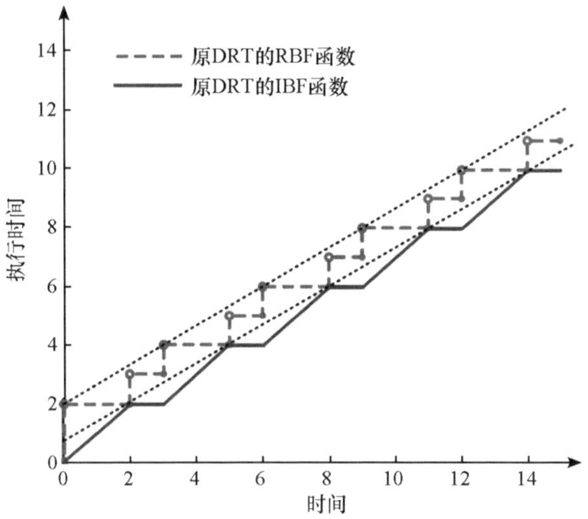

图 1.19　图 1.11 中的原有向图实时任务的 RBF 和 IBF 函数以及它们的线性上界

$v_{|\pi|})$,$p^{\Sigma}(\pi)$ 定义为：

$$p^{\Sigma}(\pi) = p(\pi) + e(v_{|\pi|}) = \sum_{i=1}^{|\pi|-1} p(v_i, v_{i+1}) + e(v_{|\pi|}) \tag{1.68}$$

证明：与文献［26］的引理 V. 2 中的证明相似，我们证明对于任意路径 $\pi = (v_1, \cdots, v_{|\pi|})$，下式成立：

$$\tau.if_{\pi}(t_0) = e(\pi) \leqslant C^{ibf} + t_0 \cdot \lambda(\tau) \tag{1.69}$$

式中：$t_0 = p^{\Sigma}(\pi) = p(\pi) + e(v_{|\pi|})$。直观来说，路径 π 能够被表达为一个简单路径 π^* 和一些环 $\pi^{(j)} = (v_1^{(j)}, \cdots, v_{l_j}^{(j)})$（其中 $v_j = v_1^{(j)} = v_{l_j}^{(j)}$）的组合。明显地，由于 π^* 是简单路径，$e(\pi^*) \leqslant C^{ibf} + p^{\Sigma}(\pi^*) \cdot \lambda(\tau)$。另外，由于 $\lambda(\tau)$ 是所有环中的最大密度，因此对于所有的环 $\pi^{(j)}$，下式成立：

$$\sum_{i=1}^{l_j-1} e(v_i^{(j)}) = p(\pi^{(j)}) \cdot \lambda(\pi^{(j)}) \leqslant p(\pi^{(j)}) \cdot \lambda(\tau) \tag{1.70}$$

因此，$e(\pi)$ 等于路径 π 中的环和简单路径 π^* 的总和，并且能够被 $C^{ibf} + p^{\Sigma}(\pi) \cdot \lambda(\tau)$ 限定。

现在我们证明对于任意 $t \geqslant 0$，$\tau.if_{\pi}(t) \leqslant C^{ibf} + t \cdot \lambda(\tau)$。按照点 $(t, \tau.if_{\pi}(t))$ 的位置进行讨论。

情况 1：$(t, \tau.if_{\pi}(t))$ 在 $\tau.if_{\pi}$ 的倾斜部分（例如，图 1.12 中的 $t=1$）。假设 $t_0 = \min\{t' \mid t' \geqslant t \wedge t' = p^{\Sigma}(\pi')$，其中 π' 是 π 的前缀$\}$，即 t_0 是包括 t 的

倾斜部分的最后一个点。那么，我们有：

$$
\begin{aligned}
\tau.if_{\pi}(t) &= \tau.if_{\pi}(t_0) - (t_0 - t) \\
&\leqslant C^{ibf} + t_0 \cdot \lambda(\tau) - (t_0 - t) \\
&\leqslant C^{ibf} + t_0 \cdot \lambda(\tau) - (t_0 - t)\lambda(\tau) \\
&= C^{ibf} + t \cdot \lambda(\tau)
\end{aligned} \tag{1.71}
$$

情况 2：$(t, \tau.if_{\pi}(t))$ 在 $\tau.if_{\pi}$ 的水平部分（例如，图 1.12 的 $t=3$）。假设 $t_0 = \max\{t' \mid t' \leqslant t \wedge t' = p^{\Sigma}(\pi')$ ，其中 π' 是 π 的前缀$\}$，即 t_0 是包括 t 的水平部分的开始时间点。那么有：

$$
\begin{aligned}
\tau.if_{\pi}(t) &= \tau.if_{\pi}(t_0) \\
&\leqslant C^{ibf} + t_0 \cdot \lambda(\tau) \\
&\leqslant C^{ibf} + t \cdot \lambda(\tau)
\end{aligned} \tag{1.72}
$$

结合这两种情况，可知 $\tau.if_{\pi}(t) \leqslant C^{ibf} + t \cdot \lambda(\tau)$。进一步，由于 π 是 $\mathcal{D}(\tau)$ 中的任意路径，因此有 $\tau.ibf(t) \leqslant C^{ibf} + t \cdot \lambda(\tau)$。

在文献［34］和［39］中，RBF 的线性上界被推导为：

$$
\forall t \geqslant 0, \tau.rbf(t) \leqslant C^{rbf} + t \cdot \lambda(\tau) \tag{1.73}
$$

这意味着对任意任务 τ，RBF 和 IBF 的线性上界具有相同的斜率 $\lambda(\tau)$。RBF 的线性上界的截取值 C^{rbf} 的计算使用转换的 UDRT[34,39]。这里，如同式（1.67），可以通过直接操作原有向图得到其等效形式：

$$
C^{rbf} = \max_{\pi \in S(\tau)} \{e(\pi) - p(\pi) \cdot \lambda(\tau)\} \tag{1.74}
$$

式中：$S(\tau)$ 为 $\mathcal{D}(\tau)$ 的简单路径集合。式（1.74）可以采用定理 1.13 的相同方法进行证明，即对于任意路径 $\pi, \tau.rf_{\pi}(t_0) = e(\pi) \leqslant C^{rbf} + t_0 \cdot \lambda(\tau)$，其中 $t_0 = p(\pi)$。下面的定理表明 IBF 的线性上界一直不大于 RBF 的线性上界。

定理 1.14　对于包括环的有向图实时任务 τ，有 $C^{ibf} \leqslant C^{rbf}$。

证明：对于任意路径 $\pi, p(\pi) \leqslant p(\pi) + e(v_{|\pi|}) = p^{\Sigma}(\pi)$ 总是成立，其中 $v_{|\pi|}$ 是路径 π 的最后一个节点。因此，$e(\pi) - p^{\Sigma}(\pi) \cdot \lambda(\tau) \leqslant e(\pi) - p(\pi) \cdot \lambda(\tau)$ 。对于任意路径 π 都满足上述不等式，这表明 $C^{ibf} \leqslant C^{rbf}$。

对于节点 v 和相干任务集合 Γ（任意时限），我们能够通过利用 IBF 的线性上界提出一种响应时间上界的闭合形式的表达式，表示在下面定理中。

定理 1.15　考虑任务 τ_v 中的节点 v，它的相干任务集合是 Γ。如果 $\lambda^*(\tau_v) + \sum_{\tau_i \in \Gamma} \lambda(\tau_i) \leqslant 1$ ，v 的 WCRT 的上界能够通过下式计算：

$$R_{lubibf}(v,\Gamma) = \frac{e(v) + \sum_{\tau_i \in \Gamma} \tau_i \cdot C^{ibf}}{1 - \sum_{\tau_i \in \Gamma} \lambda(\tau_i)} \tag{1.75}$$

利用式（1.35），我们有：

$$\begin{aligned}
&R_{ibf}(v,\Gamma) \\
&= \max_{\pi_v \in \mathcal{D}(v)} \left\{ \min_{t>0} \left[t - p(\pi_v) \mid \tau_v . rf_{\pi_v}(t) + \sum_{\tau_i \in \Gamma} \tau_i . ibf(t) \leqslant t \right] \right\} \\
&\leqslant \max_{\pi_v \in \mathcal{D}(v)} \left\{ \min_{t>0} \left[t - p(\pi_v) \mid e(\pi_v) + \sum_{\tau_i \in \Gamma} (\tau_i \cdot C^{ibf} + t \cdot \lambda(\tau_i)) \leqslant t \right] \right\} \\
&\leqslant \max_{\pi_v \in \mathcal{D}(v)} \left\{ \frac{e(\pi_v) + \sum_{\tau_i \in \Gamma} \tau_i . C^{ibf}}{1 - \sum_{\tau_i \in \Gamma} \lambda(\tau_i)} - p(\pi_v) \right\} \\
&\leqslant \max_{\pi_v \in \mathcal{D}(v)} \left\{ \frac{e(v) + \sum_{\tau_i \in \Gamma} \tau_i . C^{ibf}}{1 - \sum_{\tau_i \in \Gamma} \lambda(\tau_i)} + \frac{e(\pi_v) - e(v)}{1 - \sum_{\tau_i \in \Gamma} \lambda(\tau_i)} - p(\pi_v) \right\} \\
&\leqslant \frac{e(v) + \sum_{\tau_i \in \Gamma} \tau_i . C^{ibf}}{1 - \sum_{\tau_i \in \Gamma} \lambda(\tau_i)} + \max_{\pi_v \in \mathcal{D}(v)} \left\{ \frac{e(\pi_v) - e(v)}{1 - \sum_{\tau_i \in \Gamma} \lambda(\tau_i)} - p(\pi_v) \right\} \\
&\leqslant \frac{e(v) + \sum_{\tau_i \in \Gamma} \tau_i . C^{ibf}}{1 - \sum_{\tau_i \in \Gamma} \lambda(\tau_i)} + \max_{\pi_v \in \mathcal{D}(v)} \left\{ p(\pi_v) \cdot \left[\frac{\lambda(\pi_v)}{1 - \sum_{\tau_i \in \Gamma} \lambda(\tau_i)} - 1 \right] \right\}
\end{aligned} \tag{1.76}$$

由于 $\lambda^*(\tau_v) + \sum_{\tau_i \in \Gamma} \lambda(\tau_i) \leqslant 1$，这意味着对于 τ_v 中的任意路径 π_v，$\frac{\lambda(\pi_v)}{1 - \sum_{\tau_i \in \Gamma} \lambda(\tau_i)} - 1 \leqslant 0$。因此，$p(\pi_v) \cdot \left\{ \frac{\lambda(\pi_v)}{1 - \sum_{\tau_i \in \Gamma} \lambda(\tau_i)} - 1 \right\}$项的最大值为 0（例如，当 $p(\pi_v) = 0$，其中 π_v 只有一个节点 v）。因此，我们有：

$$R_{ibf}(v,\Gamma) \leqslant \frac{e(v) + \sum_{\tau_i \in \Gamma} \tau_i . C^{ibf}}{1 - \sum_{\tau_i \in \Gamma} \lambda(\tau_i)} \tag{1.77}$$

例 1.10 图 1.15 中的例子也表明在定理 1.15 中 $\lambda^*(\tau_v)+\sum_{\tau_i\in\Gamma}\lambda(\tau_i)\leqslant 1$ 的假设是必要的（否则，响应时间限定不是安全的）。存在两个有向图实时任务，其中 $\lambda^*(\tau_2)=0.75$ 和 $\lambda(\tau_1)=0.5$。因此，以上假设被破坏。根据式（1.67），$\tau_1.C^{ibf}=0.5$。最终，根据式（1.75）：

$$R_{lubibf}(v_3,\Gamma)=\frac{e(v_3)+\tau_1.C^{ibf}}{1-\lambda(\tau_1)}=\frac{1+0.5}{1-0.5}=3 \tag{1.78}$$

然而，在例子 1.2.5 中，$R(v_3,\Gamma)=3.5$。这表明如果没有这样的假设，式（1.75）不能够安全地限定响应时间。

定理 1.15 是文献［14］中的响应时间上限的一般化扩展。更具体来说，对于一个偶发性任务 τ，它的周期和 WCET 分别为 T 和 C，Bini 等[14]开发了任务 τ 的 IBF 函数的线性上界（被称为最差情况负载），如下所示：

$$\forall\tau,\tau.ibf(t)\leqslant C\cdot[1-\lambda(\tau)]+t\cdot\lambda(\tau) \tag{1.79}$$

式中：$\lambda(\tau)=\frac{C}{T}$为任务的利用率。受任务集合 Γ 执行影响的任务 τ 的响应时间上界由下式给出：

$$R_{lubibf}(\tau,\Gamma)=\frac{C+\sum_{\tau_i\in\Gamma}C_i[1-\lambda(\tau_i)]}{1-\sum_{\tau_i\in\Gamma}\lambda(\tau_i)} \tag{1.80}$$

另外，偶发性任务模型是有向图实时任务模型的一种特殊情况：τ 能通过一个有向图来模拟，这个有向图包含单一节点 v 和自环边(v,v)，其中 $e(v)=C$ 和 $p(v,v)=T$。在任务 τ 中的唯一简单路径是 $\pi=(v)$。通过定理 1.13，可以验证 $p^{\Sigma}(\pi)=p(\pi)+e(v)=C$ 和 $C^{ibf}=e(\pi)-p^{\Sigma}(\pi)\cdot\lambda(\tau)=C[1-\lambda(\tau)]$。

根据定理 1.15，τ 的响应时间上界是：

$$R_{lubibf}(\tau,\Gamma)=\frac{C+\sum_{\tau_i\in\Gamma}\tau_i.C^{ibf}}{1-\sum_{\tau_i\in\Gamma}\lambda(\tau_i)}=\frac{C+\sum_{\tau_i\in\Gamma}C_i[1-\lambda(\tau_i)]}{1-\sum_{\tau_i\in\Gamma}\lambda(\tau_i)} \tag{1.81}$$

以上两个不等式与基于文献［14］中结果的式（1.79）和式（1.80）精确相同。

WCRT 的上界能够作为验证可调度性的一个充分条件来使用：如果 $R_{lubibf}(v,\Gamma)\leqslant d(v)$，那么 τ_i 的节点 v 是可调度的；否则，它的可调度性是不确定的（因此，需要更精确的分析方法）。$R_{lubibf}(v,\Gamma)$的计算提供了一种快速检验可调度性的方法。相似地，我们也能够通过用 C^{rbf} 替换 C^{ibf} 推导出另一种响应时间上界：

$$R_{lubrbf}(v,\Gamma) = \frac{e(v) + \sum_{\tau_i \in \Gamma} \tau_i . C^{rbf}}{1 - \sum_{\tau_i \in \Gamma} \lambda(\tau_i)} \tag{1.82}$$

通过定理 1.14，$R_{lubibf}(v,\Gamma) \leqslant R_{lubrbf}(v,\Gamma)$ 总是成立。

我们现在研究基于式（1.75）和式（1.82）的响应时间上界的精度。首先，相比于 $R_{ibf}(R_{rbf})$，$R_{lubibf}(R_{lubrbf})$ 是一种更宽松的评估。由于 R_{ibf} 和 R_{rbf} 没有近似率，通过定理 1.8，R_{lubibf} 和 R_{lubrbf} 也没有近似率。对于加速因子，有如下定理。

定理 1.16 R_{lubibf} 和 R_{lubrbf} 没有加速因子。

证明： 对于任意给定的加速因子 $u' > 1$，我们为 $u = \lceil u' \rceil$ 设计一个反例，构造如下。我们考虑一个只包含节点 $v[e(v) = 1]$ 的任务 τ_v。高优先级任务集合是 $\Gamma = \{\tau\}$，其中 τ 被刻画在图 1.20，并且 κ 是一个大于 $2 + \frac{3}{u-1}$ 的整数。符号 $\lambda^u(\tau)$，$C^{ibf,u}$，$C^{rbf,u}$，R^u_{lubibf} 和 R^u_{lubrbf} 定义为运行在速度 $-u(u>1)$ 处理器上的相应部分。

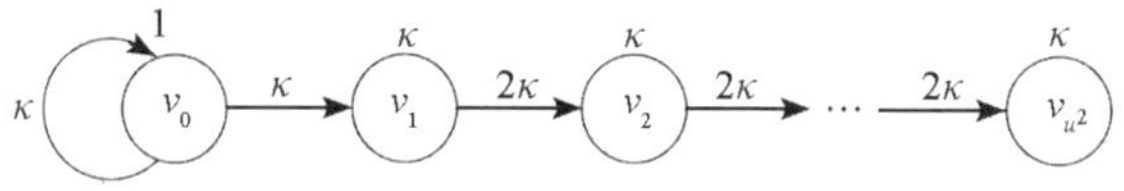

图 1.20 定理 1.16 中的一个有向图实时任务 τ 的例子

我们注意到当 $\pi = (v_1, v_2, \cdots, v_{u^2})$ 时，$C^{ibf,u}$ 和 $C^{rbf,u}$ 取得最大值。因此，能够验证 $\lambda^u(\tau) = \frac{1}{u\kappa}$，$e(\pi) = u^2\kappa$ 和 $p(\pi) = 2(u^2 - 1)\kappa$。通过式（1.67）和式（1.74），有：

$$C^{ibf,u} = e(\pi)/u - [p(\pi) + e(v_{u^2})/u] \cdot \lambda^u(\tau) = u\kappa - \frac{2u^2 - 2 + 1/u}{u} \tag{1.83a}$$

$$C^{rbf,u} = e(\pi)/u - p(\pi) \cdot \lambda^u(\tau) = u\kappa - \frac{2u^2 - 2}{u} \tag{1.83b}$$

应用上式到式（1.75）和式（1.82）中，得到响应时间上界分别如下：

$$R^u_{lubibf}(v,\Gamma)=\frac{e(v)/u+C^{ibf,u}}{1-\lambda^u(\tau)}=\frac{\frac{1}{u}+u\kappa-\frac{2u^2-2+1/u}{u}}{1-\frac{1}{u\kappa}}$$

$$=\frac{u^2\kappa^2-2u^2\kappa+3\kappa-\kappa/u}{u\kappa-1} \tag{1.84}$$

$$R^u_{lubrbf}(v,\Gamma)=\frac{e(v)/u+C^{rbf,u}}{1-\lambda^u(\tau)}=\frac{\frac{1}{u}+u\kappa-\frac{2u^2-2}{u}}{1-\frac{1}{u\kappa}}$$

$$=\frac{u^2\kappa^2-2u^2\kappa+3\kappa}{u\kappa-1} \tag{1.85}$$

能够简单验证，严格的 WCRT 是 $R(v,\Gamma)=\kappa+1$。因为 $u>1$ 和 $\kappa>2+\frac{3}{u-1}$，所以 $u\kappa-2u-\kappa-1>0$ 和 $u\kappa-1>0$。最终得出：

$$\begin{cases}R^u_{lubibf}(v,\Gamma)-R(v,\Gamma)=\frac{u\kappa(u\kappa-2u-\kappa-1)+4\kappa-\kappa/u+1}{u\kappa-1}>0\\ R^u_{lubrbf}(v,\Gamma)-R(v,\Gamma)=\frac{u\kappa(u\kappa-2u-\kappa-1)+4\kappa+1}{u\kappa-1}>0\end{cases} \tag{1.86}$$

对于任意 $u'>1$，我们能够为 $u=\lceil u'\rceil$ 构造一个反例以致 $R^u_{lubibf}(v,\Gamma)>R(v,\Gamma)$ 和 $R^u_{lubrbf}(v,\Gamma)>R(v,\Gamma)$。因此，两个线性上界都不存在加速因子。

定理 1.16 表明 R^u_{lubibf}（或 R^u_{lubrbf}）在速度 - u 处理器上不能够被在速度 - 1 处理器上的严格响应时间限定。因此，通过线性上界计算的响应时间运行在任意快的 CPU 上可能仍然大于严格的响应时间。

与式（1.30）相比，C^{ibf} 也能够被用来为具有 1-MAD 特性的任务优化 t_f 的上限：

$$t_f=\frac{\tau.C^{dbf}+\sum_{\tau_i\in\Gamma}\tau_i.C^{ibf}}{1-\lambda(\tau)-\sum_{\tau_i\in\Gamma}\lambda(\tau_i)} \tag{1.87}$$

式（1.87）能够用文献［34］中公式的相同推导方法获得，因此这里省略它的证明。

现在我们总结不同分析方法的响应时间之间的关系，其中 $R_A\leqslant R_B$ 意味着方法 A 获得的响应时间不大于方法 B（因此 A 比 B 更精确）。具体如下：

$$\begin{matrix} R_{if} \leqslant R_{ibf} \leqslant R_{lubibf} \\ \parallel \quad \mathbin{/\!\wedge} \quad \mathbin{/\!\wedge} \\ R_{rf} \leqslant R_{rbf} \leqslant R_{lubrbf} \end{matrix} \tag{1.88}$$

在式（1.88）中，存在分析结果中唯一一对我们不能知道的结论关系式 R_{rbf}和 R_{lubibf}，这意味着两者之间没有明确的精度关系。第 1.2.6 节的实验结果也说明了这一事实。

1.2.6 实验评估

在本小节中，我们评估了利用 IBF 的线性周期特性在验证可调度性上带来的效率提高，研究了四种近似响应时间的近似质量：R_{lubrbf}，R_{lubibf}，R_{rbf}和 R_{ibf}。对它们的实验评估可以用 C++ 语言实现①并且在一个具有 Intel Core i7 3.4GHz CPU 的服务器上执行。

1.2.6.1 IBF 计算上的提高

我们首先评估采用线性周期特性在计算 IBF 上带来的运行时间提升。我们考虑来自线性周期特性的运行时间提升率（runtime improvement ratio），定义为：未采用周期特性的运行时间/采用周期特性的运行时间 - 1。

注意，提升率为正值意味着我们能够使用周期特性来加速运行时间。计算 $ibf(t)$ 的复杂度与有向图大小和间隔长度 t 密切相关。

我们的实验配置相似于文献［34］和［39］，但是有一些微小的修改。我们生成随机有向图实时任务，其中节点的出边个数采用如下随机分布：40% 有一个出边，40% 有两个出边，10% 有三个出边，10% 有四个出边。这些出边被随机连接到其他节点（包括源节点本身）以致有向图实时任务是强连通的。每个任务的基本周期通过一到三个因子的乘积生成，每个因子随机从集合(2, 4), (6,12), (5,10) 中获取。每个边的释放间隔时间是任务的基本周期乘以一个从集合{1, 2, 4, 5, 10}中随机获得的因子。每个节点的 WCET 被随机选择，但是不小于它任意出边的释放间隔时间。

图 1.21 刻画了计算 $ibf(t)$ 函数的运行时间提升率，1000 个随机有向图实时任务的平均值。在该图中，我们让一般化的间隔时间长度 $s = \frac{t}{\max_{(u,v) \in \mathbb{E}} p(u,v)}$

① 源代码可以在 https://github.com/ChaoPeng 13/EvaluatePeriodicDigraphIBF 下载。

作为 X 轴，即间隔时间长度 t 除以最大释放间隔时间。我们为有向图实时任务中的固定节点数(5，10，15，20，25)分别画一个曲线。观察到 s 较大时提升率也较高。这与线性周期特性能够使得 $ibf(t)$ 的计算独立于 t 的结论一致。并且，对于较小的有向图实时任务，它的运行时间提升相应增加。这是因为计算线性周期参数的复杂度随有向图大小成三次方关系。

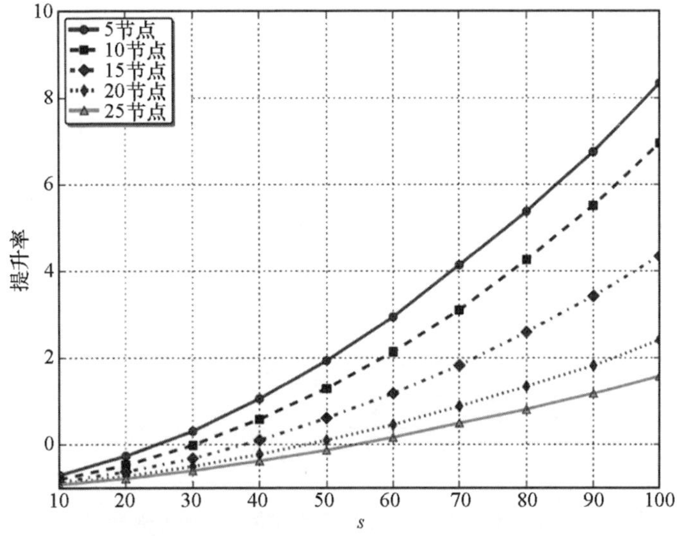

图 1.21　关于一般化的间隔时间长度 $s = \dfrac{t}{\max\limits_{(u,v)\in\mathbb{E}} p(u,v)}$ 的运行时间提升率

1.2.6.2　响应时间分析上的提高

在这个实验中，我们研究在任务系统中响应时间计算上的运行时间提高。我们生成的随机任务系统包括 $n = 5 \sim 40$ 个有向图实时任务，其中每个有向图采用与第 1.2.6 节相同的生成规则，但是节点的个数从 10 到 25 之间随机选取。有向图实时任务的优先级采用基于基本周期的单调频率策略配置。节点 v 的时限被设置为 $d(v) = \min\limits_{(v,u)\in\mathbb{E}} p(v,u) + \text{random}(0,2) \times \max\limits_{(v,u)\in\mathbb{E}} p(v,u)$，其中 random(0, 2)函数返回一个 0 到 2 之间的实数。因此，任务系统具有任意时隙的特性。系统利用率 U 的范围为 50%~95%，并且每个任务利用率是通过 UUniFast 算法[77]计算得到，进而执行时间被选择去满足利用率。对于每个数据点我们生成 1000 个随机系统。我们只考虑系统中最低优先级的可调度性，并且可调度性基于式（1.35）测试。

作为可调度性分析的一部分，需要计算每个高优先级任务的 IBF。我们比较了提出的方法与文献［38］中的方法，该方法没有涉及周期性。我们的方法需要额外计算 IBF 的线性因子 q、线性周期 p 和线性退化 r。图 1.22 刻画了 20 个任务系统的可调度性分析的平均运行时间与系统利用率之间的关系。图 1.23呈现了在系统利用率分别设置为 $U=60\%$、70%、80% 和 90% 时的平均提升率和任务数量 n 之间的关系。我们观察到，一般来说对于较高系统利用

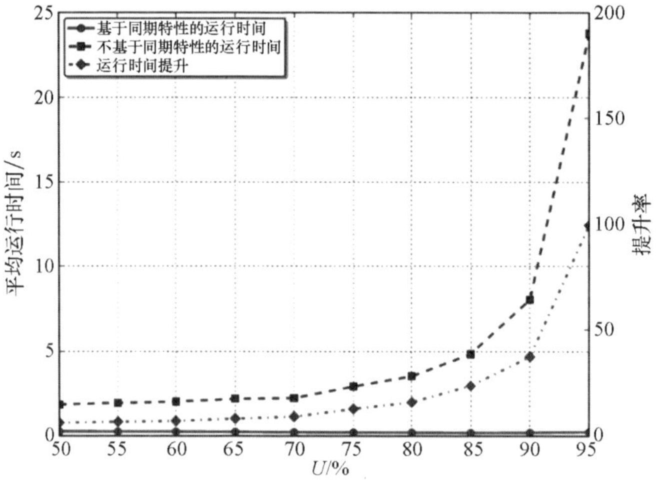

图 1.22　关于系统利用率的运行时间提升（任务数量 $n=20$）

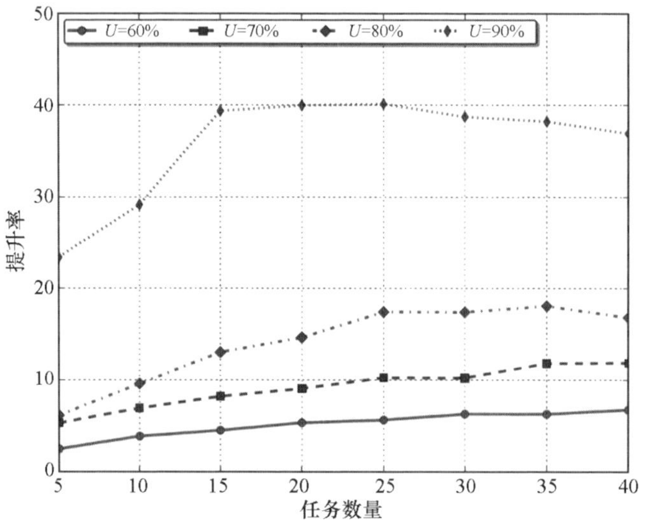

图 1.23　关于任务数量的运行时间提升

率和较大任务数量的系统，提升率也很高。同时，给定系统的任务数量，我们的方法的运行时间在所有系统利用率设置下几乎都是相同的（对于 20 个任务的系统大约 200 ms）。这些结果表明周期特性能够极大降低在高利用率系统中的时间复杂度。例如，提升率大约 100 倍在 $U=95\%$ 和 $n=20$。

1.3 同步有限状态机任务模型的可调度性分析研究

1.3.1 引言

计算 SR 模型区分系统行为（actions），并将其关联到（执行触发）属于一个逻辑的（常常是离散的）格点（lattice）事件。在每个 SR 模型的例子中，对输入进行采样，并传播控制信号和数据，直到完成输出值和系统新状态的计算。如果反应汇集和计算/通信在下个事件之前完成，那么更新输出和系统状态与时间不相关。这涉及同步假设（synchronous assumption），是对应于瞬时的（零时的）计算和通信的一个直观的（但不是形式化精确的）概念。计算模型允许对周期（计算步骤）精确的系统进行设计和实现，以及能够按照时间形式化分析其行为。支持 SR 模型的工具包括 SCADE 和 Simulink[27]。在本节中，为了易于表述，我们集中研究 Simulink 模型，所得到的结果也可以应用到其他形式化模型和工具中。

Simulink 模型是通信区块（communicating blocks）的网状结构。每个区块读取一系列的输入信号和产生一系列的输出信号。在本节的工作中，我们只研究 Simulink 模型的子集，其代码能够实现自动化生成。也就是说，模型是包括离散时间的输入和输出的区块的固定步求解器。Simulink 模型有两种类型的区块：Dataflow 与 Stateflow。其中，Dataflow 区块始终按照自己的周期执行，并且该周期是系统级的基本周期（base period）的整数倍；另一种区块类型是 Stateflow 区块，属于 Mealy 类型扩展的有限状态机（finite state machine，FSM）。在 Stateflow 区块中，每个事件可能引起一个状态转移和触发一系列动作（actions）执行。动作是设计者定义的函数。由于触发区块反应的事件通过周期性信号获取，因此这些触发事件也是周期的。如果没有触发事件，Stateflow 区块按照模型的基本周期反应执行。

在每一次执行时，Simulink 区块计算两个函数：状态更新函数（在纯功能的区块中可能被舍弃)，其基于当前状态和输入信号的值更新下一个区块状态；输出更新函数，其通过当前状态和输入信号为输出信号计算新值。

我们假设每个同步有限状态机被实现为调度在静态优先级下的单个任务，这种实现可维持语义特征。我们研究系统可调度性问题，即考虑每个任务都能否满足它的时限。由于依赖于当前状态和到达事件的反应的条件执行，有限状态机的可调度性分析与具有节点的条件执行的任务图模型具有紧密联系。文献[30]讨论了使用有向图模型去表达同步多频率有限状态机的可能性。我们提出了同步有限状态机模型的严格和近似响应时间的计算技术。由于同步有限状态机按照同步的周期时间进行触发，提出的分析考虑带有同步偏移的周期任务。

我们对同步有限状态机模型（Simulink/Stateflow）的可调度性分析问题进行了研究。由于同步有限状态机按照同步的周期时间进行触发，分析考虑带有同步偏移的周期任务。提出了同步有限状态机任务的严格响应时间分析方法，并证明了同步有限状态机的严格分析是强 coNP-hard 问题。证明的核心思路是找到一个从有向图实时任务的严格分析（已知的强 coNP-hard 问题）到有限状态机的严格分析的一个伪多项式时间的归约。我们也研究了基于请求限定函数或相干限定函数的近似响应时间分析方法，以及它们相对于严格响应时间的加速因子。为了进一步加速响应时间分析，提出了利用线性周期特性高效计算请求限定函数的算法。最后，在一些随机生成的任务系统中去评估这些分析技术和比较它们的精度和时间。实验结果表明，与已有的基于有向图实时任务模型的分析方法相比，基于同步偏移的可调度性分析方法具有较高的分析精度和可扩展性。

1.3.2 有限状态机

Simulink 模型包括一种通信 Mealy 有限状态机或 Stateflow 区块。每个 Stateflow 区块能够通过一系列的输入信号、触发事件和输出信号描述。它的内部行为遵循扩展的（分层的和并发的）有限状态机的语义和符号[44]。

如同在原来的 Statecharts 规范[44]中，Stateflow 语义允许一些符号和规则去提高模型的表达能力和便易性，包括并发（concurrent）状态、超状态（superstates）、进入（entry）动作、退出（exit）动作、循环（while）动作、加入（join）转移和历史（history）状态，在 Sateflow（如同在大多数扩展的有限状态机形式化模型）中，转移也能够根据事件的逻辑组合进行触发。一个包括分层的带有和/或（and/or）组合的超状态的有限状态机可以转化为一个等价的平面的（flat）有限状态机，其中它的状态从组合的状态机的状态乘集合中获得。当然，状态的结果数量可能是非常大的，并且当所有的 Stateflow 的其他语义扩展也被考虑时转化的一般类型可能不存在。为了简化，假设标准的（平面的）有限状态机，其中每个转移都被关联到单一事件。

每个有限状态机被一个元组 $\mathcal{F}=\{\mathbb{S},s_I,\mathbb{I},\mathbb{O},\mathbb{E},\mathbb{A},\mathbb{V}\}$ 定义，其中 $\mathbb{S}=\{s_1,s_2,\cdots,s_{|\mathbb{S}|}\}$ 是状态集合，$s_I\in\mathbb{S}$ 是初始状态，$\mathbb{I}=\{i_1,i_2,\cdots,i_{|\mathbb{I}|}\}$ 是输入信号集合，$\mathbb{O}=\{o_1,o_2,\cdots,o_{|\mathbb{O}|}\}$ 是输出信号集合，$\mathbb{V}$ 是内部参数集合。当方向不相关时，每个信号 $i_j(o_j)$ 也被记为 α_j。它也可以被看作一个定义在带有给定范围值的离散时间区域的函数。每个信号 α_j 的离散时间区域匹配系统的基本周期 T_b。信号值仅仅在周期的整数倍上改变，定义为 $T(\alpha_j)=k_{\alpha_j}\cdot T_b$，并且在更新中持续。

$\mathbb{E}$ 是激活或触发事件的集合。每个事件 e_j 发生在信号的上升或下降沿，并且因此只会出现在周期 $T(e_j)$ 的整数倍时刻。在时刻 $i\cdot T(e_j)$，事件可能存在（如果信号上升沿）或者缺失。当事件不存在时，为了定义在时刻 $i\cdot T_b$ 上的行为，按照惯例停顿行为（stuttering behavior）的概念被添加。文献［78］描述了停顿和转化分层的状态机到平面的有限状态机的组合规则。形式化地，一个缺失（absent）事件，记为 $\perp$，被添加到输入事件集合中。它被假设当没有事件被设置时出现在基本周期的所有整数倍。有限状态机对缺失事件的反应如下：状态不变，输出信号值不变。

$\mathbb{A}$ 是状态转移结合。每个转移 $\theta_j\in\mathbb{A}$ 包括一个元组：

$$\theta_j=\{src(\theta_j),snk(\theta_j),e(\theta_j),g_j,a_j,p_j\} \tag{1.89}$$

式中：a_j 为动作（action），触发特定动作 a_j 的事件也可以记为 $e(a_j)$；$src(\theta_j)$ 为源状态；$snk(\theta_j)$ 为终止状态；$e(\theta_j)\in\mathbb{E}$ 为触发事件；g_j 为警戒（guard）条件（一个关于输入信号和内部变量值的表达式）；p_j 为转移评估顺序，其确定转移是否被激活的检查顺序（按照事件出现和警戒）。最终，顺序确定了在相同时刻一个状态存在两个或更多的（外向）转移时决定采用哪个转移。这使得有限状态机行为是确定的。

为了进行时间分析，假设每个动作 a_j 通过 WCET $C(a_j)$ 描述。一个有限状态机 $H_{\mathcal{F}}$ 的超周期（hyper period）是它的所有周期的最小公倍数。有限状态机的超周期也被假设作为相应的 Stateflow 区块的周期。系统的超周期 H 是所有（Dateflow 或 Stateflow）区块的（超）周期的最小公倍数。

由于警戒，存在一些尽管事件出现但是转移没有发生的情况。然而，它们对 WCET 分析没有影响。在本节中，将警戒包括进来只是为了更好地匹配真实的有限状态机模型，并且我们在开发可调度性分析技术时可以忽略它们。

例 1.11 图 1.24 描述了一个有限状态机的例子，包括了状态、转移，以及与每个转移关联的事件、警戒和动作。每个转移的执行时间和评估顺序也呈现在图中。事件 e_1 和 e_2 分别具有 2 ms 和 5 ms 的周期。因此，它们将每间隔 10 ms 同步发生。如果系统在状态 s_2，它的外向转移的顺序表明带有动作 a_4 的转移（顺序 1）被采用，而不是带有动作 a_3 的转移。

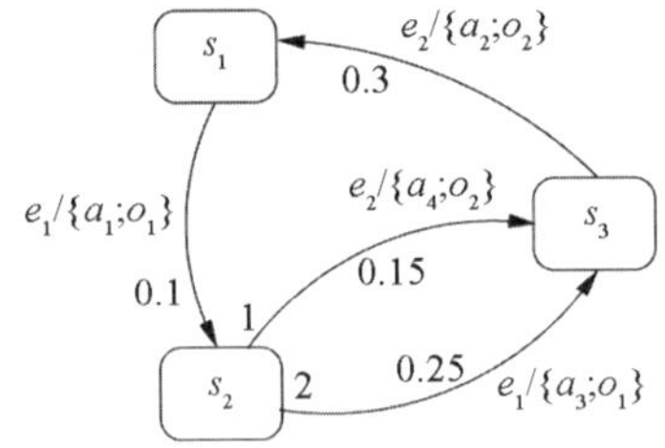

图 1.24 一个有限状态机的例子

在同步有限状态机中，所有的事件按照基本周期的整数倍发生并且具有相同的相位（phase）。因此，多种事件都在完全相同的时间到达。这也是命名为同步有限状态机的原因。为了维持 SR 语义，每个反应也应该在下个触发时间到达前完成。$T_{\mathcal{F}}$ 是 $\mathcal{F}$ 的事件周期的整数倍时间的排序集合：

$$\forall t \in T_{\mathcal{F}}, \exists e_i \in \mathbb{E}, j \in \mathbb{N}, t = j \times T(e_i) \tag{1.90}$$

式中：$\mathbb{N}$ 为非负整数集合。基于 Stateflow 语义，$\mathcal{F}$ 的释放时间和绝对时限是 $T_{\mathcal{F}}$ 集合中的元素。

对于每个动作 a_i，它的触发事件 $e(a_i)$ 是周期的。存在一个无限的触发序列，每个触发 $A_{i,t_{i,k}}$ 对应一个时间 $t_{i,k}$ 上事件触发的动作 a_i，其中 $t_{i,k} = k \times T(e(a_i))$，$\forall k \in \mathbb{N}$。就是说，$A_{i,t_{i,k}}$ 代表一个动作实例 $(a_i, t_{i,k})$。我们将其记为 $A_{i,t_{i,k}} = (a_i, t_{i,k})$，并且互换地使用它们。

定义 1.11 一个动作序列 σ 定义为一个动作实例 $[A_{i,t_i}]$ 的序列，其中 a_i 是有限状态机中的一个动作，并且 t_i 是事件 $e(a_i)$ 发生的时间。

定义 1.12 一个动作序列 $\sigma = [A_{i,t_i}]$ 是合法的，如果：

（1）$snk(a_i) = src(a_{i+1})$；

（2）a_{i+1} 被 $e(a_{i+1})$ 触发在 $t_{i+1} > t_i$，即 $t_{i+1} = \left(k + \left\lfloor \frac{t_i}{T(e(a_{i+1}))} \right\rfloor\right) \times T[e(a_{i+1})]$，$\forall k = \mathbb{N}^+$。

一个合法的动作序列 $\sigma = [A_{i,t_i}]$ 是一个路径，其中边 $(A_{i,t_i}, A_{i+1,t_{i+1}})$ 连接任意两个相连动作实例 (a_i, t_i) 和 (a_{i+1}, t_{i+1})。

当一个有限状态机被转化为代码，对于每个可能的状态和输入信号，实现反应的任务必须定义带有相应动作的状态更新和输出更新函数（两个函数有时可以合并）。在本节中，我们假设对于每个有限状态机都存在单任务实现，并且词语“有限状态机”和“任务”可互用。

1.3.3 基于有向图实时任务模型的可调度性分析

文献［30］概括了同步有限状态机的反应执行和有向图实时任务模型的任务执行之间的对应关系。首先，我们讨论两种从有限状态机到有向图实时任务的转化方法，而在第 1.2 节中，已经讨论了有向图实时任务的可调度性分析。

1.3.3.1 基于带有动作的有向图模拟有限状态机

我们使用图 1.24 作为一个例子。图 1.25 刻画了在第一个超周期内的事件流模式，以及对应的基于动作的有向图实时任务。

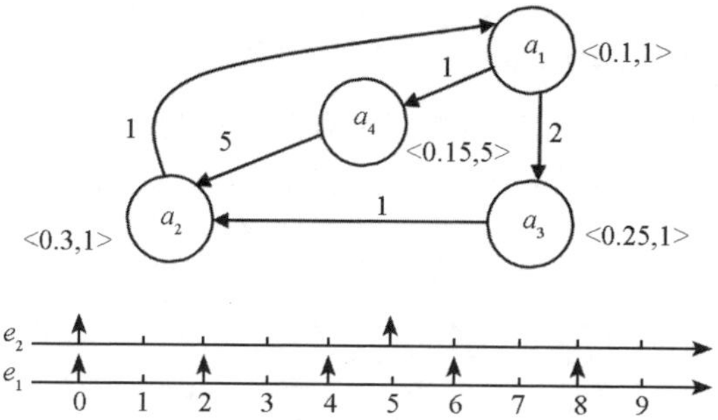

图 1.25　图 1.24 中有限状态机转换后的有向图实时任务和超周期内事件到达模式

e_1 和 e_2 之间的最小到达间隔时间是 1，也是两个事件的周期的最大公约数。因此，边 (a_1, a_4)、(a_2, a_1) 和 (a_3, a_2) 以 1 为标记。a_1 和 a_3 都被事件 e_1 触发，因此边 (a_1, a_3) 以 e_1 的周期为标记，即 2。相似地，(a_4, a_2) 以 5 为标记 e_2 的周期。根据 SR 模型的同步假设，动作的时限定义为到下一个触发事件的最小距离，其等于所有出边的最小标记值。例如，对于节点 a_2，它的 $<$WCET，时限$>$对是 $<0.3, 1>$。

1.3.3.2 基于带有动作实例的有向图模拟有限状态机

图 1.25 中的任务有向图是有限状态机动作激活模型的悲观近似，因为事件流的周期模式不能被充分捕获。例如，有向图允许 a_2，a_1 和 a_4 激活在 2 的间隔时间，这表明事件序列 e_2，e_1，e_2 发生在长度为 2 的间隔中。当考虑图 1.25中的事件流模式，这明显是不可能的。

通过区分按照在超周期内触发事件的每个动作发生时间，能够获得一个更精确的任务模型。对于每个动作 a_i，在有向图模型中生成一个节点的无限序列，每个节点 $A_{i,t_{i,k}}$对应于实例 a_i 被事件在时间 $t_{i,k}$触发，即它代表一个动作实例$(a_i, t_{i,k})$。记其为 $A_{i,t_{i,k}} = (a_i, t_{i,k})$，并且互换使用它们。由于它的触发事件 $e(a_i)$是周期的，因此有 $t_{i,k} = k \times T_{e(a_i)}$，$\forall k \in \mathbb{N}$。例如，图 1.26 刻画了一个更精确的有向图实时任务，这将存在一系列的节点 $A_{2,t_{2,k}}$，$t_{2,k} = 0$，5，10，…，代表在时间 $t_{2,k} = 5 \times k$ 时的动作 a_2 的可能执行。跟随 a_2 的下一个动作是 a_1。由于事件也可能不激活（状态机可能停顿），跟随 $A_{2,0}$（执行在时间 0 的动作 a_2），动作 a_1 可能执行在 2、4、6 等时刻。因此，在任务图中，应该存在从 $A_{2,0}$到 $A_{1,j}$的一条边，其中 $j = 2$，4，6，…。一般来说，对于每个 $A_{i,t_{i,k}}$，可能跟随 a_i 的动作 a_{i+1}能够被事件 $e(a_{i+1})$在时间 $t_{i+1} = \left(k + \left\lfloor \frac{t_i}{T_{e(a_{i+1})}} \right\rfloor\right) \times T_{e(a_{i+1})}$上触发，对所有正整数 $k(\forall k \in \mathbb{N}^+)$。

图 1.26 展示了带有动作实例的完全有向图实时任务，其中为了简单起见，只有时间为 0 的节点的边被刻画。每个边$(A_{i,k} - A_{j,l})$上的最小到达间隔时间标

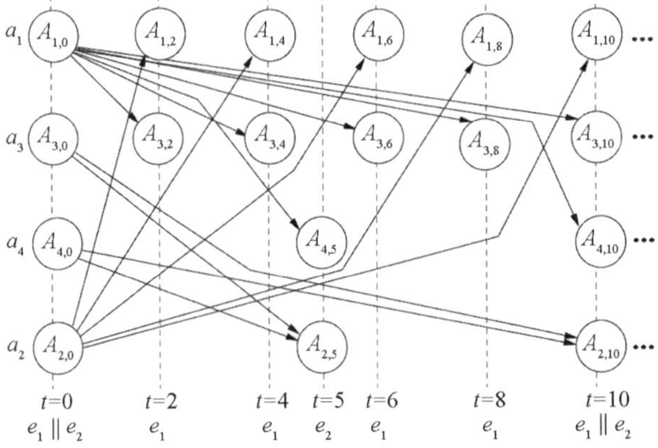

图 1.26　图 1.24 中有限状态机的一个更精确的有向图实时任务

记被忽略，但是能够通过（$l-k$）简单计算。由于存在无限数量的可能动作实例，可调度性分析要求简化有向图。

通过移除一些对于可调度性分析不关键的边，并且按照超周期内事件到达的周期模式折叠节点，能够简化有向图实时任务。我们首先引入紧致的和松散的边的概念，并且证明移除松散边不影响可调度性分析。

定义 1.13 有向图实时任务模型中的$(A_{i,t_{i,k}},A_{j,t_{j,q}})$是紧致的，如果在模型中不存在其他边$(A_{i,t_{i,k}},A_{j,t_{j,p}})$满足$t_{i,k}<t_{j,p}<t_{j,q}$（即$p<q$），换句话说，$t_{j,q}$是跟随在时间$t_{i,k}$上的$a_i$后的$a_j$能够被触发的最早时间，那么所有其他的边都是松散的。

定义 1.14 一个动作序列σ定义为一个动作实例序列。在每个动作实例$A_{i,t_i}=(a_i,t_i)$中，a_i是有限状态机中的动作，t_i是事件$e(a_i)$发生的时间。为了简化符号，我们假设在序列σ中的动作实例从 1 开始按照增序索引，即$\sigma=[A_{1,t_1},\cdots]$。

定义 1.15 一个动作序列$\sigma=[A_{1,t_1},\cdots]$是合法的，如果：

（1）$snk(a_i)=src(a_{i+1})$；

（2）a_{i+1}被$e(a_{i+1})$触发在时间$t_{i+1}>t_i$，即$t_{i+1}=\left(k+\left\lfloor\frac{t_i}{T_{e(a_{i+1})}}\right\rfloor\right)\times T_{e(a_{i+1})}$，$\forall k=\mathbb{N}^+$。

换句话说，一个合法的动作序列$\sigma=[A_{1,t_1},\cdots]$是一个路径，其中一个紧致的边$(A_{i,t_i},A_{i+1,t_{i+1}})$连接任意两个相邻动作实例$(a_i,t_i)$和$(a_{i+1},t_{i+1})$。

如之前提到的，可调度性分析依赖于如同请求（或限定）函数这样的函数量化。我们现在证明能够通过移除所有的松散边简化有向图而不影响严格和近似的可调度性分析。我们首先为两个路径引入支配关系（dominance relationship）[36-37]。

定义 1.16 对于两个路径π和π'，我们说π支配π'，记为$\pi\geqslant\pi'$，当且仅当$\forall t\geqslant0$，$rf_\pi(t)\geqslant rf_\pi{}'(t)$，或者一个等效形式$\forall t\geqslant0$，$if_\pi(t)\geqslant if_\pi{}'(t)$，一个路径$\pi$是关键路径（如果不存在其他路径$\pi'$满足$\pi'\geqslant\pi$）。

文献［36］和［37］表明对于严格可调度性分析，我们仅仅需要考虑关键路径（或者关键请求函数）。对于包括一些松散边的路径π，总是存在通过用相应的紧致边替换松散边来构造另一个路径π'［例如，图 1.26 中的$\pi=(A_{1,0},A_{3,4},A_{2,5})$和$\pi'=(A_{1,0},A_{3,2},A_{2,5})$］满足$\pi'\geqslant\pi$。因此，带有松散边的任意路径$\pi$不是关键的，并且就可调度性分析而言移除所有的松散边依然是安全的。另外，由于 RBF（IBF）函数是在所有路径的请求（相干）函数中的最大值，因此当有向图实时任务模型中的所有松散边被移除也不会改变这个函数。

移除所有松散边的有向图按照超周期重复。因此，只考虑一个超周期内的事件触发的可能转移和动作是充分的。对于每个事件，我们生成一系列的有向图中的节点，每个点对于一个特定事件触发的动作。一般来说，在有向图中存在 $\sum_{a_i}\frac{H_{\mathcal{T}}}{T_{e(a_i)}}$ 个节点。例如，事件 e_2 可能在时间 0 和 5 到达，对此我们创建两个节点 $A_{2,0}$ 和 $A_{2,5}$ 去表示在超周期内动作 a_2 的可能执行（例子中，$H_{\mathcal{T}}=10$）。图 1.27 刻画了图 1.24 中的有限状态机 $\mathcal{T}$ 的简化有向图实时任务模型。在该图中，到 $A_{2,0}$ 和 $A_{4,0}$ 的回边明显被连接到下个超周期中的实例。在边（$A_{i,k}$，$A_{j,l}$）上最小到达间隔时间是 $(l-k)\bmod H_{\mathcal{T}}$。

1.3.3.3 RBF，IBF 和 DBF 的比较

图 1.27 中基于动作实例的有向图提供了比图 1.25 中基于动作的有向图更精确的 RBF/IBF 函数，分别刻画在图 1.28 和图 1.29。例如，*rbf*(10) 或 *ibf*(10) 是 1.3，然而使用图 1.25 中的任务模型会导致更悲观的评估，为 1.85。

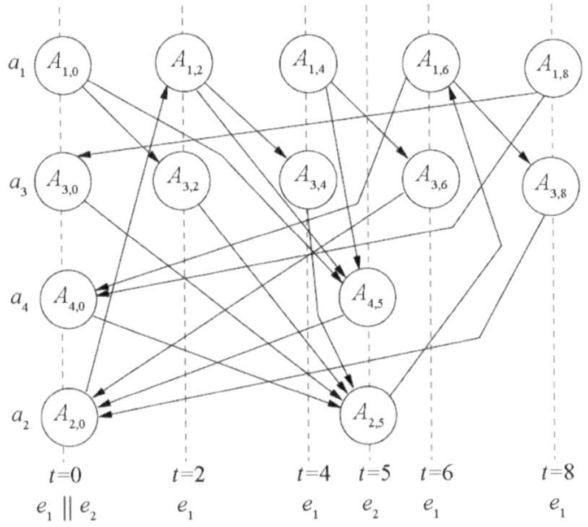

图 1.27　图 1.26 中有向图实时任务的简化表示

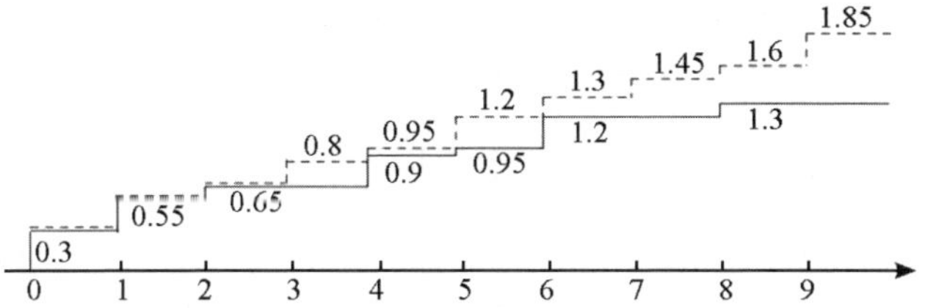

图 1.28　图 1.25 和图 1.27 中两个有向图实时任务的请求限定函数（前者虚线，而后者实线）

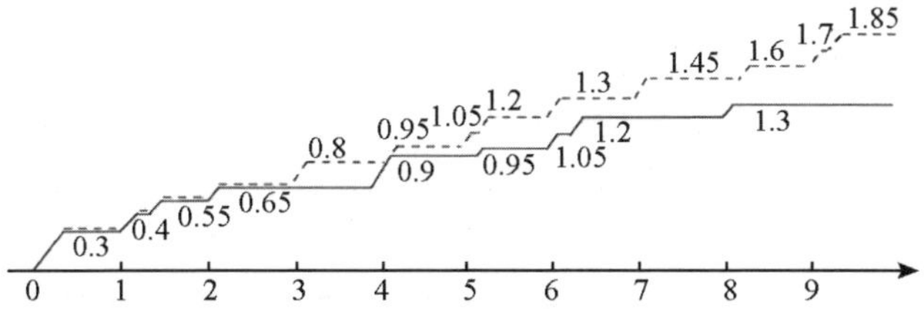

图 1.29　图 1.25 和图 1.27 中两个有向图实时任务的相干限定函数（前者虚线，而后者实线）

另外，图 1.27 中的有向图允许对动作更精确地定义。在同步有限状态机中，动作时限不应该大于下个动作的触发时间。考虑动作 a_2 在图 1.25 中的时限总是 1，但是存在一些实例具有更宽松的时限，例如 $A_{2,0}$，需求限定函数能够度量由于不同时限设置带来的差异。

直观上，RBF 捕获最大累积执行请求，然而 DBF 量化释放和完成必须在给定间隔时间内的任务的执行时间和。RBF 和 DBF 函数存在一个伪多项式时间算法。在图 1.27 中，两个实例具有不同的时限：$A_{2,5}$ 时限是 1，同时 $A_{2,0}$ 的时限是 2（它的下一个动作被触发在 2 个时间单位之后）。图 1.27 中的 DBF 函数明显低于图 1.25 的（刻画在图 1.30 中）。例如，图 1.27 中的任务的 $dbf(10)$ 是 1.3，然而图 1.25 中的任务的值是 1.85。

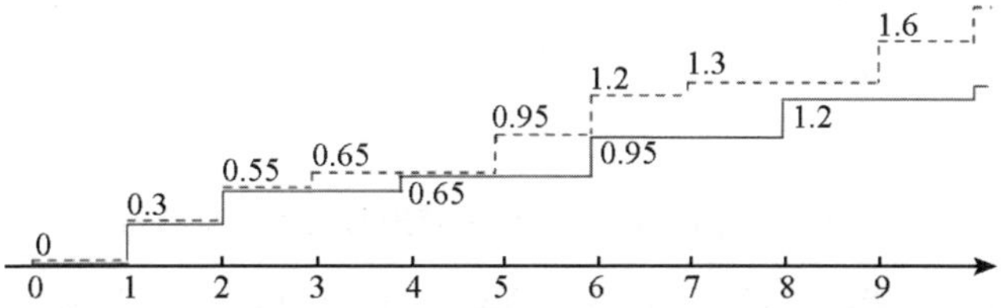

图 1.30　图 1.25 和图 1.27 中两个有向图实时任务的需求限定函数（前者虚线，而后者实线）

一旦有向图实时任务模型被生成，就可以验证系统的可调度性。近似可调度性分析要求 RBF/IBF 函数是已知的，并且通过使用它们的线性周期特性，$rbf(t)$和 $ibf(t)$的计算可以变得更为高效。

1.3.3.4 有向图实时任务的执行矩阵

执行矩阵能够表达任意两个图位置（对于有向图实时任务模型）或者任意两个状态（对于状态执行模型）之间转移的请求时间。为了计算给定有向图的执行矩阵，首先需要转移有向图到一个单位有向图，转移规则保证了原图和转移后的图之间在可调度性分析上的等效性。

使用图 1.25 中的有向图实时任务作为一个例子，转换后的单位有向图刻画在图 1.31。每一个内部到达触发都是一个单位时间，并且执行模型能够通过执行矩阵 $\boldsymbol{X}^{(1)}$表示，其中每个元素 $x_{i,j}$表示从任务 i 到任务 j 的执行时间。整数长度 d 的任意间隔时间 Δ_d 的 WCET 计算如下。假设对于任意长度 p 和 q（满足 $p+q=d$）的间隔时间从任务 i 到任务 j 的 WCET 是已知的并且分别储存在执行矩阵 $\boldsymbol{X}^{(p)}$ 和 $\boldsymbol{X}^{(q)}$ 中，执行矩阵 $\boldsymbol{X}^{(d)}$ 为：

$$x_{i,j}^{d}=\max\{x_{i,k}^{p}+x_{k,j}^{q}\} \tag{1.91}$$

这是在极大加代数下的矩阵乘 $\boldsymbol{X}^{(p)}\otimes\boldsymbol{X}^{(q)}$。通过递归推导，在长度 d 的任意间隔时间下的 WCET 能够通过极大加代数下的 $\boldsymbol{X}^{(1)}$ 的矩阵幂获得。

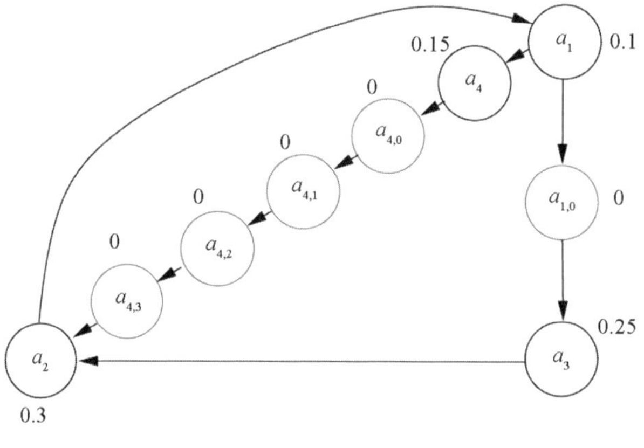

图 1.31　图 1.25 中有向图转换后的单位有向图

相比原来的有限状态机（0.13），图 1.31 中的有向图和最终图 1.25 的有向图具有更大的利用率（0.1625），即图 1.25 中的模型过高地估计了 $rbf(t)$函数，特别是对于较大的 t。由于在单位有向图中存在 9 个节点，它的执行请求矩阵是一个 9×9 不可约矩阵。

$$
\boldsymbol{X}^{(1)} = \begin{bmatrix}
-\infty & 0.1 & -\infty & 0.1 & -\infty & -\infty & -\infty & -\infty & -\infty \\
-\infty & -\infty & 0 & -\infty & -\infty & -\infty & -\infty & -\infty & -\infty \\
-\infty & -\infty & -\infty & -\infty & -\infty & -\infty & -\infty & -\infty & 0.25 \\
-\infty & -\infty & -\infty & -\infty & 0.15 & -\infty & -\infty & -\infty & -\infty \\
-\infty & -\infty & -\infty & -\infty & -\infty & 0 & -\infty & -\infty & -\infty \\
-\infty & -\infty & -\infty & -\infty & -\infty & -\infty & 0 & -\infty & -\infty \\
-\infty & -\infty & -\infty & -\infty & -\infty & -\infty & -\infty & 0 & -\infty \\
-\infty & -\infty & -\infty & -\infty & -\infty & -\infty & -\infty & -\infty & 0 \\
0.3 & -\infty & -\infty & -\infty & -\infty & -\infty & -\infty & -\infty & -\infty
\end{bmatrix}
$$

一旦使用执行矩阵表示 WCET，就能够应用一些极大加代数的理论结果。如果有向图是强连通的，那么矩阵幂的值周期重复。在图 1.25 中的样例有向图是强连通的。因此，我们有 $\forall k \in \mathbb{N}$ 和 $k \geqslant 11$，得到：

$$
\boldsymbol{X}^{(k+4)} = \boldsymbol{X}^{(k)} + 4 \times 0.1625 \tag{1.92}
$$

图 1.27 中的有向图与原有限状态机具有相同的利用率。然而，与图 1.25 不同的是，它移除了所有松散边而导致一些不可达的节点（例如，$A_{1,0}$）出现，不再是强连通的。为了计算线性周期参数，我们首先通过增加一些松散边使得它是强连通的，例如，$(A_{2,0}, A_{1,4})$，$(A_{2,5}, A_{1,0})$ 和 $(A_{2,5}, A_{1,8})$。这种增加不改变 RBF 和 DBF 函数（根据松散边的定义）。它的执行请求矩阵 $\boldsymbol{X}^{(1)}$ 是一个 50×50 的不可约矩阵。最终，我们有 $\forall k \in \mathbb{N}$ 和 $k \geqslant 23$，得出：

$$
\boldsymbol{X}^{(k+10)} = \boldsymbol{X}^{(k)} + 10 \times 0.13 \tag{1.93}
$$

1.3.4 严格响应时间分析

在 Stateflow 模型中，有限状态机被同步执行。就是说，所有的触发事件和动作具有相同偏移。为了不失一般性，所有事件偏移被假设为 0。因此，严格响应时间分析假设静态的（已知的）偏移，并且在一系列具有代表性的繁忙时段中检验每个动作实例的可行性。

将动作实例 $A_{k,t_k} = (a_k, t_k)$ 的 WCRT 记为 $R(A_{k,t_k})$，即释放时间 t_k 和 A_{k,t_k} 的结束时间之间的最大时间间隔。为了计算 $R(A_{k,t_k})$，有必要去量化对应于高优先级任务的动作序列的干扰。

定义 1.17 一个有限状态机 $\mathcal{F}$ 的合法动作序列 $\sigma = [A_{k,t_k}]$ 的请求函数（RF）在时间间隔 $\Delta = [s, f)$（s 包含和 f 不包含），记为 $rf_\sigma(\Delta)$，定义为来源于 σ 的任务实例且它们的触发时间在 Δ 的最大累积的执行时间请求。也就是说：

(1) $t_l = \min\{t_k | t_k \geqslant s\}$，$t_m = \max\{t_k | t_k < f\}$，且 $t_l \leqslant t_m$；

(2) $rf_\sigma(\Delta) = \sum_{k=l}^{m} C(a_k)$。

如果不存在这样的时间对 t_l 和 t_m，那么 $rf_\sigma(\Delta)$定义为0。

定义 1.18　一个有限状态机 $\mho$ 的合法动作序列 $\sigma = [A_{k,t_k}]$的相干函数(IF)在时间间隔 $\Delta = [s,f)$，记为 $if_\sigma(\Delta)$，是来源于 σ 的任务实例且它们的触发时间在 Δ 的最大执行的时间。也就是说：

(1) $t_l = \min\{t_k | t_k \geqslant s\}$，$t_m = \max\{t_k | t_k < f\}$，且 $t_l \leqslant t_m$；

(2) $if_\sigma(\Delta) = \sum_{k=l}^{m-1} C(a_k) + \min(C(a_m), f - t_m)$。

对于任意偏移系统的请求函数和相干函数[20,52]，能够基于下式表达：

$$rf_\sigma(t) = rf_\sigma[t_0, t_0 + t), if_\sigma(t) = if_\sigma[t_0, t_0 + t) \tag{1.94}$$

式中：t_0 为 σ 中的第一个动作的释放时间。

例 1.12　我们在图1.32 中刻画了关于图1.24 中有限状态机的样例动作序列 $\sigma_1 = [(a_2,0),(a_1,2),(a_3,4)]$和 $\sigma_2 = [(a_1,2),(a_3,4)]$的两个函数。给定开始时间 s，$rf_\sigma[s,t)$($if_\sigma[s,t)$)是非递减不连续的阶梯（连续倾斜的）函数。$rf_\sigma[s,t)$的水平部分是左开右闭的，同时 $if_\sigma[s,t)$的斜率是0（不可能执行）或1（用来执行的时间）。

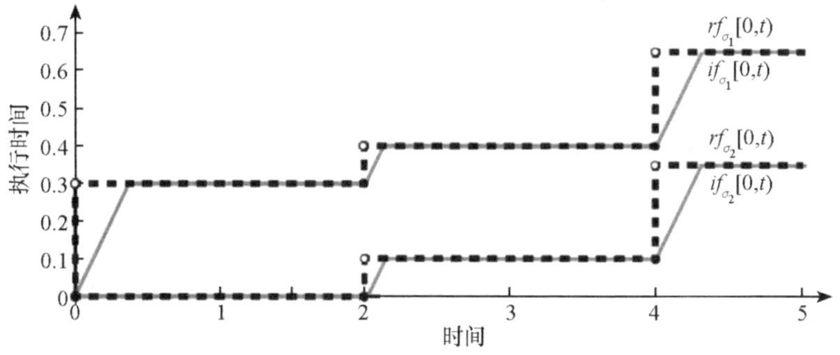

图 1.32　**图** 1.24 **中有限状态机的两个动作序列** $\sigma_1 = [(a_2,0),(a_1,2),(a_3,4)]$**和** $\sigma_2 = [(a_1,2),(a_3,4)]$**的 RF 和 IF 函数**

通过使用优先级高于 a_k 的任务集合 Γ 的合法动作序列的所有可能组合，RF 和 IF 函数允许计算动作实例 $A_{k,t_k} = (a_k, t_k)$的 WCRT。由于调度器是抢占的（因此没有来自低优先级任务的阻塞延迟），这里仅仅需要考虑高优先级任务的抢占影响。另外，由于所有的动作实例必须在下一次激活之前完成，这样也不存在从同一有限状态机的其他动作实例引起的延迟。

让 $\Omega(\mathcal{T})$表示有限状态机 $\mathcal{T}$ 的所有合法动作序列集合，以及 $\Omega(\Gamma):=\Omega(\mathcal{T}_1)\times\Omega(\mathcal{T}_2)\times\cdots$表示来自高优先级的有限状态机任务 $\Gamma=\{\mathcal{T}_1,\mathcal{T}_2,\cdots\}$的合法动作序列的全部组合的集合。一个动作序列组合 $\bar{\sigma}=\{\sigma_1,\sigma_2,\cdots\}\in\Omega(\Gamma)$是 $\Omega(\Gamma)$中的一个元素，其中 $\sigma_k\in\Omega(\mathcal{T}_k)$。让 $R(A_{k,t_k},\sigma)$表示动作实例 A_{k,t_k}在 $\bar{\sigma}$ 影响下的响应时间。A_{k,t_k}的严格响应时间是对于所有可能路径组合 $\bar{\sigma}$ 的 $R(A_{k,t_k},\ \bar{\sigma})$ 的最大值：

$$R(A_{k,t_k})=\max_{\bar{\sigma}\in\Omega(\Gamma)}R(A_{k,t_k},\bar{\sigma})\tag{1.95}$$

方便起见，$\bar{\sigma}$ 和$[A_{k,\ t_k}]$(只包括 A_{k,t_k}的序列）的联合被记为$\bar{\sigma}^+$。我们扩展繁忙周期的概念[13,79]，并且在 $\bar{\sigma}^+$ 上定义它。

定义 1.19　将 $\bar{\sigma}^+$中的动作序列的一个繁忙周期（busy period）$[s,\ f)$ 定义为：

(1) 它开始在一个 $\bar{\sigma}^+$中的动作被触发的时间 s；

(2) 它是一个连续的时间区域，在区域中只有 $\bar{\sigma}^+$ 中的动作实例被执行(没有低优先级动作)；

(3) 它结束在区间 $[s,\ f)$ 触发的所有实例被完成的时间 f。

与计算 $R(A_{k,\ t_k},\ \bar{\sigma})$相关的繁忙周期的开始时间集合包括 $\bar{\sigma}$ 中的早于 t_k 的任意动作实例的任意触发时间 s 和 t_k 本身。给定一个开始时间 s，对应的结束时间 f 能够使用 RF 函数计算：

$$f=\min_{t>s}\{t\,|\,rf_{\bar{\sigma}^+}[s,t)\leqslant t-s\}\tag{1.96}$$

式中：$rf_{\bar{\sigma}^+}(\Delta)=\sum_{\sigma\in\bar{\sigma}^+}rf_\sigma(\Delta)$ 。可选地，f 能够通过使用 IF 函数计算［其中 $if_{\bar{\sigma}^+}(\Delta)=\sum_{\sigma\in\bar{\sigma}^+}if_\sigma(\Delta)$］：

$$f=\min_{t>s}\{t\,|\,if_{\bar{\sigma}^+}[s,t)\leqslant t-s\}\tag{1.97}$$

由于就 f 的计算而言 RF 和 IF 函数是等价的，因此对于 A_{k,t_k}的严格响应时间计算也是等价的。简单来讲，$rf_\sigma(\Delta)$和 $if_\sigma(\Delta)$仅仅在 $if_\sigma(\Delta)$的倾斜部分不同。$if_{\bar{\sigma}^+}(\Delta)$和斜率为 1 的直线的任意交点必然在 $if_{\bar{\sigma}^+}(\Delta)$的某个水平部分上，这必然匹配 $rf_{\bar{\sigma}^+}(\Delta)$的一个水平部分。这个结论表明式（1.96）和式（1.97）计算的结束时间 f 是相同的。

因此，给定 $\bar{\sigma}^+$繁忙时间的开始时间 s，结束时间 f 能够通过式（1.96）或式（1.97）计算，并且 A_{k,t_k}的响应时间是：

$$R(A_{k,t_k},\bar{\sigma},s)=f-t_k\tag{1.98}$$

响应时间 $R(A_{k,t_k},\bar{\sigma})$ 是所有可能的开始不晚于 t_k 的繁忙时段的最大值，即：

$$R(A_{k,t_k},\bar{\sigma}) = \max_{s\leqslant t_k} R(A_{k,t_k},\bar{\sigma},s) \tag{1.99}$$

例 1.13　考虑一个待分析的动作实例 A_{k,t_k}，其中 $C(a_k)=0.4$ 和 $t_k=2.1$。我们假设它的相干组合 $\bar{\sigma}=\{\sigma_1,\ \sigma_2\}$ 其中 σ_1 和 σ_2 涉及两个相干有限状态机任务，并且两个动作序列的 RF 和 IF 函数被刻画在图 1.32。对于两个高优先级动作序列 σ_1 和 σ_2，触发时间分别是 {0，2，4} 和 {2，4}。因此，被考虑的可能开始时间集合是 {0，2，2.1}（由于大于 a_k 的触发时间 2.1，4 没有被包括）。通过式（1.98），有：

$$R(A_{k,t_k},\bar{\sigma},0) = 0.3-2.1 = -1.8 \tag{1.100a}$$

$$R(A_{k,t_k},\bar{\sigma},2) = 2.6-2.1 = 0.5 \tag{1.100b}$$

$$R(A_{k,t_k},\bar{\sigma},2.1) = 2.5-2.1 = 0.4 \tag{1.100c}$$

当 $s=0$，对应的响应时间是 -1.8。负数表明对应的繁忙时段先于 t_k 完成。响应时间 $R(A_{k,t_k},\bar{\sigma})$ 是基于这些繁忙时段计算出的最大响应时间，即 0.5。

为了计算响应时间，我们必须考虑相干任务集合 Γ 的任务序列的所有可能情况，并且计算响应的请求函数（或相干函数）。由于每个有限状态机的动作序列组合的指数数量，算法具有指数复杂性[36]。在下一节中，我们证明同步有限状态机的可调度性问题实际上是强 coNP-hard 的[80]。

1.3.5　同步有限状态机的可调度性问题的复杂性

根据前文可知，有向图实时任务模型的可调度性验证问题被证明是强 coNP-hard[19]。之前的工作[30]提供了一个同步有限状态机到有向图实时任务转化的方法，通过有向图的可行性测试为有限状态机的验证提供了充分条件。本节中，我们给出了从有向图实时任务模型的可调度性验证到有限状态机的可调度性验证的一个伪多项式时间归约（pseudo-polynomial time reduction）[78]方法。事实上，为了证明后者是强 coNP-hard，我们只需要找到一个已知的强 coNP-hard 的前者和从前者到后者的伪多项式时间归约。在本节中，归约将会转换前者中的任意实例到后者中的一个实例并且后者中转化后的实例结果能够验证前者中的原来实例，并且是关于尺寸作为问题的参数具有多项式复杂性的。

1.3.5.1　有向图实时任务模型的可调度性问题的复杂性

下面的引理给出了有向图实时任务模型的可调度性验证问题的复杂度[19]。

它的证明是通过转化一个已知的强 coNP-hard（3 - PARTITION 问题[35]）到具有帧分离特性的有向图实时任务模型的可调度性验证问题①。

定理 1.17　对于具有帧分离特性的有向图实时任务，静态优先级调度下的可调度性验证问题是强 coNP-hard，即不存在相对于有向图尺寸和任务参数（时限、WCET 和释放间隔时间）的多项式时间算法，除非 $P = NP$[19]。

1.3.5.2　从有向图实时任务到有限状态机的伪多项式时间归约

我们现在开发从具有帧分离特性的有向图实时任务的可调度性问题到有限状态机的可调度性问题的一个伪多项式时间归约。对于待分析的节点 v 和它的高优先级有向图实时任务集 Γ，我们按照如下规则转化到一个有限状态机任务 $\mathcal{T}_v$ 和相关有限状态机任务集合 $\Gamma_{\mathcal{T}}$。可以简单验证：这个归约能够在关于有向图实时任务尺寸和参数最大值的多项式时间内完成。因此，归约具有伪多项式时间的复杂性。

（1）对于每个高优先级的有向图实时任务 $D = (\mathbb{V}, \mathbb{E}) \in \Gamma$，我们生成一个对应的有限状态机任务 $\mathcal{T} = \{\mathbb{S}, s_0, -, -, \{e_1\}, \mathbb{A}, -\}$，带有任意初始状态 $s_0 \in \mathbb{S}$，具有单位周期$[T(e_1) = 1]$的单一触发事件 e_1。由于只关注 $\mathcal{T}$ 中可能的动作序列，因此输入输出信号可以是任意的（记为 -）。

①对于每个节点 $v_i \in \mathbb{V}$，让 $k_{i,j} = p(v_i, v_j)$ 对应于边$(v_i, v_j) \in \mathbb{E}$，并且 $k_i = \max\{1, \max\limits_j k_{i,j}\}$。建立$\mathbb{S}$中的 k_i 个状态 $s_{i,1}$，$s_{i,2}$，…，s_{i,k_i}。每个状态 $s_{i,k}(1 \leqslant k \leqslant k_i - 1)$通过一个转移 $\theta = \{s_{i,k}, s_{i,k+1}, e_1, -, a_{i,k}, -\}$ 连接到它的后继状态 $s_{i,k+1}$。这个转移包括触发事件 e_1 和动作 $a_{i,k}$。$a_{i,k}$的 WCET 被设置为：

$$C(a_{i,k}) = \begin{cases} c(v_i), & k = 1 \\ 0, & \text{其他情况} \end{cases} \tag{1.101}$$

这些转移没有警戒并且与评估顺序不相关。

②对于每个边（v_i，v_q）$\in \mathbb{E}$生成一个从 $s_{i,k_{i,q}}$ 到 $s_{q,1}$ 的转移 $\theta = \{s_{i,k_{i,q}}, s_{q,1}, e_1, -, a_{i,q^*}, -\}$。相关动作 a_{i,q^*} 的 WCET 是 0，即 $C(a_{i,q^*}) = 0$。

③有限状态机 $\mathcal{T}$ 继承了有向图实时任务 $\mathcal{D}$ 的优先级。

（2）对于待分析的节点 v，生成一个有限状态机任务 $\mathcal{T}_v$ 只包括唯一的状态 s_v 和一个具有执行时间 $c(v)$ 的转移$\{e_v/a_v\}$，即 $C(a_v) = c(v)$，以及触发事

① 注意尽管在文献［19］中的原来定理被表述为对于任意时限的有向图实时任务成立，但是实际上归约生成的有向图实时任务满足帧分离特性。

件的周期 $d(v)$，即 $T(e_v)=d(v)$。$\mathcal{T}_v$ 具有最低的优先级。

例 1.14 作为一个例子，图 1.33 刻画了一个有限状态机 $\mathcal{T}$，其是通过图 1.11 中的有向图实时任务转化而来。每个动作的 WCET 被标记为灰色。

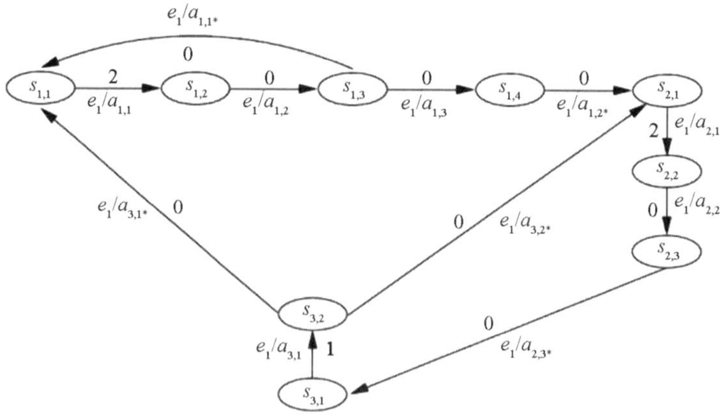

图 1.33 图 1.11 中有向图实时任务转换的有限状态机任务

在证明有限状态机任务系统的可调度性问题是强 coNP-hard 之前，我们先证明两个辅助引理，它们展现了关于有向图实时任务中的路径和转化后的有限状态机任务中的动作序列之间的关系。

引理 1.7 考虑一个有向图实时任务 $\mathcal{D}$ 和它的转化后的有限状态机任务 $\mathcal{T}$。对于任意路径 $\pi=(v_1,\cdots,v_l)\in\mathcal{D}$，必然存在一个动作序列 $\sigma\in\mathcal{T}$ 满足 $\forall t\geqslant 0$，$\mathcal{D}.rf_\pi(t)\leqslant\mathcal{T}.rf_\sigma[0,t)$。

证明：对于任意 $i=1,\cdots,l$，让 $p_{\pi_i}=\sum_{j=1}^{i-1}p(v_j,v_{j+1})$。我们构造 σ，是用一系列的动作实例 $A'_i=[A_{i,1},A_{i,2},\cdots,A_{i,k_{i,i+1}}]$来替换路径 π 中的每个节点 v_i（除了最后一个），其中 $A_{i,1}=(a_{i,1},p_{\pi_i})$，$A_{i,2}=(a_{i,2},p_{\pi_i}+1)$，$\cdots$，$A_{i,k_{i,i+1}-1}=(a_{i,k_{i,i+1}-1},p_{\pi_i}+k_{i,i+1}-2)$，$A_{i,k_{i,i+1}}=(a_{i,(i+1)*},p_{\pi_i}+k_{i,i+1}-1)$。路径 π 的最后一个节点 v_l 用 $A'_l=[A_{l,1}]=[(a_{l,1},p_{\pi_l})]$替换。基于构造可知，$\sigma=\{A'_1,A'_2,\cdots,A'_l\}$是 $\mathcal{T}$ 中的一个合法动作序列。通过请求函数的定义，可以简单验证，对于任意 $t\geqslant 0$，$\mathcal{D}.rf_\pi(t)=\mathcal{T}.rf_\sigma[0,t)$。

引理 1.8 考虑一个有向图实时任务 $\mathcal{D}$ 和它的转化后的有限状态机任务 $\mathcal{T}$。对于任意的动作序列 $\sigma\in\mathcal{T}$（它的第一个动作释放在非负整数时间 $s\in\mathbb{N}$），必然存在一个路径 $\pi\in\mathcal{D}$ 满足 $\forall t\geqslant 0,\mathcal{T}.rf_\sigma[s,s+t)\leqslant\mathcal{D}.rf_\pi(t)$。

证明：考虑在 $\mathcal{T}$ 中的关于动作实例的任意序列 σ：

$$\sigma=[(a_{1,x},s),\cdots,(a_{1,k_{1,2}-1},s+k_{1,2}-x-1),(a_{1,2^*},s+k_{1,2}-x),\\(a_{2,1},s+k_{1,2}-x+1),\cdots,(a_{2,3^*},s+k_{1,2}+k_{2,3}-x),\cdots,\\(a_{l,1},s+k_{1,2}+\cdots+k_{l-1,l}-x+1),\cdots,(a_{l,y},s+k_{1,2}+\cdots+k_{l-1,l}-x+y)] \tag{1.102}$$

其中，$1\leqslant x\leqslant k_{1,2}$，$1\leqslant y\leqslant k_l-1$。对于 x，我们讨论以下两种可能情况。

情况 1：$x=1$。考虑有向图路径，其中节点都对应 σ 中的动作：$\pi=(v_1,v_2,\cdots,v_l)\in\mathcal{D}$。对于任意的 $1\leqslant i\leqslant l$，动作 $a_{i,1}$ 与节点 v_i 有相同的 WCET。同时，在 σ 中的任意两个动作 $a_{i,1}$ 和 $a_{i+1,1}$ 的释放间隔时间是 $k_{i,i+1}=p(v_i,v_{i+1})$。因此，$\forall t\geqslant 0,\mathcal{F}.rf_\sigma[s,s+t)=\mathcal{D}.rf_\pi(t)$。

情况 2：$1<x\leqslant k_{1,2}$。在 $(a_{1,x},s)$ 和 $(a_{1,k_{1,2}},s+k_{1,2}-x)$ 之间的所有动作实例的 WCET 等于 0。因此，能够简单验证 $\forall t\geqslant 0,\mathcal{F}.rf_\sigma[s,s+t)\leqslant\mathcal{D}.rf_\sigma[s+k_{1,2}-x+1,s+k_{1,2}-x+1+t)$。考虑路径 $\pi=(v_2,\cdots,v_l)\in\mathcal{D}$，与情况 1 相似，有 $\mathcal{F}.rf_\sigma[s+k_{1,2}-x+1,s+k_{1,2}-x+1+t)=\mathcal{D}.rf_\pi(t)$。因此，$\mathcal{F}.rf_\sigma[s,s+t)\leqslant\mathcal{D}.rf_\pi(t)$。

结合以上的两种情况，引理被证明。

下面，我们证明有限状态机可调度性问题的复杂度结果。简单讲，对于任意有向图实时任务 $\mathcal{D}(I)$，我们可以在多项式时间（就有向图实时任务尺寸和任务参数而言）归约它的可调度性问题到有限状态机的可调度性问题上的一个具体实例 $\mathcal{F}(I)$，以致 $\mathcal{F}(I)$ 是可调度的当且仅当 $\mathcal{D}(I)$ 是可调度的。

定理 1.18 同步有限状态机任务在固定优先级调度下的可调度性问题是强 coNP-hard。

证明：对于任意节点 v 和它的高优先级有向图实时任务集合 $\Gamma_{\mathcal{D}}=\{\mathcal{D}_1,\cdots,\mathcal{D}_n\}$，考虑转化后的 $\mathcal{F}_v$ 和相关有限状态机任务集合 $\Gamma_{\mathcal{F}}=\{\mathcal{F}_1,\cdots,\mathcal{F}_n\}$。我们通过证明 $R(a_v,\Gamma_{\mathcal{F}})=R(v,\Gamma_{\mathcal{D}})$ 来说明有限状态机 $\mathcal{F}_v$ 是可调度的当且仅当节点 v 是可调度的。

情况 1：$R(v,\Gamma_{\mathcal{D}})\leqslant R(a_v,\Gamma_{\mathcal{F}})$。考虑路径组合 $\bar{\pi}\in\Pi(\Gamma_{\mathcal{D}})$ 满足：

$$R(v,\Gamma_{\mathcal{D}})=R(v,\bar{\pi})=\min_{t>0}\left\{t\mid c(v)+\sum_{\pi_i\in\bar{\pi}}\mathcal{D}_i.rf_{\pi_i}(t)\leqslant t\right\} \tag{1.103}$$

通过引理 1.7，对于 $\mathcal{D}_i$ 中的任意路径 π_i，必然存在 $\mathcal{F}_i$ 中的一个动作序列 σ_i 满足 $\forall t\geqslant 0$，$\mathcal{D}_i.rf_{\pi_i}(t)\leqslant\mathcal{F}_i.rf_{\sigma_i}[0,t)$。因此：

$$R(v,\Gamma_{\mathcal{D}}) = \min_{t>0}\{t \mid c(v) + \sum_{\pi_i \in \pi} \mathcal{D}_i.\ rf_{\pi_i}(t) \leqslant t\}$$

$$\leqslant \min_{t>0}\{t \mid C(a_v) + \sum_{\sigma_i \in \sigma} \mathcal{T}_i.\ rf_{\sigma_i}[0,t) \leqslant t\}$$

$$\leqslant R(A_{a_v,0},\Gamma_{\mathcal{T}}) \leqslant R(a_v,\Gamma_{\mathcal{T}}) \tag{1.104}$$

情况 2：$R(a_v,\Gamma_{\mathcal{T}}) \leqslant R(v,\Gamma_{\mathcal{D}})$。由于 a_v 只能在 $d(v)$ 的整数倍时间触发，因此有 $R(a_v,\Gamma_{\mathcal{T}}) = \max_{t_v = k \cdot d(v)} R(A_{a_v,t_v},\Gamma_{\mathcal{T}})$，其中 $k \in \mathbb{N}$。与情况 1 相似，对于任意给定的 $t_v = k \cdot d(v)$，考虑动作序列组合 $\bar{\sigma} \in \Pi(\Gamma_{\mathcal{T}})$ 和初始时间 $s \leqslant t_v$ 满足：

$$R(A_{a_v,t_v},\Gamma_{\mathcal{T}}) = R(A_{a_v,t_v},\bar{\sigma},s) = \min_{t>0}\{t \mid rf_{\bar{\sigma}^+}[s,s+t) \leqslant t\} + s - t_v \tag{1.105}$$

其中，$\bar{\sigma}^+ = \bar{\sigma} \cup [A_{a_v,t_v}]$。通过引理 1.8，对于 $\mathcal{T}_i$ 中的动作序列 $\sigma_i \in \bar{\sigma}$，存在一个路径 $\pi_i \in \mathcal{D}_i$ 满足 $\forall t \geqslant 0$，$\mathcal{T}_i.\ rf_{\sigma_i}[s,s+t) \leqslant \mathcal{D}_i.\ rf_{\pi_i}(t)$。因此，我们有：

$$R(A_{a_v,t_v},\Gamma_{\mathcal{T}}) = \min_{t>0}\{t \mid rf_{\bar{\sigma}^+}[s,s+t) \leqslant t\} + s - t_v$$

$$\leqslant \min_{t>0}\{t \mid e(v) + \sum_{\pi_i \in \pi} rf_{\pi_i}(t) \leqslant t\} + s - t_v \leqslant R(v,\Gamma_{\mathcal{D}}) \tag{1.106}$$

最终，$R(a_v,\Gamma_{\mathcal{T}}) \leqslant R(v,\Gamma_{\mathcal{D}})$。

结合以上两种情况，可以断言 $R(a_v,\Gamma_{\mathcal{T}}) = R(v,\Gamma_{\mathcal{D}})$。因此，有向图实时任务系统和它的转化后的有限状态机系统就可调度性而言是等价的。

1.3.6 基于 RBF 和 IBF 的近似响应时间分析

上一节确定了对于严格分析不存在易于处理的（即伪多项式时间的）算法。在本节中，我们使用每个有限状态机的请求限定函数或相干限定函数（作为所有有限状态机动作序列的请求或相干函数的上界）来开发近似分析。这样的抽象处理避免了枚举动作序列的所有组合，并且具有伪多项式时间的复杂度。

1.3.6.1 近似分析

我们首先定义有限状态机任务的 RBF 和 IBF 函数在一个给定开始时间和结束时间的时间区域上（而不只是间隔长度）。

定义 1.20 一个有限状态机 $\mathcal{T}$ 在时间区域 $\Delta = [s,f)$ 上的请求限定函数，记为 $\mathcal{T}.\ rbf(\Delta)$，是 $\mathcal{T}$ 的触发在 Δ 上的所有动作的执行时间和的最大值，如下：

$$\mathcal{T}.\ rbf(\Delta) = \max_{\sigma \in \Omega(\mathcal{T})}\{\mathcal{T}.\ rf_{\sigma}(\Delta)\} \tag{1.107}$$

定义 1.21 一个有限状态机 $\mathcal{F}$ 在时间区域 $\Delta=[s,f)$ 上的相干限定函数，记为 $\mathcal{F}.ibf(\Delta)$，是 $\mathcal{F}$ 的触发在 Δ 上的所有动作的执行负载的最大值，如下：

$$\mathcal{F}.ibf(\Delta)=\max_{\sigma\in\Omega(\mathcal{F})}\{\mathcal{F}.if_{\sigma}(\Delta)\} \tag{1.108}$$

与 $rbf(t)$ 和 $ibf(t)$ 相似，$rbf[s,s+t)$ 和 $ibf[s,s+t)$ 也都是关于时间 t 单调增加。通过定义可知，这些函数满足下面关系：

$$rbf(t)=\max_{s} rbf[s,s+t),ibf(t)=\max_{s} ibf[s,s+t) \tag{1.109}$$

例 1.15 图 1.34 刻画了图 1.24 中有限状态机任务的请求限定函数和相干限定函数。图 1.35 比较了 $rbf[0,t)$ 和 $rbf(t)$ 两个函数，同时图 1.36 比较了 $ibf[0,t)$ 和 $ibf(t)$ 两个函数。

如图 1.34 所示，给定任意初始时间 s，$rbf[s,t)$ 是一个阶梯函数，同时 $ibf[s,t)$ 是分段的（连续的）倾斜函数，并且在它的上升部分斜率为 1。我们使用这些函数去推导动作实例 A_{k,t_k} 的安全响应时间上界。

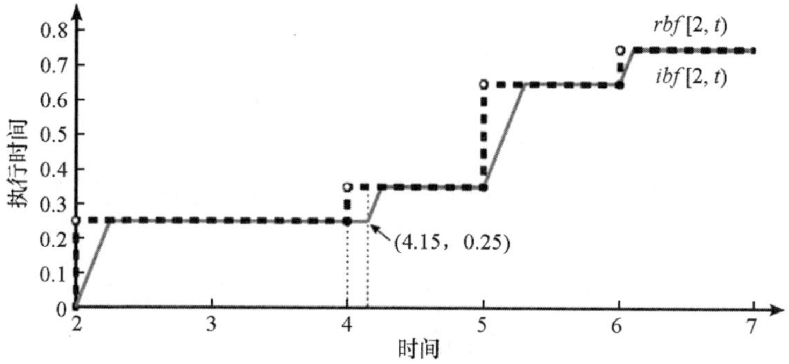

图 1.34 图 1.24 中有限状态机的 RBF 和 IBF 函数

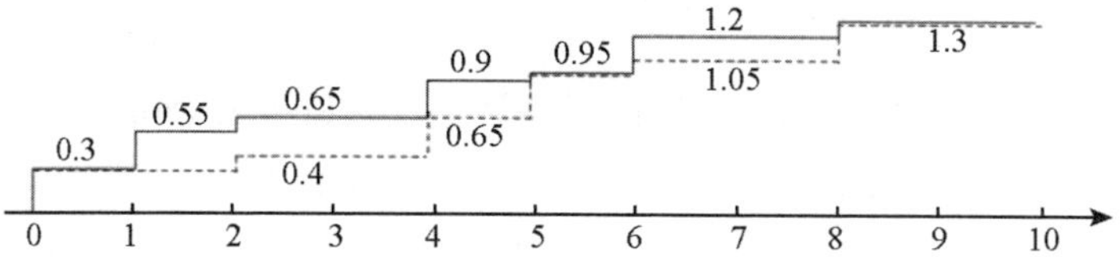

图 1.35 图 1.24 中有限状态机的 $rbf[0,t)$（虚线）和 $rbf(t)$（实线）

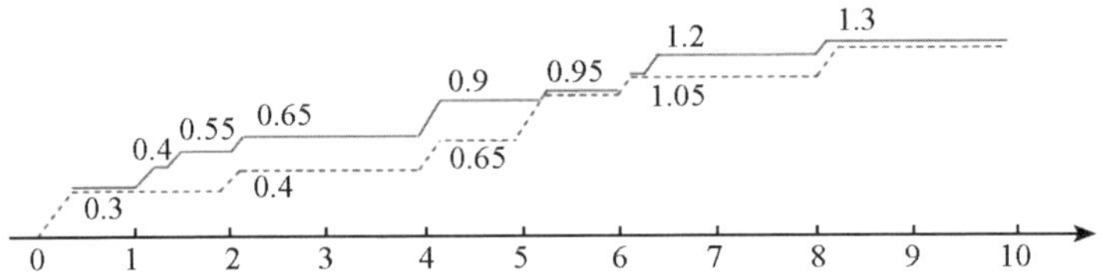

图 1.36　图 1.24 中有限状态机的 $ibf[0, t)$（虚线）和 $ibf(t)$（实线）

根据严格响应时间分析方法可知，基于 IBF 和 RBF 函数的分析也必然操作在一系列代表性的繁忙周期上。考虑高优先级任务集合 Γ，开始时间集合能够被安全地评估为所有周期触发时间 $T_{\mathcal{T}}$，$\forall \mathcal{T} \in \Gamma$ 的总和。给定开始时间 s，繁忙时段的结束时间 f 分别是：

$$f_{rbf} = \min_{t > s}\left\{t \mid \sum_{\forall \mathcal{T} \in \Gamma} \mathcal{T}.rbf[s,t) + \delta(s,t,t_k) \cdot C(a_k) \leqslant t - s\right\} \quad (1.110a)$$

$$f_{ibf} = \min_{t > s}\left\{t \mid \sum_{\forall \mathcal{T} \in \Gamma} \mathcal{T}.ibf[s,t) + \delta(s,t,t_k) \cdot C(a_k) \leqslant t - s\right\} \quad (1.110b)$$

其中，$\delta(s, t, x)$ 函数定义为：

$$\delta(s,t,x) = \begin{cases} 1, & x \in [s,t) \\ 0, & \text{其他情况} \end{cases} \quad (1.111)$$

使用 RBF 函数，在开始于 s 的繁忙时段上的 A_{k,t_k} 的响应时间和 A_{k,t_k} 的近似响应时间是：

$$R_{rbf}(A_{k,t_k},s) = f_{rbf} - t_k, R_{rbf}(A_{k,t_k}) = \max_{s \leqslant t_k} R_{rbf}(A_{k,t_k},s) \quad (1.112)$$

相同地，使用 IBF 函数评估的响应时间是：

$$R_{ibf}(A_{k,t_k},s) = f_{ibf} - t_k, R_{ibf}(A_{k,t_k}) = \max_{s \leqslant t_k} R_{ibf}(A_{k,t_k},s) \quad (1.113)$$

1.3.6.2　支配关系和加速因子

我们现在利用支配关系和加速因子去评估和比较近似分析技术。我们首先研究使用 IF 或 RF 函数的严格响应时间分析（简单记为 R），使用 RBF 函数的近似响应时间 R_{rbf} 和使用 IBF 函数的近似响应时间 R_{ibf} 之间的支配关系。

首先，RF ≥ RBF。由于对于在 $\Omega(\Gamma)$ 中的任意动作序列组合 $\bar{\sigma}$，有 $rf_{\bar{\sigma}}(\Delta) \leqslant \sum_{\mathcal{T} \in \Gamma} \mathcal{T}.rbf(\Delta)$。式（1.96）（对于 RF）和式（1.110）（对于 RBF）中的完成时间和 A_{k,t_k} 的响应时间评估都随着 RF 和 RBF 函数单调增加。因此，$\forall s, \forall \bar{\sigma}, R_{rf}(A_{k,t_k}, \bar{\sigma}, s) \leqslant R_{rbf}(A_{k,t_k}, s)$，并且最终我们有 $R_{rf}(A_{k,t_k}) \leqslant R_{rbf}(A_{k,t_k})$。基于相似的推理，IF ≥ IBF 成立。对于 RBF 和 IBF 函数而言，有 IBF ≥ RBF。

这是因为对于任意时间区域 Δ，$rbf(\Delta)\leqslant ibf(\Delta)$。

现在我们研究近似响应时间分析的加速因子。给定一个动作序列 σ 和时间区域 Δ，让 $rf_{\sigma}^{u}(\Delta)$ 表示运行在 u - 速度上的 RF 函数（对于任意动作 a 的执行时间是 $C(a)/u$）。如果 $u=1$，上标 u 被忽略。$rf_{\sigma}^{u}(\Delta)$ 能够从 $rf_{\sigma}(\Delta)$ 推导出：

$$rf_{\sigma}^{u}(\Delta)=rf_{\sigma}(\Delta)/u \tag{1.114}$$

RF 和 RBF 函数的其他版本也满足相似关系：

$$\forall\bar{\sigma},rf_{\bar{\sigma}}^{u}(\Delta)=rf_{\bar{\sigma}}(\Delta)/u \tag{1.115a}$$

$$rbf^{u}(\Delta)=rbf(\Delta)/u \tag{1.115b}$$

然而，对于 IF 和 IBF 函数，这个关系不成立。例如，$if_{\sigma}^{u}(\Delta)$ 和 $if_{\sigma}(\Delta)$ 这两个函数的所有倾斜部分都具有 1 的斜率。

Guan 等[38]证明了就任意偏移的情况，RBF 分析具有紧致的加速因子为 2，同时 IBF 分析的加速因子是 $1+\sqrt{m^2-m}/m$，其中 m 是高优先级任务的数量（定理 1.7）。然而，下面的定理表明，在静态偏移的情况下这两种分析方法不具有相似的加速因子。

定理 1.19　有限状态机系统的 RBF 分析没有加速因子。

证明： 对于任意 $u>1$，我们构造一个动作实例 $A_{k,t_k}=(a_k,\ t_k)$ 和它的高优先级任务集合 Γ 满足 $R_{rbf}^{u}(A_{k,t_k})>R(A_{k,t_k})$。

假设任务实例 $A_{k,t_k}=(a_k,t_k)$，其中 $C(a_k)=1/2$ 和 $t_k=10u^2$。图 1.37 刻画了高优先级的有限状态机任务 $\mathcal{T}_1$ 和其静态偏移下的对应的 RBF 和 IBF 函数，其中：

（1）$C(a_1)=1/4$，$C(a_2)=2u$，$C(a_3)=4u^2$，$T(e_1)=10u^2$，$T(e_2)=10u^2+1$；

（2）$\mathcal{T}_1$ 与它的两个动作序列 $\sigma_1=[(a_1,t_k),(a_3,t_k+1)]$ 和 $\sigma_2=[(a_2,t_k)]$ 执行在速度 $-u$ 处理器下对应的 RBF 和 IBF 函数，其中 $t_k=10u^2$。基于该图，可以简单验证 $R_{rbf}^{u}(A_{k,t_k})=4u+3/4u$。严格响应时间可以通过考虑两个动作序列 σ_1 和 σ_2 来推导，即：

$$R(A_{k,t_k},\{\sigma_1\})=C(a_k)+C(a_1)=3/4 \tag{1.116a}$$

$$R(A_{k,t_k},\{\sigma_2\})=C(a_k)+C(a_2)=2u+1/2 \tag{1.116b}$$

因此，严格响应时间是 $R(A_{k,t_k})=2u+1/2$，并且 $R_{rbf}^{u}(A_{k,t_k})>R(A_{k,t_k})$。

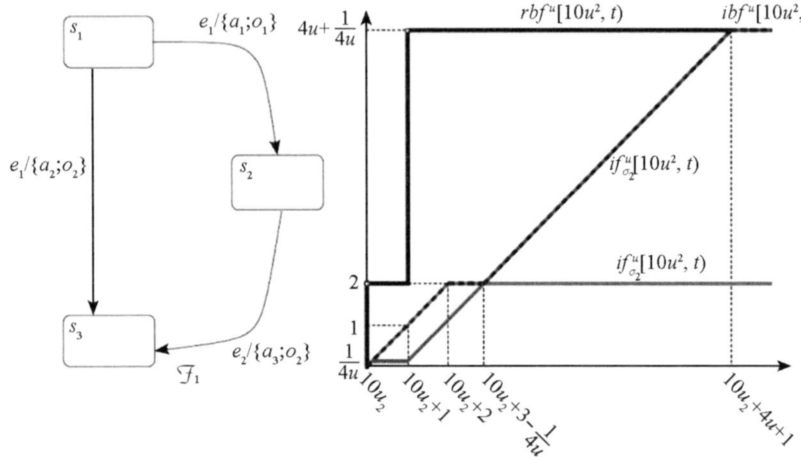

图 1.37　应用在定理 1.19 证明中的一个反例

定理 1.20　在双任务系统（高优先级任务的数目是 $m=1$）中，同步有限状态机任务的 IBF 分析的加速因子是 1，但是当 $m\geqslant 2$ 时加速因子不能被限定。

证明：（1）$m=1$。假设高优先级任务 $\mathcal{T}_h$。给定 $\mathcal{T}_l$ 中的待分析动作实例 A_{k,t_k}和开始时间 s。对于任意 $\sigma\in\mathcal{T}_h$，定义 $\sigma^+=\sigma\cup[A_{k,t_k}]$。函数 $if_{\sigma^+}[s,t)$的每个倾斜部分具有 1 的斜率。因此，$if_{\sigma^+}[s,t)$必然与直线 $f(t)=t-t_k$ 相交于属于某个水平部分的唯一点上。通过式（1.108）和 R_{ibf}的定义，必然存在一个动作序列 σ 以致 $R_{ibf}(A_{k,t_k})$是 $if_{\sigma^+}[s,t)$和斜率为 1 的直线之间的交点。因此，我们有 $R_{ibf}(A_{k,t_k})=R(A_{k,t_k})$。

（2）$m\geqslant 2$。给定任意加速因子 $u>1$，我们构造一个加速因子被破坏的反例，其包括三个任务。考虑待分析的动作实例 $A_{k,t_k}=(a_k,t_k)$，其中 $C(a_k)=1/2$ 和 $t_k=10u^2$。两个高优先级有限状态机任务是图 1.37 的 $\mathcal{T}_1$ 和图 1.38 的 $\mathcal{T}_2$。图 1.38 刻画了：①有限状态机任务 $\mathcal{T}_2$，其中 $C(a_4)=1/4$，$C(a_5)=u$，$T(e_3)=10u^2$ 和 $T(e_4)=10u^2+1$；②速度 $-u$ 处理器上的相干限定函数的总和，即包括 $\mathcal{T}_1$、$\mathcal{T}_2$ 和 a_k 系统的 IBF 函数：$\sum_{\mathcal{T}\in\{\mathcal{T}_1,\mathcal{T}_2\}}\mathcal{T}.ibf^u[10u^2,t)+\delta(10u^2,t,t_k)\cdot C(a_k)/u$（实线）。从图中可知，$R^u_{ibf}(A_{k,t_k})=4u+1+1/u$。另外，为了找到严格响应时间 $R(A_{k,t_k})$，让 $\mathcal{T}_2$ 中的动作序列记为 $\sigma_3=[(a_4,t_k),(a_5,t_k+1)]$。因此：

$$R(A_{k,t_k},\{\sigma_1,\sigma_3\})=C(a_k)+C(a_1)+C(a_4)=1 \tag{1.117a}$$

$$R(A_{k,t_k},\{\sigma_2,\sigma_3\})=C(a_k)+C(a_1)+C(a_4)+C(a_5)=3u+3/4 \tag{1.117b}$$

最终，$R(A_{k,t_k})=3u+3/4$，并且 $R_{ibf}^{u}(A_{k,t_k})>R(A_{k,t_k})$。

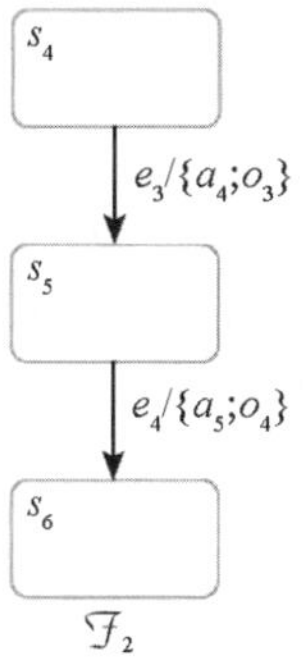

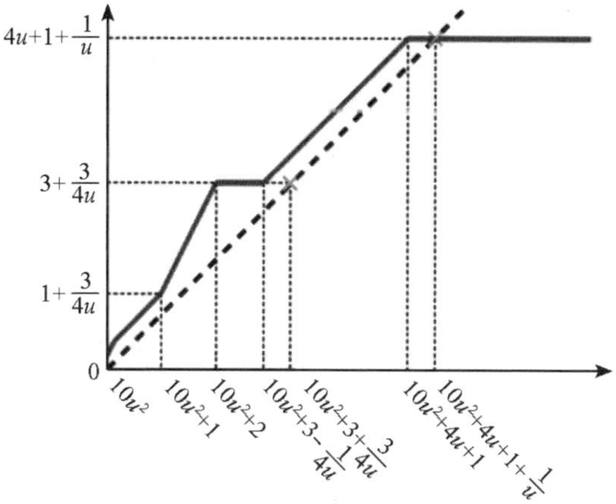

图 1.38 应用在定理 1.20 证明中的一个反例

另外，我们能够使用定理 1.19 中的例子去说明相对于静态偏移采用任意偏移将会引入巨大的悲观估计，让 $R(a_k)$ 表示任意偏移下的响应时间，容易验证 $R(a_k)=4u^2+3/4$。因此，在任意偏移和静态偏移下的响应时间的近似率（approximate ratio）不能被限定：$\lim\limits_{u\to\infty}\frac{R(a_k)}{R(A_{k,t_k})}=\frac{4u^2+3/4}{2u+1/2}=\infty$。

1.3.7 计算 RBF 和 IBF 函数的方法

为了计算 RBF 和 IBF 函数，一种可能的做法是为所有可能的路径（动作序列）和偏移找到 RF 和 IF 函数，并且推导 RBF 和 IBF 函数作为这些 RF 或 IF 函数的上界。明显的，这种枚举所有路径/偏移的方法具有指数级的复杂性，因此对于合理大小的有限状态机是不可行的。在本节中，我们将提出这些函数的高效计算算法。

与文献［26］的内容相比，对于同步有限状态机任务模型存在两种可能的提高。首先，可能的时间按照超周期重复，因此 RBF 和 IBF 函数也有这样的特性。这引入了执行请求矩阵的概念和对于一个超周期的 RBF 函数的定义（带有确定的初始和终止状态的限制）。其次，计算 RBF 函数的算法能够通过利用执行请求矩阵的周期性被进一步提高[34,39]。

由于触发时间的周期性，如果我们（向左或向右）移动时间区域 Δ 一个整数倍的超周期，那么 rbf(Δ) 和 $ibf(\Delta)$ 函数依然相同。形式化地，$\forall k \in \mathbb{N}$，有：

$$\mathcal{T}.rbf[s+kH_{\mathcal{T}},\ f+kH_{\mathcal{T}}) = \mathcal{T}.rbf[s,\ f) \tag{1.118a}$$

$$\mathcal{T}.ibf[s+kH_{\mathcal{T}},\ f+kH_{\mathcal{T}}) = \mathcal{T}.ibf[s,\ f) \tag{1.118b}$$

另外，$\mathcal{T}$ 中的动作实例的触发时间和绝对时限只能属于排序的集合 $T_{\mathcal{T}}$。因此，我们仅仅需要考虑对于所有 $s,\ f \in T_{\mathcal{T}}$，$s \in [0,\ H_{\mathcal{T}})$ 的 $rbf[s,\ f)$ 和 $ibf[s,\ f)$ 的计算。

对于给定的初始和终止状态，我们提出精炼 $rbf(\Delta)$ 和 $ibf(\Delta)$ 的概念。

定义 1.22　给定初始状态 s_i 和终止状态 s_j，请求限定函数 $\mathcal{T}.rbf_{i,j}(\Delta)$ 定义为 $\mathcal{T}$ 上的任何合法动作序列 $[(a_k, t_k), k=1,\cdots,n]$ 满足下面限制的最大累积执行时间：

(1) 第一个转移的源状态是 s_i；

(2) 最后一个转移的终止状态是 s_j；

(3) $t_1 \geqslant s$ 和 $t_n < f$；

(4) $\mathcal{T}.rbf_{i,j}(\Delta) = \max\{\sum_{k=1}^{n} C(a_k)\}$。

如果 s_j 不能从 s_i 可达，那么 $\mathcal{T}.rbf_{i,j}(\Delta)$ 定义为 $-\infty$。

定义 1.23　给定初始状态 s_i 和终止状态 s_j，相干限定函数 $\mathcal{T}.ibf_{i,j}(\Delta)$ 定义为 $\mathcal{T}$ 上的任何合法动作序列 $[(a_k, t_k), k=1,\cdots,n]$ 满足下面限制的执行的负载最大值：

(1) 第一个转移的源状态是 s_i；

(2) 最后一个转移的终止状态是 s_j；

(3) $t_1 \geqslant s$ 和 $t_n < f$；

(4) $\mathcal{T}.ibf_{i,j}(\Delta) = \max\{\sum_{k=1}^{n-1} C(a_k) + \min(C(a_n), f-t_n)\}$。

如果 s_j 不能由 s_i 到达，那么 $\mathcal{T}.ibf_{i,j}(\Delta)$ 定义为 $-\infty$。

RBF 和 IBF 函数的值域是 $\mathbb{R}^* = \mathbb{R} \cup \{-\infty\}$。通过定义可知：

$$\mathcal{T}.rbf(\Delta) = \max_{i,j}\mathcal{T}.rbf_{i,j}(\Delta), \mathcal{T}.ibf(\Delta) = \max_{i,j}\mathcal{T}.ibf_{i,j}(\Delta) \tag{1.119}$$

$rbf_{i,j}(\Delta)$ 也是可加的，即：

$$\forall i,j, \forall t \in [s,f], \mathcal{T}.rbf_{i,j}[s,f) = \max_{m}(\mathcal{T}.rbf_{i,m}[s,t) + \mathcal{T}.rbf_{m,j}[t,f)) \tag{1.120}$$

然而，$ibf_{i,j}(\Delta)$ 只在一些特定时间点上是可加的，即：

$$\forall i,j,\forall t\in[s,f)\cap\mathbb{T}_{\mathcal{T}},\mathcal{T}.ibf_{i,j}[s,f)=\max_{m}(\mathcal{T}.ibf_{i,m}[s,t)+\mathcal{T}.ibf_{m,j}[t,f))$$

(1.121)

$ibf_{i,m}[s,t)=rbf_{i,m}[s,t)$成立，并且$ibf_{i,j}(\Delta)$能够通过组合$rbf_{i,m}[s,t)$和$ibf_{m,j}[t,f)$进行计算。

长时间间隔$[s,f)$的$rbf_{i,j}[s,f)$的计算可以分解为在两个更短的时间间隔$[s,t)$和$[t,f)$上进行。值得注意的是：能够应用动态规划（dynamic programming）技术高效计算$rbf_{i,j}(\Delta)$。本小节的其余部分，我们说明如何应用极大加代数的结果去发现它的周期性。$rbf(\Delta)$函数（没有初始和终止状态限制）不是可加的，因此不能够直接应用动态规划技术和极大加代数结果去加速它们的计算。具体如下：

$$\begin{aligned}\mathcal{T}.rbf[s,t)+\mathcal{T}.rbf[t,f)&=\max_{i,k}\mathcal{T}.rbf_{i,k}[s,t)+\max_{l,j}\mathcal{T}.rbf_{l,j}[t,f)\\&=\max_{i,j,k,l}(\mathcal{T}.rbf_{i,k}[s,t)+\mathcal{T}.rbf_{l,j}[t,f))\\&\geqslant\max_{i,j,k=l}(\mathcal{T}.rbf_{i,k}[s,t)+\mathcal{T}.rbf_{l,j}[t,f))=\mathcal{T}.rbf[s,f)\end{aligned}$$

(1.122)

$rbf_{i,j}(\Delta)$的计算要求检查可能的事件序列中的可达状态。对于每个状态s_i，我们生成一个节点的无穷序列可达图（reachability graph）。在任意动作被时间$t_i(\forall t_i\in T_{\mathcal{T}})$的事件触发之前，每个节点$S_{i,t_i^-}$对应一个源状态$s_i$。一个边$(S_{i,t_i^-},\ S_{j,t_{i+1}^-})$将被添加，当：

（1）t_{i+1}是集合$T_{\mathcal{T}}$中t_i的下一个时间实例；

（2）在有限状态机中存在一个从s_i到s_j的转移$\theta_k=\{s_i,\ s_j,\ e_{\theta_k},\ g_k,\ a_k,\ p_k\}\in\mathbb{A}$；这个边的WCET是$C(a_k)$；

（3）t_i是$T(e(a_k))$的整数倍。

边$(S_{i,t_i^-},\ S_{j,t_{i+1}^-})$对应在时间$t_i$从$s_i$到$s_j$的一个转移。从$S_{i,t_i^-}$到$S_{i,t_{i+1}^-}$的停顿边（记为⊥）被添加以表示可能的停顿行为。在可达图中从S_{i,t_i^-}到S_{j,t_j^-}的每个边对应从s_i到s_j在间隔$[t_i,\ t_j)$上的一个可能合法动作序列。因此，$rbf_{i,j}[t_i,\ t_j)$能够被计算作为从S_{i,t_i^-}到S_{j,t_j^-}的最长路径。这个计算问题能够通过忽略边权重和利用经典的所有节点对的最短路径的Floyd-Warshall算法[81]，实现它的解决时间是图尺寸大小的立方关系（与时间间隔长度是线性关系）。

例1.16 作为一个例子，图1.39刻画了图1.24中有限状态机的一个可达图。图1.40刻画了在第一个超周期下的$rbf[0,\ 10)$函数，其中最差情况的RBF实际发生在状态s_3的开始。作为比较，长度为10的任意时间区域的$rbf(10)$函数也被呈现在该图中。

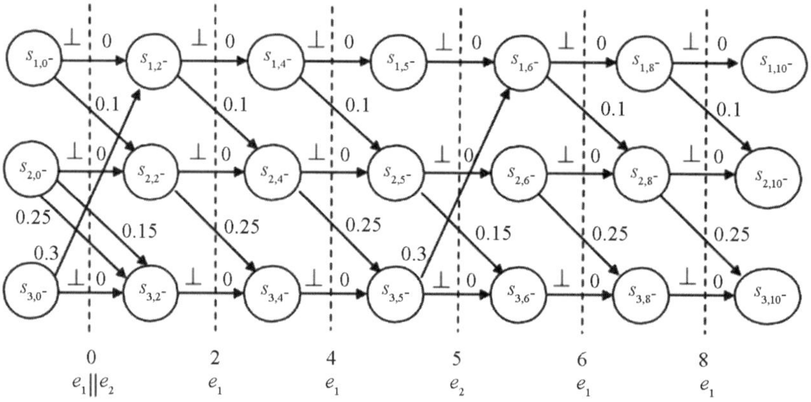

图 1.39　图 1.24 中第一个超周期的可达图

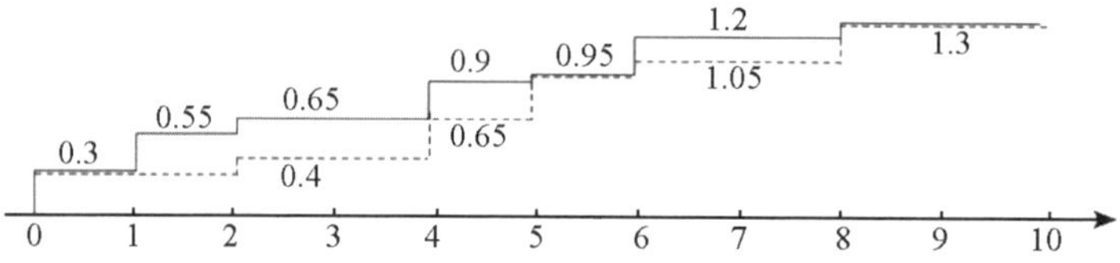

图 1.40　*rbf*[0, 10)（虚线）和 *rbf*[0, 10)（实线）

明显地，对于较长时间间隔去建立可达图是不高效的。下面，我们将说明如何通过利用在超周期内的触发时间的重复模式和 RBF 函数的周期性在任意时间区域进行高效计算。结果算法的渐近复杂性不依赖于间隔长度，而只与有限状态机尺寸相关。

1.3.7.1　执行请求矩阵

为了简化，将给定初始和终止状态在 k 个超周期内的请求限定函数记为 $x_{i,j}^{(k)} = rbf_{i,j}[0,kH)$，并且 $n \times n$ 矩阵 $\boldsymbol{X}^{(k)}(\mathcal{F}) = (x_{i,j}^{(k)}, i,j = 1,\cdots,n)$，其中 $n = |\mathbb{S}|$ 是有限状态机的状态数。我们定义 $\boldsymbol{X}^{(1)}(\mathcal{F})$ 作为有限状态机 $\mathcal{F}$ 的执行请求矩阵（execution request matrix），并且简记为 $\boldsymbol{X}$，作为式（1.120）的特别情况，我们有：

$$\forall i,j, \forall 1 \leqslant l < k, x_{i,j}^{(k)} = \max_{m}(x_{i,m}^{(l)} + x_{m,j}^{(k-l)}) \tag{1.123}$$

式（1.123）能够被用来计算跨越多个超周期的时间间隔下的 RBF 函数，而无须建立大的可达图。这显著优化了运行时间，通常具有 1 到 2 个数量级。

例 1.17　对于图 1.24 的有限状态机任务例子，我们考虑一个动作序列

$[(a_1,0),(a_3,2),(a_2,5)]$。它的全部执行时间请求是0.65 ms，并且初始和终止状态都是 s_1。能够验证：没有初始和结束状态是 s_1 的任意动作序列的累积执行时间大于0.65 ms。因此，$x_{1,1}^{(1)}=0.65$ ms。矩阵 $\boldsymbol{X}^{(1)}$ 和它的幂 $\boldsymbol{X}^{(k+1)}$ ($\forall k\in\mathbb{N}$)能够计算如下：

$$\boldsymbol{X}^{(1)}=\begin{bmatrix}0.65 & 0.75 & 1.0\\ 0.55 & 0.65 & 0.9\\ 0.95 & 1.05 & 1.3\end{bmatrix},\boldsymbol{X}^{(k+1)}=\begin{bmatrix}0.65 & 0.75 & 1.0\\ 0.55 & 0.65 & 0.9\\ 0.95 & 1.05 & 1.3\end{bmatrix}+k\times\begin{bmatrix}1.3 & 1.3 & 1.3\\ 1.3 & 1.3 & 1.3\\ 1.3 & 1.3 & 1.3\end{bmatrix} \tag{1.124}$$

这个例子揭示了有限状态机任务模型的最坏情况下的执行需求的周期性行为，即便任务图没有学术界（例如，文献［20］、［23］和［24］）定义的循环结构。这种周期特性可以应用到任意有限状态机任务系统中。在下一小节中，我们进一步介绍极大加代数和能够应用到使用 $\boldsymbol{X}^{(k)}$ 来计算大时间间隔下的请求限定函数的相关研究结果。

1.3.7.2 极大加代数和周期矩阵幂序列

矩阵 $\boldsymbol{X}^{(k)}$ 和它的元素 $x_{i,j}^{(k)}$ 定义在域 $\mathbb{R}^*=\mathbb{R}\cup\{-\infty\}$ 上。极大加代数[82]定义在 $\mathbb{R}^*$ 上，拥有两种操作：极大（求极大操作 $\oplus$）和加（求和操作 $\otimes$），定义如下：

$$x\oplus y=\max(x,y),x\otimes y=x+y \tag{1.125}$$

能够简单验证 $-\infty$ 就 $\oplus$ 而言是中立的，即 $x\oplus(-\infty)=x$，$\forall x\in\mathbb{R}^*$。相似地，就 $\otimes$ 而言0是中立的，即 $x\otimes 0=x$，$\forall x\in\mathbb{R}^*$。

在域 $\mathbb{R}^*$ 上的矩阵操作与任意域上的矩阵操作相同。例如，$\boldsymbol{Z}=\boldsymbol{X}\oplus\boldsymbol{Y}$ 定义为取矩阵 $\boldsymbol{X}$ 和 $\boldsymbol{Y}$ 的对应元素的最大值，即 $\forall i,j$，$z_{i,j}=x_{i,j}\oplus y_{i,j}$。

对于矩阵 $\boldsymbol{X}\in\mathbb{R}^*(m,k)$ 和 $\boldsymbol{Y}\in\mathbb{R}^*(k,n)$，乘积的结果是一个矩阵 $\boldsymbol{Z}\in\mathbb{R}^*(m,n)$，其中它的元素是：

$$z_{i,j}=\max_{l=1}^{k}(x_{i,l}+y_{l,j}) \tag{1.126}$$

极大加代数下，式（1.123）能够被重写为 $\boldsymbol{X}^{(k)}=\boldsymbol{X}^{(l)}\otimes\boldsymbol{X}^{(k-l)}$（极大加乘）。因此，$\boldsymbol{X}^{(k)}$ 是矩阵 $\boldsymbol{X}$ 的 k 次幂。

以下定义和结果提供了如何将长间隔的计算划分到一个重复部分和一些可能的初始化项的洞察。

定义 1.24　一个序列 $x^*=(x^{(r)})$，$r\in\mathbb{N}^+$ 定义为近似广义周期的（almost generally periodic），如果存在整数对 d 和 p 与一系列（不一定是优先的）数

$q(k) \in \mathbb{R}^*$，$k=1$，…，p 满足：

$$\forall k=1,\cdots,p, \forall r>d, r\equiv k \bmod p, x^{(r+p)}=x^{(r)}+p\times q(k) \tag{1.127}$$

具有以上特性的最小值 p 被称为 x^* 的广义周期（generalized period），记为 $p=gper(a^*)$。同时，满足以上特性的最小值 d 被称为 x^* 的广义退化（generalized defect），记为 $d=gdef(x^*)$。q 被称为 x^* 的广义因子（generalized factor），记为 $q=gfac(x^*)$。

定义 1.25 矩阵 $\boldsymbol{X}=(x_{i,j})$ 被定义为近似广义周期的。如果对于在它的幂序列 $\boldsymbol{X}^*=(X^{(r)})$，$r\in\mathbb{N}^+$ 的每个元素 $x_{i,j}$，序列 $x_{i,j}^*$ 是近似广义周期的。矩阵 $gfac(\boldsymbol{X}^*)=(gfac(x_{i,j}^*))$ 被称为矩阵 $\boldsymbol{X}$ 的广义因子矩阵（generalized factor matrix），$gdef(\boldsymbol{X})=\max gdef(x_{i,j}^*)$ 被称为它的广义退化，以及 $gper(\boldsymbol{X})=lcm\{gper(x_{i,j}^*)\}$ 被称为它的广义周期。

下面定理表明周期特性可以应用到每个矩阵。

定理 1.21 极大加代数下的每个矩阵（任意有限状态机的执行请求矩阵）是近似广义周期的[30,83]。

gper 和 *gfac* 的计算被证明是 NP-hard[83]，尽管如此，复杂度是关于矩阵尺寸的函数，即有限状态机任务中的状态数，但是几乎独立于矩阵的幂（或者计算的 $rbf(\Delta)$ 中区间 Δ 的长度）。因此，仍然可能为小尺度的有限状态机和大 Δ 计算这些函数。幸运的是，就不可约（irreducible）矩阵（即该矩阵不能够被分解为两个不相连的非空集合）而言，广义退化存在一个上界，例如，该上界能够采用文献［84］中的算法在 $O(n^3)$ 时间计算；同时广义周期和因子能够用 $O(n^3)$ 时间复杂度的算法[76]计算。在文献［34］中，详细地讨论了这些线性周期参数的计算方法。

1.3.7.3 $rbf[s,f)$ 的计算

从现在开始，我们假设给定有限状态机 $\mathcal{T}$，$n\times n$ 矩阵 $\boldsymbol{X}=(x_{i,j}=rbf_{i,j}^{[0,H)}$，$(i,j=1,\cdots,n))$，其中 $n=|S|$ 能够被计算。并且随后的谈论也假设它的广义退化 $d=gdef(\boldsymbol{X})$，广义周期 $p=gper(\boldsymbol{X})$ 和广义因子矩阵 $q=gfac(\boldsymbol{X})$ 已经被计算出。

（1）对于较小的 f 的 $rbf[s,f)$ 计算。让 $n_s=\left\lceil\frac{s}{H}\right\rceil$ 和 $n_f=\left\lfloor\frac{f}{H}\right\rfloor$。我们讨论当 $n_f-n_s\leqslant gdef(X)$ 时，对于相对小的 f 情况如何计算这些函数。作为式（1.120）的特殊情况，RBF 函数能够被分解到定义在区间 $[s,n_sH)$，$[n_sH,n_fH)$ 和 $[n_fH,f)$ 下的多个函数：

$$rbf_{i,j}[s,f) = \max_{k,l}(rbf_{i,k}[s,n_sH) + rbf_{k,l}[n_sH,n_fH) + rbf_{l,j}[n_fH,f))$$
$$= \max_{k,l}(rbf_{i,k}[s,n_sH) + x_{k,l}^{(n_f-n_s)} + rbf_{l,j}[0,f-n_fH)) \quad (1.128)$$

$\boldsymbol{X}^{(n_f-n_s)}$值能够使用式（1.123）计算。$rbf[s, f)$ 被计算作为所有可能对 i 和 j 下的 $rbf_{i,j}[s, f)$ 的最大值，定义在式（1.119）。

（2）对于较大的 f 的 $rbf[s, f)$ 计算。对于 $n_f - n_s > gdef(\boldsymbol{X})$，式（1.128）仍然可以应用，但是 $x_{k,l}^{(n_f-n_s)}$ 能够使用它的周期特性直接计算［$d = gdef(\boldsymbol{X})$，$p = gper(\boldsymbol{X})$，$Q = gfac(\boldsymbol{X})$］：

$$x_{k,l}^{(n_f-n_s)} = x_{k,l}^{(n)} + (n_f - n_s - n) \times q_{k,l}(k) \quad (1.129)$$

式中：$n \leqslant d$，$n + p > d$，$n_f - n_s \equiv n \equiv k \bmod p$。

1.3.8 实验结果

在本小节中，我们使用随机生成的同步有限状态机任务系统去评估可调度性分析方法和比较它们的分析精度和运行时间。分析方法罗列如下。

（1）RF/IF－SO：基于静态偏移的 RF/IF 函数的严格分析。

（2）RF/IF－AO1：基于带有动作实例的有向图实时任务的任意偏移的 RF/IF 函数的严格分析。

（3）RF/IF－AO2：基于带有动作的有向图实时任务的任意偏移的 RF/IF 函数的严格分析。

（4）IBF－SO：基于静态偏移的 IBF 函数的近似分析。

（5）RBF－SO：基于静态偏移的 RBF 函数的近似分析。

（6）IBF－AO1：基于带有动作实例的有向图实时任务的任意偏移的 IBF 函数的近似分析。在这种情况下，计算严格 $ibf(t)$ 函数的三种带有不同复杂度的方法是：

①IBF－AO1－（1.109）：使用式（1.109），要求首先对任意 $s \geqslant 0$ 计算 $ibf[s, s+t)$。

②IBF－AO1－Digraph：使用文献［38］中的相应算法。

③IBF－AO1－FSM：使用文献［38］中相应算法在可达图上的修改版本，例如图 1.39。

（7）RBF－AO1：基于带有动作实例的有向图实时任务任意偏移的 RBF 函数的近似分析。相似于 IBF－AO1，也存在三种计算 $rbf(t)$ 函数的方法：

RBF - AO1 - （1.109）、RBF - AO1 - Digraph 和 RBF - AO1 - FSM。

（8）IBF - AO2：基于带有动作的有向图实时任务的任意偏移的 IBF 函数的近似分析。文献［38］中的算法被用来计算 $ibf(t)$ 函数。

（9）RBF - AO2：基于带有动作的有向图实时任务的任意偏移的 RBF 函数的近似分析。文献［38］中的算法被用来计算 $rbf(t)$ 函数。

对于使用有向图的 RF/IF - AO1 和 RF/IF - AO2 分析，我们使用文献［36］和［37］中提出的技术来提高计算效率。相同的技术也可以应用在 RF/IF - SO 分析中。应用动态规划技术能够改善以 IBF - 或 RBF - 为前缀的分析方法。

我们首先在第 1.3.8 节中使用相对简单的有限状态机任务集合，其能够满足对时间开销巨大的分析方法（如 IF - SO 和 RF - SO）进行大量测试。有限状态机或有向图实时任务的执行请求矩阵的周期特性将使用在后续具有非常大的超周期和更复杂的触发事件集合的实验中。最后，我们研究近似分析方法的可扩展性。

1.3.8.1 严格分析方法

第一组实验比较了 RF/IF - SO 与 RF/IF - AO1 和 RF/IF - AO2，从而评估在不同有向图实时任务模型和不同任务偏移设置下的影响。另外，将 RBF - SO 作为代表，评估 IBF/RBF 函数近似方法的效果。由于基于 IF/RF 函数的复杂性，我们生成相对简单的随机系统。对于每个有限状态机，状态数随机分布如下：20% 只有 1 个状态，20% 有 2 个状态，20% 有 3 个状态，20% 有 5 个状态，10% 有 10 个状态，5% 有 15 个状态，以及 5% 有 20 个状态。转移在状态间随机连接以致外向边的平均数是 3。周期从集合｛10，20，25，50｝中随机选取。设置动作的 WCET 满足有限状态机的利用率是均一分布的。有限状态机的优先级按照基于它们基本周期的单调速率规则进行指派。两个参数被使用作为生成任务系统中的变量：利用率总和、任务数量。对于每种配置生成 1000 个随机任务系统，并且所有测试设置超时时间为 100 s（即超过该时间将终止分析）。

采用可调度的系统数量和所有生成的系统数量之间的接受率（acceptance ratio）来比较分析的效果或质量。我们首先设置任务数量为 $n=20$ 和从 5% ~ 95% 改变系统利用率 U，结果刻画在图 1.41（a）中。然后，固定系统利用率在 40% 和从 5 ~ 26 改变任务数量 n，结果刻画在图 1.41（b）中。这些结果表明 RF/IF - SO 和 RBF - SO 具有极其相同的精度：只在一些特定系统参数中存在非常小的不同（最大的差异小于 1%）。与 RF/IF - AO1 和 RF/IF - AO2 比较，RBF - SO 在所有系统参数设置下具有较高的接受率。

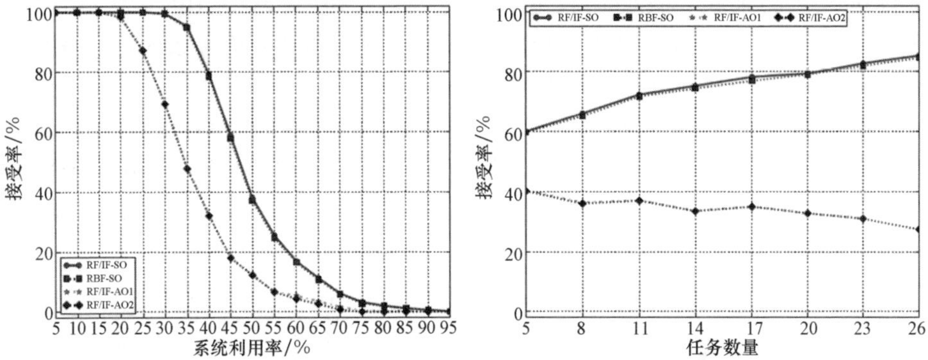

(a) 关于系统利用率的接受率(n=20)　　(b) 关于任务数量的接受率(U=40%)

图 1.41　RF/IF - SO，RF/IF - AO1 和 RF/IF - AO2 的接受率

图 1.42 刻画了四种分析方法对应的平均运行时间。RF/IF - SO 的运行时间比 RBF - SO 高两个数量级，由于严格分析需要检查所有的动作序列组合。另外，RF/IF - AO1 和 RF/IF - AO2 的精度都低于 RBF - SO，并具有非常差的可扩展性（两个分析方法的运行时间远大于 RBF - SO）。在大多数情况下，只需要对每个有限状态机考虑一个 RBF 函数，RBF - SO 具有最小的运行时间。

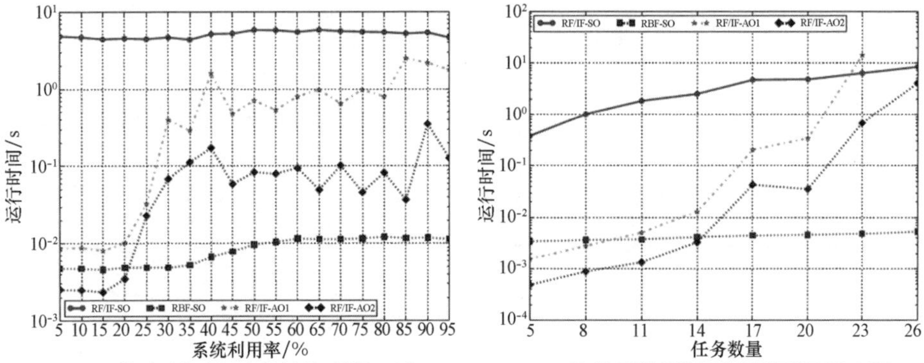

(a) 关于系统利用率的运行时间(n=20)　　(b) 关于任务数量的运行时间(U=40%)

图 1.42　RF/IF - SO，RF/IF - AO1 和 RF/IF - AO2 的分析时间

1.3.8.2　近似分析方法

在第二组实验中，系统按照第 1.3.8 节中方法生成，但是每个有限状态机的基本周期从集合｛1，2，5，10，20，25，50，100｝中随机选取。并且在同一个有限状态机内的事件周期被设置为基本周期和｛1，2，5，10｝集合中的随机因子的乘积。我们比较近似分析技术：IBF－SO，RBF－SO，IBF－AO1，RBF－AO1，IBF－AO2 和 RBF－AO2。就后四种分析方法而言，评估计算 IBF 或 RBF 函数的所有可能方法的分析时间。

图 1.43 和图 1.44 分别刻画了它们的接受率和运行时间的比较。在图 1.43 中，我们只展示 IBF－SO 而忽略其他的基于 IBF 函数的分析（IBF－AO1 和 IBF－AO2），对于基于 RBF 函数的相应分析（RBF－SO，RBF－AO1 和 RBF－AO2）没有区分。

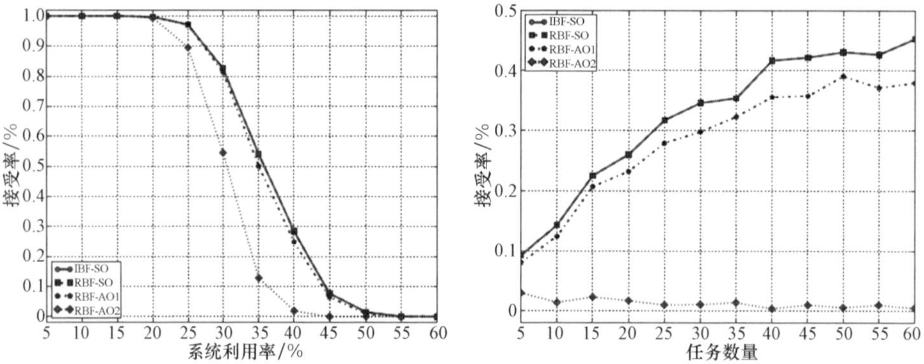

(a) 关于系统利用率的接受率(n=20)　　(b) 关于任务数量的接受率(U=40%)

图 1.43　近似分析方法的接受率

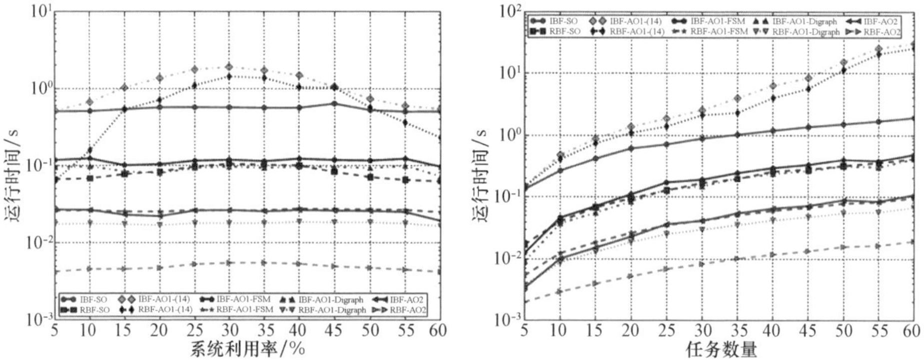

(a) 关于系统利用率的运行时间(n=20)　　(b) 关于任务数量的运行时间(U=40%)

图 1.44　近似分析方法的分析时间

IBF－SO 的运行时间比 RBF－SO 明显更大，由于计算 IBF 比 RBF 具有更大的复杂度，并且两种分析方法的精度极为相似。IBF－AO1 和 RBF－AO1 就接受率而言非常接近，IBF－AO2 和 RBF－AO2 两个分析方法也同样如此。这些结果表明对于随机生成的系统，基于 IBF 和 RBF 函数的分析方法具有相似的近似质量，但是前者总是需要更长的运行时间。任意偏移下的分析方法 IBF－AO1，RBF－AO1，IBF－AO1－（1.109）和 RBF－AO1－（1.109）分别相对于静态偏移下的对应分析具有更长的运行时间。这是因为它们需要首先计算静态偏移的 IBF 和 RBF 函数，再基于式（1.109）获得任意偏移的函数。确切的，这不是一种高效的方法。对于计算 IBF－AO1 和 RBF－AO1 而言，在有限状态机的可达图（IBF－AO1－FSM 和 RBF－AO1－FSM）上直接计算要快得多。它们在 IBF－AO1－Digraph 和 RBF－AO1－Digraph 的三种方法中具有最小的运行时间，即用最高效的方法去计算带有动作实例的有向图的 IBF 和 RBF 函数。另外，IBF－AO1－FSM（RBF－AO1－FSM）几乎与 IBF－AO1－Digraph（RBF－AO1－Digraph）一样高效。

与 RBF－SO 相比，RBF－AO1 和 RBF－AO2 使用任意偏移的有向图模型，因此具有最大的悲观估计。然而它们的运行时间更短。由于采用最简单的有向图模型，RBF－AO2 具有最低的精度和最快的分析时间。另外，由于 RBF－AO1 比 RBF－AO2 具有更高的接受率，结果表明带有动作实例的有向图提供更精确的分析。

1.3.8.3 利用周期性的长繁忙周期的分析

根据执行矩阵的请求和相干限定函数的周期特性，我们能够缩短近似分析方法的运行时间。在本组实验中，我们评估四种方法（IBF－SO，RBF－SO，RBF－AO1－Digraph 和 RBF－AO2）的运行时间。后缀表示使用周期特性（－P）或标准分析（－NoP）。实验设置相似于之前的实验，但是每个有限状态机的基本周期从｛1，2，5，10，20，25，50，100，1000，2000｝集合中随机选取，因此具有更大的范围。最终，连接转移满足执行矩阵是不可归约的，因为周期特性只能应用在不可约矩阵中（即强连通有向图）。

图 1.45 刻画了这些使用和不使用周期特性的分析方法的运行时间。IBF－SO－NoP 和 RBF－SO－NoP 的运行时间分别高于 IBF－SO－P 和 RBF－SO－P，这意味着静态偏移的 IBF 和 RBF 函数的计算实际上能通过利用周期特性变得更高效。相反地，RBF－AO2－NoP 的运行时间小于 RBF－AO2－P，这意味着当所有的有向图是强连通的，周期参数的计算不可能缩短 RBF－AO2 的运

行时间。我们相信这种情况的发生是由于转换的有向图模型包括非常多的节点和边，这导致了周期参数的计算需要极长的时间。因为 RBF – AO1 – Digraph 中只有非常少的转换的有向图是强连通的，所以 RBF – AO1 – Digraph – P 和 RBF – AO1 – Digraph – NoP 具有非常接近的运行时间。即便是在 RBF – AO1 – Digraph 中的有向图添加一些松散边（见第 1.3.3 节）使得它们变为强连通，在这些强连通的有向图上的基于周期特性的分析运行时间仍然很高。

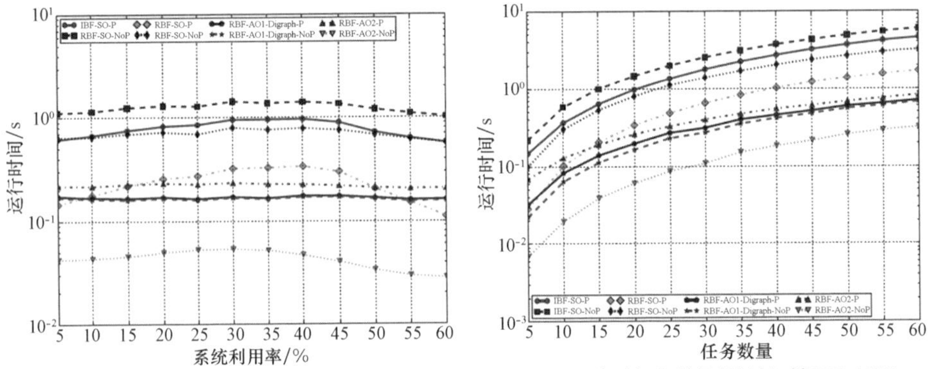

(a) 关于系统利用率的运行时间(n=20)　　(b) 关于任务数量的运行时间(U=40%)

图 1.45　具有和不具有周期特性的分析方法的分析时间

1.3.8.4　可扩展性

在最后一组实验中，我们研究近似分析方法的可扩展性。在第二组实验中，就评估可行性条件而言，基于 IBF 函数的分析与基于 RBF 函数的分析具有非常相似的精度，但是需要更长的运行时间。因此，我们仅仅关心四种基于 RBF 函数的分析方法：RBF – SO，RBF – AO1 – FSM，RBF – AO1 – Digraph 和 RBF – AO2。实验设置相似于第二组实验，但是每个 Stateflow 的状态数是固定的，并且从 25 到 500 变化。有限状态机的任务数量是 20，并且系统利用率是 40%。由于这些实验需要极长的运行时间，每一个状态数只有 10 个仿真被执行。

图 1.46 刻画了状态数对近似分析方法的运行时间的影响。如同预期的，以最差精度为代价，RBF – AO2 具有最少的运行时间。RBF – AO1 – Digraph 的运行时间少于 RBF – AO1 – FSM，但是两种方法的分析时间非常接近。最终，RBF – SO 具有最长的运行时间，因为 $rbf[s,f)$ 的计算比在有向图模型上的 $rbf(t)$ 计算更复杂，而且它对于大状态数敏感（对于超过 25 个状态的任意有

限状态机）。

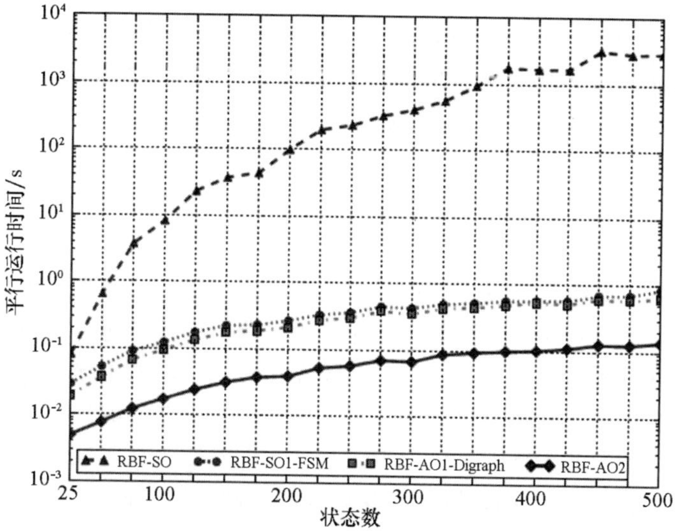

图 1.46　关于状态数的平均运行时间（$n=20$ 和 $U=40\%$）

1.4　动态自适应变化速率任务模型的可调度性分析研究

1.4.1　引言

当前，发动机控制参数采用离线（offline）配置，往往使用标准的行驶循环（driving cycles）。行驶循环是一系列的相对于时间的车辆行驶速度的数据点。我们研究的切换转速（switching speeds）也是发动机控制参数的一种，在该转速上发动机控制系统将切换控制策略。显然，离线配置对于真实的行驶循环是次优的，并且最终的发动机转速情况可能也完全不同。

互连自动驾驶汽车（connected and automated vehicle，CAV）技术将极大地变革运输系统，车辆能够通过利用多种多样的传感器（例如，摄像机、雷达和激光雷达等）和通信手段（例如，车辆与车辆间、车辆与基站间等）来访问行驶环境中的有价值的实时信息。这就给我们提供了丰富的机会以通过利用实时信息去极大地提高车辆操作性能[85]，包括路径和速度规划[86-87]、车辆动态控制[88]，以及发动机控制[89]。

借助 CAV 技术，车辆行驶情况比以前更易于预测[89]，有可能按照即将到来的（预期的）行驶状况来动态调整切换转速。因此，我们提出动态自适应变化速率任务模型，将相应的 AVR 任务记为动态 AVR（dynamic AVR, dAVR）任务。相反的，将静态配置切换转速的系统中的 AVR 任务称为静态 AVR（static AVR，sAVR）任务。我们集中研究 dAVR 任务系统的可调度性分析技术。

总的来说，所有以前的工作都是假设发动机切换转速是离线固定的。不同的是，我们提出 dAVR 任务模型，其允许动态调整切换转速。然而，这种新模型给可调度性分析带来了重大挑战。具体而言，与之前的工作不同，假设在任务释放时的发动机速度都是已知的，那么以连续任务之间的最短释放间隔时间来计算 dAVR 任务的干扰因素已不再安全。我们专注于在单处理器上的固定优先级调度下具有动态切换转速的 AVR 任务的可调度性分析。

1.4.2 系统模型

我们的系统模型是对自适应变化速率任务[60-61,71]的扩展。所使用的符号如表 1.1 所示。

表 1.1 符号定义

符号	定义
θ	转动角度
ω	角速度
$\omega^{\min}$	最小角速度
$\omega^{\max}$	最大角速度
α	角度加速度
$\alpha^{\min}$	最小角度加速度
$\alpha^{\max}$	最大角度加速度
τ_i	第 i 个周期性任务
$\langle C_i, T_i, D_i \rangle$	τ_i 的〈WCET，周期，时限〉

续表

符号	定义
τ_i^*	第 i 个（静态或动态）AVR 任务
Δ_i	τ_i^* 的角度限期
$D_i(\omega)$	τ_i^* 释放在角速度 ω 的任务实例的时限
Ψ	所有 AVR 任务的角度相位
Θ	所有 AVR 任务的角度周期
$\Omega(\omega,\ \alpha,\ \theta)$	给定初始角速度 ω 和固定角度加速度 α，转动 θ 角度后的角速度
$\omega_k \rightsquigarrow \omega_{k+1}$	ω_{k+1} 可以从角速度 ω_k 经过一个角度周期 Θ 达到
$T^{\min}(\omega_k,\omega_{k+1})$	给定初始角速度 ω_k 和终止角速度 ω_{k+1}，转动 Θ 角度的最小时间
$T^{\min}(\omega)$	$T^{\min}(\omega,\omega)$ 的简化标识
$T^{\max}(\omega_k,\omega_{k+1})$	给定初始角速度 ω_k 和终止角速度 ω_{k+1}，转动 Θ 角度的最大时间
$T^{\max}(\omega)$	$T^{\max}(\omega,\omega)$ 的简化标识
$S\mathcal{M}_i=\{(SC_i^m,\zeta\omega_i^m)\}$	sAVR 任务 τ_i^* 的执行模式集合
$S\mathcal{C}_i(\omega)$	sAVR 任务 τ_i^* 释放在角速度 ω 的任务实例的 WCET
$T=\{\gamma_1,\cdots,\gamma_T\}$	配置时间集合
T	配置时间数量
$\mathcal{M}_{i,k}=\{(C_{i,k}^m,\omega_{i,k}^m)\}$	dAVR 任务 τ_i^* 在时间区间［γ_k，γ_{k+1}）内的执行模式集合
$M_{i,k}$	dAVR 任务 τ_i^* 在时间区间［γ_k，γ_{k+1}）内的执行模式数量
$\mathcal{Q}_i=\{(\mathcal{M}_{i,k},\gamma_k)\}$	dAVR 任务 τ_i^* 的执行模式集合序列
$\mathcal{C}_i(t,\omega)$	dAVR 任务 τ_i^* 释放在时间 t 和角速度 ω 的任务实例的 WCET
$hp(i)$	优先级高于第 i 个任务的周期性任务集合
$hp^*(i)$	优先级高于第 i 个任务的 AVR 任务集合
τ_A^*	dAVR 任务集合的代表性 dAVR 任务

续表

符号	定义
(σ, ω)	释放在时间 σ 和角速度 ω 时的 dAVR 任务实例
$\mathcal{A}=[(\sigma_1,\omega_1),\cdots,(\sigma_n,\omega_n)]$	dAVR 任务实例序列
$\mathcal{A}.I(t)$	$\mathcal{A}$ 在区间长度 t 上的相干函数
$R(\tau_i, \mathcal{A})$	受周期性任务集合和一个 dAVR 任务实例序列 $\mathcal{A}$ 影响的 τ_i 的响应时间
$R(\tau_i, \tau_A^*)$	受周期性任务集合和一个代表性 dAVR 任务 τ_A^* 影响的 τ_i 的响应时间
$\mathcal{B}=\{\beta_0, \beta_1, \cdots, \beta_B\}$ $=\{(\beta_0, \beta_1],\cdots,(\beta_{B-1}, \beta_B]\}$	角速度划分
B	$\mathcal{B}$ 中的角速度区间数量
$\tau_D^* = (\mathbb{V}, \mathbb{E})$	动态 DRT，其中$\mathbb{V}$是节点集合，$\mathbb{E}$是边集合
$v_i.\mathcal{C}(t)$	τ_D^* 中的节点 v_i 的 WCET 函数
$p^{\min}(v_i, v_j)$	边(v_i, v_j)的最小释放间隔时间
$p^{\max}(v_i, v_j)$	边(v_i, v_j)的最大释放间隔时间
(π, ν)	在时间 π 上释放具有 ν 节点类型的动态 DRT 实例
$\mathcal{D}=[(\pi_1, \nu_1),\cdots,(\pi_n, \nu_n)]$	动态 DRT 实例序列
$\mathcal{D}.I(t)$	$\mathcal{D}$ 在间隔时间长度 t 上的相干函数
$R(\tau_i, D)$	周期性任务集合和一个动态 DRT 实例序列 $\mathcal{D}$ 影响的 τ_i 的响应时间
$R(\tau_i,\tau_D^*)$	受周期性任务集合和一个动态 DRT τ_D^* 影响的 τ_i 的响应时间
$\mathbb{C}=[(c_1^-,c_1^+,\nu_1),\cdots,$ $(c_n^-,c_n^+,\nu_n)]$	动态 DRT 实例序列集合
$\mathbb{C}=[(\tilde{c}_1^-,\tilde{c}_1^+,\nu_1),\cdots,$ $(\tilde{c}_n^-,\tilde{c}_n^+,\nu_n)]$	合法的动态 DRT 实例序列集合
$\mathcal{D}^c=[(\pi_1^c,\nu_1),\cdots,(\pi_n^c,\nu_n)]$	关键的动态 DRT 实例序列
$R(\tau_i^*,\sigma,\omega)$	τ_i^* 在时间 σ 和角速度 ω 释放的任务实例的响应时间
$R(\tau_i^*,\omega)$	τ_i^* 在角速度 ω 释放的任务实例的响应时间

转动源（例如，发动机）一般由当前转动角度 θ、角速度 ω 和角度加速度 α 三种参数描述。由于转动源的物理特性，角速度和角度加速度被限制在某个确定范围，即 $\omega \in [\omega^{\min}, \omega^{\max}]$ 和 $\alpha \in [\alpha^{\min}, \alpha^{\max}]$。除了最小角度加速度 $\alpha^{\min}$ 是负数，所有参数都是正数，并且 $|\alpha^{\min}| = -\alpha^{\min}$ 是最大角度减速度。

我们考虑一个包含多个实时任务的实时系统 Γ，其采用固定优先级调度策略并运行在单核处理器上。每个实时任务是周期性任务或 AVR 任务。为了方便，周期性任务记为 τ_i，AVR 任务记为 τ_i^*。

一个周期性任务 τ_i 可以用一个元组〈T_i，C_i，D_i，P_i〉表示，其中 T_i 是周期，C_i 是 WCET，$D_i \leqslant T_i$ 是受限的时限和 P_i 是优先级。这些参数都是固定的，即独立于转动触发源。

一个 AVR 任务 τ_i^* 按照预设的转动源角度 $\theta_i = \Psi_i + k\Theta_i$，$\forall k \in \mathbb{N}$ 进行触发，其中 $\mathbb{N}$ 是非负整数集合，Ψ_i 是角度相位和 Θ_i 是角度周期。它的角度限期是 $\Delta_i = \lambda_i \cdot \Theta_i$，其中 $\lambda_i \leqslant 1$（因此 τ_i^* 也具有受限时限特性）。我们依然假设 AVR 任务共用一个相同的转动触发源，并且具有相同的角度周期和角度相位。为了简化，我们移除角度周期和角度相位的序号，记为 Θ 和 Ψ。AVR 任务参数（WCET，释放间隔时间，时限）都依赖于转动源的动态特性。

1. **转动源的动态特性**

我们假设能够获得任务释放时的瞬时角速度。给定初始角速度 ω 和固定角度加速度 α，转动 θ 角度后的角速度能够按下式计算：

$$\Omega(\omega, \alpha, \theta) = \sqrt{\omega^2 + 2\alpha\theta} \tag{1.130}$$

考虑两个角度转速 ω_k 和 ω_{k+1}，其满足 ω_{k+1} 能够从 ω_k 开始旋转一个角度周期 Θ 后达到。我们记为 $\omega_k \rightsquigarrow \omega_{k+1}$，并且 ω_k 和 ω_{k+1} 必然满足下面的关系：

$$\Omega(\omega_k, \alpha^{\min}, \Theta) \leqslant \omega_{k+1} \leqslant \Omega(\omega_k, \alpha^{\max}, \Theta) \tag{1.131}$$

它们之间的最小释放间隔时间，记为 $T^{\min}(\omega_k, \omega_{k+1})$，能够以下式计算：

$$T^{\min}(\omega_k, \omega_{k+1}) = t_1^u + t_2^u + t_3^u \tag{1.132a}$$

$$t_1^u = \frac{\omega^U - \omega_k}{\alpha^{\max}} \tag{1.132b}$$

$$t_2^u = \frac{1}{\omega^{\max}}\left[\Theta - \frac{(\omega^U)^2 - \omega_k^2}{2\alpha^{\max}} - \frac{(\omega^U)^2 - \omega_{k+1}^2}{-2\alpha^{\min}}\right] \tag{1.132c}$$

$$t_3^u = \frac{\omega^U - \omega_{k+1}}{-\alpha^{\min}} \tag{1.132d}$$

$$\omega^U = \min(\omega^{\max}, \omega^u) \tag{1.132e}$$

$$\omega^u = \sqrt{\frac{\alpha^{\max}\omega_{k+1}^2 - \alpha^{\min}\omega_k^2 - 2\alpha^{\min}\alpha^{\max}\Theta}{\alpha^{\max} - \alpha^{\min}}} \tag{1.132f}$$

具体来说，ω^U 是最大转速，其能够满足转动源旋转一个角度周期 Θ，并且通过以最大角度加速度 $\alpha^{\max}$ 从 ω_k 加速到 ω^u，然后以最大减速度 $|\alpha^{\min}|$ 从 ω^u 减速到 ω_{k+1}。然而，最大转速 ω^U 的实际上限是 $\omega^{\max}$。$T^{\min}(\omega_k,\ \omega_{k+1})$ 的计算过程是以最大角度加速度 $\alpha^{\max}$ 从 ω_k 加速到 ω^U（过程时间是 t_1^u），在固定角速度 ω^U 维持 t_2^u 时间，最后以 $|\alpha^{\min}|$ 从 ω^U 降速到 ω_{k+1}（耗时 t_3^u）。注意：如果 $\omega^U = \omega^u$，那么 $t_2^u = 0$。

相似地，最大释放间隔时间 $T^{\max}(\omega_k,\ \omega_{k+1})$ 也由三部分组成：最大减速时间段、固定角速度的可能持续时间段和最大加速时间段，计算如下：

$$T^{\max}(\omega_k, \omega_{k+1}) = t_1^l + t_2^l + t_3^l \tag{1.133a}$$

$$t_1^l = \frac{\omega_k - \omega^L}{-\alpha^{\min}} \tag{1.133b}$$

$$t_2^l = \frac{1}{\omega^{\min}}\left[\Theta - \frac{\omega_k^2 - (\omega^L)^2}{-2\alpha^{\min}} - \frac{\omega_{k+1}^2 - (\omega^L)^2}{2\alpha^{\max}}\right] \tag{1.133c}$$

$$t_3^l = \frac{\omega_{k+1} - \omega^L}{\alpha^{\max}} \tag{1.133d}$$

$$\omega^L = \begin{cases} \max(\omega^{\min}, \omega^l), & x \geqslant 0 \\ \omega^{\min}, & x < 0 \end{cases} \tag{1.133e}$$

$$\omega^l = \sqrt{\frac{x}{\alpha^{\max} - \alpha^{\min}}} \tag{1.133f}$$

$$x = \alpha^{\max}\omega_k^2 - \alpha^{\min}\omega_{k+1}^2 + 2\alpha^{\min}\alpha^{\max}\Theta \tag{1.133g}$$

为了方便，我们也使用下面的简化符号：

$$T^{\min}(\omega_k) = T^{\min}(\omega_k, \omega_k), T^{\max}(\omega_k) = T^{\max}(\omega_k, \omega_k) \tag{1.134}$$

我们将一个 AVR 任务实例（AVR job）记为（σ，ω），其中 σ 是释放时间和 ω 是在时间 σ 上的转动角速度。对于任意两个相邻的 AVR 任务实例（σ_l，ω_l）和（σ_{l+1}，ω_{l+1}），它们必须满足：

$$\omega_l \rightsquigarrow \omega_{l+1} \wedge T^{\min}(\omega_l, \omega_{l+1}) \leqslant \sigma_{l+1} - \sigma_l \leqslant T^{\max}(\omega_l, \omega_{l+1}) \tag{1.135}$$

一个 AVR 任务实例（σ，ω）在时间域上的时限，记为 D_i（ω），是转动源转动 $\Delta_i = \lambda_i\Theta$ 角度的最小时间，即：

$$D_i(\omega) = t_1^d + t_2^d \tag{1.136a}$$

$$t_1^d = \frac{\omega^D - \omega}{\alpha^{\max}} \tag{1.136b}$$

$$t_2^d=\frac{1}{\omega^{\max}}\left[\lambda_i\Theta-\frac{(\omega^D)^2-\omega^2}{2\alpha^{\max}}\right] \tag{1.136c}$$

$$\omega^D=\min\{\omega^{\max},\Omega(\omega,\alpha^{\max},\lambda_i\Theta)\} \tag{1.136d}$$

对于这些函数，我们注意到一些有用的性质。

性质 1.1　$T^{\min}$（ω_k，ω_{k+1}）关于 ω_k 和 ω_{k+1} 是严格递减的。

性质 1.2　$T^{\max}$（ω_k，ω_{k+1}）关于 ω_k 和 ω_{k+1} 是严格递减的。

性质 1.3　D_i（ω）关于 ω 是严格递减的。

在文献［62］中，性质 1.1 和性质 1.3 是通过验证相关的导数［例如，$T^{\min}$（ω_k，ω_{k+1}）关于 ω_k 的导数］总是负数来证明的。现在，我们采用相似的方法证明性质 1.2。

证明：我们证明这个性质关于 ω_k 是成立的，同时能够相似证明 ω_{k+1}。因此，在式（1.133）中，我们视 x，ω^l 和 ω^L 为关于 ω_k 的函数，分别记为 x（ω_k），ω^l（ω_k）和 ω^L（ω_k）。由于 x（ω_k）和 ω^l（ω_k）都是关于 ω_k 严格增加的，因此 ω^L（ω_k）关于 ω_k 增加。考虑满足 $\omega^{\min}\leqslant\omega_{k,1}<\omega_{k,2}\leqslant\omega^{\max}$ 关系的任一 $\omega_{k,1}$ 和 $\omega_{k,2}$ 角速度对。由于 ω^L（ω_k）关于 ω_k 是单调的，我们只需要考虑如下三种情况。

情况 1：$\omega^L(\omega_{k,1})=\omega^L(\omega_{k,2})=\omega^{\min}$。在这种情况下，我们有：

$$\begin{aligned}
&T^{\max}(\omega_{k,2},\omega_{k+1})-T^{\max}(\omega_{k,1},\omega_{k+1})\\
&=\frac{\omega_{k,2}-\omega_{k,1}}{-\alpha^{\min}}-\frac{\omega_{k,2}^2-\omega_{k,1}^2}{-2\omega^{\min}\alpha^{\min}}\\
&=\frac{\omega_{k,2}-\omega_{k,1}}{-\alpha^{\min}}\cdot\left(1-\frac{\omega_{k,2}+\omega_{k,1}}{2\omega^{\min}}\right)\\
&<0
\end{aligned} \tag{1.137}$$

情况 2：$\omega^{\min}<\omega^L(\omega_{k,1})<\omega^L(\omega_{k,2})$。因此，$\forall\,\omega_k\in[\omega_{k,1},\ \omega_{k,2}]$，我们有 $\omega^L(\omega_k)=\omega^l(\omega_k)$。同时，对于任意 $\omega_k\in[\omega_{k,1},\ \omega_{k,2}]$，$\omega^l(\omega_k)$ 是关于 ω_k 的可导函数。由于 $(\alpha^{\max}-\alpha^{\min})(\omega^l(\omega_k))^2=x(\omega_k)$，有：

$$\frac{\partial\omega^l}{\partial\omega_k}=\frac{1}{2\omega^l(\alpha^{\max}-\alpha^{\min})}\cdot\frac{\partial x}{\partial\omega_k}=\frac{\alpha^{\max}\omega_k}{\omega^l(\alpha^{\max}-\alpha^{\min})} \tag{1.138}$$

因此，$\forall\,\omega_k\in[\omega_{k,1},\ \omega_{k,2}]$，则有：

$$\begin{aligned}
&\frac{\partial}{\partial \omega_k} T^{\max}(\omega_k, \omega_{k+1}) \\
&= \frac{1}{-\alpha^{\min}} - \frac{\omega_k}{-\alpha^{\min}\omega^{\min}} + \frac{\partial \omega^l}{\partial \omega_k} \cdot \left(-\frac{1}{-\alpha^{\min}} + \frac{\omega^l}{-\alpha^{\min}\omega^{\min}} + \frac{\omega^l}{\alpha^{\max}\omega^{\min}} - \frac{1}{\alpha^{\max}}\right) \\
&= \frac{\omega^l - \omega_k}{-\alpha^{\min}\omega^l} \\
&< 0
\end{aligned} \tag{1.139}$$

注意最后一个不等式的成立是因为 ω^l 可以从 ω_k 以 $|\alpha^{\min}|$ 降速达到。根据 $\omega_{k,2} > \omega_{k,1}$，由式（1.139）可断言 $T^{\max}(\omega_{k,2}, \omega_{k+1}) < T^{\max}(\omega_{k,1}, \omega_{k+1})$。

情况 3：$\omega^L(\omega_{k,1}) = \omega^{\min} < \omega^L(\omega_{k,2})$。我们注意到函数 $\omega^l(\omega_k)$ 是连续的，并且关于 ω_k 是单调递增的。同时，$\omega^l(\omega_{k,1}) \leqslant \omega^{\min}$ 和 $\omega^l(\omega_{k,2}) > \omega^{\min}$。因此，必然存在 ω_k 满足 $\omega_{k,1} \leqslant \omega_{k,*} < \omega_{k,2}$ 和 $\omega^l(\omega_{k,*}) = \omega^{\min}$。根据情况 2 的证明，$T^{\max}(\omega_{k,2}, \omega_{k+1}) < T^{\max}(\omega_{k,*}, \omega_{k+1})$ 成立。根据情况 1 的证明，我们有 $T^{\max}(\omega_{k,*}, \omega_{k+1}) \leqslant T^{\max}(\omega_{k,1}, \omega_{k+1})$。因此，$T^{\max}(\omega_{k,2}, \omega_{k+1}) < T^{\max}(\omega_{k,1}, \omega_{k+1})$。

以上三种情况表明，$T^{\max}(\omega_k, \omega_{k+1})$ 是关于 ω_k 严格递减的。

2. sAVR **任务模型**

学术界提出的静态 AVR（sAVR）任务模型假设包括切换转速在内的固定配置。在这样的模型中，一个 sAVR 任务 τ_i^* 具有 SM_i 个执行模式。另外，$\mathcal{SM}_i$ 是这些模式的集合。每个模式 m 实现一个控制策略，其以 WCET 参数 SC_i^m 描述。当任务释放时的转动源转速在区间（$\zeta\omega_i^{m-1}$，$\zeta\omega_i^m$］内，该策略将被执行。这里，由于 $\zeta\omega_i^0 = \omega^{\min}$，$\zeta\omega_i^{SM_i} = \omega^{\max}$ 和 $\forall m < SM_i$，那么有 $SC_i^m \geqslant SC_i^{m+1}$ 和 $\zeta\omega_i^m < \zeta\omega_i^{m+1}$，因此，一个 sAVR 任务 τ_i^* 的执行模式集合能够表示为：

$$\mathcal{SM}_i = \{(SC_i^m, s\omega_i^m), m = 1, \cdots, SM_i\} \tag{1.140}$$

τ_i^* 释放的一个任务实例的 WCET 仅仅依赖于释放时的转动源的瞬时转速 ω。因此，我们可以为这个 sAVR 任务 τ_i^* 定义一个 WCET 函数，如下所示：

$$\mathcal{SC}_i(\omega) = SC_i^m, \omega \in (s\omega_i^{m-1}, s\omega_i^m] \tag{1.141}$$

3. dAVR **任务模型**

我们现在介绍带有动态执行模式的自适应变化速率概念，其中切换转速在运行时调整。我们假设执行模式的重新配置按照预定的时间 $\mathcal{T} = \{\gamma_1, \cdots, \gamma_T\}$ 发生，并且这些重新配置的触发事件与周期性任务和 AVR 任务的时间无关。

对应的 AVR 任务 τ_i^*，记为动态 AVR（dAVR）任务，拥有一系列的执行模式，其定义为：

$$Q_i = \{(\mathscr{M}_{i,k}, \gamma_k), k = 1, \cdots, T\}, \mathscr{M}_{i,k} = \{(C_{i,k}^m, \omega_{i,k}^m), m = 1, \cdots, M_{i,k}\} \tag{1.142}$$

释放在时间 t 上并具有 ω 瞬时角速度的任务实例的 WCET 通过下式确定：

$$C_i(t, \omega) = C_{i,k}^m, t \in [\gamma_k, \gamma_{k+1}) \wedge \omega \in (\omega_{i,k}^{m-1}, \omega_{i,k}^m] \tag{1.143}$$

通过假设 $\gamma_1 = 0$ 和 $\gamma_2 = +\infty$，我们注意到一个 sAVR 任务能被看作 dAVR 任务模型的一个特殊例子。

例 1.18 表 1.1 是一个 dAVR 任务 τ_i^* 的执行模式配置的示例。在［0, 100）ms 内，它使用包括三个模式的 $\mathscr{M}_{i,1}$ 执行模式集合，同时在时间 100 ms 时，它切换到包括四个模式的 $\mathscr{M}_{i,2}$ 执行模式集合。

1.4.3 周期性任务的可调度性分析

让 $hp(i)$ 或 $hp^*(i)$ 表示优先级高于待分析的周期性任务 τ_i 的周期性（或 AVR）任务集合。由于所有的 dAVR 任务具有相同的角度周期和相位，我们能够构造一个具有代表性的 dAVR 任务 τ_A^* 去模拟 $hp^*(i)$ 中所有任务的累积执行负载。对于集合 $hp^*(i)$ 中的任一任务，其执行模式在每一个间隔时间 $[\gamma_k, \gamma_{k+1})$ 都维持不变，τ_A^* 的执行模式集合和 WCET 可以按照 sAVR 任务的相同方法构造，即文献［61］中的构造过程。下面，我们研究受周期性任务集合 $hp(i)$ 和一个 dAVR 任务 τ_A^*（表 1.2）抢占执行影响的周期性任务 τ_i 的可调度性分析。

表 1.2　一个 dAVR 任务 τ_i^* 的示例

时间间隔/ms	执行模式					
$[\gamma_1, \gamma_2) = [0, 100)$	$\mathscr{M}_{i,1}$	第 m 模式	1	2	3	
		$\omega_{i,1}^m/(\mathrm{r \cdot min^{-1}})$	2500	4500	6500	
		$C_{i,1}^m/\mu s$	600	400	200	
$[\gamma_2, \gamma_3) = [100, 200)$	$\mathscr{M}_{i,2}$	第 m 模式	1	2	3	4
		$\omega_{i,2}^m/(\mathrm{r \cdot min^{-1}})$	1500	2500	4500	6500
		$C_{i,2}^m/\mu s$	600	400	300	200

续表

时间间隔/ms	执行模式					
$[\gamma_3,\gamma_4)=[200,\ +\infty)$	$\mathcal{M}_{i,3}$	第 m 模式	1	2		
		$\omega_{i,3}^m/(\mathrm{r}\cdot\mathrm{min}^{-1})$	3500	6500		
		$C_{i,3}^m/\mu\mathrm{s}$	600	300		

我们首先建立一个基于枚举 τ_A^* 中所有任务实例序列的严格可调度性分析方法。我们定义一个 dAVR 任务中的两个有用概念，即 dAVR 任务实例序列和它的相干函数，分别为：

定义 1.26 一个 dAVR 任务 τ_A^* 释放的某个 dAVR 任务实例序列 $\mathcal{A}=[(\sigma_1,\omega_1),\cdots,(\sigma_n,\omega_n)]$，记为 $\mathcal{A}\in\tau_A^*$，由一个合法的任务实例序列组成，以致任意两个相邻的任务实例（σ_l，ω_l）和（σ_{l+1}，ω_{l+1}）($\forall l=1,\ \cdots,\ n-1$) 满足式（1.135）。

定义 1.27 $\forall t\geqslant 0$，在 τ_A^* 的一个 dAVR 任务实例序列中，$A=[(\sigma_1,\omega_1),\cdots,(\sigma_n,\omega_n)]$的相干函数 $\mathcal{A}.I(t)$是在间隔时间$[\sigma_1,\ \sigma_1+t]$内的累积执行需求，即：

$$\mathcal{A}.\mathcal{I}(t)=\mathcal{C}_A(\sigma_1,\omega_1)+\sum_{l=2}^{n}\delta(\sigma_1+t,\sigma_l)\cdot C_A(\sigma_l,\omega_l) \tag{1.144}$$

式中：函数 $\delta(\cdot,\cdot)$定义为 $\delta(a,b)=\begin{cases}1, & a\geqslant b\\ 0, & \text{其他情况}\end{cases}$。

我们现在考虑如何计算 τ_i 的响应时间。注意到周期性任务和 dAVR 任务的触发源是无关的，前者基于时间定时器，而后者基于转动源的预设触发角度。因此，周期性任务 τ_i 的 WCRT 发生在它所有的相干任务同时释放时。受到周期性任务集合 $hp(i)$和 τ_A^* 中的一个 dAVR 任务实例序列 $A=[(\sigma_1,\omega_1),\cdots,(\sigma_n,\omega_n)]$影响的 τ_i 的 WCRT $R(\tau_i,\ A)$发生在当 τ_i 和 A 一起释放时（即 σ_1），以及 $hp(i)$集合中的所有任务也在 σ_1 时刻释放：

$$R(\tau_i,A)=\min_{t>0}\left\{t\ \middle|\ C_i+\sum_{\tau_j\in hp(i)}\left\lceil\frac{t}{T_j}\right\rceil C_j+A.I(t)\leqslant t\right\} \tag{1.145}$$

τ_i 的 WCRTR$(\tau_i,\ \tau_A^*)$是 τ_A^* 所有任务实例序列中导致的最大值：

$$R(\tau_i,\tau_A^*)=\max_{A\in\tau_A^*}R(\tau_i,A) \tag{1.146}$$

然而，由于任务实例的释放时间和转动源转速都是连续的，因此 dAVR 任务实例序列有无穷多个。这就导致了基于式（1.146）的分析方法明显不可行。下面，我们将设计一种安全且充分的时间分析方法。

考虑一个 AVR 任务中的两个任务实例序列 $A=[(\sigma_1,\omega_1),\cdots,(\sigma_n,\omega_n)]$ 和 $A'=[(\sigma_1,\omega_1),\cdots,(\sigma'_n,\omega_n)]$，其满足 $\sigma_l\leqslant\sigma'_l$，$\forall l=2$，…，$n$。换句话说，$\mathcal{A}$ 和 $\mathcal{A}'$ 以相同的角速度序列来释放任务实例，但是在 $\mathcal{A}$ 的任务实例的释放时间都不晚于 $\mathcal{A}'$ 中的相应任务实例。之前的分析方法仅仅考虑 $\mathcal{A}$。由于一个 sAVR 任务实例的 WCET 与它的释放时间无关［见式（1.141）］，因此我们有：

$$\forall t,\mathcal{A}.I(t)\leqslant\mathcal{A}'.I(t) \tag{1.147}$$

因此，这种做法对于 sAVR 任务的分析是安全的。这样的支配关系能够被一般化到释放在不同的转速但具有相同的执行时间序列的两个任务实例序列上。再结合性质 1.1，支配转速概念成立，其能够支配一个更小的转速区间，无论何时生成 sAVR 任务序列的执行时间序列相同[60]。具体来说，支配转速比被支配转速允许更短的释放间隔时间，同时匹配相同的任务实例执行时间序列。

然而，在式（1.143）上一个 dAVR 任务实例的 WCET 也依赖于它的实际释放时间。因此，对于 dAVR 任务来说，式（1.147）不再成立，面向 sAVR 任务模型的分析方法[60,69]不能够被直接应用。我们通过下面的直观例子阐明这样的不适用性。

例 1.19　图 1.47 刻画了两个 dAVR 任务实例序列 $\mathcal{A}=[(\sigma_1,\omega_1),(\sigma_2,\omega_2)]$ 和 $\mathcal{A}'=[(\sigma_1,\omega_1),(\sigma_2',\omega_2)]$，其中 $\sigma_2<\sigma_2'$。令 $\sigma_2^-=\sigma_1+T^{\min}$（$\omega_1$，$\omega_2$）和 $\sigma_2^+=\sigma_1+T^{\max}$（$\omega_1$，$\omega_2$）。我们假设 C_A（σ_2，ω_2）$<C_A$（σ_2'，ω_2），这种关系在 dAVR 任务模型中是可能的。$\mathcal{A}$ 的相干函数（标记为实线）和 $\mathcal{A}'$ 的相干函数（虚线）也同样刻画在该图中，显然这两个函数不满足式（1.147）。因此，为了正确限定 dAVR 任务实例的释放时间和推动相干函数的计算，最大任务释放间隔时间是必要的。

为了避免枚举连续的转速，我们将转速空间划分为有限数量的转速区间间隔，以及将一个 dAVR 任务转化为一种新类型的基于有向图的实时任务模型（叫作动态 DRT），其中每个节点代表划分后的转速区间，同时边具有最小/最大释放间隔时间两个参数（第 1.4.3 节）。我们证明转速空间划分（动态 DRT 的任意转化）是安全的，且是非严格的。最终，为了避免任务实例释放时间的穷举，我们研究了动态 DRT 实例序列的支配关系。

我们注意到支配转速[60]隐涵划分转速空间：找到一些支配转速，就最坏情况下的影响计算而言，每个支配转速代表一个转速区间。鉴于直观性，采用文献［69］中更显式的转速划分和任务转化的方法。

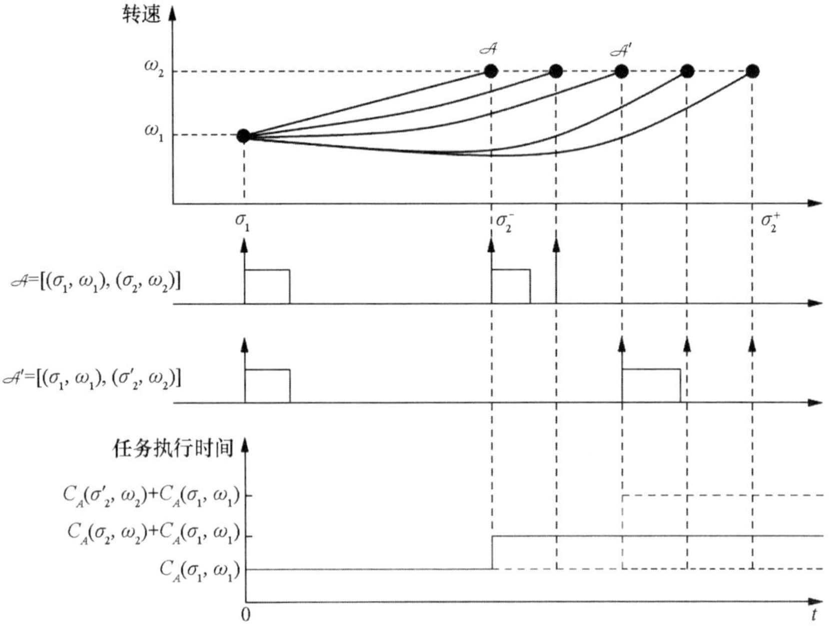

图 1.47　dAVR 任务释放的两个任务实例序列 $\mathcal{A}$ 以及 $\mathcal{A}'$ 和它们的相干函数

1.4.3.1　从 dAVR 到 dDRT 的转换方法

有向图实时任务模型[26]使用有向图去模拟实时任务，其中节点代表任务实例的类型以及边代表可能的控制流。作为关于 sAVR 任务的转换模型，每个节点 v_i 代表一个完全包含在执行模式的转速区间内的子区间，因此具有一个固定的 WCET。每个边包含参数 $p(v_i, v_j)$，其表示 v_i 和 v_j 之间的最小释放间隔时间。根据式（1.147），这样的转换是充分的。

然而，如同之前解释的，我们不能假设 dAVR 任务实例以最小释放间隔时间来执行。因此，动态 DRT 模型中的边除了定义最小释放间隔时间，还定义了最大释放间隔时间。同时，为了模拟 dAVR 任务的 WCET 也依赖于释放间隔时间的这个事实，一个 dAVR 任务的 WCET 是关于时间的函数。这些都将在下面进行形式化定义。

定义 1.28　（dDRT）一个动态有向图实时任务（dDRT）τ_D^* 以有向图($\mathbb{V}$, $\mathbb{E}$）表示，其中节点集合 $\mathbb{V}=\{v_1, v_2, \cdots\}$ 代表 τ_D^* 中的任务类型。每个节点 $v_i \in \mathbb{V}$(或任务类型）用 WCET 函数 $v_i.\mathcal{C}(t)$ 描述，其中 t 是节点 v_i 中任务实例的

释放时间。边代表可能的控制流，即 τ_D^* 中任务实例的释放顺序。边 $(v_i, v_j) \in \mathbb{E}$ 以区间范围 $[p^{\min}(v_i, v_j), p^{\max}(v_i, v_j)]$ 描述，其中 $p^{\min}(v_i, v_j)$ 和 $p^{\max}(v_i, v_j)$ 分别表示 v_i 和 v_j 的最小和最大释放间隔时间。

根据定义可知，dDRT 是 DRT 的扩展。下面我们给出一个 dDRT 的例子。

例 1.20 图 1.48 刻画了一个具有五个节点的 dDRT 例子。如图 1.48（a）所示，最小和最大释放间隔时间沿着边进行标注。例如，从节点 v_4 到节点 v_5 的释放间隔时间必然是在［10，17］区间内。每个节点的 WCET 函数也呈现在图 1.48（b）中。

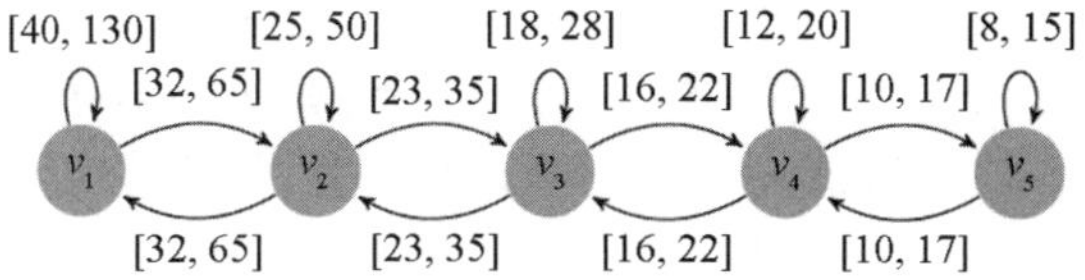

(a) 转换的dDRT

间隔时间/ms	WCET/μs				
	v_1	v_2	v_3	v_4	v_5
$[\gamma_1, \gamma_2)$=[0, 100)	600	600	400	400	200
$[\gamma_2, \gamma_3)$=[100, 200)	600	400	300	300	200
$[\gamma_3, \gamma_4)$=[200, +∞)	600	600	600	300	300

(b) 节点WCET函数

图 1.48　表 1.2 中的 dAVR 示例基于最小的有效转速划分 $\mathcal{B}$ 转换的 dDRT 和它的节点 WCET 函数

我们现在定义转速划分和相应的任务转换，其中每个转速区间被映射到 dDRT 中的一个区分节点；节点的 WCET 与其对应的转速区间上的任意转速相同。

定义 1.29（有效的转速划分）对于一个 dAVR 任务 τ_A^*，一个有效的转速划分 $\mathcal{B}$ 定义了转速区间集合 $\{(\beta_0, \beta_1], \cdots, (\beta_{B-1}, \beta_B]\}$（$\forall i \leqslant B, \beta_{i-1} < \beta_i$），其满足：

（1）划分整个转速范围区间 $(\omega^{\min}, \omega^{\max}]$（因此，$\beta_0 = \omega^{\min}$，$\beta_B = \omega^{\max}$）。

（2）对于属于同一个转速区间的任意两个转速 ω 和 ω'，它们的 WCET 函数是相同的，即 $\forall i \leqslant B$，$\forall \omega \in (\beta_{i-1}, \beta_i], \omega' \in (\beta_{i-1}, \beta_i], \forall t \geqslant 0, \mathcal{C}_A(t, \omega) = \mathcal{C}_A(t, \omega')$。

方便起见，我们也使用限定转速的排序集合表示 $\mathcal{B}$，即 $\mathcal{B} = \{\beta_0, \beta_1, \cdots,$

$\beta_B\}$。根据定义 1.29 中的第二个条件，对于 τ_A^* 来说最小的有效转速划分包括所有的切换转速和两个转速限制，即：

$$\mathcal{B} = \{\omega_{A,k}^m \mid \forall k = 1 \cdots T, \forall m = 1 \cdots M_{A,k}\} \cup \{\omega^{\min}, \omega^{\max}\} \tag{1.148}$$

给定一个有效的转速划分 $\mathcal{B} = \{\beta_0, \beta_1, \cdots, \beta_B\}$，这个 dDRT $\tau_D^* = (\mathbb{V}, \mathbb{E})$ 能够按照如下方式构造：

（1）$\mathbb{V}$ 是 B 个节点的 $\{v_1, \cdots, v_B\}$ 集合，其中转速区间 $(\beta_{i-1}, \beta_i]$ 映射到节点 v_i。每个节点 v_i 具有 WCET 函数 $\mathcal{C}_A(t, \omega)$，即 $v_i.\mathcal{C}(t) = \mathcal{C}_A(t, \omega)$，其中 ω 是区间（β_{i-1}，β_i］中的任意转速。

（2）对于每两个节点 v_i 和 v_j，如果 $\beta_{j-1} < \Omega(\beta_i, \alpha^{\max}, \Theta)$ 和 $\beta_j > \Omega(\beta_{i-1}, \alpha^{\min}, \Theta)$，那么必然存在 $\beta'_i \in$（β_{i-1}，β_i］和 $\beta'_j \in$（β_{j-1}，β_j］以致 $\beta'_i \rightsquigarrow \beta'_j$。在这种情况下，我们增加一个边（$v_i$，$v_j$）到集合 $\mathbb{E}$ 中，并设置参数为 $[p^{\min}(v_i, v_j), p^{\max}(v_i, v_j)]$，其中：

$$\begin{cases} p^{\min}(v_i, v_j) = \min_{\forall \beta'_i \sim \beta'_j} \{T^{\min}(\beta'_i, \beta'_j)\} \\ p^{\max}(v_i, v_j) = \max_{\forall \beta'_i \sim \beta\beta'_j} \{T^{\max}(\beta'_i, \beta'_j)\} \end{cases} \tag{1.149}$$

$p^{\min}(v_i, v_j)$ 和 $p^{\max}(v_i, v_j)$ 能够通过考虑三个 β'_i 和 β'_j 转速对高效计算。

例 1.21 考虑表 1.1 中的 dAVR 任务和转速划分 $\mathcal{B} = \{500, 1500, 2500, 3500, 4500, 6500\}$。$\mathcal{B}$ 是最小的有效转速划分，并且图 1.48 给出了转换的 dDRT，其中节点 v_1，…，v_5 分别代表区间 $[500, 1500]$，$(1500, 2500]$，$(2500, 3500]$，$(3500, 4500]$，$(4500, 6500]$。为了说明目的，释放间隔时间被简化并且可能不匹配真实转动源的动态特性。

1.4.3.2 转换方法的安全性和悲观性

在研究任务模型转换的性质之前，我们首先明确转换后的 dDRT 如何进行可调度性分析。

定义 1.30 一个 dDRT τ_D^* 的任务实例表示为（π_l，ν_l），其中 π_l 和 ν_l 分别是这个任务实例的释放时间和节点（任务类型）。τ_D^* 中的一个 dDRT 实例序列 $D = [(\pi_1, \nu_1), \cdots, (\pi_n, \nu_n)]$ 由一系列的任务实例 (π_l, ν_l) 构成，满足：

$$\forall l < n, (\nu_l, \nu_{l+1}) \in \mathbb{E} \wedge p^{\min}(\nu_l, \nu_{l+1}) \leqslant \pi_{l+1} - \pi_l \leqslant p^{\max}(\nu_l, \nu_{l+1}) \tag{1.150}$$

方便起见，我们记为 $D \in \tau_D^*$，并且将 τ_D^* 也视为它的所有任务实例序列的集合。

定义 1.31 对于 τ_D^* 中的一个 dDRT 实例序列 $\mathcal{D} = [(\pi_1, \nu_1), \cdots, (\pi_n,$

$\nu_n)]$，时间窗口 $[\pi_1, \pi_1 + t]$ 内的累积执行需求定义为它的相干函数 $\mathcal{D} \cdot I(t)$，即：

$$\forall t \geqslant 0, \mathcal{D} \cdot I(t) = \nu_1 \cdot \mathcal{C}(\pi_1) + \sum_{l=2}^{n} \delta(\pi_1 + t, \pi_l) \nu_l \cdot \mathcal{C}(\pi_l) \quad (1.151)$$

根据这两个定义，类比于式（1.145）和式（1.146），受到一个 dDRT τ_D^* 和高优先级周期性任务集合 $hp(i)$ 影响的周期性任务 τ_i 的 WCRT 是：

$$\begin{aligned} R(\tau_i, \tau_D^*) &= \max_{D \in \tau_D^*} R(\tau_i, D), R(\tau_i, D) \\ &= \min_{t > 0} \left\{ t \middle| C_i + \sum_{\tau_j \in hp(i)} \left\lceil \frac{t}{T_j} \right\rceil C_j + D \cdot I(t) \leqslant t \right\} \end{aligned} \quad (1.152)$$

我们现在研究任务的转换方法，即安全转换与严格转换，分别定义如下：

定义 1.32　如果对于任意的 dAVR 任务系统，其转换后的 dDRT 系统是可调度的，这一结论能够断言原来系统也是可调度的，那么说这种转换是安全的。

定义 1.33　如果对于任意的 dAVR 任务系统和其转换后的 dDRT 系统，它们的可调度性能够互相判断，那么说这种转换是严格的。

定理 1.22　基于任意有效转速划分的任务转换方法是安全的。

证明： 考虑任一个 dAVR 任务 τ_A^* 和它的基于任意有效的转速划分转换后的一个 dDRT τ_D^*。对于 τ_A^* 中的任一 dAVR 任务实例序列 $\mathcal{A} = [(\sigma_1, \omega_1), \cdots, (\sigma_n, \omega_n)]$，我们构造 τ_D^* 中的一个 dDRT 实例序列 $\mathcal{D} = [(\pi_1, \nu_1), \cdots, (\pi_n, \nu_n)]$，其中 $\forall l \leqslant n$，$\pi_l = \sigma_l$ 和 ω_l 是在 ν_l 对应的转速区间 $(\beta_{l-1}, \beta_l]$。由于 $\forall l < n$，$\omega_l \rightsquigarrow \omega_{l+1}$ 和 $p^{\min}(\nu_l, \nu_{l+1}) \leqslant T^{\min}(\omega_l, \omega_{l+1}) \leqslant \pi_{l+1} - \pi_l = \sigma_{l+1} - \sigma_l \leqslant T^{\max}(\omega_l, \omega_{l+1}) \leqslant p^{\max}(\nu_l, \nu_{l+1})$，$\mathcal{D}$ 满足定义 1.30。同时，由于 $\omega_l \in (\beta_{l-1}, \beta_l]$，我们有 $\nu_l. \mathcal{C}(\pi_l) = \mathcal{C}_A(\sigma_l, \omega_l)$。可断言 $\forall t \geqslant 0$，$\mathcal{A}. I(t) = \mathcal{D}. I(t)$，进而 $R(\tau_i, \mathcal{A}) = R(\tau_i, \mathcal{D})$。因为 A 被假设为 τ_A^* 中的任意的 dAVR 任务实例序列，必然有 $R(\tau_i, \tau_A^*) \leqslant R(\tau_i, \tau_D^*)$。

相比于原来的 dAVR 任务，定理 1.22 表明基于转换后的 dDRT τ_i 的 WCRT 提供了一个安全的限定上界。然而，下面定理表明提出的转换方法不是严格的。

定理 1.23　对于任意转动源具有特性 $\omega^t = \sqrt{\dfrac{25}{12} \times \dfrac{-\alpha^{\max}\alpha^{\min}\Theta}{\alpha^{\max} - \alpha^{\min}}}$，基于任意有效的转速划分的任务转换方法不是严格的。

在证明这个定理之前，我们首先引入一个关于在同一转速释放的任意两个相邻任务实例的最小和最大释放间隔时间的引理。

引理 1.9 对于任意转速 $\omega > \omega^{t} = \sqrt{\frac{25}{12} \times \frac{-\alpha^{\max}\alpha^{\min}\Theta}{\alpha^{\max} - \alpha^{\min}}}$，总是有 $T^{\min}(\omega) < T^{\max}(\omega) < 2T^{\min}(\omega)$。

证明： 根据 $T^{\min}(\omega)$ 和 $T^{\max}(\omega)$ 的定义，显然有 $T^{\min}(\omega) < T^{\max}(\omega)$。

现在我们证明 $T^{\max}(\omega) < 2T^{\min}(\omega)$。简单起见，让 $a = \alpha^{\max}\omega^2 - \alpha^{\min}\omega^2$，$b = -\alpha^{\min}\alpha^{\max}\Theta$。注意到 $\alpha^{\min} < 0$，因此 $a > 0$，$b > 0$。同时，由于 $\omega > \sqrt{\frac{25}{12} \times \frac{-\alpha^{\max}\alpha^{\min}\Theta}{\alpha^{\max} - \alpha^{\min}}}$，有 $a - 2b > a - \frac{25}{12}b > 0$。从而，在式（1.133）中有 $x = a - 2b > 0$，$\omega^{l} > 0$ 和 $\omega^{L} = \max(\omega^{l}, \omega^{\min})$。

情况 1：首先考虑当满足式（1.132）中的 $\omega^{u} \leqslant \omega^{\max}$ 和式（1.133）中的 $\omega^{l} \geqslant \omega^{\min}$ 的情况。因此，式（1.132）中有 $\omega^{U} = \omega^{u}$ 和 $t_2^{u} = 0$，以及式（1.133）中有 $\omega^{L} = \omega^{l}$ 和 $t_2^{l} = 0$。在这种情况下，$T^{\min}(\omega)$ 和 $T^{\max}(\omega)$ 能够分别被重写为：

$$T^{\min}(\omega) = \left(\frac{1}{\alpha^{\max}} - \frac{1}{\alpha^{\min}}\right)\left(\sqrt{\frac{\alpha^{\max}\omega^2 - \alpha^{\min}\omega^2 - 2\alpha^{\min}\alpha^{\max}\Theta}{\alpha^{\max} - \alpha^{\min}}} - \omega\right) \tag{1.153a}$$

$$T^{\max}(\omega) = \left(\frac{1}{\alpha^{\max}} - \frac{1}{\alpha^{\min}}\right)\left(\omega - \sqrt{\frac{\alpha^{\max}\omega^2 - \alpha^{\min}\omega^2 + 2\alpha^{\min}\alpha^{\max}\Theta}{\alpha^{\max} - \alpha^{\min}}}\right) \tag{1.153b}$$

因此，

$$\begin{aligned}
&T^{\max}(\omega) < 2T^{\min}(\omega) \\
&\Leftrightarrow 2\sqrt{a + 2b} + \sqrt{a - 2b} > 3\sqrt{a} \\
&\Leftrightarrow 4(a + 2b) + (a - 2b) + 4\sqrt{(a + 2b)(a - 2b)} > 9a \\
&\Leftrightarrow 4\sqrt{(a + 2b)(a - 2b)} > 4a - 6b \\
&\Leftrightarrow 16a^2 - 64b^2 > 16a^2 + 36b^2 - 48ab \\
&\Leftrightarrow a > \frac{25}{12}b \Leftrightarrow \omega > \sqrt{\frac{25}{12} \cdot \frac{-\alpha^{\max}\alpha^{\min}\Theta}{\alpha^{\max} - \alpha^{\min}}}
\end{aligned} \tag{1.154}$$

情况 2：如果式（1.132）中 $\omega^{u} > \omega^{\max}$，根据 $T^{\min}(\omega)$ 的定义，$T^{\min}(\omega)$ 必然不会小于当转动源没有最大转速限制时的对应值［记为 $\tilde{T}^{\min}(\omega)$］。相似地，如果式（1.133）中 $0 < \omega^{l} < \omega^{\min}$，$T^{\max}(\omega)$ 必然不会大于当转动源没有最小转速限制时的对应值［记为 $\tilde{T}^{\max}(\omega)$］。根据情况 1 的证明可知 $\tilde{T}^{\max}(\omega) < 2\tilde{T}^{\min}(\omega)$。因此，我们有 $T^{\max}(\omega) \leqslant \tilde{T}^{\max}(\omega) < 2\tilde{T}^{\min}(\omega) \leqslant 2T^{\min}(\omega)$。

我们现在证明定理 1.23，证明的思路来源于在 dDRT 中一个边的参数 $p^{\min}(\cdot)$ 和 $p^{\max}(\cdot)$ 只能够根据不同转速来获得。结果是，对于某些 dDRT 实例序列，在 dAVR 任务中可能不存在一个对应的任务实例序列。

定理 1.23 的证明： 令 $\mathcal{B}=\{\beta_0,\cdots,\beta_{B-1},\omega^{\max}\}$ 表示任意有效转速划分。由于引理 1.9 和性质 1.2，必然有一个充分小的 $\epsilon>0$ 满足 $\omega^{\max}-\epsilon\in(\beta_{B-1},\omega^{\max}]$ 和 $T^{\max}(\omega^{\max})<T^{\max}(\omega^{\max}-\epsilon)<2T^{\min}(\omega^{\max})$。为了简化，让 $p_1=T^{\min}(\omega^{\max})$ 和 $p_2=T^{\max}(\omega^{\max}-\epsilon)$。因此有 $p_1<p_2<2p_1$。

我们现在构造一个任务系统例子去表明任务转换方式是悲观的。考虑一个任务系统，其包括一个 dAVR 任务 τ_A^* 和一个高优先级的周期性任务 τ_i。τ_i 参数设置为 $C_i=2p_1+p_2-5\kappa$，$T_i=2p_1+p_2+3\kappa$，$D_i=2p_1+p_2+2\kappa$，其中 $0<\kappa<p_1-\frac{1}{2}p_2$。$\tau_A^*$ 的 WCET 函数是：

$$\forall\omega,\mathcal{C}_A(t,\omega)=\begin{cases}2\kappa, & t\in[0,p_1]\cup[p_1+p_2,2p_1+p_2]\\ \kappa, & \text{其他情况}\end{cases}\tag{1.155}$$

让 τ_D^* 表示基于转速划分 $\mathcal{B}$ 从 τ_A^* 转换后的 dDRT，并且 v_B 是对应于转速区间 $(\beta_{B-1},\ \omega^{\max}]$ 的节点。这样，v_B 的 WCET 函数能够通过 $v_B\cdot\mathcal{C}(t)=\mathcal{C}_A(t,\omega^{\max})$ 计算。另外，$p^{\min}(v_B,v_B)=T^{\min}(\omega^{\max})=p_1$，$p^{\max}(v_B,v_B)\geqslant T^{\max}(\omega^{\max}-\epsilon)=p_2$。这个 dDRT 运行的一个任务实例序列 $\mathcal{D}=[(0,v_B),(p_1,v_B),(p_1+p_2,v_B),(2p_1+p_2,v_B)]$。$\tau_i$ 和 $\mathcal{D}$ 的任务负载之和满足：

$$\begin{aligned}\mathcal{C}_i+\mathcal{D}\cdot I(0)&=2p_1+p_2-3\kappa\\&>2p_1+p_2-3(p_1-\frac{1}{2}p_2)\\&=\frac{5}{2}p_2-p_1>p_1\end{aligned}\tag{1.156a}$$

$$\begin{aligned}\mathcal{C}_i+\mathcal{D}\cdot I(p_1)&=2p_1+p_2-\kappa\\&>2p_1+p_2-(p_1-\frac{1}{2}p_2)\\&=p_1+\frac{3}{2}p_2>p_1+p_2\end{aligned}\tag{1.156b}$$

$$\mathcal{C}_i+\mathcal{D}\cdot I(p_1+p_2)=2p_1+p_2+\kappa>2p_1+p_2\tag{1.156c}$$

$$\mathcal{C}_i+\mathcal{D}\cdot I(2p_1+p_2)=2p_1+p_2+3\kappa\tag{1.156d}$$

因此，受 $\mathcal{D}$ 影响的 τ_i 的响应时间必然是 $R(\tau_i,\mathcal{D})\geqslant 2p_1+p_2+3\kappa$。这意味着 $R(\tau_i,\tau_D^*)\geqslant 2p_1+p_2+3\kappa>D_i$，以及 τ_i 被认为是不可调度的。

然而，在任意大小为 D_i 的时间窗口内，τ_A^* 生成的累积执行负载必然小于 8κ（事实上最大为 7κ）。因此，τ_i 的 WCRT 必然不会大于 $2p_1+p_2+2\kappa=D_i$。最终，τ_i 实际上是可调度的。我们利用反证法证明这个结论。

根据性质 1.1，$p_1 = T^{\min}(\omega^{\max})$是 τ_A^* 上的任意两个任务实例的最小释放间隔时间。由于 $D_i = 2p_1 + p_2 + 2\kappa < 2p_1 + p_2 + 2p_1 - p_2 = 4p_1$，在任意大小为 D_i 的时间窗口内，τ_A^* 最多能够释放四个任务实例。如果这四个任务实例的负载之和是 8κ，每一个任务实例必然具有 2κ 的 WCET，进而最终被释放在区间$[0, p_1] \cup [p_1 + p_2, 2p_1 + p_2]$内。因此，有两个任务释放在 $[0, p_1]$ 内和两个任务释放在$[p_1 + p_2, 2p_1 + p_2]$内。由于 $p_1 = T^{\min}(\omega^{\max})$只能当两个任务实例都在转速 $\omega^{\max}$上触发时被实现，这强制要求所有的任务实例释放时的转速为 $\omega^{\max}$。唯一能够满足这样 dAVR 任务实例的序列是$[(0,\omega^{\max}),(p_1,\omega^{\max}),(p_1+p_2,\omega^{\max}),(2p_1+p_2,\omega^{\max})]$。在这个序列中，第二个和第三个任务实例的释放间隔时间是 p_2，同时都在转速 $\omega^{\max}$ 时释放，因为 $p_2 = T^{\max}(\omega^{\max} - \epsilon) > T^{\max}(\omega^{\max})$（性质 1.2）是不可能的。

我们注意到定理 1.23 中的条件 $\omega^{\max} > \omega^t = \sqrt{\frac{25}{12} \times \frac{-\alpha^{\max}\alpha^{\min}\Theta}{\alpha^{\max} - \alpha^{\min}}}$能够被典型发动机动态特性满足。假设最大的加速度/减速度能够在最小和最大转速之间旋转 35 次互相达到。根据式（1.130），有 $\omega^{\max} = \sqrt{(\omega^{\min})^2 + 70\alpha^{\max}\Theta} \geqslant \sqrt{70\alpha^{\max}\Theta}$。同时，有 $\omega^t = \sqrt{\frac{25}{12} \cdot \frac{-\alpha^{\max}\alpha^{\min}\Theta}{\alpha^{\max} - \alpha^{\min}}} \leqslant \sqrt{\frac{25}{12}\alpha^{\max}\Theta}$。因此，$\omega^{\max} > 5.79\omega^t$。

尽管定理 1.23 证明了找到一个严格的任务转换（严格的转速划分）是不可能的，但是我们也注意到基于更细致的有效转速划分转换的 dDRT 系统具有更高的精度，只是需要更长的运行时间。在第 1.4.5 节的实验中，我们使用文献［62］和［71］中的转速划分方法，其对于 sAVR 任务是严格的。具体来说，对于 dAVR 任务 τ_A^*，我们生成一个 sAVR 任务，它的切换转速是在 τ_A^* 上的所有配置的并集，即$\cup\omega_{A,k}^m(\forall k = 1,\cdots,T, \forall m = 1,\cdots,M_{A,k})$，然后应用文献［62］和［71］中的划分方法。

1.4.3.3 发现关键 dDRT 实例序列

我们现在探讨如何基于转换后的 dDRT 系统高效分析系统的可调度性。注意到式（1.152）仍然需要枚举 dDRT 的所有的（无限多的）任务实例序列，这种做法明显是不可行的。下面，我们开发一些技术去找到有限多的具有代表性的 dDRT 任务实例序列而不损失任何精度。核心思想是，如果两个 dDRT 实例序列具有相同的任务实例 WCET 序列，那么就相干函数而言，具有最短释放间隔时间的一个任务实例序列将支配其他的任务实例序列。因此，我们可以划分 dDRT 实例释放间隔时间区域以致每个节点的 WCET 在每个释放间隔时间内都是固定的。我们注意到让每个释放间隔时间在两个相邻的配置之间的做法是充分的。下面的定义和算法实现了这样的想法。

定义 1.34　对于一个 dDRT $\tau_D^* = (\mathbb{V}, \mathbb{E})$，一个 common-WCET 的 dDRT 实例序列集合可记为 $\mathbb{C} = [(c_1^-, c_1^+, \nu_1), \cdots, (c_n^-, c_n^+, \nu_n)]$，是一系列的释放时间范围 $[c_l^-, c_l^+]$ 和节点 ν_l，其满足：

（1）$\forall 1 \leqslant l \leqslant n$，$c_l^- \leqslant c_l^+$；

（2）在 $[c_l^-, c_l^+]$ 区间内，$\nu_l \in \mathbb{V}$ 的 WCET 都是相同的，即 $\forall t_1$，$t_2 \in [c_l^-, c_l^+]$，$\nu_l.\mathcal{C}(t_1) = \nu_l.\mathcal{C}(t_2)$；

（3）$\forall 1 \leqslant l < n, (\nu_l, \nu_{l+1}) \in \mathbb{E}$，$c_{l+1}^- \geqslant c_l^- + p^{\min}(\nu_l, \nu_{l+1})$ 且 $c_{l+1}^+ \leqslant c_l^+ + p^{\max}(\nu_l, \nu_{l+1})$。

在定义 1.34 中，如果 $[c_l^-, c_l^+]$ 是在 $[\gamma_k, \gamma_{k+1})$ 区间内，即它包含在相邻两个配置之间，那么第二个条件被满足。第三个条件意味着 (ν_l, ν_{l+1}) 是 τ_D^* 的一个边，并且 $[c_{l+1}^-, c_{l+1}^+]$ 能够从 $[c_l^-, c_l^+]$ 达到。

定义 1.35　$\mathcal{D} = [(\pi_1, \nu_1), \cdots, (\pi_n, \nu_n)]$ 是 $\mathbb{C} = [(c_1^-, c_1^+, \nu_1), \cdots, (c_n^-, c_n^+, \nu_n)]$ 中的一个任务实例序列，记为 $\mathcal{D} \in \mathbb{C}$，如果：

（1）$\mathcal{D}$ 具有与 $\mathbb{C}$ 相同的任务实例序列；

（2）$\forall 1 \leqslant l \leqslant n$，$\pi_l \in [c_l^-, c_l^+]$，即每个任务实例释放在 $\mathbb{C}$ 中的相应时间范围，$\mathcal{D}^c = [(\pi_1^c, \nu_1), \cdots, (\pi_n^c, \nu_n)] \in \mathbb{C}$ 是 $\mathbb{C}$ 中的关键任务实例序列；

（3）$\mathcal{D}^c \in \tau_D^*$，即按照定义 1.30 的 τ_D^* 的一个任务实例序列：

$$\forall D \in \mathbb{C} \cap \tau_D^*, \forall 1 \leqslant l \leqslant n, \pi_l^c - \pi_1^c \leqslant \pi_l - \pi_1 \tag{1.157}$$

定义 1.36　考虑两个任务实例序列集合 $\mathbb{C}$ 和 $\mathbb{C}'$，如果对于 $\forall \mathcal{D} \in \mathbb{C}'$ 必然有 $\mathcal{D} \in \mathbb{C}$，那么称 $\mathbb{C}'$ 是 $\mathbb{C}$ 的一个子集，记为 $\mathbb{C}' \subseteq \mathbb{C}$。

根据这些定义，我们首先说明为了验证时限 D_i 的周期性任务 τ_i，任务实例序列集合 $\mathbb{C}$ 的长度 n 能够被有效限定。具体来说，考虑所有任务实例序列集合 $\mathbb{C} = [(c_1^-, c_1^+, \nu_1), \cdots, (c_n^-, c_n^+, \nu_n)]$ 满足 $c_n^- - c_1^+ \leqslant D_i$ 对于可调度性分析是安全的。对于满足 $c_n^- - c_1^+ > D_i$ 的 $\mathbb{C}$，没有一个任务实例序列 $D \in \mathbb{C}$ 使得最后和首个任务实例之间的释放间隔时间不大于 D_i，并且如果 τ_i 是可调度的，它不会受 D 中所有任务执行的影响。

我们现在解释如何枚举所有必要的任务实例序列集合。按照定义 1.34，这涉及生成 dDRT 中的具有限定长度 n 所有的有效路径（即任务类型的有效序列）和找到所有适合的释放时间范围。前者可以按照通用的有向图或特别的 DRT[38]生成。给定一个路径（ν_1，⋯，ν_n），算法 1.1 生成所有相关的 common-WCET 的任务实例序列集合。

算法 1.1　对于给定路径（ν_1，⋯，ν_n）构造 common-WCET 动态 DRT 任务实例序列集合的聚集

1：**procedure** $\mathrm{C_{ONSTRUCT}JSS_{ETS}}(\nu_1,\cdots,\nu_n)$
2：　**for** $k=1$ **to** $T-1$ **do**
3：　　$[c_1^-,c_1^+]\leftarrow[\gamma_k,\gamma_{k+1})$；
4：　　$\mathcal{C}_{k,1}\leftarrow\{[(c_1^-,c_1^+,\nu_1)]\}$；
5：　　**for** $l=2$ **to** n **do**
6：　　　$\mathcal{C}_{k,l}\leftarrow\varphi$；
7：　　　**for all** $\mathbb{C}\in\mathcal{C}_{k,l-1}$ **do**
8：　　　　$(c_{l-1}^-,c_{l-1}^+,\nu_{l-1})\leftarrow\mathbb{C}$ 的最后一个元组；
9：　　　　$c_{\mathrm{next}}^-\leftarrow c_{l-1}^-+p^{\min}(\nu_{l-1},\nu_l)$；
10：　　　　$c_{\mathrm{next}}^+\leftarrow c_{l-1}^++p^{\max}(\nu_{l-1},\nu_l)$；
11：　　　　**for** $j=1$ **to** $T-1$ **do**
12：　　　　　**if** $c_{\mathrm{next}}^-<\gamma_j<\gamma_{j+1}\leqslant c_{\mathrm{next}}^+$ **then**
13：　　　　　　$[c_l^-,c_l^+]\leftarrow[\gamma_j,\gamma_{j+1})$；
14：　　　　　**if** $\gamma_j\leqslant c_{\mathrm{next}}^-<c_{\mathrm{next}}^+<\gamma_{j+1}$ **then**
15：　　　　　　$[c_l^-,c_l^+]\leftarrow[c_{\mathrm{next}}^-,c_{\mathrm{next}}^+]$；
16：　　　　　**if** $\gamma_j\leqslant c_{\mathrm{next}}^-<\gamma_{j+1}\leqslant c_{\mathrm{next}}^+$ **then**
17：　　　　　　$[c_l^-,c_l^+]\leftarrow[c_{\mathrm{next}}^-,\gamma_{j+1})$；
18：　　　　　**if** $c_{\mathrm{next}}^-<\gamma_j<c_{\mathrm{next}}^+<\gamma_{j+1}$ **then**
19：　　　　　　$[c_l^-,c_l^+]\leftarrow[\gamma_j,c_{\mathrm{next}}^+]$；
20：　　　　　$\mathcal{C}_{k,l}\leftarrow\mathcal{C}_{k,l}\cup\{[\mathbb{C},(c_l^-,c_l^+,\nu_l)]\}$；
21：　**return** $\mathcal{C}_{1,n}\cup\cdots\cup\mathcal{C}_{T-1,n}$；

具体来说，对于在两个相邻的配置之间的区间$[\gamma_k,\gamma_{k+1})$，$\forall k=1$，⋯，$T-1$，我们使用 $\mathcal{C}_{k,l}$去保存任务实例序列集合的聚集直到节点 ν_l。第一个元组(c_1^-,c_1^+,ν_1)设置释放时间范围为该区间（第 3 行），即$[c_1^-,c_1^+]=[\gamma_k,\gamma_{k+1})$①。然

① 注意范围$[c_1^-,c_1^+]$是闭合的，但是$[\gamma_k,\gamma_{k+1})$是右开的。实践中，这能够通过设置 $c_1^+=\gamma_{k+1}-\epsilon$ 来解决，其中 ϵ 是充分小的正数。

后，后续任务实例的可能范围顺序设置为根据前一个节点的计算的最大可能时间范围（第 8 ~ 10 行）。然而，这样的范围可能不满足定义 1.34 中的条件 2。因此，将这样的时间范围按照配置时间进行划分以致强制 $\boldsymbol{\nu}_l$ 在每一个间隔时间内具有相同的 WCET（第 11 ~ 20 行）。在第 20 行，任务实例序列集合$[\mathbb{C}, (c_l^-, c_l^+, \boldsymbol{\nu}_l)]$满足定义 1.34，其被加入聚集 $\mathcal{C}_{k,l}$。最终，算法 1.1 返回 common-WCET 的任务实例序列集合的聚集（即 $\mathcal{C}_{k,n}$，$\forall k$ 的并集）。用$|\mathcal{C}_{k,l}|$表示 $\mathcal{C}_{k,l}$的大小。对于任一 k，l，$|\mathcal{C}_{k,l}| \leqslant (T-k) \cdot |\mathcal{C}_{k,l-1}|$。因此，算法具有 O（T^n）的时间复杂度。

我们在下面的例子中刻画该算法。

例 1.22　给定图 1.48 中的 dDRT $\boldsymbol{\tau}_D^*$，我们考虑带有初始元组（0，100，v_1）的一个路径（v_1，v_2，v_2）。图 1.49（a）中包含图 1.48 中的 dDRT $\boldsymbol{\tau}_D^*$ 中的给定路径（v_1，v_2，v_2）和初始范围 $c_1^- = 0$，$c_1^+ = 100$ 的四个 common-WCET 的 dDRT 实例序列集合。由于边（v_1，v_2）被标记为［32，65］，v_2 释放在［32，165］范围内。然而，由于 $\gamma_2 = 100$ 是重新配置时间①，释放时间范围应该被划分为两个区间［32，100）和［100，165）。由于边（v_1，v_2）被标记为［25，50］和最后节点的前一节点具有两个区间，因此最后一个节点具有两个可能的释放时间范围［57，150）和［125，215］。同样的，这些释放时间区间将按照配置时间（$\gamma_2 = 100$ 和 $\gamma_3 = 200$）进一步划分。因此，［57，150）被分割为［57，100）和［100，150），以及［125，215］被分开为［125，200）和［200，215］。结果如同图 1.49（b）中刻画的，我们获得四个 common-WCET 的 dDRT 实例序列集合。

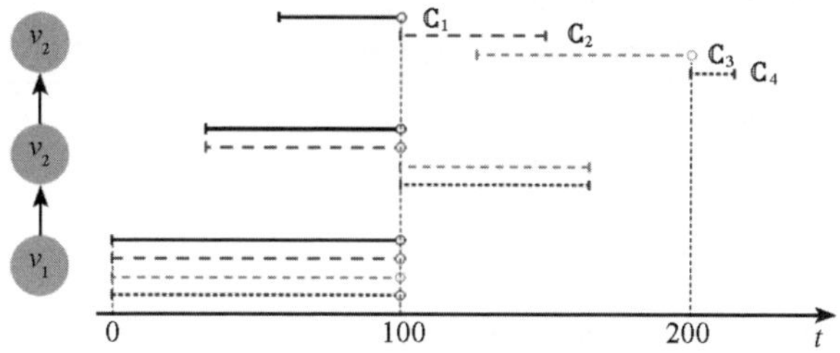

(a) 基于重配时间γ_2=100, γ_3=200划分释放时间范围

---

① 在例 1.22 和例 1.23 中，方便起见，我们将闭合和半开区间视为相同的。

$\mathbb{C}$	(c_1^-, c_1^+, v_1)	(c_2^-, c_2^+, v_2)	(c_3^-, c_3^+, v_3)
1	$(0, 100, v_1)$	$(32, 100, v_2)$	$(57, 100, v_2)$
2			$(100, 150, v_2)$
3		$(100, 165, v_2)$	$(125, 200, v_2)$
4			$(200, 215, v_2)$

(b) 结果集合

图 1.49　算法 1.1 的一个应用示例

在定义 1.35 中，式（1.157）意味着 $\mathcal{D}^c$ 的相干函数总是不小于 $\mathcal{D}$ 对应的相干函数，即 $\forall t \geqslant 0$，$\mathcal{D}^c.I(t) \geqslant \mathcal{D}.I(t)$。这是因为 $\mathcal{D}^c$ 和 $\mathcal{D}$ 的任务实例具有相同释放顺序和 WCET，但是 $\mathcal{D}^c$ 中的任务实例的释放间隔总是比 $\mathcal{D}$ 更紧致。因此，当只考虑可调度性分析时，我们能够使用 $\mathbb{C}$ 中的一个关键任务实例序列 $\mathcal{D}^c$ 代表整个 $\mathbb{C}$，并忽略其中所有其他的任务实例序列。算法 1.2 详细介绍了如何找到 $\mathbb{C}$ 中的关键任务实例序列 $\mathcal{D}^c$。

具体来说，算法 1.2 首先构造一个新的任务实例序列集合 $\tilde{\mathbb{C}}$（第 1 ~ 5 行）。我们称这样的过程为合法化过程，如同在引理 1.13 中表明的，对于任意的 $\mathcal{D} \in \mathbb{C}$，如果 $\mathcal{D} \notin \tilde{\mathbb{C}}$，必然有 $D \notin \tau_D^*$（即 $\mathcal{D}$ 是非法的）。我们注意到配置时间引起的释放时间范围的分割将导致带有非法范围的 $\mathbb{C}$。算法 1.2 的一个应用示例如表 1.3 所示。

算法 1.2　给定一个 common-WCET 的 dDRT 任务实例序列集合 $\mathbb{C} = [(c_1^-, c_1^+, \nu_1), \cdots, (c_n^-, c_n^+, \nu_n)]$，构造一个关键 dDRT 任务实例序列 $\mathcal{D}^c$ 的伪代码

1: **procedure** ConstructCriticalJobSequence($\mathbb{C}$)
2: 　$\tilde{\mathbb{C}} \leftarrow [(\tilde{c}_1^-, \tilde{c}_1^+, \nu_1), \cdots, (\tilde{c}_n^-, \tilde{c}_n^+, \nu_n)]$;
3: 　$\tilde{c}_n^- \leftarrow c_n^-, \tilde{c}_n^+ \leftarrow c_n^+$;
4: 　**for** $l = n$ **to** 2 **do** 　　▷ Backword Pass
5: 　　$\tilde{c}_{l-1}^- \leftarrow \max[\tilde{c}_l^- - p^{\max}(\nu_{l-1}, \nu_l), c_{l-1}^-]$;
6: 　　$\tilde{c}_{l-1}^+ \leftarrow \min[\tilde{c}_l^+ - p^{\min}(\nu_{l-1}, \nu_l), c_{l-1}^+]$;
7: 　$\mathcal{D}^c \leftarrow [(\pi_1^c, \nu_1), \cdots, (\pi_n^c, \nu_n)]$;
8: 　$\pi_1^c \leftarrow \tilde{c}_1^+$;
9: 　**for** $l = 1$ **to** $n - 1$ **do** 　　▷ Forward Pass
10: 　　$\pi_{l+1}^c \leftarrow \max[\pi_l^c + p^{\min}(\nu_l, \nu_{l+1}), \tilde{c}_{l+1}^-]$;
11: 　**return** $\mathcal{D}^c$;

表 1.3　算法 1.2 的一个应用示例

$\mathbb{C}$	第 2 行		第 3 ~5 行				第 7 行	第 8 ~9 行	
	$\tilde{c}_3^-$	$\tilde{c}_3^+$	$\tilde{c}_2^-$	$\tilde{c}_2^+$	$\tilde{c}_1^-$	$\tilde{c}_1^+$	π_1^c	π_2^c	π_3^c
1	57	100	32	75	0	43	43	75	100
2	100	150	50	100	0	68	68	100	125
3	125	200	100	165	35	100	100	132	157
4	200	215	150	165	85	100	100	150	200

这样的合法化过程开始于设置$\tilde{\mathbb{C}}$ 的节点与$\mathbb{C}$ 相同（算法 1.2 的第 2 行）。初始化最后一个节点的释放时间范围为$\mathbb{C}$ 中的相应值（第 3 行）。在第 4 ~6 行中的迭代过程对其他节点进行逆向配置去缩小其释放时间范围以致任务实例释放在这些区间外总是不合法的。给定（$\tilde{c}_l^-$，$\tilde{c}_l^+$，ν_l），第 5 ~6 行将会获得它的前一节点 ν_{l-1}的有效释放时间范围，其满足最小/最大释放间隔时间和节点 ν_{l-1}在$\mathbb{C}$ 上的时间约束。

然后，该算法在第 7 ~10 行构造$\tilde{\mathbb{C}}$ 的一个关键任务实例序列 $\mathcal{D}^c$，并且其结果也是$\mathbb{C}$ 的关键任务实例序列。算法设置 $\mathcal{D}^c$ 的节点与$\tilde{\mathbb{C}}$ 相同（第 7 行），并且第一个任务实例的释放间隔时间尽可能晚（第 8 行）。随后，算法执行一个前向配置（第 9 ~10 行）去尽可能早地释放其他节点，同时满足限制 $\mathcal{D}^c \in \tilde{\mathbb{C}}$ 。

在证明算法 1.2 的正确性之前，我们首先提供一个例子来说明其如何工作。

例 1.23　以图 1.49（b）中的第三个 common-WCET 的任务实例序列集合为例，即$\mathbb{C} = [(0,100,v_1),(100,165,v_2),(125,200,v_2)]$。算法 1.2 初始化合法的 common-WCET 的任务实例序列集合$\tilde{\mathbb{C}}$ 最后节点的释放时间范围为 $\tilde{c}_3^- = 125$ 和 $\tilde{c}_3^+ = 200$。然后，它对于其他节点执行反向配置去确保释放间隔时间都是合法的。这将会发现［注意 $p^{\min}(v_1,v_2) = 32$，$p^{\max}(v_1,v_2) = 65$，$p^{\min}(v_2,v_2) = 25$，$p^{\max}(v_2,v_2) = 50$］：

（1）$\tilde{c}_2^- = \max[\tilde{c}_3^- - p^{\max}(v_2,v_2), c_2^-] = \max(125 - 50, 100) = 100$；

（2）$\tilde{c}_2^+ = \min[\tilde{c}_3^+ - p^{\min}(v_2,v_2), c_2^+] = \min(200 - 25, 165) = 165$；

（3）$\tilde{c}_1^- = \max[\tilde{c}_2^- - p^{\max}(v_1,v_2), c_1^-] = \max(100 - 65, 0) = 35$；

（4）$\tilde{c}_1^+ = \min[\tilde{c}_2^+ - p^{\min}(v_1,v_2), c_1^+] = \min(165 - 32, 100) = 100$。

这种合法化过程将首个释放时间范围［0，100］缩短到［35，100］：因为如果第一个任务实例在［0，35）内释放，那么第一个和第二个任务实例之间的释放间隔时间总是大于 $p^{\max}(v_1, v_2) = 65$，这样的任务实例序列不是合法的。

算法 1.2 使用 $\pi_1^c = \tilde{c}_1^+ = 100$ 去执行前向配置，获得 $\pi_{l+1}^c \overset{(a)}{\leqslant} \tilde{c}_l^+ + p^{\min}(\nu_l, \nu_{l+1}) \overset{(b)}{\leqslant} \tilde{c}_{l+1}^+$ 和 $\pi_3^c = \max[\tilde{c}_3^-, \pi_2^c + p^{\min}(v_2, v_2)] = \max(125, 132 + 25) = 157$。表 1.2所示为图 1.49（b）中的四个 common-WCET 的任务实例序列集合的关键任务实例序列。

我们现在提供一些关于算法 1.2 生成的$\tilde{\mathbb{C}}$ 和 D^c 的性质。下面的引理表明生成的$\tilde{\mathbb{C}}$ 是一个 common-WCET 的 dDRT 序列集合，同时也是$\mathbb{C}$ 的一个子集。

引理 1.10　$\tilde{\mathbb{C}}$ 满足定义 1.34，以及$\tilde{\mathbb{C}} \subseteq \mathbb{C}$ 。

证明：$\tilde{\mathbb{C}}$ 明显满足定义 1.34 中的条件 3，由于它包括与$\mathbb{C}$ 相同的节点，并且 $\forall 2 \leqslant l \leqslant n, \tilde{c}_{l-1}^- = \max[\tilde{c}_l^- - p^{\max}(\nu_{l-1}, \nu_l), c_{l-1}^-] \geqslant \tilde{c}_l^- - p^{\max}(\nu_{l-1}, \nu_l), \tilde{c}_{l-1}^+ = \min[\tilde{c}_l^+ - p^{\min}(\nu_{l-1}, \nu_l), c_{l-1}^+] \leqslant \tilde{c}_l^+ - p^{\min}(\nu_{l-1}, \nu_l)$。

因此，我们只需要证明 $\forall l \leqslant n$，$c_l^- \leqslant \tilde{c}_l^- \leqslant \tilde{c}_l^+ \leqslant c_l^+$，其可以通过数学归纳法进行证明。

初始步（$l = n$）。根据第 2 行，有 $\tilde{c}_n^- = c_n^-$ 和 $\tilde{c}_n^+ = c_n^+$。明显地，因为$\mathbb{C}$ 满足式（1.47）中的条件 1，这就可以断言 $c_n^- = \tilde{c}_n^- \leqslant \tilde{c}_n^+ = c_n^+$。

归纳步。假设 $c_l^- \leqslant \tilde{c}_l^- \leqslant \tilde{c}_l^+ \leqslant c_l^+$ 其中 $l \geqslant 2$。我们考虑 $\tilde{c}_{l-1}^-$和 $\tilde{c}_{l-1}^+$，其被分别设置为 $\max[\tilde{c}_l^- - p^{\max}(\nu_{l-1}, \nu_l), c_{l-1}^-]$和 $\min[\tilde{c}_l^+ - p^{\min}(\nu_{l-1}, \nu_l), c_{l-1}^+]$。明显地，有 $c_{l-1}^- \leqslant \tilde{c}_{l-1}^-$和 $\tilde{c}_{l-1}^+ \leqslant c_{l-1}^+$。我们现在通过考虑四种情况证明 $\tilde{c}_{l-1}^- \leqslant \tilde{c}_{l-1}^+$。

情况 1：$\tilde{c}_{l-1} = c_{l-1}^-$和 $\tilde{c}_{l-1}^+ = c_{l-1}^+$。由于$\mathbb{C}$ 满足定义 1.34 中的条件 1，这意味：

$$\tilde{c}_{l-1}^- \leqslant \tilde{c}_{l-1}^+ \tag{1.158}$$

情况 2：$\tilde{c}_{l-1}^- = c_{l-1}^-$和 $\tilde{c}_{l-1}^+ = \tilde{c}_l^+ - p^{\min}(\nu_{l-1}, \nu_l)$。在这种情况下，我们有：

$$\tilde{c}_{l-1}^- = c_{l-1}^- \overset{(a)}{\leqslant} c_l^- - p^{\min}(\nu_{l-1}, \nu_l) \overset{(b)}{\leqslant} \tilde{c}_l^+ - p^{\min}(\nu_{l-1}, \nu_l) = \tilde{c}_{l-1}^+ \tag{1.159}$$

其中，不等式（a）成立是由于定义 1.34 中的条件 3，并且不等式（b）是根据归纳假设。

情况 3：$\tilde{c}_{l-1}^- = \tilde{c}_l^- - p^{\max}$（$\nu_{l-1}$，$\nu_l$）和 $\tilde{c}_{l-1}^+ = c_{l-1}^+$。相似于情况 2，有：

$$\tilde{c}_{l-1}^{-}=\tilde{c}_{l}^{-}-p^{\max}(\nu_{l-1},\nu_l)\overset{(a)}{\leqslant}c_l^{+}-p^{\max}(\nu_{l-1},\nu_l)\overset{(b)}{\leqslant}c_{l-1}^{+}=\tilde{c}_{l-1}^{+} \quad (1.160)$$

其中，不等式（a）来源于归纳假设，并且不等式（b）成立是由于定义1.34中的条件3。

情况4： $\tilde{c}_{l-1}=\tilde{c}_l-p^{\max}$（$\nu_{l-1}$，$\nu_l$）和 $c_{l-1}^{+}=c_l^{+}-p^{\min}$（$\nu_{l-1}$，$\nu_l$）。我们有：

$$\tilde{c}_{l-1}^{-}=\tilde{c}_{l}^{-}-p^{\max}(\nu_{l-1},\nu_l)\overset{(a)}{\leqslant}\tilde{c}_l^{-}-p^{\min}(\nu_{l-1},\nu_l)\overset{(b)}{\leqslant}\tilde{c}_l^{+}-p^{\min}(\nu_{l-1},\nu_l)=\tilde{c}_{l-1}^{+} \quad (1.161)$$

其中，不等式（a）成立是由于 $p^{\min}$（ν_{l-1}，ν_l）$\leqslant p^{\max}$（ν_{l-1}，ν_l），并且不等式（b）是基于归纳假设。

进一步，下面的性质证明了生成的 $\mathcal{D}^c$ 是$\tilde{\mathbb{C}}$中的一个任务序列。

引理1.11 $\mathcal{D}^c\in\tilde{\mathbb{C}}$。

证明： 定义1.35中的条件4被算法1.2的第7行满足。我们利用数学归纳法证明$\forall l\leqslant n$，$\pi_l^c\in[\tilde{c}_l^{-},\tilde{c}_l^{+}]$。

初始步($l=1$)。π_1^c，设置为c_1^{+}，明显是在［$\tilde{c}_1^{-}$，$\tilde{c}_1^{+}$］范围内。

归纳步。假设$\pi_l^c\in[\tilde{c}_l^{-},\tilde{c}_l^{+}]$其中$l<n$。由于第10行，我们注意到$\pi_{l+1}^c=\max[\pi_l^c+p^{\min}(\nu_l,\nu_{l+1}),\tilde{c}_{l+1}^{-}]$。如果$\pi_{l+1}^c=\tilde{c}_{l+1}$，那么$\pi_{l+1}^c\in[\tilde{c}_{l+1}^{-},\tilde{c}_{l+1}^{+}]$。考虑$\pi_{l+1}^c=\pi_l^c+p^{\min}(\nu_l,\nu_{l+1})>\tilde{c}_{l+1}^{-}$这样的情况。这意味着$\pi_{l+1}^c\overset{(a)}{\leqslant}\tilde{c}_l^{+}+p^{\min}(\nu_l,\nu_{l+1})\overset{(b)}{\leqslant}\tilde{c}_{l+1}^{+}$，其中不等式（a）是源于归纳假设，并且不等式（b）的正确性被第6行确保。

我们现在根据定义1.30证明$\mathcal{D}^c$是τ_D^*中的一个任务序列。

引理1.12 $\mathcal{D}^c\in\tau_D^*$。

证明：为了证明这个引理，只需要证明$\forall l<n$，$p^{\min}(\nu_l,\nu_{l+1})\leqslant\pi_{l+1}^c-\pi_l^c\leqslant p^{\max}(\nu_l,\nu_{l+1})$。

由于在算法1.2的第10行中π_{l+1}^c的最终值被更新，我们有两种情况。$\pi_{l+1}^c=\pi_l^c+p^{\min}(\nu_l,\nu_{l+1})$的情况是易于理解的。如果$\pi_{l+1}^c=\tilde{c}_{l+1}^{-}>\pi_l^c+p^{\min}(\nu_l,\nu_{l+1})$，那么有$\pi_{l+1}^c-\pi_l^c>p^{\min}(\nu_l,\nu_{l+1})$。另外，必然有$\pi_{l+1}^c-\pi_l^c=\tilde{c}_{l+1}^{-}-\pi_l^c\overset{(a)}{\leqslant}\tilde{c}_{l+1}^{-}-\tilde{c}_l^{-}\overset{(b)}{\leqslant}p^{\max}(\nu_l,\nu_{l+1})$，其中不等式（a）是因为引理1.11，不等式（b）正确是由于第5行。

另外，下面的引理表明两个任务序列集合$\tau_D^*\cap\mathbb{C}$和$\tilde{\mathbb{C}}$之间的关系。

引理 1.13 对于任意 $\mathcal{D}=[(\pi_1,\nu_1),\cdots,(\pi_n,\nu_n)]$满足 $\mathcal{D}\in\tau_D^*\cap\mathbb{C}$，必然有 $\mathcal{D}\in\tilde{\mathbb{C}}$。

证明：通过数学归纳法证明$\forall l\leqslant n$，$\pi_l\in[\tilde{c}_n^-,\tilde{c}_n^+]$。

初始步（$l=n$）。由于$D\in\mathbb{C}$和 $\tilde{c}_n^-=c_n^-$，$\tilde{c}_n^+=c_n^+$，（算法 1.2 的第2 行），我们有 $\pi_n\in[\tilde{c}_n^-,\tilde{c}_n^+]$。

归纳步。假设 $\pi_l\in[\tilde{c}_l^-,\tilde{c}_l^+]$其中 $l\geqslant 2$。根据引理 1.10 $c_{l-1}^-\leqslant\tilde{c}_{l-1}^-\leqslant\tilde{c}_{l-1}^+\leqslant c_{l-1}^+$，因此存在三种情况需要讨论。

情况 1：$\tilde{c}_{l-1}^+<\pi_{l-1}\leqslant c_{l-1}^+$。这意味着 $\pi_{l-1}>\tilde{c}_{l-1}^+\overset{(a)}{=}\tilde{c}_l^+-p^{\min}(\nu_{l-1},\nu_l)\overset{(b)}{\geqslant}\pi_l-p^{\min}(\nu_{l-1},\nu_l)$，根据定义 1.30，这与 $\mathcal{D}\in\tau_D^*$ 冲突。这里等式（a）源于第6 行（注意 $\tilde{c}_{l-1}^+<c_{l-1}^+$），并且不等式（b）是基于归纳假设。

情况 2：$c_{l-1}^-\leqslant\pi_{l-1}<\tilde{c}_{l-1}^-$。这可以断言 $\pi_{l-1}<\tilde{c}_{l-1}^-\overset{(a)}{=}\tilde{c}_l^--p^{\max}(\nu_{l-1},\nu_l)\overset{(b)}{\leqslant}\pi_l-p^{\max}(\nu_{l-1},\nu_l)$，根据定义 1.30，这与 $\mathcal{D}\in\tau_D^*$ 冲突。这里等式（a）源于第5 行（注意 $\tilde{c}_{l-1}^->c_{l-1}^-$），并且不等式（b）是基于归纳假设。

情况 3：$\tilde{c}_{l-1}^-\leqslant\pi_{l-1}\leqslant\tilde{c}_{l-1}^+$。当情况 1 和情况 2 不可能时，情况 3 是唯一可能的情况。

根据以上四个引理，我们现在证明算法 1.2 的正确性。

定理 1.24 给定$\mathbb{C}=[(c_1^-,c_1^+,\nu_1),\cdots,(c_n^-,c_n^+,\nu_n)]$，算法 1.2 可按照定义 1.35 生成一个关键任务实例序列 $\mathcal{D}^c=[(\pi_1^c,\nu_1),\cdots,(\pi_n^c,\nu_n)]$。

证明：根据引理 1.10 ~ 1.12，定义 1.35 的条件 1 ~ 3 都被满足。同时，由于引理 1.13，式（1.157）仅仅需要去证明$\forall\mathcal{D}=[(\pi_1,\nu_1),\cdots,(\pi_n,\nu_n)]\in\tilde{\mathbb{C}}\cap\tau_D^*,\forall 1\leqslant l\leqslant n,\pi_l^c-\pi_1^c\leqslant\pi_l-\pi_1$。在使用数学归纳法证明之前，我们注意到$\pi_1\leqslant\tilde{c}_1^+=\pi_1^c$。

初始步（$l=1$）。由于 $\pi_1^c-\pi_1^c=\pi_1-\pi_1=0$，这是易见的。

归纳步。假设 $\pi_l^c-\pi_1^c\leqslant\pi_l-\pi_1$ 其中 $l<n$。我们考虑 π_{l+1}^c，其被设置为 $\max[\pi_l^c+p^{\min}(\nu_l,\nu_{l+1}),\tilde{c}_{l+1}^-]$。

情况 1：$\pi_{l+1}^c=\tilde{c}_{l+1}^-$。由于 $\pi_{l+1}^c=\tilde{c}_{l+1}^-\leqslant\pi_{l+1}$和 $\pi_1^c\geqslant\pi_1$，因此 $\pi_{l+1}^c-\pi_1^c\leqslant\pi_{l+1}-\pi_1$。

情况 2：$\pi_{l+1}^c=\pi_l^c+p^{\min}(\nu_l,\ \nu_{l+1})\ >\tilde{c}_{l+1}^-$。因此，$\pi_{l+1}^c-\pi_1^c=\pi_l^c+p^{\min}(\nu_l,\nu_{l+1})-\pi_1^c\overset{(a)}{\leqslant}\pi_l+p^{\min}(\nu_l,\nu_{l+1})-\pi_1\overset{(b)}{\leqslant}\pi_{l+1}-\pi_1$。

这里不等式（a）成立源于 $\pi_1^c \geqslant \pi_1$，并且不等式（b）的正确性是因为 $\mathcal{D} \in \tau_D^*$。

1.4.4 dAVR 任务的可调度性分析

现在我们考虑受到高优先级的周期性任务 $hp(i)$ 和 dAVR 任务 $hp^*(i)$ 影响的一个 dAVR 任务 τ_i^* 的可调度性。对于 τ_i^* 中的一个任务实例（σ, ω），由于 dAVR 任务具有相同的角度和相位，$hp^*(i)$ 中的所有任务也会在 σ 上释放一个任务实例。由于 τ_i^* 具有受限时限，因此不得不在下一个释放［$hp^*(i)$ 中的任一个新任务实例］之前完成。因此，τ_i^* 只会受每个任务 $\tau_j^* \in hp^*(i)$ 中的一个任务实例影响，并且（σ, ω）的 WCRT 能够根据下式计算：

$$R(\tau_i^*,\sigma,\omega) = \min_{t>0}\left\{t \,\middle|\, C_i(\sigma,\omega) + \sum_{\tau_j^* \in hp^*(i)} C_j(\sigma,\omega) + \sum_{\tau_j \in hp(i)} \left\lceil \frac{t}{T_j} \right\rceil C_j \leqslant t\right\} \tag{1.162}$$

我们现在减小 τ_i^* 中需要检查可调度性的任务实例集合。首先，根据式（1.143），对于给定转速 ω 的 dAVR 任务的任意实例 WCET，仅仅在重新配置时间 $T = \{\gamma_1, \cdots, \gamma_T\}$ 上发生改变。因此，对于 dAVR 任务实例，只考虑 T 作为代表性的释放时间就足够，即：

$$R(\tau_i^*,\omega) = \max_{\sigma \in T} R(\tau_i^*,\sigma,\omega) \tag{1.163}$$

然后，我们将 τ_i^* 本身和所有具有更高优先级的 dAVR 任务的切换转速排序集合为：

$$W_i = \{\omega_{j,k}^m \mid j \in hp^*(i) \cup \{i\}, k = 1, \cdots, T, m = 1, \cdots, M_{j,k}\} \tag{1.164}$$

并且考虑 W_i 中的两个相邻切换转速 ω_l 和 ω_{l+1}。根据式（1.143），对于任意 $\omega \in (\omega_l, \omega_{l+1}]$，一个 dAVR 任务实例的 WCET 维持不变。同时，根据性质 1.3，$D_i(\omega)$ 的时限关于 ω 单调减少。因此，我们能够使用 ω_{l+1} 去代表在（ω_l, ω_{l+1}］区间内的所有角速度。只考虑释放在集合 W_i 内转速的 τ_i^* 的任务实例的可调度性是充分的。那就是说，如果满足下面的条件：

$$\forall \omega \in W_i, R(\tau_i^*,\omega) \leqslant D_i(\omega) \tag{1.165}$$

则 τ_i^* 是可调度的。

最后，对式(1.162)～式(1.165)中 τ_i^* 的可调度性分析只需要检查 τ_i^* 中有限数量的任务实例。

1.4.5 实验评估

在本节中，我们使用随机生成的任务系统去评估所提出的基于 dDRT 的分析方法对系统可调度性判断上的优势。我们采用文献［25］和［63］中的发动机动态参数：①最小和最大发动机转速分别为 500 r/min 和 6500 r/min；②最大加速/减速为 1.62×10^{-4} rev/ms^2。因此，在最小和最大转速之间发动机需要旋转 35 圈加速或减速切换。

我们比较 dAVR 任务系统的如下三种可调度性分析方法。

（1）dAVR：提出的基于 dAVR 任务到 dDRT 的转换的分析方法。

（2）dAVR2sAVR：由于当前对于 dAVR 任务系统不存在安全分析方法，我们考虑一种简单的、充分的分析作为基准。具体来说，我们使用 sAVR 任务 $\tilde{\tau}_i^*$ 来近似 dAVR 任务 τ_i^* 的执行负载，其中 $\tilde{\tau}_i^*$ 释放在转速 ω 的任务实例的 WCET 被设置为所有配置中的最大值。然后，我们为这样的 sAVR 任务系统应用文献［61］和［62］中的分析方法。

（3）UB：文献［25］和［63］分析它低估第 k 个配置中的 dAVR 任务 τ_i^* 负载作为一系列虚拟执行模式集合 $\{(C_{i,k}^m, \omega_{i,k}^m), (C_{i,k}^{M_{i,k}}, \omega^{\max})\}$，$\forall m = 1, \cdots, M_{i,k} - 1$ 中的最大值，即一个是执行在转速区间 $(\omega^{\min}, \omega_{i,k}^m]$ 具有 $C_{i,k}^m$ ~ WCET 的第 m 个执行模式，另一个是作用在转速区间 $(\omega_{i,k}^m, \omega^{\max}]$ 具有最简单控制策略的执行模式（其 WCET 是 $C_{i,k}^{M_{i,k}}$）。

对于 dAVR 和 dAVR2sAVR 方法，我们使用文献［60］和［69］中的转速划分，其对于 sAVR 任务的可调度性分析是严格的。

1. 随机任务系统

随机任务系统参照文献［61］中的方法生成。每个系统包含 20 个周期性任务和一个 dAVR 任务 τ_A^*。让 U_P 和 U_A 分别表示周期性任务的总利用率和 τ_A^* 的最大利用率，其中 $U_A = \max_t \max_\omega \frac{C_A(t, \omega)}{T^{\min}(\omega)}$。系统的总利用率为 $U = U_P + U_A$，并且 τ_A^* 占总利用率的比值是 ρ_U（即 $U_A = \rho_U \cdot U$）。每个周期性任务的利用率由 UUnifast 算法[77]生成，同时周期性任务的周期均匀分布在 3 ~ 100 ms。周期性任务具有受限时限。dAVR 任务的角度周期和期限都等于转动一周。任务优先级根据时限单调策略（deadline monotonic policy）来指派，其中 dAVR 任务的截止时限是 D_A（$\omega^{\max}$）。

dAVR 任务包括一组发动机重新配置时间$\{\gamma_1,\cdots,\gamma_T\}$，其中$\gamma_k=(k-1)\cdot T_{\text{sample}}$，$1\leqslant k\leqslant T$。我们设置$T_{\text{sample}}=500$ ms，其为大多数标准行驶循环的采样周期。此外，对于每个发动机配置，我们生成如下的M个执行模式。首先随机选择一种具有最大利用率U_A的执行模式，其他执行模式的利用率设置为$[0.85\times U_A,U_A]$。切换速度是在［1000，6000］内均匀分布。因此，作用在转速区间$[\omega^m,\omega^{m+1})$的每个模式的 WCET 被设置为其利用率和最小释放时间$T^{\min}(\omega^{m+1})$的乘积。

2. **可调度结果**

在以下四个实验中，我们分别改变四个参数U，ρ_U，M和T中的一个。为了在保证可调度性的同时提供更佳的性能，过滤掉被 UB 验证为不可调度的系统。在这个意义上，图 1.50～图 1.53 中的可调度比率是相对于 UB 标准化的（因此，UB 的结果被省略）。图中的每个数据点是 1000 个随机任务集的平均值。

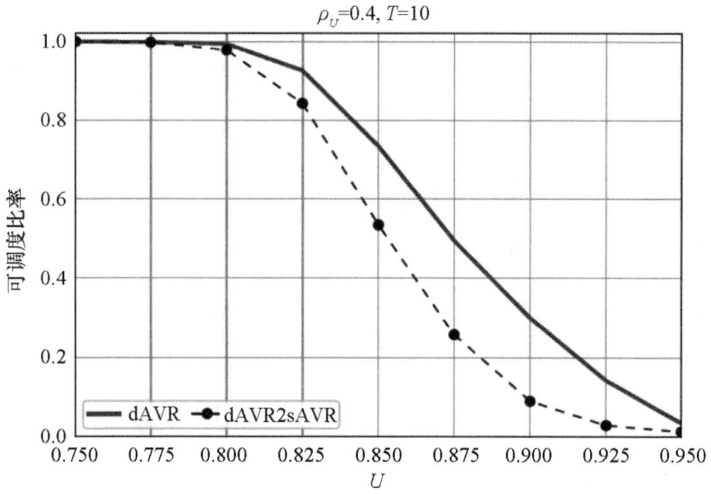

图 1.50　可调度比率与系统利用率 U

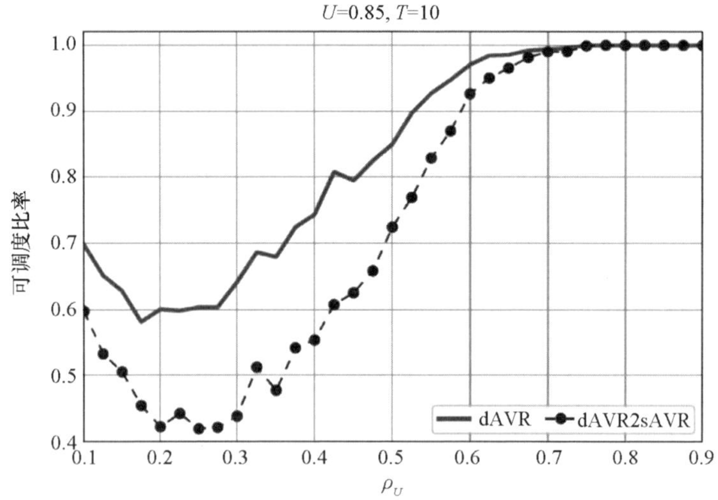

图 1.51　可调度比率与 dAVR 利用率比值 ρ_U

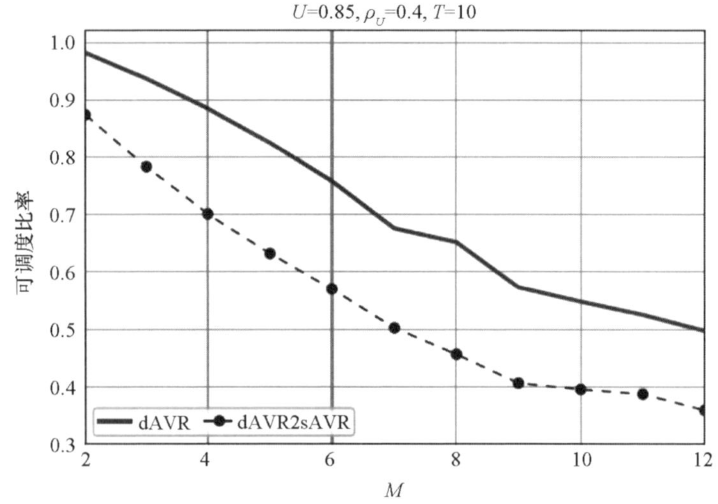

图 1.52　可调度比率与执行模式数 M

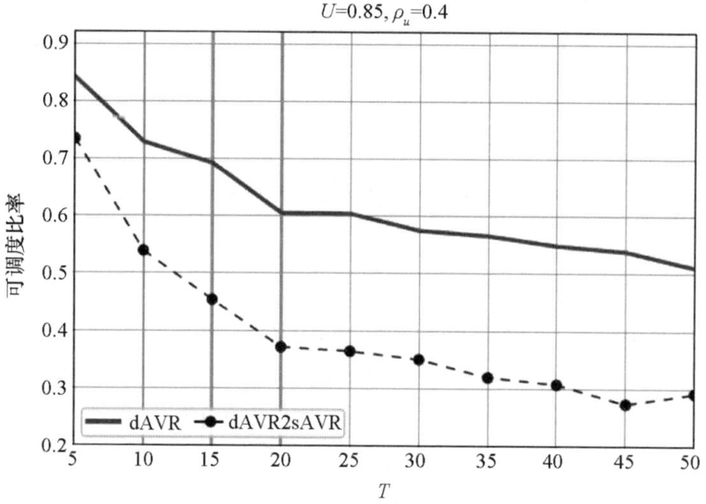

图 1.53　可调度比率与与配置数 T

在第一个实验中，生成的 dAVR 任务具有 10 个发动机配置数（即 $T=10$），其中每个配置中的执行模式数随机设置为 4 ~ 8。总利用率 U 从 0.3 变化到 0.95，并且 $\rho_U=0.4$。当 $U<0.75$ 时，这三种方法的可调度比率总是 1，因此，图 1.50 仅仅呈现了 $U\geqslant 0.75$ 时的结果。由图可知，dAVR 总是具有比 dAVR2sAVR 更高的可调度比率（因此具有更高的分析精度）。例如，在 $U=0.875$ 时，dAVR 的可调度比率比 dAVR2sAVR 高约 24%。最后，dAVR 与必要分析 UB 方法相比具有明显更低的可调度比率，这表明 dAVR 可能是非常悲观的。

dAVR 和 dAVR2sAVR 两种方法之间的相对比较结果在接下来的三个实验中也是一致的。在第二个实验中，dAVR 任务的生成与第一个实验类似，但 dAVR 利用率比例 ρ_U 在［0.1，0.9］内变化，总利用率固定在 $U=0.85$。在第三个实验中，我们改变了所有 10 个发动机配置的执行模式数 M，而总利用率维持在 $U=0.85$，并且 dAVR 任务利用率的比例是 $\rho_U=0.4$。在第四个实验中，我们考虑了不同的配置数 T，其中总利用率固定为 0.85，每个配置 4 ~ 8 个执行模式，$\rho_U=0.4$。结果表明，dAVR 总是比 dAVR2sAVR 更精确。此外，dAVR 和 dAVR2sAVR 之间的差异通常为 10% ~ 26%。唯一的例外是在图 1.51 中，当 $\rho_U\geqslant 0.6$ 时，这两种方法都具有接近 1 的可调度比率（即接近 UB 的可调度比率）。这是因为在 dAVR 任务具有较高工作负载的情况下，任务系统的大多数都是不可调度的（此时，UB 可能也认为系统是不可调度的），或者是易于可调度的（大多数周期性任务的优先级高于 dAVR 任务并且不受其高工作负载的影响）。

1.5 参考文献

[1] ERNST H M, MARTIN J. Programming real-time computer systems [J]. Mathematics of Computation, 1966, 20(95): 462.

[2] BUTTAZZO G C. Hard real-time computing systems: predictable scheduling algorithms and applications [M]. Boston, MA: Springer US, 2011.

[3] 陆寅，秦树东，习乐琪，等. 面向 AADL 模型的存储资源约束可调度性分析[J]. 软件学报，2021，32(6)：1663-1681.

[4] VORONOV S, TANG S, AMERT T, et al. AI meets real-time: addressing real-world complexities in graph response-time analysis [C]//2021 IEEE Real-Time Systems Symposium (RTSS). Dortmund, DE. IEEE, 2021.

[5] BUTTAZZO G C. Real-time systems: achievements and perspective [C]// Keynote Speech at Real-Time Systems Symposium(RTSS), 2014.

[6] 韩岗. 嵌入式实时系统通信机制与优化技术研究[D]. 长沙：国防科学技术大学，2013.

[7] LIU C L, LAYLAND J W. Scheduling algorithms for multiprogramming in a hard-real-time environment [J]. Journal of the ACM, 1973, 20(1): 46-61.

[8] MOK A K. Fundamental design problems of distributed systems for the hard-real-time environment [D]. Massachusetts: Massachusetts Institute of Technology, 1983.

[9] BINI E, BUTTAZZO G, BUTTAZZO G. A hyperbolic bound for the rate monotonic algorithm [C]//Proceedings 13th Euromicro Conference on Real-Time Systems. Delft, Netherlands. IEEE, 2001: 59-66.

[10] LEHOCZKY J, SHA L, DING Y. The rate monotonic scheduling algorithm: exact characterization and average case behavior [C]//Real-Time Systems Symposium. Santa Monica, CA, USA. IEEE Computer Society, 1989: 166-171.

[11] BINI E, BUTTAZZO G C. Schedulability analysis of periodic fixed priority

systems [J]. IEEE Transactions on Computers, 2004, 53(11): 1462 – 1473.

[12] ZENG H B, DI NATALE M. Improving real-time feasibility analysis for use in linear optimization methods [C]//2010 22nd Euromicro Conference on Real-Time Systems. Brussels, Belgium. IEEE, 2010: 279 – 290.

[13] LEHOCZKY J P. Fixed priority scheduling of periodic task sets with arbitrary deadlines [C]//Proceedings 11th Real-Time Systems Symposium. Lake Buena Vista, FL, USA. IEEE, 1990: 201 – 209.

[14] BINI E, NGUYEN T H C, RICHARD P, et al. A response-time bound in fixed-priority scheduling with arbitrary deadlines [J]. IEEE Transactions on Computers, 2009, 58(2): 279 – 286.

[15] MOK A K, CHEN D. A multiframe model for real-time tasks [J]. IEEE Transactions on Software Engineering, 1997, 23(10): 635 – 645.

[16] ZUHILY A. Exact response time analysis for multiframe tasks[R]. Report of University of York Department of Computer Science, 2007.

[17] BARUAH S K, CHEN D J, GORINSKY S, et al. Generalized multiframe tasks [J]. Real-Time Systems, 1999, 17(1): 5 – 22.

[18] TAKADA H, SAKAMURA K. Schedulability of generalized multiframe task sets under static priority assignment [C]//Proceedings of 4th International Workshop on Real-Time Computing Systems and Applications. Taipei, China. IEEE Computer Society, 1997: 80 – 86.

[19] STIGGE M, YI W. Hardness results for static priority real-time scheduling [C]//2012 24th Euromicro Conference on Real-Time Systems. Pisa, Italy. IEEE, 2012: 189 – 198.

[20] MOYO N T, NICOLLET E, LAFAYE F, et al. On schedulability analysis of non-cyclic generalized multiframe tasks [C]//2010 22nd Euromicro Conference on Real-Time Systems. Brussels, Belgium. IEEE, 2010: 271 – 278.

[21] BERTEN V, GOOSSENS J. Sufficient FTP schedulability test for the non-cyclic generalized multiframe task model [J]. CoRR, 2011, http://arxiv.org/abs/1110.5793.pdf.

[22] BARUAH S K. Feasibility analysis of recurring branching tasks [C]//Proceeding 10th EUROMICRO Workshop on Real-Time Systems (Cat. No. 98EX168). Berlin, Germany. IEEE Computer Society, 1998: 138 – 145.

[23] BARUAH S K. Dynamic- and static-priority scheduling of recurring real-time

tasks [J]. Real-Time Systems, 2003, 24(1): 93 -128.
[24] BARUAH S K. The non-cyclic recurring real-time task model [C]//2010 31st IEEE Real-Time Systems Symposium. San Diego, CA, USA. IEEE, 2010: 173 -182.
[25] BIONDI A, DI NATALE M, BUTTAZZO G C, et al. Selecting the transition speeds of engine control tasks to optimize the performance [J]. ACM Transactions on Cyber-Physical Systems, 2018, 2: 1 -26.
[26] STIGGE M, EKBERG P, GUAN N, et al. The digraph real-time task model [C]//2011 17th IEEE Real-Time and Embedded Technology and Applications Symposium. Chicago, IL, USA. IEEE, 2011: 81 -80.
[27] MathWorks. Using Simulink and Stateflow in modeling[EB/OL]. (2022 -01 -08)[2023 -12 -26]. https: //in. mathworks. com/help/simulink/mdl_gd/maab/using-simulink-and-stateflow-in-modeling. html.
[28] ANDRÉ C. SyncCharts: a visual representation of reactive behaviors [R]. 1996.
[29] ANSYS, Inc. Ansys SCADE Suite[EB/OL]. (2022 -02 -09)[2023 -12 -24]. https: //www. ansys. com/products/embedded-software/ansys-scade-suite.
[30] ZENG H B, DI NATALE M. Schedulability analysis of periodic tasks implementing synchronous finite state machines [C]//2012 24th Euromicro Conference on Real-Time Systems. Pisa, Italy. IEEE, 2012: 353 -362.
[31] STIGGE M, EKBERG P, GUAN N, et al. On the tractability of digraph-based task models [C]//2011 23rd Euromicro Conference on Real-Time Systems. Porto, Portugal. IEEE, 2011: 162 -171.
[32] MOHAQEQI M, ABDULLAH J, GUAN N, et al. Schedulability analysis of synchronous digraph real-time tasks [C]//2016 28th Euromicro Conference on Real-Time Systems (ECRTS). Toulouse, France. IEEE, 2016: 176 -186.
[33] NORSTROM C, WALL A, YI W. Timed automata as task models for event-driven systems [C]//Proceedings of 6th International Conference on Real-Time Computing Systems and Applications. RTCSA'99(Cat. No. PR00306). Hong Kong, China. IEEE Computer Society, 1999: 182 -189.
[34] ZENG H B, DI NATALE M. Computing periodic request functions to speed-up the analysis of non-cyclic task models [J]. Real-Time Systems, 2015, 51(4): 360 -394.
[35] GAREY M R, JOHNSON D S. Computers and intractability: a guide to the

theory of NP-Completeness [M]. New York: W. H. Freeman & Company, 1990.
[36] STIGGE M, YI W. Combinatorial abstraction refinement for feasibility analysis [C]//2013 IEEE 34th Real-Time Systems Symposium, 2013.
[37] STIGGE M, YI W. Combinatorial abstraction refinement for feasibility analysis of static priorities [J]. Real-Time Systems, 2015, 51(6): 639 - 674.
[38] GUAN N, GU C C, STIGGE M, et al. Approximate response time analysis of real-time task graphs [C]//2014 IEEE Real-Time Systems Symposium. Rome, Italy. IEEE, 2014: 304 - 313.
[39] ZENG H B, DI NATALE M. Using max-plus algebra to improve the analysis of non-cyclic task models [C]//2013 25th Euromicro Conference on Real-Time Systems. Paris. IEEE, 2013: 205 - 214.
[40] LEGUERNIC P, GAUTIER T, LE BORGNE M, et al. Programming real-time applications with SIGNAL [J]. Proceedings of the IEEE, 1991, 79(9): 1321 - 1336.
[41] HALBWACHS N, CASPI P, RAYMOND P, et al. The synchronous Dataflow programming language LUSTRE [J]. Proceedings of the IEEE, 1991, 79(9): 1305 - 1320.
[42] BOUSSINOT F, DE SIMONE R. The ESTEREL language [J]. Proceedings of the IEEE, 1991, 79(9): 1293 - 1304.
[43] ANDRE C. Semantics of SyncCharts [R]. I3S Laboratory, Sophia Antipolis, France, Tech. Rep. ISRN I3S/RR-2003 - 24 - FR, 2003.
[44] HAREL D. Statecharts: a visual formalism for complex systems [J]. Science of Computer Programming, 1987, 8(3): 231 - 274.
[45] TIWARI A. Formal semantics and analysis methods for Simulink Stateflow models [R]. Technical report, SRI International, 2002.
[46] LÜTTGEN G, VONDER B M, CLEVELAND R. A compositional approach to statecharts semantics [J]. Proceedings of the ACM SIGSOFT Symposium on the Foundations of Software Engineering, 2000: 120 - 129.
[47] MIKK E, LAKHNECHI Y, SIEGEL M. Hierarchical automata as model for statecharts [M]//SHYAMASUNDAR R K, UEDA K, eds. Advances in Computing Science: ASIAN'97. Berlin, Heidelberg: Springer Berlin Heidelberg, 1997: 181 - 196.

[48] CASPI P, CURIC A, MAIGNAN A, et al. From Simulink to SCADE/lustre to TTA: a layered approach for distributed embedded applications [C]//Proceedings of the 2003 ACM SIGPLAN Conference on Language, Compiler, and Tool for Embedded Systems. San Diego, California, USA. New York: ACM, 2003: 153 – 162.

[49] TRIPAKIS S, SOFRONIS C, CASPI P, et al. Translating discrete-time Simulink to lustre [J]. ACM Transactions on Embedded Computing Systems, 2005, 4(4): 779 – 818.

[50] SCAIFE N, SOFRONIS C, CASPI P, et al. Defining and translating a "safe" subset of Simulink/Stateflow into lustre [C]//Proceedings of the 4th ACM International Conference on Embedded Software. Pisa, Italy. New York: ACM, 2004: 259 – 268.

[51] DI NATALE M, ZENG H B. Task implementation of synchronous finite state machines [C]//2012 Design, Automation & Test in Europe Conference & Exhibition (DATE). Dresden. IEEE, 2012: 206 – 211.

[52] ZHU Q, DENG P, DI NATALE M, et al. Robust and extensible task implementations of synchronous finite state machines [C]//Design, Automation & Test in Europe Conference & Exhibition (DATE). Grenoble, France. New Jersey: IEEE Conference Publications, 2013: 1319 – 1324.

[53] BUTTLE D. Real-time in the prime-time [C]//Keynote Speech at Euromicro Conference on Real-Time Systems, 2012.

[54] FELD T, BIONDI A, DAVIS R I, et al. A survey of schedulability analysis techniques for rate-dependent tasks [J]. Journal of Systems and Software, 2018, 138: 100 – 107.

[55] KIM J, LAKSHMANAN K, RAJKUMAR R. Rhythmic tasks: a new task model with continually varying periods for cyber-physical systems [C]//2012 IEEE/ACM 3rd International Conference on Cyber-Physical Systems. Beijing. IEEE, 2012: 55 – 64.

[56] POLLEX V, FELD T, SLOMKA F, et al. Sufficient real-time analysis for an engine control unit with constant angular velocities [C]//Design, Automation & Test in Europe Conference & Exhibition (DATE). Grenoble, France. New Jersey: IEEE Conference Publications, 2013: 1335 – 1338.

[57] POLLEX V, FELD T, SLOMKA F, et al. Sufficient real-time analysis for an

engine control unit [C]//Proceedings of the 21st International Conference on Real-Time Networks and Systems. Sophia Antipolis, France. New York: ACM, 2013: 247 – 254.
[58] FELD T, SLOMKA F. Sufficient response time analysis considering dependencies between rate-dependent tasks [C]//Design, Automation & Test in Europe Conference & Exhibition (DATE). Grenoble, France. New Jersey: IEEE Conference Publications, 2015: 519 – 524.
[59] DAVIS R I, FELD T, POLLEX V, et al. Schedulability tests for tasks with variable rate-dependent behaviour under fixed priority scheduling [C]//2014 IEEE 19th Real-Time and Embedded Technology and Applications Symposium (RTAS). Berlin, Germany. IEEE, 2014: 51 – 62.
[60] BIONDI A, MELANI A, MARINONI M, et al. Exact interference of adaptive variable-rate tasks under fixed-priority scheduling [C]//2014 26th Euromicro Conference on Real-Time Systems. Madrid, Spain. IEEE, 2014: 165 – 174.
[61] BIONDI A, DI NATALE M, BUTTAZZO G. Response-time analysis for real-time tasks in engine control applications [C]//Proceedings of the ACM/IEEE 6th International Conference on Cyber-Physical Systems. Seattle, Washington. New York: ACM, 2015: 120 – 129.
[62] BIONDI A, DI NATALE M, BUTTAZZO G. Response-time analysis of engine control applications under fixed-priority scheduling [J]. IEEE Transactions on Computers, 2018, 67(5): 687 – 703.
[63] BIONDI A, DI NATALE M, BUTTAZZO G. Performance-driven design of engine control tasks [C]//2016 ACM/IEEE 7th International Conference on Cyber-Physical Systems (ICCPS). Vienna, Austria. IEEE, 2016: 1 – 10.
[64] FELD T, SLOMKA F. Exact interference of tasks with variable rate-dependent behavior [J]. IEEE Transactions on Computer-Aided Design of Integrated Circuits and Systems, 2018, 37(5): 954 – 967.
[65] HUANG W H, CHEN J J. Techniques for schedulability analysis in mode change systems under fixed-priority scheduling [C]//2015 IEEE 21st International Conference on Embedded and Real-Time Computing Systems and Applications. Hong Kong, China. IEEE, 2015: 176 – 186.
[66] BUTTAZZO G C, BINI E, BUTTLE D. Rate-adaptive tasks: model,

analysis, and design issues [C]//Design, Automation & Test in Europe Conference & Exhibition(DATE). Dresden, Germany. New Jersey: IEEE Conference Publications, 2014: 1-6.

[67] GUO Z S, BARUAH S K. Uniprocessor EDF scheduling of AVR task systems [C]//Proceedings of the ACM/IEEE 6th International Conference on Cyber-Physical Systems. Seattle, Washington. New York: ACM, 2015: 159-168.

[68] BIONDI A, BUTTAZZO G. Engine control: task modeling and analysis [C]//Design, Automation & Test in Europe Conference & Exhibition (DATE). Grenoble, France. New Jersey: IEEE Conference Publications, 2015: 525-530.

[69] BIONDI A, BUTTAZZO G, SIMONCELLI S. Feasibility analysis of engine control tasks under EDF scheduling [C]//2015 27th Euromicro Conference on Real-Time Systems. Lund, Sweden. IEEE, 2015: 139-148.

[70] BIONDI A. Analysis and design optimization of engine control software [D]. Pisa: Scuola Superiore Sant Anna, 2017.

[71] MOHAQEQI M, ABDULLAH J, EKBERG P, et al. Refinement of workload models for engine controllers by state space partitioning [C]//Euromicro Conference on Real-Time Systems, 2017, 11: 1-22.

[72] STIGGE M, YI W. Graph-based models for real-time workload: a survey [J]. Real-Time Systems, 2015, 51(5): 602-636.

[73] STIGGE M. Real-time workload models: expressiveness vs. analysis efficiency [D]. Uppsala: Uppsala University, 2014.

[74] KALYANASUNDARAM B, PRUHS K. Speed is as powerful as clairvoyance [J]. Journal of the ACM, 47(4): 617-643.

[75] YOUNG N E, TARJANT R E, ORLIN J B. Faster parametric shortest path and minimum-balance algorithms [J]. Networks, 1991, 21(2): 205-221.

[76] GAVALEC M. Linear matrix period in max-plus algebra [J]. Linear Algebra and Its Applications, 2000, 307(1): 167-182.

[77] BINI E, BUTTAZZO G C. Measuring the performance of schedulability tests [J]. Real-Time Systems, 2005, 30(1): 129-154.

[78] LEE E A, VARAIYA P. Structure and interpretation of signals and systems [M]. Boston: Addison Wesley, 2011.

[79] TINDELL K. Adding time-offsets to schedulability analysis [R]. Department of Computer Science, University of York, 1994, Report No.YCS -94 -221.

[80] GAREY M R, JOHNSON D S. "Strong" NP-completeness results: motivation, examples, and implications [J]. Journal of ACM, 1978, 25(3): 499 -508.

[81] FLOYD R W. Algorithm 97: shortest path [J]. Communications of the ACM, 1962, 5(6): 345.

[82] BACCELLI F, COHEN G, OLSDER G J, et al. Synchronization and linearity: an algebra for discrete event systems [M]. Chichester: John Wiley and Sons Ltd., 1992.

[83] MOLNÁROVÁ M. Generalized matrix period in max-plus algebra [J]. Linear Algebra and Its Applications, 2005, 404: 345 -366.

[84] HARTMANN M, ARGUELLES C. Transience bounds for long walks [J]. Mathematics of Operations Research, 1999, 24(2): 414 -439.

[85] GUANETTI J, KIM Y, BORRELLI F. Control of connected and automated vehicles: state of the art and future challenges [J]. Annual Reviews in Control, 2018, 45: 18 -40.

[86] LIN J E, YU W, YANG X Y, et al. A real-time en-route route guidance decision scheme for transportation-based cyber physical systems [J]. IEEE Transactions on Vehicular Technology, 2017, 66(3): 2551 -2566.

[87] SCHWARTING W, ALONSO-MORA J, RUS D. Planning and decision-making for autonomous vehicles [J]. Annual Review of Control, Robotics, and Autonomous Systems, 2018, 1: 187 -210.

[88] LI S E, ZHENG Y, LI K Q, et al. Dynamical modeling and distributed control of connected and automated vehicles: challenges and opportunities [J]. IEEE Intelligent Transportation Systems Magazine, 2017, 9(3): 46 -58.

[89] CHEN B, ROBINETTE D, SHAHBAKHTI M, et al. Connected vehicles and powertrain optimization [J]. Mechanical Engineering, 2017, 139(9): S12 -S18.

第2章　嵌入式实时系统通信机制与优化技术研究

2.1　概述

嵌入式实时系统的研究已经持续了半个多世纪，其应用范围涵盖了家电、汽车、航空航天等关系国计民生的各个领域。随着微电子技术的发展和电气化、自动化程度的提高，嵌入式实时系统出现了许多新的特点。比如，多核处理器开始应用到嵌入式实时系统；实时系统的任务数量及各处理器节点之间的通信数据迅速增长；嵌入式实时系统的安全性越来越重要；等等。这些新的特点对嵌入式实时系统的设计提出了严峻的挑战，本书着眼于嵌入式实时系统的通信机制，针对任务间通信机制和实时通信网络设计中遇到的新问题，分别开展了相应的设计与优化研究。

本章首先阐述了课题研究的重要意义，其次对嵌入式实时系统的技术背景进行了简要的介绍，然后对实时系统任务间通信机制和实时通信网络技术的发展情况进行了综述，介绍了国内外在该领域的研究现状，最后介绍了本书的主要研究工作。

2.1.1　研究背景

随着嵌入式处理器成本的下降和计算能力的提高，嵌入式实时系统已被广泛应用到各个领域的自动控制中。由于造价低、体积小、可靠性高、灵活性好等优点，从冰箱、空调、洗衣机等家用电器，到汽车、火车、飞机、火箭等重要工业领域，甚至是卫星、导弹等国防领域，嵌入式实时系统都在发挥着不可取代的重要作用。而且，嵌入式实时系统未来还将得到更多、更广泛的重要应用。比如，在汽车工业中，嵌入式实时系统使用越来越广泛。大众辉腾汽车使用多达 60 个微控制器，而新高尔夫也有 30 个左右，一辆高档豪华车可使用多达 100 个微控制器。在美国通用汽车做的一份轿车成本分析中，电子信息系统所占的比重从 20 世纪 90 年代的 10% 增长到目前的 30% 左右，预计在未来电子系统成本将超过机械部件的成本。

然而，嵌入式实时系统在迅猛发展的同时，又面临着一系列无法回避的挑战。比如，在汽车电子领域，许多厂商将传统的机械装置（如车窗控制、制动系统等）替换为造价更低廉的嵌入式实时系统，如线控技术（X-by-wire）。这些线控技术有效地降低了汽车制造成本和维修成本，提高了车辆驾驶的舒适度，但是有可能会影响汽车的安全性能，一旦出现问题，可能会导致灾难性的后果，这就对嵌入式实时系统的可靠性和实时性提出了重大的挑战。

随着控制系统电子化、自动化程度不断提高，嵌入式实时系统所承担的功能和性能要求也越来越高，系统中的任务数量和任务间的通信数据急剧增长。这就导致了实时系统中的处理器数量和嵌入式处理器中的核数不断增加，实时系统的通信网络规模也越来越大，从而对实时系统的通信机制提出了更高的要求。

通信机制对实时系统的实时性、可靠性和安全性起着至关重要的作用，因此，开展对嵌入式实时系统通信机制的研究具有重大意义。

2.1.2 嵌入式实时系统简介

嵌入式实时系统具有多个范畴的定义。在《牛津英汉双解计算机词典》的定义是：实时系统是一类产生输出的时间至关重要的系统，这通常是因为输入对应于外界的某个运动，而输出又必须与同一运动相关。自输入时刻到输出时刻的时间滞后必须充分小，以达到可接受的及时性。在维基百科的定义为：软硬件系统在运行中必须满足给定的实时约束，即从事件产生到系统响应的时限。而学术界是这样理解的：实时系统与通用计算机系统不同，它既要满足应用提出的功能需求，又要满足应用提出的时间需求，实时系统的正确性不但取决于产生结果值的正确性，还取决于结果的产生时间。如果结果的产生时间不符合应用的时间需求，则该结果可能是毫无用处的，甚至会产生灾难性的影响。例如，战斗机的飞行控制系统就是一个实时系统，如果该系统不能及时对驾驶员下达的指令做出响应，则很可能导致机毁人亡。实时系统是能够在指定或者确定的时间内完成系统功能和对外部或内部、同步或异步事件做出响应的系统。

2.1.2.1 实时系统的任务调度

为了精确管理嵌入式系统的各种资源，以达到实时性、可预测性和其他特定要求，需要在系统部署之前，利用实时调度理论对任务进行可调度性分析和调度方案搜索。任务调度技术包括可调度性分析方法和调度策略。任务调度技术研究的范围包括任务共享使用各种系统资源的策略和机制，以及提供判断系统任务是否可以调度的方法和手段。下面对可调度性分析方法和常用调度策略进行简要介绍。

1. 可调度性分析方法

可调度性分析用以论证任务调度的可行性，如果任务集无法通过可调度性分析，则表明当前系统资源不足以支撑任务的执行，需要增加资源或使用更高性能的系统资源（处理器等）。通常，可调度性分析方法包括以下两类：

（1）基于处理器利用率分析

这种方式首先计算处理器的利用率，然后通过一个与该利用率相关的测试条件来判定系统的可调度性。Liu 和 Layland[1] 首先提出了这种可调度性分析算法，计算处理器的利用率下界如下：

$$U < n(\sqrt[n]{2} - 1) \tag{2.1}$$

式中：U 为最坏情况下处理器可达到的利用率下界；n 为系统中的任务数量。这里，假定系统采用频率单调（RM）算法。

（2）基于最大响应时间分析

采用这种方法，整个分析过程可分为两个阶段。第一阶段是分析阶段，通过任务的 WCET 分析算法分析各任务的 WCET；第二阶段是判定阶段，通过第一阶段分析得到的任务 WCET 计算其 WCRT，并将 WCRT 与该任务的最后期限进行比较，如果所有任务的 WCRT 都不大于其自身的最后期限，则系统是可调度的。WCRT 的计算公式最早由 Lehoczky 等[2] 提出，如式（2.2）所示：

$$R_i = C_i + \sum_{j \in hp(i)} \left\lceil \frac{R_i}{T_i} \right\rceil C_j \tag{2.2}$$

式中：R_i 为任务 i 的最大响应时间；C_i 为任务 i 的 WCET；T_i 为任务 i 的周期；$hp(i)$ 为系统中所有比任务 i 优先级高的任务。由于第二阶段的工作比较简单，因此对这种可调度性算法的研究主要集中于对任务最大响应时间分析算法的研究。

2. **常用调度策略**

在实时系统中，对于一组给定的实时任务和系统资源配置，以某个指标为优化目标，以每个任务在其时限内执行完毕为约束，通过某种优化算法确定每个任务何时执行、在哪个处理器上执行、以何种优先级顺序执行的整个过程就是调度。实时系统调度策略通常有多种划分方法，常用以下两种。

（1）静态表驱动调度策略

静态表驱动调度策略是一种离线（offline）调度策略，指在系统运行前根据各任务的时限以及任务间的时间约束，采用某种搜索策略生成系统任务调度表，该表格指明了各任务的起始运行时刻，在系统运行时调度表不发生变化。

（2）动态调度策略

动态调度策略中大部分或全部调度决策是在在线（online）情况下，即系统运行时，由调度器执行某种调度算法来决定。其中基于固定优先级的抢先式调度策略（preemptive fixed-priority scheduling）由于与其他调度策略相比具有很多显著优点，因此得到了广泛的研究和应用。此外，动态优先级调度（如 EDF 调度）具有更大的灵活性，可以使系统达到更高的利用率，近年来也得到了很多关注。

2.1.2.2 实时系统任务间通信机制

在式（2.1）和式（2.2）对可调度性进行分析时，均以任务执行过程相互独立为前提，即高优先级任务从不被低优先级任务抢占（preempt）和阻塞（block）。在实际的嵌入式实时系统中，不同任务间可能需要进行通信，而这种通信过程一般是通过读写共享变量实现的。对共享变量进行访问时必须保证数据的一致性。许多通信机制采用原子锁机制确保共享变量的一致性访问，即任务在访问共享变量之前要对其上锁，访问结束时释放锁，如果上锁失败，则不能访问共享变量。这样，任务的执行过程就发生了关联，低优先级任务在访问共享变量时，企图访问相同共享变量的高优先级任务就会被阻塞，从而可能产生优先级倒置（priority inversion）的情况。面对这种问题，Sha 等[3]提出了优先级冲顶协议（priority ceiling protocol，PCP），Baker[4]提出了堆栈资源协议（stack resource protocol，SRP），这些协议既保证了对共享资源的互斥访问，又尽可能地保证了任务的可调度性。

PCP 和 SRP 是面向单核处理器系统提出的，无法适应当今的多核嵌入式处理器系统，因此，许多新的协议相继被提出，其中比较出名的协议有多处理器优先级冲顶协议（multiprocessor priority ceiling protocol，MPCP）[5]、多处理器堆栈资源协议（multiprocessor stack resource protocol，MSRP）[6]和灵活的多处理器锁协议（flexible multiprocessor locking protocol，FMLP）[7]。MPCP 和 MSRP 分别是 PCP 和 SRP 的多核扩展，重点解决了全局资源的一致性访问问题，对于本地资源的访问，仍采用原来的单核任务通信机制。FMLP 结合了 MPCP 和 MSRP 的优势，能够在保证资源互斥访问的同时，提供更好的可调度性，然而该协议较为复杂，在对任务的 WCRT 进行分析时比较困难。

此外，文献［8］和［9］提出了一种无等待（wait-free，WF）通信机制，该机制的基本思路是为每个共享变量分配多个缓冲区，当有任务要对共享变量进行写操作时，仅在未处于读操作状态的缓冲区写入，而当有任务要对共享变量进行读操作时，仅从已经完成写操作的缓冲区读取。无等待通信机制提供特定的策略使得任务能够找到恰当的空闲缓冲区。

2.1.3　国内外研究现状

2.1.3.1　实时系统任务间通信相关工作

对实时系统的研究最早可追溯到 20 世纪中叶，当时的实时系统功能和实现都比较简单。随着技术的进步，出现了多任务的实时系统，此时，任务调度和优先级的分配成为人们研究的热点，自 20 世纪 70 年代以来，出现了 RM[2]算法、DM 算法[10]、EDF[1]算法等一系列优秀的调度算法。

任务间通信机制只是简单地采用基于锁的共享变量读写的方式完成，容易产生高优先级任务被低优先级任务阻塞的情况，引发优先级倒置，可能会导致高优先级任务不能在其时限内完成，造成系统错误和故障。

抢占式调度算法的实时系统在正常执行时，高优先级任务到达时可以打断正在执行的低优先级任务而抢先执行。然而，当不同优先级的任务共享同一变量时，即使当前正在执行的任务优先级较低，为确保数据的一致性，高优先级任务也不能立即执行，而是要等到低优先级任务结束其对共享变量的访问之后才能开始执行。这时，高优先级任务就被阻塞，从而形成优先级倒置。为解决这种优先级倒置的问题，Sha 等[3]提出了优先级继承协议（priority inheritance protocol），协议规定，所有任务正常执行时，使用其本身的优先级，而当任务要访问共享变量时，检查该变量是否正被其他任务使用，如果正在使用，则将占用该共享变量的任务的优先级升为正在执行的任务的优先级，同时阻塞正在执行的任务，并继续执行占用共享变量的任务。任务访问共享变量结束时，优先级恢复为其本身的优先级，并启动任务调度，如果就绪列表中的任务优先级高于当前任务，开始执行该高优先级任务。

在优先级继承协议的基础上，Baker[4]提出了 SRP，该协议允许不同优先级的任务共享同一堆栈，并大幅度减少了任务执行过程中的现场切换次数，因而具有更低的协议开销。SRP 中，嵌套执行的任务被记录在 FILO 中，即当某个任务被其他任务打断并抢先执行时，只有在打断它的任务执行结束后，该任务才有可能被调度执行。在 SRP 中，每个资源（可以理解为共享变量）都具有一个优先级，其值为所有访问该资源的任务的最大优先级。系统中会维护一个系统优先级冲顶（system priority ceiling），其值始终与正在执行的任务的优先级相同。任务在正常执行时使用其自身优先级，而在访问资源时，使用资源的优先级。任务的优先级不会因为其他任务的执行而发生改变，即一个任务在打断它的任务执行结束之前，它的优先级是始终低于打断它的任务的，因此，保证了它不会在打断它的任务结束前被调度执行。

随着多核体系结构的进一步发展，汽车嵌入式系统开始使用多核电子控制单元（ECU），原有的用于单核 ECU 的通信机制已无法满足要求，因此许多用于多核体系结构的通信机制被相继提出。Rajkumar[5]最早提出了用于多核 ECU 的 MPCP，随后 Gai 等[6]提出 MSRP。Block 等[7]结合 MPCP 和 MSRP 两种协议的长处，提出了一种 FMLP。除此之外，研究者们还提出了无等待通信机制[11]、并行 PCP[12]、多处理器多级同步协议[13]、实时操作系统多处理器同步协议[14]、TimeWall 框架[15]等。

在现有研究工作中，有的机制具有很好的系统可调度性，有的机制能够有效节省存储开销，然而尚无一种机制能够兼顾这两个指标。此外，对于现有机制的开销和可调度性的量化研究也未见报道。

2.1.3.2 实时通信网络相关工作

在实时系统最初应用于汽车、飞机等领域时，其承载的功能较少，只需一个或几个 ECU 即可实现全部功能，因而系统一般采用较简单的通信网络，如全互连结构。随着嵌入式系统的电气化和自动化程度提高，通信网络开始采用专门的通信总线来实现，包括控制器局域网（controller area network，CAN）总线结构[16]、局部连接网络（local interconnection network，LIN）总线结构[17]及汽车工程协会（society of automotive engineers，SAE）的 J1850 通信协议[18]等，其中 CAN 总线的应用最为广泛。

目前，各大汽车厂商正在如火如荼地研究和开发电子线控技术，以替换原有的机械装置和液压控制系统。线控系统对通信网络提出了更高的带宽和延迟要求。传统的 CAN 总线是事件触发系统，而且其带宽仅为 125 kbit/s 到 1 Mbit/s，因而很难满足线控系统的要求。几种高带宽的时间触发技术应运而生，包括时间触发协议[19]和 FlexRay[20]协议等。其中，FlexRay 协议被认为最有希望成为下一代车辆通信网络的标准，其带宽最高可达 10 Mbit/s，带宽以时分复用（time division multiple access，TDMA）的方式进行分配。

对于实时通信网络的研究工作主要集中在性能分析、消息调度优化、可靠性等方面。性能分析主要指 WCRT 分析，文献［21］和［22］对 CAN 总线周期性消息的 WCRT 进行了随机分析，而文献［23］和［24］则采用概率方法进行了相应的分析。文献［25］采用网络演算的方法对 Ethernet AVB 的消息传输进行了分析，给出了不同优先级消息流的延迟上界表达式。Ethernet AVB 是一种基于以太网技术的提供延迟和抖动上界保证的新型网络技术，可作为高带宽通信机制应用于实时系统。文献［26］采用网络演算（network calculus）的方法给出了 FlexRay 总线动态段消息传输端到端延迟的上界。FlexRay 静态段为周期性的信号提供时间确定性的传输服务，因而很多调度优化工作是针对 FlexRay 的静态段进行的，文献［27］~［30］等分别采用了不同的优化技术对 FlexRay 总线静态段消息调度进行了优化设计。文献［31］和［32］分别考虑了 FlexRay 静态段和 Ethernet AVB 的容错设计。

现有研究在实时通信网络的安全性和可扩展性方面还十分缺乏，在消息调度方面的研究工作也很少考虑低延迟的消息部署问题。

2.1.3.3 国内相关工作

国内对于实时系统领域的研究也非常多，很多大学和研究机构都在这一领域做出了很大贡献。

中国科学院软件研究所对实时系统的研究成果比较多。王永吉和陈秋萍[33]系统地讨论了频率单调（RM）算法及其扩展算法的系统可调度性。金宏等[34]提出了一种基于优先级表设计的调度算法，将任务的相对截止期和空闲时间两个特征参数结合起来，综合设计任务的优先级表。邹勇等[35]提出了一种调度对象的层次性模型，适用于开放式实时调度环境。乔颖等[36]在近似算法的基础上提出了一种新的实时多处理器系统的动态调度算法——节约算法。淮晓永等[37]提出一种开放环境下的自适应实时系统调度架构。王娟娟等[38]提出一种基于图模型的实时规则调度方法，实现对基于事件图的实时规则推理过程进行建模。西安交通大学的段成刚等[39]研究了实时系统在电力监测领域的应用。东南大学自动化研究所的刘怀和胡继峰[40]讨论了实时系统多任务的调度，对速率单调调度算法进行了改进。电子科技大学的王志平和熊光泽[41]提出一种基于 Ethernet 的通信协议 RTCC，能够向分布式硬实时系统提供硬实时性能保障。华中科技大学的李庆华等[42]提出了硬实时系统中的两种类似 EDF 的软件容错的动态实时调度算法：PKSA（probing K-step algorithm）和 CUBA（changing utilization-based algorithm）。

国防科技大学对于实时系统有多年的研究经验。张拥军等[43]针对多处理机实时系统提出了一种容错调度算法。宾雪莲等[44]针对优先级个数有限的情况，给出了在截止期限大于周期时任务可调度的充分必要条件，并提出了基于有限优先级的静态优先级分配算法。董威等[45]描述了并发系统分别基于自动机理论和符号化的两种主要模型检验策略，并给出解决状态爆炸问题的主要方法。窦强和周兴铭[46]提出了一种基于延迟抢先的消息最大响应时间算法，解决了现有消息最大响应时间算法中存在的正确性问题，对消息的最大响应时间做出了完整、精确的分析。

综上所述，国内对于实时系统领域的研究主要集中在调度算法方面，而对于实时系统通信机制的研究工作还比较缺乏。

2.1.4 相关工作分析

本节主要对实时系统通信机制的技术背景和几种具有代表性的机制进行介绍。对于多核实时系统任务间通信技术，我们介绍和分析了 MPCP、MSRP 及无等待通信等机制的主要特点和优势，并对其 WCRT 进行了介绍。对于实时通信网络，我们针对 FlexRay、CAN 和 Ethernet AVB 三种协议进行了介绍。

多核实时系统任务间通信与实时通信网络的通信在电磁环境和性能约束等方面各有特点，因此形成了不同的通信机制。在实时系统任务间通信中，我们主要考虑以读写共享内存方式进行的通信；而在实时通信网络中，我们主要考虑基于下一代实时通信网络标准——FlexRay 通信协议。

2.1.4.1 多核实时系统任务间通信技术

在模型驱动设计过程中，需要将最终的功能模型部署到目标嵌入式系统中，包括任务映射、优先级分配、信号封装以及调度算法的选择。在模型设计阶段，模型的各项功能性能指标已经通过了验证，因此在功能模型部署时，需要保证模型的语义不变，其中数据一致性（data consistency）（图 2. 1）和数据流维序性（flow preservation）（图 2. 2）是两个尤为重要的方面。

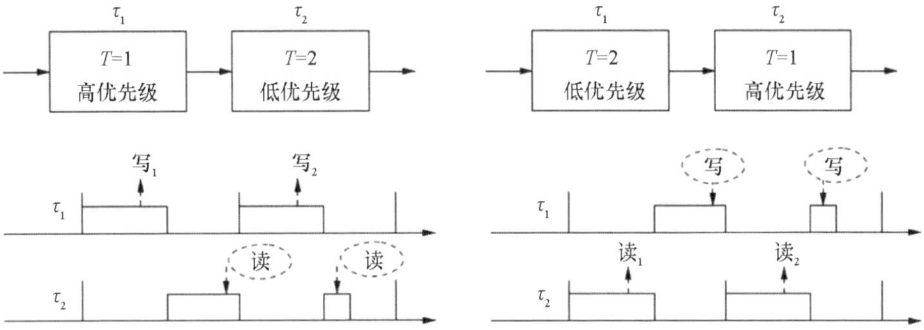

图 2. 1　数据一致性遭到破坏的情况

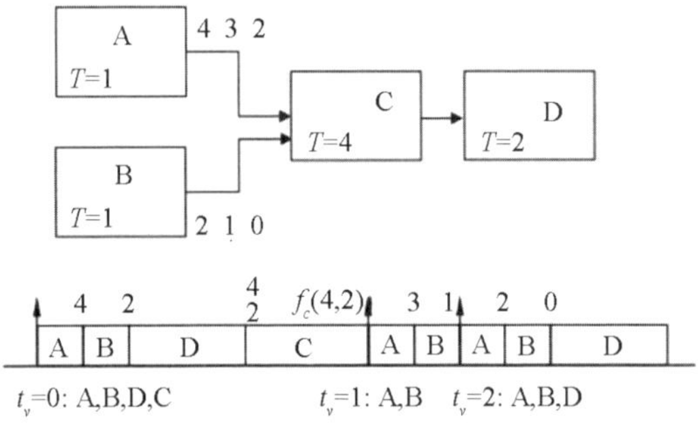

(a) 功能模型

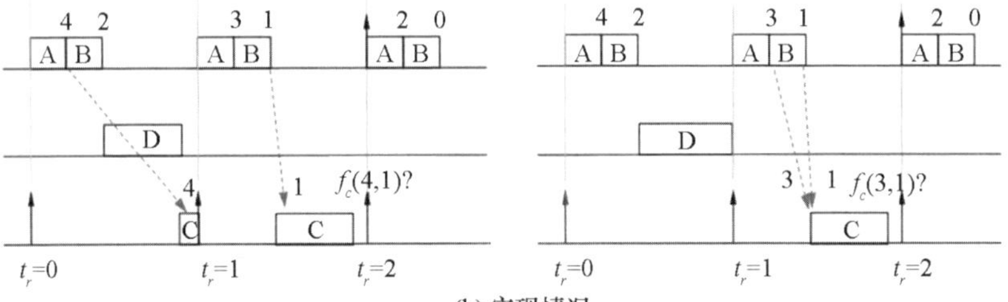

(b) 实现情况

图 2. 2　数据流维序性可能遭到的破坏

在图 2. 1 的左图中，由于读任务在读取共享变量时被高优先级的写任务抢先，可能读到的数据是写任务的两个实例写入的；而右图中，读任务优先级高，写任务写共享变量时被读任务抢先，此时读任务只能读到部分更新的数据

（其余数据为旧数据，即前一个写任务实例写入的数据）。这两种情况可归结为一种情况：读任务读到的数据不是完全由同一个写任务实例写入的，从而导致了数据一致性遭到破坏。因此，我们将着重研究如何保护这种情况下的数据一致性。

在图 2.2（a）表示的模型行为中，任务 C 的第一个实例会读到任务 A 和 B 的第一个实例的输出，而在图 2.2（b）表示的模型实现中，任务 C 的第一个实例却读到任务 A 和 B 的其他实例的输出。在图 2.2 表示的情况中，数据的一致性并未遭到破坏，但模型实现的行为仍出现了与模型行为不一致的情况，这种情况称为通信流的顺序遭到破坏。我们将研究如何保证通信流维序性的通信机制。

下面对多核系统中的数据一致性机制进行总结，并对部分能保证通信流顺序的机制进行分析。

1. **数据一致性**

为了确保任务间通信数据的一致性，一些通信机制被相继提出。可以将这些机制大致分为以下三类。

（1）基于锁的通信

当一个任务试图访问一个正被其他任务锁定的共享资源（共享数据）时，该任务将被阻塞。只有当共享资源的锁被释放之后，该任务才能被重新放回就绪队列并访问共享资源。在多核体系结构中，任务可能被处于其他处理器上的任务阻塞（如访问全局共享资源时），对于这种情况，目前有两种不同的处理策略。被阻塞的任务可以释放其正在使用的 CPU 资源并进入一个全局等待队列，也可以一直占据 CPU，使 CPU 处于空转状态（或称忙等待状态）[5-7]。

（2）无锁通信

每个读任务都可以无阻塞地直接对共享资源进行访问，只是在读操作完成后，需要执行一个检查操作。如果读任务发现在其执行读操作时有并发进行的写操作，那么读任务需要重复执行读操作。重复执行的次数一般有一个上界[47-48]。

（3）无等待通信

该通信机制为每个共享变量分配多个缓冲区，并通过特定策略保证写任务和读任务不会同时访问同一个缓冲区，进而保证了访问共享变量时的数据一致性[8-9]。

在基于锁的通信机制中，多核优先级冲顶协议（MPCP）[5] 和堆栈资源协议（MSRP）[6]是两种最常用的、保证最坏情况下阻塞时间上界的机制。这两种机制的性能差异主要取决于全局关键段（任务访问全局共享变量的代码段）的执行时间。灵活的多处理器锁协议（FMLP）[7]充分利用了 MPCP 和 MSRP 两种机制的长处，即对较短的共享变量访问过程使用忙等待机制（类似于 MSRP），而对较长的共享变量访问过程则使用挂起方式（类似于 MPCP）。并行 PCP[12]使用固定优先级抢占式全局调度算法进行任务调度。多处理器多级同步协议[13]使用多级调度框架可同时允许分离调度和全局调度。该协议主要的思路是把任务分组，使得所有的通信只发生在组内的任务间，以组为单位分配处理器核。每个组的任务使用低层调度器进行调度执行，高层的系统调度器则使用全局调度器实现。该协议假设核间没有任何共享变量，因此，在某些情况下，该协议是无法适用的。实时操作系统多处理器同步协议[14]是一种基于任务挂起的多核平台同步协议。在该协议中，每个核可同时支持多种调度策略。Ward 和 Anderson[49]提出了一种用于多核实时系统的支持细粒度资源嵌套访问的锁机制。Brandenburg[50]对 MPCP、FMLP、DPCP 和 DFLP 等多处理器任务通信协议进行了分析和评估，讨论了优先级队列和 FIFO 队列的适用情况。由于主要面向基于静态优先级的分离调度系统，因此，我们仅考虑了 MPCP 和 MSRP 两种机制，其他机制一般采用了其他调度技术或基于这两种机制设计而成（如 FMLP）。

对于无等待协议，只有缓冲区的索引属于共享资源，可通过原子操作或一个小的关键段进行索引的更新。然而，无等待协议需要为每个资源提供多个备份，当共享数据量比较大时，这种方法非常耗费内存，而对于共享硬件资源（如 I/O 或专用外设），这种方法是不可行的。

我们仅考虑无等待机制和锁机制。对于无锁机制，虽然它的提出也是为解决数据一致性问题，然而，由于该机制具有较高的最坏情况阻塞时间上界和较大的时间代价（读、写操作同时发生时需重做读操作），且该机制无法保证通信流的顺序，因此很难在基于模型设计的硬实时系统中得到应用。事实上，自从 20 世纪 90 年代末以来，很少有人在硬实时系统中使用无锁机制。

很多文献都对基于 CPU 空转和基于任务挂起的同步通信协议的性能进行了研究。Brandenburg 等[51-52]提出，即使不考虑抢占代价，基于 CPU 空转的协议也要比基于任务挂起的协议对调度产生的影响小。不过，Lakshmanan 等[53]进行了新的可调度性分析，研究发现，在小的抢占代价下（小于 160 μs），当关键段执行时间比文献［51］和［52］中的执行时间长时，基于任务挂起的协议表现更好。

目前，对多核嵌入式体系结构（Cell，STM P2012/STHORM，NUMA 和 GPUs）同步通信协议的研究工作已有很多。例如，Marongiu 等[54]在基于可扩展通信网络（如片上网络 NoC）的多集群嵌入式 NUMA 结构上，对协议的可调度性进行了分析。Naeem 等[55]针对 NoC 网络，在不同网络大小，拓扑结构和锁机制下开发并比较了同步通信协议的延迟。Stoif 等[56]提出了一种基于锁的同步机制的实现方法。这些研究工作主要面向平均执行时间对通信机制进行研究，并不适用于硬实时系统所需要的最坏情况时间分析。我们的工作主要面向硬实时控制系统中的最坏情况时间分析，同时考虑控制应用（汽车、航空、自动化等应用领域）和实时系统中典型的共享内存多核（2 ~ 16 个核）体系结构。众核系统（GPUs，众核 NUMA，NoC 和其他大规模并行系统）不属于本书研究范围。

2. **通信流维序**

共享通信缓冲区的数据一致性是程序员编程时必须考虑的一个方面，然而，对基于模型设计的软件来说，仅有数据一致性还不够。由于模型的功能和性能可以通过仿真和形式化方法进行验证，在当前汽车、航空和控制领域，基于模型的设计方法变得越来越流行。一般来说，功能模型是根据 SR 模型（如 MathWorks 公司的 Simulink）的语义定义的[57]。功能模型是一个由通信块组成的网络系统，每个块读入一组输入信号并产生一组输出信号。对于输出直接依赖于输入（即直接馈通）的块，它必须在向它提供输入的块执行完成后才能开始执行。这种依赖关系定义了一个通信块执行的半序。

Simulink 在对一个模型进行仿真之前，先根据块的拓扑依赖关系对所有的块进行排序，即，将所有的子系统展开为一个个块，并将整个模型扁平化为一张独立的表格。Simulink 选择一种与模型语义所定义的半序相兼容的块执行顺序，然后将虚拟时间（逻辑时间）初始化为 0，让模拟器不断扫描顺序列表，如果当前虚拟时间可以被某个块的周期整除，则执行该块。执行一个块包括计算输出函数和执行状态更新函数。在当前时刻需要执行的所有块都结束后，模拟器将虚拟时间增加一个基频并继续扫描块列表。

代码生成框架必须保证产生的代码与仿真具有相同的行为，即保持模型的语义。在多任务实现中，模型的执行实际上是在基于优先级的实时操作系统控制下的多线程环境中的任务执行。

图 2.3 表示了模型行为与多任务模型实现不同的情况。通信块 b_j 的第 k 个实例应该使用通信块 b_i 的第 m 个实例作为输入 $i_j(k)=o_i(m)$。然而，如果通

信块按照图 2.3 中的实现方式执行的话，块 $i_j(k)=o_i(m)$ 的执行可能被更高优先级的任务（图中带条纹的矩形框）延迟，最终导致 $i_j(k)=o_i(m+1)$。如果通信数据不是以原子操作访问的话，高优先级任务的抢占甚至会破坏数据的完整性。为了解决这些问题，文献[58]和[59]修改了无等待机制，以提供通信流的维序性。

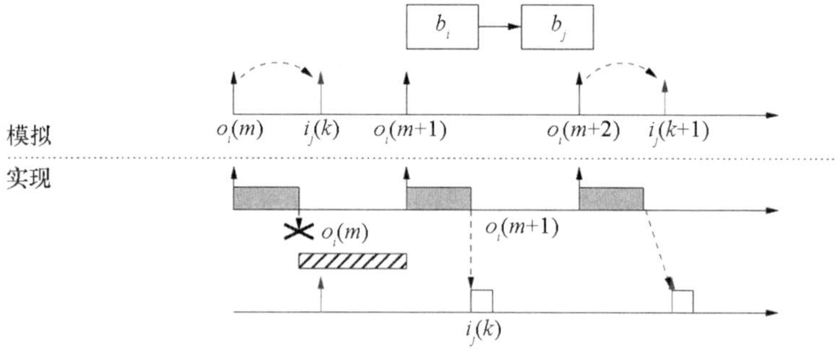

图 2.3　通信流维序时的相关问题（图中通信块的周期 $T_i=2T_j$）

下面，我们对基于锁的机制和无等待机制进行总结和时间分析。假设每个任务 τ_i 以周期 T_i 周期性激活或以 T_i 为最小时间间隔偶发激活。任务 τ_i 的执行过程可以看作一组交替执行的关键段和普通段（任务不访问共享资源的代码段）。WCET 则被定义为一个多元组 $\{C_{i,1},C'_{i,1},C_{i,2},C'_{i,2},\cdots,C'_{i,s(i)-1},C_{i,s(i)}\}$，其中 $s(i)$ 为普通段的数量，而 $s(i)-1$ 为关键段的数量；$C_{i,j}(C'_{i,j})$ 表示任务 τ_i 第 j 个普通段（关键段）的 WCET，π_i 表示任务 τ_i 初始优先级（{数值越大，优先级越小}，因而 $\pi_i<\pi_j$ 表示 τ_i 的优先级大于 τ_j），E_i 表示任务所在的处理器。任务 τ_i 第 j 个关键段相关的全局共享资源为 $S_{i,j}$。任务 τ_i 的 WCET C_i 为：

$$C_i=\sum_{1\leqslant j\leqslant s(i)}C_{i,j}+\sum_{1\leqslant j<s(i)-1}C'_{i,j} \tag{2.3}$$

3. 基于锁的机制

MPCP[5] 是最早的对 PCP[3,11] 的多处理器扩展。在 MPCP 中，任务执行普通段时使用初始优先级，而在执行关键段时则继承关键段对应的共享资源的优先级，本地资源的优先级冲顶定义为使用该资源的所有任务的最高优先级，而全局共享资源的优先级冲顶则必须高于系统中任一任务的优先级。因而，全局优先级需要加上一个基数（所有任务的最大优先级）。当任务企图访问正使用的全局资源时，任务将被挂起并插入一个按优先级排序的队列中，然后该任务所在处理器的其他任务（可能是更低优先级的任务）可以继续执行。如式（2.5）~式(2.7）所示，任务在最坏情况下的远程阻塞时间是一个关于其他任务关键段长度的函数，与普通段无关。

MSRP[6]是从SRP[4]扩展而来的多处理器同步协议。对于本地资源，协议与SRP相同，任务可以嵌套访问本地资源。全局关键段是不能嵌套执行的，如果任务在获得全局资源锁失败时，该任务保持CPU空转（而不是像MPCP那样将任务挂起），并不释放CPU资源。为了最小化空转时间，当任务进入全局关键段后禁止被其他任务抢先执行。MSRP将所有等待全局资源的任务插入一个FIFO队列中。

FMLP[7]充分利用了MPCP和MSRP两种协议的优势，对于较短的资源访问过程使用忙等待策略（类似MSRP），而对于较长的资源访问过程则使用任务挂起机制（类似于MPCP）。具体实现时，根据用户指定的阈值判断使用哪种策略。FMLP允许关键段的嵌套执行，为防止死锁，协议将资源分组，每个组只包含短资源访问过程或长资源访问过程，任一时刻每个组最多只能有一个资源被访问。每个短资源访问组使用一个非抢占式队列锁来保证数据一致性，而每个长资源访问组使用一个信号量来保证。

CPU空转和任务挂起策略的混合使用使得FMLP的时间分析异常复杂，简便起见，下面只总结了MSRP和MPCP的时间分析。关于堆栈使用情况，MPCP是基于任务挂起的机制，不能共享使用堆栈空间，而MSRP中，一个任务开始执行后就不会被阻塞，而只可能被高优先级任务抢先执行，且在高优先级任务执行完后才有机会继续执行，因而MSRP允许任务共享使用堆栈空间。

（1）MPCP时间分析

在MPCP中，每个全局共享资源$S_{i,j}$都有一个远程优先级冲顶$\Pi_{i,j}$，其值为所有可能访问资源$S_{i,j}$的任务的最大优先级，加上一个基数，该基数需大于系统中所有任务正常执行时的优先级。任务的普通段可能被同一处理器上任一低优先级任务的关键段所阻塞，因此，某个任务的任一普通段的最坏情况本地阻塞时间等于所有比该任务优先级低的任务中的最长关键段。这样，任务τ_i的本地阻塞时间总和为：

$$B_i^l = s(i) \times \sum_{k:\pi_k > \pi_i \wedge E_k = E_i} \max_{1 \leq m < s(k)} C'_{k,m} \tag{2.4}$$

任务τ_i进入关键段后，只能被具有更高远程优先级冲顶的任务的关键段抢先。由于关键段的优先级都比普通段高，因此，每个关键段最多只可能被同一处理器的任务抢先一次。这样，该任务第j个关键段的响应时间不会超过：

$$W'_{i,j} = C'_{i,j} + \sum_{k \neq i:E_k = E_i} \max_{1 \leq m < s(k) \wedge \Pi_{k,m} < \Pi_{i,j}} C'_{k,m} \tag{2.5}$$

任务 τ_i 的第 j 个关键段的远程阻塞时间可以通过下面的递归公式计算：

$$B_{i,j}^r = \max_{\pi_k > \pi_i \wedge S_{k,m} = S_{i,j}} W'_{k,m} + \sum_{\pi_h < \pi_i \wedge S_{h,n} = S_{i,j}} \left(\left\lceil \frac{B_{i,j}^r}{T_h} \right\rceil + 1 \right) W'_{h,n} \tag{2.6}$$

总的远程阻塞时间为：

$$B_i^r = \sum_{1 \leqslant j < s(i)} B_{i,j}^r \tag{2.7}$$

任务 τ_i 的 WCRTR_i 可通过下面的递归公式计算：

$$R_i = C_i + B_i^l + B_i^r + \sum_{\pi_h < \pi_i \wedge E_h = E_i} \left\lceil \frac{R_i + B_h^r}{T_h} \right\rceil C_h \tag{2.8}$$

（2）MSRP 时间分析

任务 τ_i 在访问全局资源 $S_{i,j}$时的最大空转阻塞时间 $L_{i,j}$可表示为：

$$L_{i,j} = \sum_{E \neq E_i} \max_{k:E_k = E, 1 \leqslant m < s(k)} C'_{k,m} \tag{2.9}$$

因此实际上任务 τ_i 的第 j 个关键段的最坏情况下执行时间应该表示为：

$$C_i^* = C_i + \sum_{1 \leqslant j < s(i)} L_{i,j} \tag{2.10}$$

与 SRP 相同，在 MSRP 中，一个任务开始后也不会被阻塞。因此，任务的本地阻塞时间 B_i^l 和远程阻塞时间 B_i^r 可表示为：

$$B_i^l = \max_{k:\pi_k > \pi_i \wedge E_k = E_i} \{ \max_{1 \leqslant m < s(k)} C'_{k,m} \} \tag{2.11}$$

$$B_i^r = \max_{k:\pi_k > \pi_i \wedge E_k = E_i} \{ \max_{1 \leqslant m < s(k)} (C'_{k,m} + L_{k,m}) \} \tag{2.12}$$

此时，可以计算阻塞时间 B_i：

$$B_i = \max(B_i^l, B_i^r) \tag{2.13}$$

任务 τ_i 在 $\mathrm{WCRT}R_i$ 为：

$$R_i = C_i^* + B_i + \sum_{\pi_h < \pi_i \wedge E_h = E_i} \left\lceil \frac{R_i}{T_h} \right\rceil C_h^* \tag{2.14}$$

4. 保证数据一致性的无等待机制

无等待机制中，写任务在每次更新通信数据时都选择一个未使用的缓冲区来写入数据，从而避免了阻塞。同时，读任务只会从指定的不会被写任务访问的缓冲区读数据。图 2.4 展示了无等待协议中的写任务和读任务的典型执行过程。文献［11］通过 CAS（compare-and-swap）原子操作方式实现了图中所示的无等待机制。CAS 操作有三个操作数：mem，v_1，v_2。其中，只有当 mem 中存储的数据值与 v_1 相等时，v_2 才会被写入内存地址 mem 中区，否则，mem 中的数据保持不变。

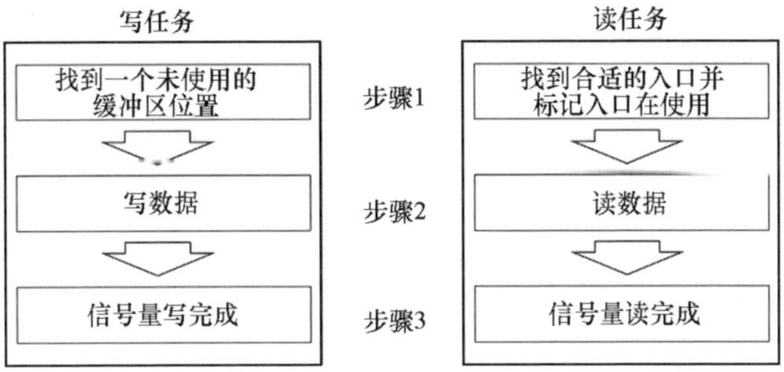

图 2.4　无等待协议中的写任务和读任务执行过程

文献［11］中的算法使用了三个全局共享变量。为每个共享资源预留足够数量的缓冲区（BUFFER［］），从而保证写任务在每次更新通信数据时总能找到可用的缓冲区。数组 READING［］的第 i 个元素指示了第 i 个读任务要使用的缓冲区索引（多个读任务可能会使用相同的缓冲区）。当读任务要更新这个信息时，首先要写入 0。变量 LATEST 保存最近被更新的缓冲区索引。写任务的代码参见算法 2.1，写任务首先通过 GetBuf（）将所有正被读任务使用的缓冲区标记出来并选出一个空闲的缓冲区。然后，将通信数据写入该缓冲区并更新变量 LATEST。最后，使用 CAS 原子操作确保 READING［］更新的一致性。

算法 2.1　无等待通信协议－写任务

```
Data: BUFFER [1,…,NB]; //NB: 缓存区数量
Data: READING [1,…,n]; /n: 读任务数量
Data: LATEST
GetBuf( ); //动态缓冲区协议 (DBP);
begin
    bool InUse[1,…,NB];
    for i = 1 to NB do InUse [i] = false;
    InUse[LATEST] = true;
    for i = 1 to n do
      j = READING [i];
      if j! = 0 then InUse [j] = true;
    end
    i = 1;
    while InUse[i] do + + i;
    return i;
```

```
end
GetBuf( ); //时间并发控制协议(TCCP) ;
begin
    return LATEST% NB +1;
end
Writer( );
begin
    integer widx,i;
    widx = GetBuf( );
    写数据到 BUFFER [widx];
    LATEST =widx;
    for i =1 to n do CAS( READING [i],0,widx);
end
```

读任务的实现代码参见算法 2.2。读任务首先找到最近更新的缓冲区索引（需使用 CAS 原子操作来保证 READING [ ] 更新的一致性），将其存储在本地变量 ridx 并读出其内容。

算法 2.2　无等待通信协议 - 读任务

```
Data: BUFFER [1,…,NB]; //NB: 缓存区数量
Data: READING [1,…,n]; //n: 读任务数量
Data: LATEST
Reader( );
begin
    constant id; //每一个读任务具有唯一 id;
    integer ridx;
    READING [id] =0;
    ridx = LATEST;
    CAS( READING [id], 0, ridx);
    ridx =READING [id];
    读数据从 BUFFER [ridx];
end
```

这种保证数据一致性的机制引入了一些时间开销，但是避免了任务的阻塞。同时该机制需要大量的缓冲区备份，从而增大了存储开销。缓冲区的数量可以通过读任务数量法计算出来，该方法假设每个读任务使用不同的缓冲区，根据读任务的数量来定义可能用到的最大缓冲区数量[11]。也可以通过生存时

间法来计算缓冲区数量，即从某个通信数据被写入缓冲区到该数据被读任务使用这段时间内，写任务可能产生的最大写操作数量[8,60]。

使用读任务数量法，需要的缓冲区数量为 $n+2$，其中 n 为在任何时刻被激活的读任务实例最大数量（如果任务时限不大于周期，n 为读任务数量）[11]。而如果所有读任务的优先级都比写任务小，那么只需要 $n+1$ 个缓冲区[61]。该文献提出的协议称为动态缓冲区协议（dynamic buffer protocol, DBP）。这种机制的时间复杂度为 $O(n)$。

生存时间法最早在文献［60］（作为非阻塞写协议的一部分）和［8］中提出。对应的通信协议也称为时间并发控制协议（temporal concurrency control protocol, TCCP）。其时间复杂度为 $O(1)$，所需缓冲区数量依赖于数据的生存时间。对于读任务 τ_i，其生存时间上限为 $l_i = R_i + O_{wi}$，其中 R_i 是任务 τ_i 的 WCRT，O_{wi} 是任意两个连续的写任务 τ_w 和 τ_i 激活操作之间的最大时间偏移量。写任务 τ_w 所需的缓冲区数量为：

$$NB_w = \max_{i \in \text{readers}(w)} \left\lceil \frac{l_i}{T_w} \right\rceil$$

文献［9］和［62］将上述两种方法组合使用，获得了更好的效果。文献［63］进行了改进，读任务按照其周期可以分为快速和慢速两组，使用生存时间法分配快速读任务的缓冲区大小，使用读任务数量法分配慢速读任务的缓冲区大小。

5. 保证通信流顺序的无等待机制

基于锁的通信机制不能保证同步反应式模型通信流的顺序。上一小节中的无等待机制需要进行修改才能为通信流顺序提供保证，读任务要读的缓冲区索引必须根据写任务和读任务的激活时刻来定义。由于调度延迟的存在，读任务和写任务都不能保证激活后立即执行，因而，协议必须在操作系统中对读/写任务的缓冲区索引进行复制，在执行时间，读/写任务将会使用索引指定的缓冲区。与上一节中的算法不同，这里需要将写任务和读任务的代码分为两部分，一部分在任务激活过程实现，负责更新缓冲区索引（READINGLP［］，READINGHP［］，PREVIOUS 和 LATEST），另一部分在任务运行时实现，完成对指定缓冲区的读写操作，该算法的伪代码可以参见算法 2.3 和算法 2.4。

算法 2.3 保证 SR 模型通信流顺序的无等待机制－写任务

```
Data: BUFFER [1,…, NB]; NB: 缓冲区数量
Data: READINGLP [1,…, n_lp]; //n_lp: 低优先级读任务数量
Data: READINGHP [1,…, n_hp]; //n_hp: 高优先级读任务数量
Data: PREVIOUS. LATEST
GetBuf(); //DBP version;
begin
   bool InUse[1,…,NB];
   for i = 1 to NB do InUse[i] = false;
   InUse[LATEST] = true;
   for i = 1 to n_lp do
    j = READINGLP[i];
    if j! = 0 then InUse [j] = true;
end
  for i = 1 to n_hp do
    j = READINGHP [i];
    if j! = 0 then InUse [j] = true;
  end
  i = 1;
  while InUse [i] do + + i;
  return i;
 end
 GetBuf();: // TCCP version;
 begin
   return LATEST % NB + 1;
 end
 Writer_activation();
 begin
   integer widx, i;
   widx  = GetBuf();
   PREVIOUS = LATEST;
   LATEST = widx;
   for i = 1 to n_hp do CAS(READINGHP [i],0,PREVIOUS);
   for i = 1 to nl_p do CAS(READINGLP [i], 0,LATEST);
 end
 Writer_runtime();
 begin
   写数据到 BUFFER[widx];
 end
```

算法 2.4　保证 SR 模型通信流顺序的无等待机制 - 读任务

```
ReaderLP_activation( );
begin
   constant id;//每个低优先级读任务具有唯一 id;
   integer ridx;
   READINGLP[ id ] =0;
   ridx = LATEST;
   CAS( READINGLP[ id ],0,ridx);
   ridx = READINGLP[ id ];
end
ReaderHP_activation( );
begin
   constant id;//每个高优先级读任务具有唯一 id;
   integer ridx;
   READINGHP[ id ] =0;
   ridx = PREVIOUS;
   CAS( READINGHP[ id ],0,ridx);
   ridx = READINGH [ id ];
end
Reader_runtime( );
begin
   读数据从 BUFFER[ ridx ];
end
```

读任务根据优先级大小被分成了两个组。优先级比写任务低的读任务组将读在其激活时间之前最近一个激活的写任务实例写入的数据（即该链路是直接馈通链路），而优先级比写任务高的读任务则读其激活时间的前一个写任务实例写入的数据（即该链路有一个单位延迟）。这两个缓冲区的索引使用变量 LATEST 和 PREVIOUS 来表示。数组 READINGLP [ ] （READINGHP [ ]）记录了低（高）优先级读任务要访问的缓冲区索引，写任务在激活阶段会将该数组中所有为 0 的元素更新为 PREVIOUS（LATEST）中存储的值（参见算法 2.3 第 28、29 行）。如果读任务与写任务在不同的处理器上执行，需要采用额外的机制来保证读任务在数据写好之后才能开始执行。任务的执行顺序约束可以通过从写任务向读任务发送激活信号，或采取读任务写任务同步激活的方式实现。保证通信流顺序的无等待机制与前一节所述的仅保证数据一致性的无等待机制所需的缓冲区数量一致。

2.1.4.2 实时通信网络

当单个 ECU 构成的实时系统无法承载越来越多的任务量时，分布式实时系统应运而生。分布式实时系统的各个 ECU 之间的数据通信需要由实时通信网络来完成。迄今为止，已经有数十种不同的实时网络通信协议被相继提出，下面将介绍几种常见的协议。

1. FlexRay 通信机制

（1） FlexRay 协议

FlexRay 是一种用于汽车领域的高确定性高速通信标准[20]，其带宽以时间触发方式分配给各应用[19]，最大的通信速度是 10 Mbit/s。如图 2.5 所示，在 FlexRay 中，时间被划分为通信周期，而每个通信周期进一步划分为四个段——静态段、动态段、符号窗口和网络空闲时间。一般情况下，周期性的和对安全性要求较高的数据在静态段上发送，而动态段往往被用于传输维护数据和诊断数据[64]。符号窗口用于传输特殊符号（如介质测试符号），网络空闲时间则用于 FlexRay 用户的时钟同步和时钟校准。由于 FlexRay 协议实现了时钟同步，从而不需要任何额外代价即可支持确定性通信。FlexRay 协议结合了时间触发协议（静态段）和事件触发协议（动态段）的优势，受到了主流汽车制造商（通用汽车、宝马、奥迪等）的广泛支持。

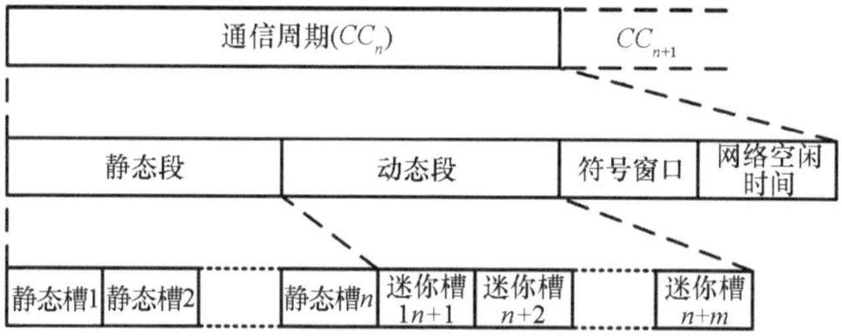

图 2.5　FlexRay 总线通信周期的组成

通信周期的静态段采用了时分多址（TDMA）的机制，可以周期性地传输实时消息。静态段包含多个固定长度的时间槽，不同通信周期中同一位置的时间槽一般固定分配给特定的节点。FlexRay[20]允许时间槽复用，即不同通信周期中相同位置的时间槽可以分配给不同的 ECU。每个 ECU 节点需要清楚地知道其在哪个时间槽上发送和接收消息，因此需要维护一个本地时间槽调度表，以记录其用到的（发送或接收）时间槽。只要保证所有的本地时间槽调度表是一致的，就可以避免冲突。在所有的本地时间槽调度表中均未使用的时间槽可以用于将来的系统扩展。FlexRay 实现了总线守卫（bus guardian）机制，禁止节点在其时间窗口外发送消息，从而实现了时间保护和错误隔离。

动态段采用 FTDMA（Flexible TDMA）的访问机制，并进一步将时间槽划分为迷你槽，迷你槽相对于时间槽要小得多。动态段严格按照优先级的高低为每个任务分配带宽，即在每个动态段的开始，最高优先级任务可以发送一个消息，该消息的长度可以占用多个迷你槽，但不能超过动态段的总长度，若该任务没有要发送的消息，则占用一个空的迷你槽；然后，次高优先级的任务开始以同样方式发送消息，直至动态段用完。在动态段上，每个任务只准发送最多一个消息。

（2）FlexRay 总线静态段消息调度

由于 FlexRay 静态段传输的消息多为实时性较高的关键数据，且不同的消息调度方案对于静态段带宽利用率的影响非常大，因而，近年来，许多文献对 FlexRay 静态段的消息调度进行了深入的研究。

文献［27］和［28］基于 TDMA 总线的消息调度技术研究了 FlexRay 静态段的调度。在文献［27］中，作者提出了一种用于静态段时间触发消息的静态循环调度技术。为解决同样的问题，文献［29］提出了一种快速的启发式算法和一种混合整数线性规划（MILP）优化框架。而文献［65］不仅讨论了如何使得时间槽的使用数量最小化，还研究了降低传输延迟抖动的优化技术。文献［31］和［66］提出通过消息重传方式实现 FlexRay 静态段的可靠传输。在文献［67］中，作者采用传统的 TDMA 总线调度技术来解决 FlexRay 总线上的硬实时应用的调度问题（消息只在静态段传输）。在文献［67］中，作者考虑了 FlexRay 静态段和动态段的通信，并对其进行了时序分析。针对静态段，作者提出了一种静态循环调度技术，而对于动态段，则使用 WCRT 分析技术分析了动态段上事件触发的消息。在文献［64］中，作者讨论了系统层设计优化问题，然而，该研究是基于任务和消息的调度均不同步的模型，而且只考虑了数据刷新率约束。文献［30］以同步通信模型的延迟和可扩展性为约束提出了总线调度的优化框架。

2. 控制器局域网技术

控制器局域网（CAN）在 1993 年形成国际标准 ISO 11898 - 1，最初目的是用于分布式汽车控制系统的通信。随后，由于 CAN 总线成本低、易于设计等内在优势，逐渐推广到工业、医疗、航空等其他嵌入式系统领域。CAN 总线是目前汽车领域应用最为广泛的实时通信网络协议。

CAN 的介质访问控制（MAC）协议是基于非集中式的介质随机访问机制，节点在发送消息时需要竞争信道，获得信道使用权的消息才能被 CAN 总线发送[16]。在 CAN 总线系统中，消息中不包含任何源节点地址和目的节点地址，而是含有一个全系统唯一的标识符。该标识符一方面可以用于节点判断是否应该接收该消息（因为 CAN 总线是基于广播机制的，所有节点都会收到每个消息），另一方面可用于表示消息的优先级，用于总线仲裁。当有消息要发送的节点检测到信道空闲时，发送一位 SOF 符（start of frame），其他节点根据 SOF 位沿进行同步，因此所有待发送的消息会同时发送到总线上。消息标识符位于帧的最前端，待发送消息的标识符会按照从高位到低位的顺序依次发送到总线上。CAN 总线的特殊电气特性使其具有“线与”（wire-AND）功能。当某个节点向总线输出“0”时，总线为“0”；当且仅当所有节点输出均为“1”（或无输出，即高阻态）时，总线为“1”。当节点检测到总线上的信号与自己发送的信号不同时，会知道此时有更高优先级的消息在发送，从而停止发送。同时，由于标识符均不相同，因此必然仅有一个消息最终胜出，此消息的标识符在所有待发送消息中最小。图 2.6 表示了 CAN 总线消息冲突和仲裁的例子，其中四个消息同时竞争 CAN 总线，经过基于消息标识符的总线仲裁后，标识符为 0x352 的消息成功获得总线使用权。每个节点的消息缓存队列为优先级队列，高优先级消息始终处于队列头部。成功获得信道的消息在发送时不能被打断。CAN 总线是基于优先级消息调度的非抢占式串行数据总线，适用于实时系统的使用需求。

0x352	0	1	1	0	1	0	1	0	0	1	0
0x39b	0	1	1	~~1~~	~~0~~	~~0~~	~~1~~	~~1~~	~~0~~	~~1~~	~~1~~
0x360	0	1	1	0	1	~~1~~	~~0~~	~~0~~	~~0~~	~~0~~	~~0~~
0x354	0	1	1	0	1	0	1	0	~~1~~	~~0~~	~~0~~

图 2.6　关于 CAN 总线冲突与仲裁的例子

许多文献对 CAN 总线消息传输的 WCRT 进行了分析[68-69]。为了提高 CAN 总线的实时特性，以满足对实时性要求更高的应用，研究者们提出了一些新的 CAN 总线扩展协议，如 FTT-CAN（flexible time-triggered CAN）[70]等。

3. 以太网音视频桥接技术

以太网是目前应用最为广泛的局域网技术。然而，以太网由于尽力服务机制，存在拥塞、延迟和抖动上界等缺陷，因此很难直接应用在实时系统中。为了充分利用以太网成本低、带宽高的优势，许多基于以太网的实时以太网技术被相继提出。以太网（Ethernet）音视频桥接技术（Audio/Video Bridging，AVB）是一种典型的实时以太网技术，它由一系列 IEEE 标准组成：

（1）IEEE Std 802.1AS——定义了时序和同步机制；

（2）IEEE Std 802.1Qat——定义了资源预约协议；

（3）IEEE Std 802.1Qav——定义了时间敏感流的整形、排队和转发策略。

IEEE Std 802.1Qav 中的转发和排队策略为时间敏感的数据传输定义了专用的流预约类（stream reservation class，SR class）。如图 2.7 所示，Ethernet AVB 网络包含两种队列，一种用于缓冲一般的以太网消息，采用尽力服务队列；另一种用于缓冲实时性要求高的时间敏感消息，即 SR 类。对于尽力服务队列，采用严格的优先级调度策略，而对于 SR 类则采用了基于信约的调度策略。

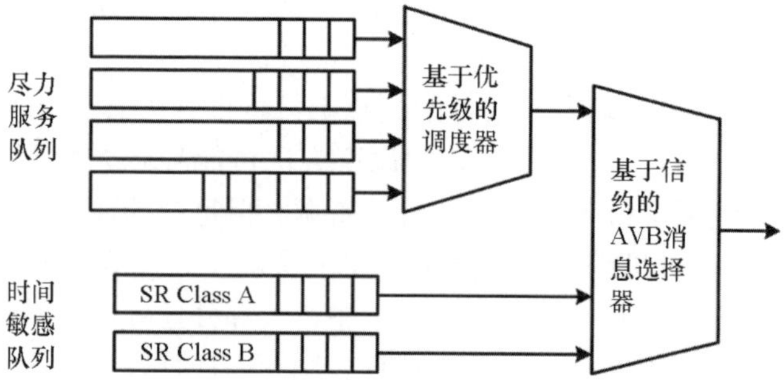

图 2.7　Ethernet AVB 网络的消息队列和转发模型

2.2　多核实时系统任务间通信机制与优化技术研究

多核体系结构在通用计算和多媒体应用领域的使用日渐广泛，并迅速拓宽到其他一些典型的嵌入式计算系统中，包括汽车、飞机等控制领域。多核体系结构的实现方式在功耗、可靠性和可扩展性等方面具有很多优势，然而，在实时系统中引入多核体系结构后，设计者将不得不考虑如何进行任务的分解，以保证并行处理的可行性和效率。在嵌入式实时系统，尤其是基于模型设计的系统中，多核体系结构的发展将面临一些额外的挑战。

目前，一些研究者提出了 MPCP、MSRP 和 WF 等几种不同的通信机制，然而这些通信机制在时间开销、存储开销以及对系统可调度性的影响等性能指标上各有优劣，而且尚无文献报道这些通信机制在实际嵌入式系统中的开销和可调度性的量化参数。本节将针对上述问题展开探索和研究。

2.2.1 引言

实时系统的通信机制用于解决任务间通信中的共享变量互斥访问问题，当实时系统引入多核体系结构后，任务间的通信过程变得更加复杂，需要对任务间通信机制进行重新设计。同时，实时系统的通信机制与系统采用的调度技术密切相关，不同的调度策略会影响通信机制的开销和性能。

多核体系结构中的实时调度技术主要分为分离调度、全局调度和混合调度三种[71]。在分离调度中，任务以静态方式分配到处理器上，每个处理器上的任务通过本地的调度器进行调度。而在全局调度中，所有处理器上的任务通过一个全局的调度器集中调度，任务的管理可以通过使用单个队列或较复杂的队列系统实现[72]。任务以动态方式分配到核上，可以在处理器之间迁移，这显然会带来很大的开销[53]。完全分离的调度方法可能导致系统不能充分利用，换句话说，尽管总体上还有很多可用计算资源，但每个处理器上已不能容纳更多的任务[71]。混合调度综合了分离调度和全局调度的优势，可以进一步划分为半分离调度和分簇调度。在半分离调度中，大部分任务被指派到固定的处理器以减少任务迁移的数量，而其他一些任务则允许迁移以尽可能提高处理器的利用率。分簇调度将全部处理器划分为几个簇，每个簇包含几个处理器，每个簇使用一个调度器对簇内所有处理器的任务进行调度。

AUTOSAR[73]等特定领域标准和很多商用操作系统（如 VxWorks，LynxOS 和 ThreadX）都采用了分离调度。另外，大部分汽车控制系统都是使用基于静态优先级调度的任务来设计的。OSEK[74]和 AUTOSAR[73]操作系统标准都支持这种调度机制，而其他一些调度策略，如最早时限优先策略（EDF）及其多核扩展版本，虽然在科研领域比较热门，却不被工业界支持。因此，本节采用了基于静态优先级的分离调度。

关于通信机制，目前学术界研究最为广泛的有锁机制和无等待机制两大类。在锁机制中，当一个任务试图访问一个正被其他任务锁定的共享变量时，该任务将被阻塞。只有当共享变量的锁被释放之后，该任务才能被重新放回就绪队列并访问共享变量。在多核体系结构中，任务可能被处于其他处理器上的任务阻塞（如访问全局共享变量时）。对于这种情况，目前有两种不同的处理策略：被阻塞的任务可以释放其正在使用的CPU资源并进入一个全局等待队列，也可以一直占据CPU，使CPU处于空转状态（或称忙等待状态）。与无等待机制相比，锁机制使用存储资源少，然而锁机制会造成任务阻塞，因此锁机制在系统可调度性方面往往表现较差。无等待机制为每个共享变量分配多个缓冲区副本，并通过特定策略保证写任务和读任务不会同时访问同一个缓冲区，进而保证了访问共享变量时的数据一致性。无等待机制不会造成任务阻塞，具有很好的系统可调度性，然而无等待机制的存储开销较大。

针对锁机制和无等待机制的固有缺点，本节创新性地提出了一种新颖的弹性多处理器通信机制（FMCS），该机制针对每个共享变量的不同属性（如访问时长、占用缓冲区大小、访问该变量的任务数量等），为每个共享变量分配最适用的通信策略和冲突处理策略，在保证系统可调度的情况下，使得系统整体存储开销尽可能低。

由于本节主要关注硬实时应用，因而任务在WCRT必须是可预测的。任务的响应时间不仅依赖于系统的调度策略（决定任务如何使用处理器、任务优先级等），还依赖于通信策略产生的阻塞时间。因此，在设计任务间通信机制时需要精确地估算核间通信和同步原语在最坏情况下的时间属性，保证阻塞时间的上界。本节给出了FMCS中任务在WCRT计算公式，从而能够对实时系统进行确定性的时间分析。

本节最后利用两个工业实例对FMCS、锁机制和无等待机制进行了存储开销和系统可调度性的对比研究。

2.2.2 弹性多处理器通信机制的提出

本节对几种主要通信机制的时间开销、存储开销和系统可调度性进行了实验评估，分析和总结了这些通信机制存在的优缺点，并针对现有通信机制的不足，提出了FMCS。

2.2.2.1 现有通信机制的开销和系统可调度性

我们在MPC5668G平台上测试了MPCP、MSRP机制和多种无等待机制，并通过随机产生的任务集对这些机制进行了开销测量和性能对比。对于每个处理器核，随机任务集包含4~20个任务，任务由计时器激活，任务周期（单位：ms）在集合{5，10，20，30，40，50，100，200，400，500，1000}中随机选取，并根据频率单调算法为每个任务赋优先级。考虑三种不同的通信场景：轻、中和重。

在 light 通信场景中，任务输出的数据有 1 ~ 3 个读任务，概率 p 分别为 50%，40% 和 10%。通信数据的大小分别为 1 字节（p = 30%），4 字节（p = 30%），24 字节（p = 20%）和 128 字节（p = 20%）。

在 medium 通信场景中，任务输出的数据有 1 ~ 4 个读任务，概率 p 分别为 20%，30%，30% 和 20%。通信数据的大小分别为 1 字节（p = 10%），4 字节（p = 30%），24 字节（p = 30%），128 字节（p = 20%）和 256 字节（p = 10%）。

在 heavy 通信场景中，任务输出的数据有 1 ~ 5 个读任务，概率 p 分别为 10%，20%，30%，30% 和 10%。通信数据的大小分别为 1 字节（p = 10%），4 字节（p = 20%），24 字节（p = 20%），48 字节（p = 10%），128 字节（p = 20%），256 字节（p = 10%）和 512 字节（p = 10%）。

系统利用率（不考虑通信原语）在 40% ~ 95% 范围内均匀分布。为每个关键段随机分配执行时间，使得每个任务的总的关键段长度为该任务 WCET 的 1% ~ 10%。

对于 MPCP 和 MSRP，时间开销是由进入和离开关键段决定的，即函数 GetResource（）和 ReleaseResource（）的执行时间。而对于无等待机制，时间开销则是由寻找可用缓冲区以及更新读/写任务缓冲区索引导致的（写任务时间开销包括算法 2.1 中的第 21、23 和 24 行，读任务时间开销包括算法 2.2 中的第 5 ~ 8 行，这两个算法参见第 2.1.4 节）。对于保证通信流顺序的无等待机制，时间开销为算法 2.3 和算法 2.4 中的激活阶段，即函数 Writer_activation( ) 和 Reader_activation( ) 的执行时间。在 120 MHz 时钟的 MPC5668G 平台上对超过 1 亿个随机任务集使用 Lauterbach 跟踪工具对执行时间开销进行了测量，然后将时间开销记录在表 2.1 中。下文中，分别使用 WF 和 WFFP（wait-free with flow preservation）来表示无等待机制和保证通信流顺序的无等待机制，DBP 表示动态缓冲区协议，TCCP 表示时间并发控制协议。表 2.1 为 API 函数单次执行的时间开销范围。对于 MPCP 中的 GetResource（），其时间开销依赖于基于优先级的等待队列中的任务数量，表中的测量数据是在假定队列中已经有一个任务的情况下获得的。同样地，对于 WF-DBP 的写任务，其寻找空闲缓冲区的执行时间决定于缓冲区和读任务数量，表中数据是在仅有一个读任务和一个写任务的情况下测量到的。

表 2.1　用于完成数据通信机制的 API 的执行时间范围（时间单位：CPU 时钟周期）

通信机制	GetResource（）	ReleaseResource（）	写任务开销	读任务开销
MSRP	82 ~ 91	116 ~ 129	—	—
MPCP	105 ~ 115	157 ~ 168	—	—
WF-DBP	—	—	319 ~ 353	93 ~ 104
WF-TCCP	—	—	43	28
WFFP-DBP	—	—	348 ~ 382	116 ~ 127
WFFP-TCCP	—	—	29 ~ 38	47 ~ 52

对各种机制用于通信数据的存储开销进行了分析和测量。图 2.8 表示了在不同共享变量数量情况下各种机制存储开销的测量结果。对于每个共享变量数量，利用随机产生的 500 个任务集对各种通信机制进行了存储开销的测量。对于无等待机制，每个共享变量需要多个缓冲区副本，而 MSRP/MPCP 则不需要额外的缓冲区副本。因此，如图所示，MSRP/MPCP 使用的存储资源最少。平均来看，WF-TCCP 需要的存储开销比 WF-DBP 多。

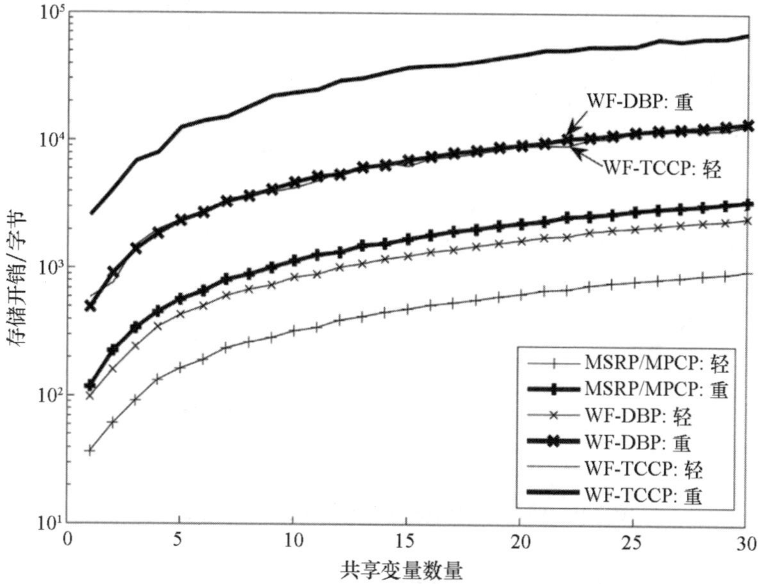

图 2.8　MSRP、MPCP、WF-DBP 和 WF-TCCP 的存储开销

不同通信机制在最坏情况下的阻塞时间差别很大，导致系统可调度性也有很大不同，因此比较了不同机制在最坏情况下的系统可调度性。WF-DBP 与 WF-TCCP 的系统可调度性极其接近，因而图中只显示了 WF-DBP 的实验结果。

CPU 利用率为所有任务的 WCET 及周期的比值之和。对于 30~100 的每个整数值的 CPU 利用率，我们对 10 000 个随机任务集进行实验。假定任务时限与其周期相同，我们用可调度的任务集（即每个任务均能在其时限内执行完毕）在全部任务集中所占比例表示系统可调度性。图 2.9 为系统可调度性实验结果。对于无等待机制，三种通信场景下的曲线重合在一起，这是因为这三种情况下的时间开销差异远远小于任务周期，因而系统可调度性非常一致。实验所采用的三种机制中，无等待机制的系统可调度性最好。这也是合理的，在无等待机制中，任务不会出现阻塞的情况。在 CPU 利用率较低时，MSRP 强于 MPCP，而当 CPU 利用率超过 90% 时 MSRP 被 MPCP 反超，这是由于在关键段较长时 MPCP 优于 MSRP[6]，而本实验假设关键段长度与任务 WCET 相关，当 CPU 利用率提高时，关键段长度也会相应增加。

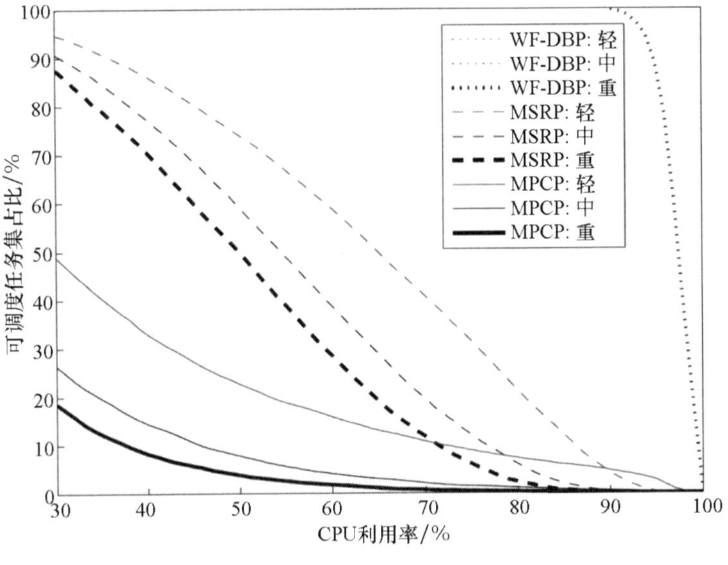

图 2.9　使用不同通信机制时可调度任务集的占比

2.2.2.2　弹性多处理器通信机制

从前面的分析可以看出，各种通信机制有不同的时间开销、存储开销和系统可调度性。在 MSRP 和 MPCP 中，当低优先级正在使用共享变量时，如果高优先级任务企图访问共享变量就会产生阻塞，而无等待机制则通过增加缓冲区副本，保证读任务和写任务不会在相同时刻访问同一缓冲区，从而避免了阻塞。无等待机制与 MPCP 和 MSRP 具有相同量级的时间开销，因而，其系统可调度性总是优于后两种。然而，无等待机制要使用大量的存储资源。

锁机制和无等待机制两种通信机制在存储开销和系统可调度性等指标上具有很大差异。因此，最优的通信策略是将这些不同的通信机制的优势集成起来，即部分共享变量使用锁机制，部分共享变量使用无等待机制。

对于锁机制，在进行冲突处理时，一般有两种策略，分别是基于空转的冲突处理策略（如 MSRP）和基于任务挂起的冲突处理策略（如 MPCP）。在锁机制中，系统中的所有共享变量一般都使用相同的冲突处理策略，然而，事实上，基于空转的冲突处理策略比较适用于关键段较短的共享变量访问情况，而基于任务挂起的冲突处理策略则适用于关键段较长的共享变量访问情况。因此，可以考虑为不同的共享变量分配不同的冲突处理策略，即短的变量访问请求使用空转策略，长的变量访问请求使用任务挂起策略。

本节提出了一种弹性多处理器通信机制，即 FMCS。该通信机制对不同的共享变量进行区别对待，根据其访问时长、占用缓冲区大小、访问该变量的任务数量等属性为其分配最适用的通信策略和冲突处理策略，从而在保证系统可调度性的约束下使用尽可能少的存储资源。

在进行通信策略和冲突处理策略分配时，一种比较直观的方式是穷举搜索所有的分配方案并找出最优方案。虽然穷举搜索法能够找出最优解，但是其复杂度高达 $O(4^n)$（n 为共享变量数量），因而只适用于规模较小的问题。对于规模较大的问题，穷举搜索法很难找到最优解。

为此，本节提出了一种启发式优化算法，如算法 2.5 所示。算法的基本思想如下：第一，由于无等待机制具有最好的系统可调度性，因此初始状态时假设每个共享变量均使用无等待机制（WF-DBP 或 WF-TCCP）。由于 WF-DBP 和 WF-TCCP 的系统可调度性相差不大，而它们对于不同的共享变量所需的存储开销却有差别，因此可以为各个共享变量分配一种存储开销较小的无等待机制。第二，为了降低存储开销，尝试将某些共享变量的通信机制替换为锁机制。在这一步中，采用贪婪算法思想进行通信机制的替换，即找出替换后节省存储资源最多的那个共享变量，先将该变量的通信机制替换为锁机制，若替换后系统不可调度，则不对该变量进行通信机制替换。然后在剩余共享变量中寻找节省存储资源最多的那个变量进行通信机制替换，重复执行本步骤直至遍历完所有共享变量。

算法 2.5 通信策略和冲突处理策略的启发式优化算法

```
指派一个优选的无等待机制给共享变量
for i = 0 to n do
  指派基于挂起的策略作为优选机制给前 i 个变量，并指派基于空转的策略给剩余变量
  对所有变量使用无等待机制
  按照存储资源节省的降序排列共享变量
  for each 共享变量 V_i do
  使用优选机制（基于挂起的或空转的策略）保护 V_i
  if 系统是不可调度的 then
    使用另一策略保护 V_i
    if 系统是不可调度的 then
      重置机制为 WF-TCCP/WF-DBP
```

为了更直观地理解该启发式优化算法对共享变量通信机制替换的顺序，表 2.2 给出了一个关于实时系统共享变量缓冲区配置情况的例子。在该例子中，若仅考虑使用无等待机制，则 V_4 使用的存储资源最多（400 字节），若分别将这些共享变量的通信机制替换为锁机制，则 V_3 节省的存储资源最多（224 字节），因此，优化算法将最先对 V_3 进行通信机制的替换，其余依次为：V_4，V_0，V_1，V_2。

表 2.2　一个关于实时系统共享变量缓冲区分配情况的例子

共享变量	单副本缓冲区大小/字节	无等待机制副本数量	无等待机制缓冲区总数/字节	替换为锁机制后节省缓冲区数/字节
V_0	64	4	256	192
V_1	160	2	320	160
V_2	128	2	256	128
V_3	32	8	256	224
V_4	200	2	400	200

在将无等待机制替换为锁机制时，需要考虑冲突处理策略的选择，即当一个任务企图访问一个被锁定的共享变量从而产生冲突时，调度器要选择是将该任务挂起还是允许该任务保持空转状态占据 CPU 资源。这里可以考虑采用与

FMLP[7,15]类似的方法，选定一个阈值对共享变量进行分类，比该阈值长的共享变量访问采用基于任务挂起的冲突处理策略，而比该阈值短的共享变量访问采用基于空转的冲突处理策略。然而，在 FMLP 中该阈值是一个经验值，而且在不同的系统中，该阈值也不相同，因此，本算法将共享变量按照其最长关键段的降序排序，第 i 个及其之前的共享变量均采用基于任务挂起的策略，其余采用基于空转的策略，并遍历完 i 从 0 到 n 的所有值，其中 n 为系统中的共享变量数量。如图 2.10 所示，对于任意的值 i（$0 \leqslant i \leqslant n$），共享变量 V_0，V_1，…，V_i 采用任务挂起策略，共享变量 V_{i+1}，…，V_{n-1}，V_n 采用空转策略。

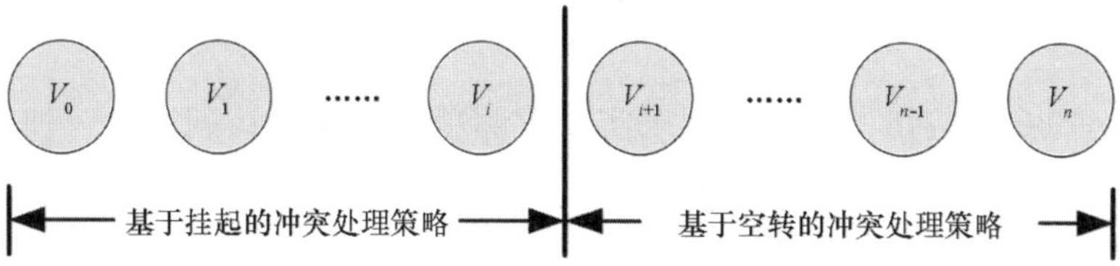

图 2.10　冲突处理策略分配示意图

尽管为每个变量分配了一种冲突处理策略，但这仅是一个首选策略，如果使用该策略替换原有的无等待机制后导致系统不可调度，则需要尝试另一种冲突处理策略。如果两种策略都不能使系统可调度，则表示当前共享变量的通信机制不能被替换。

事实上，该优化过程是一个贪婪算法，它有可能只给出一个局部最优解，即某个共享变量使用了锁机制，导致了较长的阻塞时间，从而造成很多后面的共享变量无法使用锁机制。这时，如果该共享变量使用无等待机制，则后面的很多共享变量都可以使用锁机制并节省更多的存储资源。较早处理的共享变量会限制后续共享变量通信机制的选择，因而，在找到第一个可行方案后，并不停止算法，而是尝试将第 p 个使用锁机制的共享变量替换回无等待机制，并再次运行算法，以寻找更优方案。其中，p 的值从 1 逐渐增加到 k，k 为遍历搜索深度。该算法的时间复杂度是 $O(n \cdot 3^k)$，与穷举搜索法的复杂度 $O(4^n)$ 相比，是可以接受的。作为对比，我们还尝试了有限深度的回溯搜索方法，然而，该方法的效果不尽如人意，在实验验证部分将对此进行详述。

2.2.3　弹性多处理器通信机制的设计和时间分析

本节将基于 MPC5668G 多核平台[71]和 Erika[75]实时操作系统，介绍 FMCS

的设计方法。

2.2.3.1 多核体系结构平台

MPC5668G 是 Freescale 公司生产的一款 32 位异构双核片上系统（system on chip，SoC）微控制器。该芯片包含一个主核和一个从核。主核 e200z6 的计算能力较强，实现了芯片的高端功能。从核 e200z0（或称协处理器）主要负责较简单的任务（如 I/O 等）。这两个核都有权限访问所有存储器、总线主设备、FlexRay 和 eDMA 控制器以及其他外设。Crossbar 交换结构负责各设备之间的数据传输和仲裁，中断控制器负责将中断请求转交到某个或两个处理器核。

MPC5668G 提供了两种机制来实现存储单元的互斥访问。第一种方式是 Power 体系结构中的典型机制，即使用一对指令｛lwarx（加载字并预留变址）和 stwcx（存储字并条件变址）｝。lwarx 指令从内存地址中加载一个字并创建预留，任何对于该地址的存操作都会将预留删除。stwcx 指令仅在存在预留时才会执行一个存储操作。这两个指令可以协同实现 CAS 原子操作，这是多宿主体系结构实现互斥访问的典型方式[47]。然而，两个核在访问相同的存储位置时不能通过这种机制实现互斥访问，因为在一个核上 lwarx 指令创建的预留不能被另一核上的存储操作删除。

为了实现对共享变量的互斥访问，MPC5668G 还提供了 16 个硬件信号量（semaphore）。Erika 内核已经将其中 2 个信号量分配给了远程通告（包括事件发送、任务激活等核间通信操作）。剩余的 14 个信号量可以用作应用层共享变量的互斥访问。Erika 提供了基于空转的信号量获取函数 LockHardSemaphore（）和释放函数 UnlockHardSemaphore（）。当一个核要访问共享变量时，首先要获取该共享变量对应的信号量，如果该信号量已经被其他核锁定，那么该核进入空转状态直到信号量释放为止。

2.2.3.2 弹性多处理器通信机制的设计

在无等待机制中，每个通信变量都配置了多个缓冲区副本，写任务在每次更新通信数据时都选择一个未使用的缓冲区来写入数据，从而避免了阻塞。同时，读任务只会从指定的不会被写任务访问的缓冲区读数据。对于 FMCS 中采用无等待通信策略的共享变量，可以按照算法 2.1 和算法 2.2 中的方式为读任务或写任务指定其要读或写的缓冲区副本的序号。在实现时，可使用硬件信号量和 Erika 中的库函数来代替算法 2.1 和算法 2.2 中用于更新缓冲区索引的

CAS 原子操作。

在 FMCS 中，对于采用锁机制的共享变量，其关键段代码从 API GetResource（ ）（获取共享变量的信号量）的调用开始，直到调用 ReleaseResource( )（释放共享变量的信号量）结束，其基本形式如下：

GetResource （ResId）;

DO_CS （）; //关键段

ReleaseResource （ResId）;

对于 FMCS 中采用基于空转冲突处理策略的共享变量，由于任务获取信号量后，直到执行完本次关键段才会释放信号量，因此，当关键段比较长或访问该共享变量的任务数量比较多时，信号量的使用效率会很低。而实际情况中，往往共享变量的数量会比较多，信号量数量有限，多个变量可能需要共用一个信号量，从而可能会出现任务因竞争信号量而阻塞的情况。所以，可利用一个硬件信号量实现一组软件信号量。如算法 2.6 所示，两个函数 LockSoftSemaphore（ ）和 UnlockSoftSemaphore（ ）分别用于软件信号量的锁定和释放，数组 SOFTSEMAPHORE［ ］用于维护所有软件信号量的状态，“1”表示信号量被主核 z6 锁定，“2”表示被从核 z0 锁定，“0”则表示信号量未锁定，该数组的所有元素在初始化时被赋为“0”。该算法使用 Erika 内核提供的两个 API LockHardSemaphore（ ）和 UnlockHardSemaphore（ ）来保证两个核不会同时访问 SOFTSEMAPHORE［ ］，同时在访问该数组时要禁止所有中断以保证所在处理器核的其他任务不会同时访问该数组。

算法 2.6 软件信号量的实现

Data: SOFTSEMAPHORE [1, ⋯, *NR*]; //*NR*: 资源数
Data: hardsemID; //用于实现软件信号量的硬件信号量 id
Data: constant cpuID; //当前 CPU 的 ID, 0 代表 z6, 1 代表 z0

```
LockSoftSemaphore(resourceID);
begin
  integer locked_val = cpuID + 1;
  while SOFTSEMAPHORE[resourceID] != locked_val do
    if SOFTSEMAPHORE[resourceID] == 0 then
      LockHardSemaphore(hardsemID);
      if SOFTSEMAPHORE[resourceID] == 0 then
        SOFTSEMAPHORE[resourceID] = locked_val;
      end
      UnlockHardSemaphore(hardsemID);
```

```
        end
    end
  end
  UnlockSoftSemaphore(resourceID);
  begin
    if SOFTSEMAPHORE[resourceID] == cpuID + 1 then
          SOFTSEMAPHORE[resourceID] = 0;
    end
  end
```

在 FMCS 中,为每个采用任务挂起策略的共享变量都维护一个基于优先级的等待队列,以控制阻塞状态的任务获得共享变量的顺序,使用 LockHardSemaphore()和 UnlockHardSemaphore()两个 API 来保证队列访问的数据一致性。当任务要访问一个正被占用的共享变量时,该任务将自己插入等待队列,并调用 WaitEvent()进入等待状态。当任务结束全局关键段的执行时,从等待队列中删除该任务,恢复该任务的正常执行优先级,并通过调用 SetEvent()通知等待队列中第一个任务。队列第一个任务被唤醒,继承全局关键段的优先级并进入全局关键段。

FMCS 的调度器严格按照任务优先级进行调度,对于使用空转策略的共享变量,任务一旦进入全局关键段或空转状态,则将系统最高优先级赋予该任务,而当任务进入普通段后恢复其初始优先级。这是因为在基于空转的冲突处理策略中,任务在执行关键段访问共享变量时,可能其他处理器上的某个任务正在空转状态下等待访问相同的共享变量。为避免远程任务空转时间过长,空转策略仅允许打断处于普通段执行状态的任务,而禁止打断处于全局关键段和空转状态的任务。对于采用任务挂起策略的共享变量,任务在普通段和关键段的优先级赋值可参照 MPCP 机制进行。

2.2.3.3 弹性多处理器通信机制的时间分析

FMCS 通信机制是基于锁机制和无等待机制而设计的,在无等待机制中,任务对于共享变量的访问不会带来任何阻塞情况,从而不会对任务响应时间产生任何影响。在对 FMCS 任务的 WCRT 进行分析时,可以将采用无等待机制的共享变量的访问代码段看作锁机制中的普通段,只需考虑采用锁机制的共享变量对任务 WCRT 的影响。

基于锁的通信机制包含空转和任务挂起两种冲突处理策略,这两种策略的典型实现 MSRP 和 MPCP 的时间分析在第 2.1.4 节已经给出了详细的介绍。这里，可以参照类似 MSRP 和 MPCP 的时间分析方法给出 FMCS 中任务 τ_i 的 WCRT 表达式，即：

$$R_i = C_i^* + B'_i + \sum_{\pi_h < \pi_i \wedge E_h = E_i} \left\lceil \frac{R_i + B_h^r}{T_h} \right\rceil C_h^* \tag{2.15}$$

其中，

$$B'_i = B_i^l + B_i^r + B_i \tag{2.16}$$

式中：B_i^l 和 B_i^r 分别为采用任务挂起策略的共享变量引起的本地阻塞时间和远程阻塞时间，可分别由式（2.4）和式（2.7）计算；B_i 为采用空转策略的共享变量引起的阻塞时间，可由式（2.13）计算。

空转策略仅允许打断处于普通段执行状态的任务，而禁止打断处于关键段和空转状态的任务。这一特点将影响使用任务挂起策略的关键段的远程阻塞时间。这是因为，在基于任务挂起的冲突处理策略中，在某个共享变量正在被访问时，其他企图访问该共享变量的任务都会被放入一个基于优先级的队列中，任务必须等到当前正使用共享变量的任务和队列中优先级比自己高的任务都结束对该共享变量的访问后，才能访问该共享变量。而队列中的任务在得到共享变量使用权时，其所在处理器上可能有某个低优先级任务正处于空转状态或正访问某个使用空转策略的关键段，因而再次被阻塞。该阻塞时间的上界可以用如下公式表示：

$$B_h^{\text{spin}} = \max_{E_h = E_k, 1 \leq m < s(k)} (C'_{k,m} + L_{k,m}) \tag{2.17}$$

用于计算使用任务挂起策略的关键段远程阻塞时间的式（2.6）需要修改为下面的公式：

$$B_{i,j}^r = \max_{\pi_k > \pi_i \wedge S_{k,m} = S_{i,j}} W'_{k,m} + \sum_{\pi_h < \pi_i \wedge S_{h,n} = S_{i,j}} \left(\left\lceil \frac{B_{i,j}^r}{T_h} \right\rceil + 1 \right) (W'_{h,n} + B_h^{\text{spin}}) \tag{2.18}$$

其他参数可直接通过第二章中的对应公式计算，这样，就得到了 FMCS 中任务的 WCRT，即式（2.15）。利用该公式，计算系统中每个任务的 WCRT，可以分析系统在最坏情况下的可调度性，为硬实时应用设计提供支持。

2.2.4 弹性多处理器通信机制的实验验证

为了评估算法 2.5 优化方案的性能，首先在随机任务集（使用随机产生的任务关键段长度）上进行实验。实验对每个 CPU 利用率整数值（45%～95%）都产生了 10 000 个随机任务配置。然后，将实验结果与穷举搜索得到的最优解进行比较。从比较结果发现，启发式算法在绝大多数情况下跟最优解的方案相同或相近。例如，对于20个全局共享变量的情况，55.9%的案例实验结果与最优解完全相同，22.9%的案例与最优解的差距小于1%，16.0%的案例差距为1%~5%，3.6%的案例差距为5%~10%，仅有1.6%的案例差距超过10%，其中最大差距为47.1%，平均差距为0.96%。

图2.11表示了深度k取不同值时，算法2.5的结果与最优解的差距。与预期的相同，当k值增加时，差距变小，然而，当k超过5之后，k对实验结果的影响变得非常小。作为对比，使用回溯搜索时，当k取到10时，其结果（49.9%的情况完全一致，21.8%的情况差距小于1%，18.8%的情况差距小于5%，5.4%的情况差距小于10%，4.1%的情况差距不小于10%）仍不如启发式算法的实验结果。

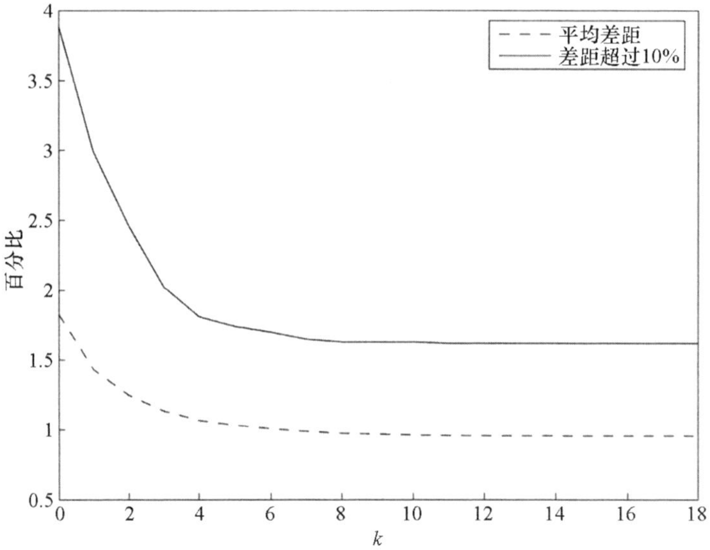

图2.11　启发式算法结果与最优解的差距

图2.12表示了FMCS在系统可调度性方面的优势（以存储开销为代价）。本实验中所有的任务集都可以在FMCS下实现调度。图2.12表示了仅用MSRP和MPCP机制时的可调度任务集的比例，从图中可以看出，可调度任务集的比例在CPU利用率达到50%后迅速下降，当利用率达到80%之后，系统可调度性已接近0。

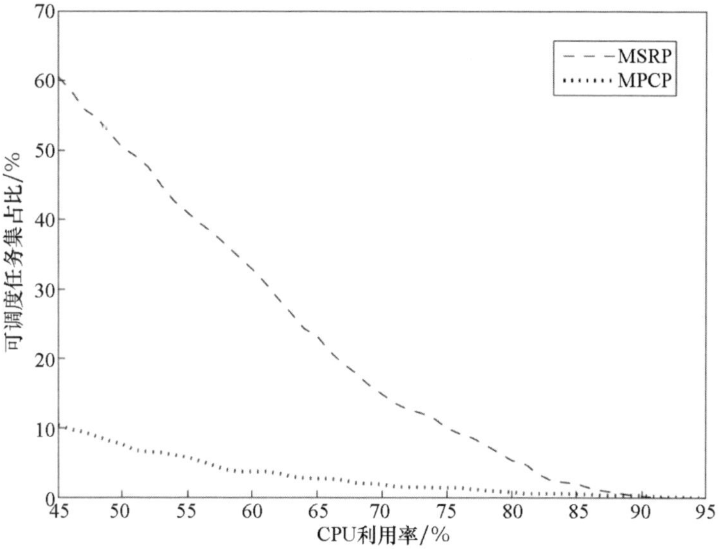

图 2.12　仅采用 MSRP 和 MPCP 时的系统可调度性

将 FMCS 通信机制应用到两个实际的案例分析中。第一个案例由某汽车电子供应商提供，由一个燃料注入系统构成[63]。该系统是一系列功能构成的复杂网络，包含大约 200 个执行在不同速率的 AUTOSAR runnable（即对事件产生响应的功能模块），这些 runnable 通过数据信号的交换进行通信，且被映射到 16 个任务，周期分别为 4，5，10，12，50，100 和 1000。系统包含 46 个共享变量，数据大小为 1～512 字节，合计共 5032 字节。如果全部共享变量使用 WF-TCCP 通信机制，总共需要 278 468 字节的存储单元，而 WF-DBP 机制仅需要 20 722 字节。通过增加任务的 WCET 来增加系统利用率，使其从 50% 逐渐增至 95%。如图 2.13 所示，优化过程给出的方案所需的存储资源从 6773 字节增长到 17 330 字节。与单纯使用无等待机制（WF-DBP 和 WF-TCCP）相比，文献［63］提出的算法大幅度降低了存储资源的使用（CPU 利用率小于 75% 时分别节省了 50% 和 95%）。当 CPU 利用率达到 89% 时，所有共享变量都无法再使用 MSRP 或 MPCP 机制，而只能在 WF-DBP 和 WF-TCCP 中选择。因此，在该点之后存储开销保持不变。

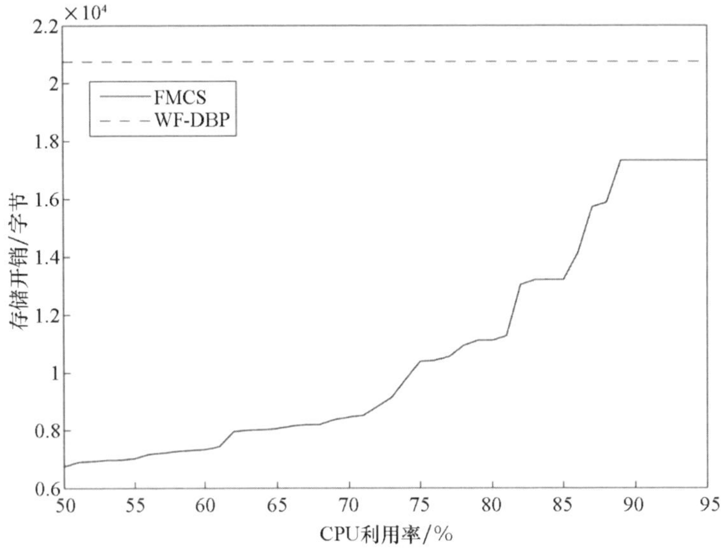

图 2.13 文献 [63] 中的实例分析在不同 CPU 利用率时的存储开销

第二个实例分析是一个公开的可用系统[76]，包含 42 个任务，周期分别为 14 ms，20 ms，35 ms 和 60 ms。系统包含 36 个共享变量，数据大小范围为 20~150 字节，合计共 2240 字节。原实例中的任务 WCET 是用于验证任务放置算法的，在本实验中，通过调整任务的 WCET 来改变系统利用率，使每个核的利用率从 70% 增至 92%（当利用率超过 92% 时系统无法调度）。图 2.14 表示了优化过程给出的方案所需的存储开销。在实验中，当 CPU 利用率低于 76% 时，仅用 MSRP 和 MPCP 即可实现系统调度，此时只需 2240 字节存储开销。当所有共享变量都使用 WF－DBP 机制时，需要 4480 字节存储开销。由于本实例中每个共享变量仅被 2 个任务共享，因此 MPCP 和 MSRP 机制引起的任务阻塞时间都相对较少。当系统利用率达到 92% 时，在优化方案中，仍有部分共享变量使用 MPCP/MSRP 机制，此时存储开销为 3010 字节，仍远小于所有共享变量均使用 WF－DBP 的情况（4480 字节）。

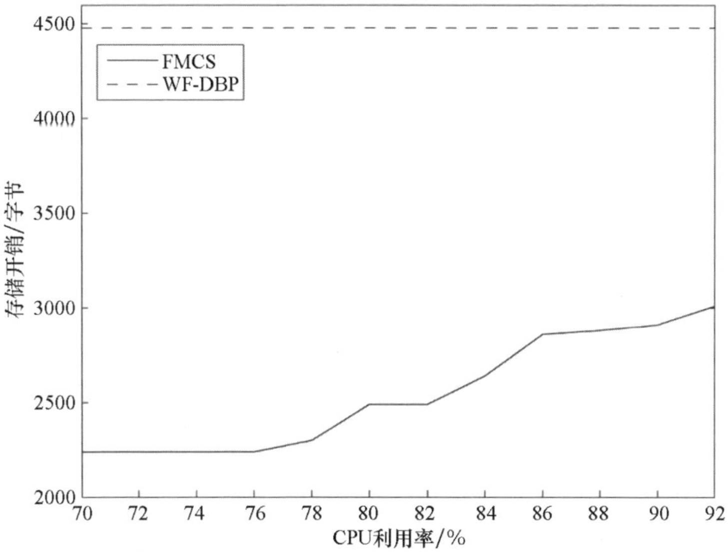

图 2.14　文献［76］中的实例分析在不同 CPU 利用率时的存储开销

从这两个案例分析的实验结果可以看出，在系统利用率不太高时，FMCS 所需存储开销远小于无等待机制，即使当系统利用率达到 90% 以上，与无等待机制相比，FMCS 仍能节省很大一部分存储开销。当第一个实例的系统利用率超过 50% 或第二个实例的系统利用率超过 76% 之后，单独使用 MPCP 或 MSRP 已经无法使得系统可调度，而使用 FMCS，当系统利用率达到 90% 以上时，系统仍可调度。

2.3　实时通信网络的消息部署研究与优化技术研究

在当今的嵌入式实时系统（如汽车、飞机等）设计领域中，由于系统功能越来越复杂，大多采用基于模型的设计开发流程来降低设计难度。这种设计方法在开发过程初期通过仿真和模型检验方法对系统的一些重要属性（响应时间、安全性等）进行验证，能够及早发现问题，缩短研发周期。基于模型设计流程要求在系统使用时要保证语义属性与模型保持一致。我们将着重研究在通信系统使用时，保证消息的传输延迟与模型一致的消息部署方法。

2.3.1 引言

当前，汽车电子和软件系统提供了越来越多复杂的、分布式的、相互依赖的功能，包括主动安全功能和诸多 X-by-wire 线控功能。这些功能共享一系列公共的传感器设备和预处理模块（包括传感器数据融合和目标检测），并在仲裁单元监管下驱动一些公共的执行器（制动、悬挂、点火）。这些功能和控制一般通过自上而下的方式逐步细化或自底向上通过部件模型构建而成。

为了缩短研发周期和保证功能的正确性，常用 MathWorks 公司的 Simulink 仿真工具进行各种功能的开发和验证。汽车工业和航空工业最早引入基于模型设计的概念来模拟系统功能、验证属性、避免代码错误和加速软件开发过程。

在基于模型的设计流程中，系统的正确性可以通过对模型进行形式化的推理来验证。模型语言需要支持仿真和自动测试以验证系统正确性。

所有在系统层和部件层得到的功能性和非功能性的约束和属性必须在每个细化步骤（尤其是软件任务和通信消息的实现步骤）中传递下去，由此，设计者需要保持模型语义属性。另外，设计者还需要分析本次实现是否是可以调度的，如果无法调度则需要设计新的可以调度的模型。

FlexRay 是一种用于汽车网络的通信协议，它的每个周期包含静态段和动态段，静态段可用于传输周期性的消息，而动态段则以基于优先级的调度方式传输事件触发的消息。FlexRay 为确定性的通信提供了可能，并且支持与 Simulink SR 模型等价的分布式实现。FlexRay 以时间触发的方式为应用分配带宽，而且协议本身可很好地实现时钟同步，不需要额外代价即可保证确定性通信。然而，在设计底层通信协议和 FlexRay 调度器时必须保持语义。因此，我们侧重于 FlexRay 的静态段，因为它提供确定性的通信，最有希望应用于将来的安全关键的应用领域[64]。

我们讨论并分析了在 FlexRay 静态段上实现分布式的同步模型时所面临的问题，提出了保持 SR 模型（包括由 Simulink 和 Stateflow 产生的模型）语义的 FlexRay 调度问题解决方案。当模型行为不能保持时，可以通过在通信链路中增加一些确定性的延迟来解决，然而这种情况下设计者可能需要为了达到可调度性而牺牲一些性能。

2.3.2 研究现状和背景

1. 研究现状

SR 模型[57]用于以控制为主的嵌入式系统建模。SR 模型意味着“同步假设”或“逻辑时间执行”，要求系统在下一个事件到达前完成对于当前事件的响应。SCADE 商业工具和 MathWorks 公司的 MATLAB/Simulink 工具链均实现了同步语言。这两种商业工具都支持根据同步反应式计算模型（MoC）进行建模和仿真。此外，它们提供了自动代码生成器和验证工具插件的接口（用于 SCADE 的 Prover 和用于 Simulink 的 Design Verifier）。

一些文献对于 SR 模型中从功能到实现映射的语义保持问题提出了可能的形式化的解决方法。由于同步模型要求系统在下个事件到达前完成对当前事件的响应，在某些情况下，从功能到实现的映射需要保持这一属性。有时，也可以对这一属性适当地放松要求，即实现时仅保持模型通信流顺序（保证实现与模型看到的数据流的值相同）。对于这两种情况，最简单的解决方案就是：①要求功能模型仅对周期性事件做出响应；②选择时间触发的执行平台。文献［19］最早提出了时间触发体系结构（TTA）的概念。在 TTA 上产生实现语义的同步模型的技术可参考文献［77］。文献［78］对基于模型的设计流中 FlexRay 通信调度和性能折中问题进行了初步的讨论。

文献［79］和［80］讨论了分布式实现中的解同步实现方法。文献［81］提出了一种更一般化的方法，即先将同步模型映射到 Kahn 过程网络，从而更容易地找到非同步体系结构平台的实现方案［82］。

对于设计优化问题的解决方案则更加少见。文献［83］开始讨论了使用遗传算法解决实时任务部署和优先级指派的优化问题，这些优化问题满足大量的约束条件，包括端到端延迟和抖动约束。类似的问题在文献［84］中也进行了讨论，该文献基于一个 MILP 优化框架对优先级指派、任务和消息部署进行了协同优化。而在文献［85］中，将单总线的优化框架进一步扩展应用到包含网关的系统中。文献［86］提出了一种用于时间触发/事件触发混合系统的启发式优化设计方法，算法假定节点是同步的，其体系结构与本书讨论的相似。文献［87］提出了一种用于时间触发、基于优先级调度的分布式系统的任务优先级优化设计框架。文献［88］针对任务部署和优先级指派问题提出了一种基于 SAT 的方法。文献［89］利用任务执行时间以可扩展性为优化目标提出了任务部署和优先级指派解决方案。文献［90］提出了一种基于遗传算法的随机优化过程，针对可扩展性进行了优化。然而，这些设计优化方法都没有考虑基于模型（Simulink 模型）开发过程中的通信流维序问题。

2. **同步模型和** Simulink

在 Simulink 中，系统定义为一个由通信块组成的网络。每个块根据其定义对一组输入信号进行操作并产生一组输出信号，即每个块将其输入函数（时间为自变量）转换为一个输出函数。输入函数的定义域既可以是一组离散的点（离散时间信号），也可以是一个连续的时间段（连续时间信号）。在代码生成时，连续的块由固定步长解决器（执行频率为系统基频）实现，而离散块的执行频率为基频的 $1/n$，n 为正整数。

Simulink 的每一步需要先根据当前输入和当前块状态为每个块计算输出，然后更新块状态。如果块的输出在输入到达时即时产生，那么块之间的循环依赖会导致定点问题，从而可能产生数据不一致性。因此，模型语义的一个很重要的部分就是块的执行顺序，要求任何输出直接依赖于输入的块只有在其输入块执行之后才能开始执行。还有一些块的输出依赖于块在过去获得的数据值或者块参数的初始值，那么这种块的输出由存储器中的值决定，因此其更新可以独立于输入而进行。对于前一类块（输出直接由输入决定的），其执行顺序必须服从一个由每对收发块的顺序约束所定义的半序。在仿真和模型实现时必须充分考虑这种半序约束。

Simulink 在对一个模型进行仿真之前，先根据块的拓扑依赖关系对所有的块进行排序，即，将所有的子系统展开为一个个块，并将整个模型扁平化为一张独立的表格；之后选择一种与模型语义定义的半序兼容的块执行顺序，将虚拟时间（逻辑时间）初始化为 0，模拟器不断扫描顺序列表，如果当前虚拟时间可以被某个块的周期整除，则执行该块。

执行一个块包括执行计算输出函数和状态更新函数。在当前时刻需要执行的所有块都结束后，模拟器将虚拟时钟增加一个基频并继续扫描块列表。在图 2.15（a）左侧所示的多速率系统例子中，图下方的（a）是一个可能的块执行顺序。块 C 的执行频率为基频，而且由于它直接依赖于其输入，因此必须在 A 和 B 之后执行。然而，也可以考虑先执行块 C 的顺序，如图中的（b），此时，在块 A 和 B、C 之间需要引入一个单位延迟。

这种额外引入的延迟必然会导致模型行为和控制算法性能的改变。从 Simulink 工具库中选择一个相对复杂的例子来观察额外延迟带来的影响。图 2.16 展示了由脉宽调制螺线管控制的液压伺服系统 Simulink 模型。这是一

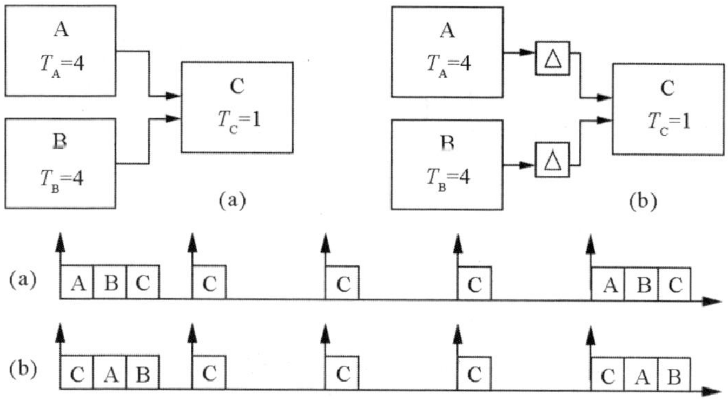

图 2.15　仿真过程中可能的执行顺序

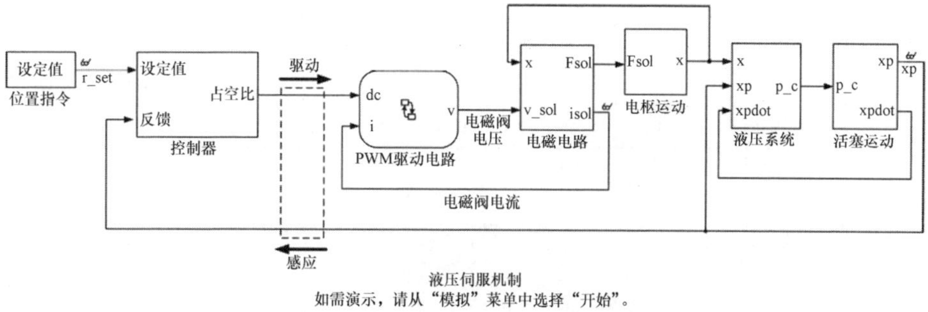

图 2.16　液压伺服系统的 Simulink 例子（典型的悬挂控制系统）

（资料来源：MathWorks 公司）

个典型的反馈控制系统。假定该系统由分布式平台实现，且传感器、执行器和控制之间的通信由总线完成，这时就可以模拟额外延迟的影响了。

图 2.17 表示了相同的液压伺服模型，只是该模型在传感器链路和执行器链路分别引入了 2 个和 3 个 FlexRay 周期延迟（周期为 5 ms）。

图 2.18 展示了示例模型的仿真结果，上面两个图表示无延迟情况，下面两个图表示传感器链路有一个单位延迟的情况。仿真结果对比了实际位移和参考信号，表示了上述两种情况的输出和误差。显然，引入一个单位延迟后控制质量在某种程度上下降了，从仿真结果看，误差大约增加了 4 倍。表 2.3 对比了在传感器和执行器链路引入不同延迟（每个单位延迟 5 ms）时的控制误差。

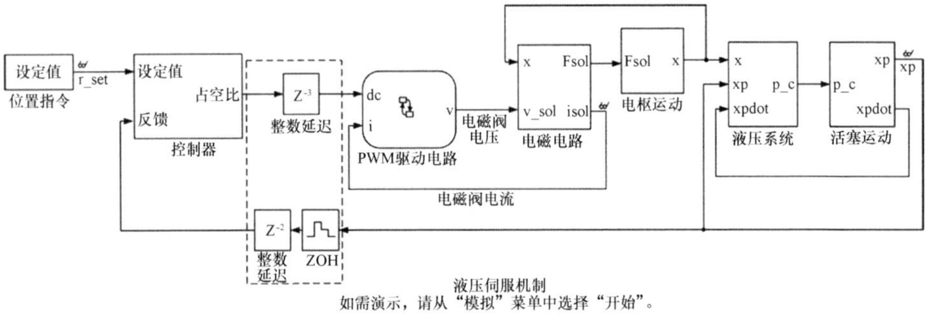

图 2.17　引入额外通信延迟的液压伺服模型

（资料来源：MathWorks 公司）

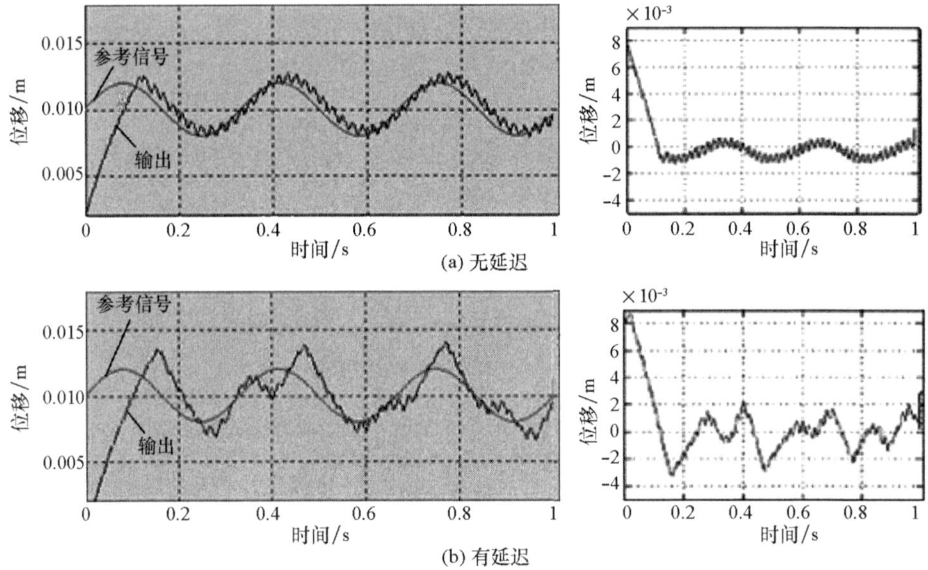

图 2.18　液压伺服系统执行器位置和误差情况

表 2.3　在传感器和执行器链路引入不同数量单位延迟时的最大误差

传感器单位延迟数量	执行器单位延迟数量	最大误差/mm	传感器单位延迟数量	执行器单位延迟数量	最大误差/mm
0	0	0.75	0	2	1.8
1	0	1.1	1	2	2.25
2	0	1.25	2	2	2.5
3	0	1.75	3	2	2.8

续表

传感器单位延迟数量	执行器单位延迟数量	最大误差/mm	传感器单位延迟数量	执行器单位延迟数量	最大误差/mm
0	1	1.6	0	3	1.8
1	1	1.6	1	3	2.25
2	1	2.2	2	3	2.5
3	1	2.8	3	3	2.8

如果控制误差是系统设计时感兴趣的性能指标，现在就可以分析其与延迟数量的相互关系。如果采用凸优化方法来搜索最佳设计方案，那么可以拟合出一个凸函数，从而根据延迟数量得到性能参数。例如，可以通过二次逼近法根据表中内容找到一个凸函数，甚至找到一个线性函数。一般情况下，使用分段连续函数来逼近这种曲线就足够了，研究人员往往用混合整数线性规划（MILP）来构造这种函数[91]。下一节将讨论 FlexRay 调度问题并提出一种 MILP 优化框架。

3. FlexRay **系统中的任务和消息调度**

FlexRay 是一种高确定性的新型高速通信标准[20]。FlexRay 将最大通信速率定义为 10 Mbit/s，将总线带宽以时间触发的模式分配给应用。FlexRay 的可用带宽在时间上按照 FlexRay 通信周期划分为相等的长度，每个周期最多包含四个段（静态段、动态段、符号段和网络空闲时间段 NIT）。协议使用部分 NIT 段实现了时钟同步（图 2.19）。

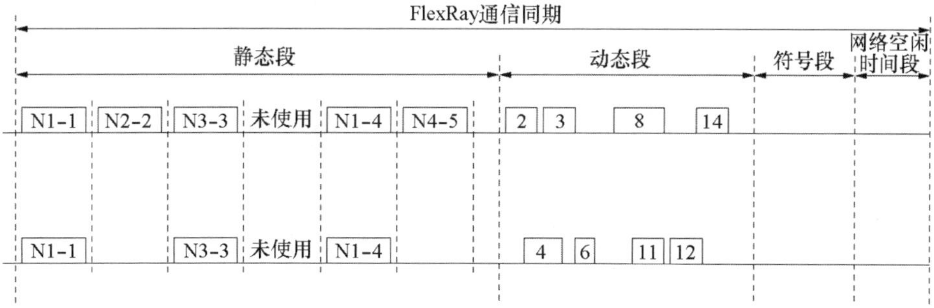

图 2.19　FlexRay **通信周期及其四个段**

我们将研究由计算（块函数）和通信构成的模型的数据流维序实现。因此在模型实现时，必须考虑任务和消息的协同调度。将系统的计算看作数据流

图 V，图中的点表示任务，边表示用于任务之间通信的信号。

一个任务 τ_i 可由六元组（e_i，T_i，Φ_i，J_i，C_i，d_i）唯一标示，其中，e_i 为执行该任务的 ECU，T_i 为任务周期，$\Phi_i=0$ 为任务的初始相位，J_i 为任务各个实例在释放时间上的抖动，C_i 为任务执行的最坏情况执行时间，$d_i \leqslant T_i$ 为任务的时限。按照 Simulink 模型的特点，假定所有任务的初始相位均为 0。对于基于优先级调度的系统（如 OSEK），每个任务 τ_i 都有一个静态优先级 P_i，并且采用抢占式的调度策略。沿用 OSEK 中的风格：大的数值表示低的优先级，即 $P_i<P_j$ 表示任务 τ_i 的优先级比任务 τ_j 高。将所有优先级高于 τ_i 并与之在相同 ECU 上执行的任务集记录为 $hp(i)=\{j:P_j<P_i\}$。

数据流图中的一条边表示任务间的输入/输出通信链路，如任务 τ_h 和 τ_k 之间的边表示由任务 τ_h 产生的、将被任务 τ_k 使用的、数据宽度为 $b_{h,k}$ 的数据信号 $\sigma_{h,k}$。沿用 Simulink 的要求：只有当两个任务的周期是和谐的（其中一个能被另一个整除）时，它们才可以进行数据通信，即要么 $T_h=j\times T_k$，要么 $T_k=j\times T_h$，其中 j 为某正整数。简便起见，数据信号也可以只用一个标号表示，即 σ_i。每个周期性的任务在其被激活时读入其输入信号，并在结束时将结果写进输出信号。每个信号 σ_i 在传输过程中可能有 Δ_i 单位延迟，比如，图 2.20 中从任务 τ_8 到任务 τ_2 和 τ_6 的信号都有一个单位延迟。每个信号都会对其发送和接收任务产生顺序约束，如果信号没有单位延迟，接收任务必须在其前一个激活的发送任务之后和下一个激活的发送任务之前执行完。而如果有单位延迟，第 Δ_i 个接收任务将使用发送者写的信号值（图 2.21）。为了量化信号对于系统控制性能的重要性，为每个信号 σ_i 赋一个权值 $w_i \geqslant 0$。

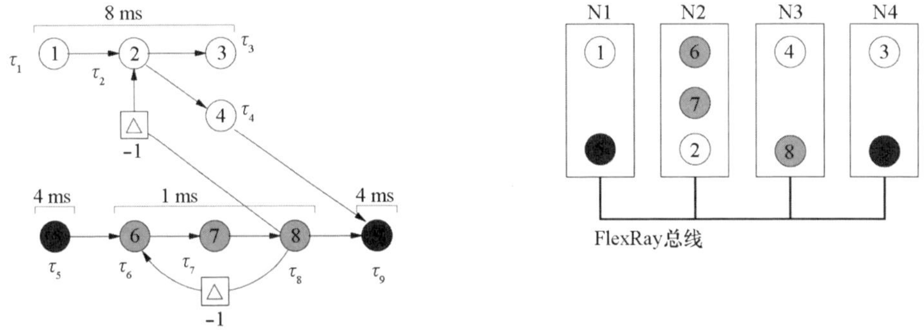

图 2.20　具有一个单位延迟通信的任务模型及任务的部署情况

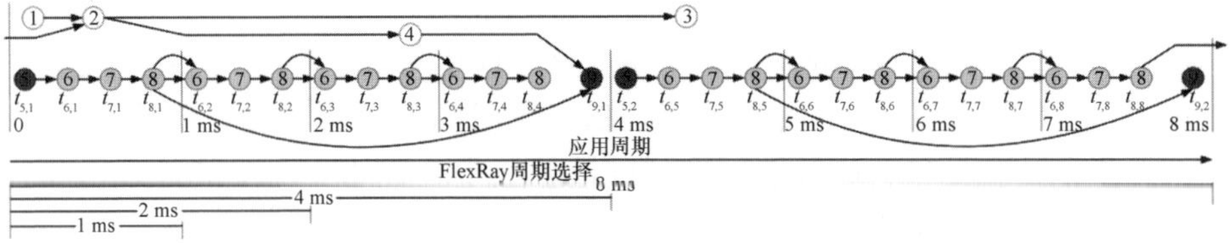

图 2.21　一个应用周期中的将所有任务的实例展开后的情况

每个周期性任务的执行是由该任务实例构成的无穷序列的执行过程。FlexRay 系统的超周期或称应用周期 H 定义为所有任务的周期的最小公倍数。在一个应用周期内，每个任务实例被视为一个独立的调度实体。调度问题包括安排任务实例执行，以及为每个信号分配可用的时间槽。任务实例标记为 $t_{k,j}$，即任务 τ_k 的第 j 个实例。

任务 t_i 的到达时间记为 a_i 或 $a_{k,j}$（含实例序号），$a_{k,j}=\Phi_k+(j-1)\times T_k$。到达时间表示任务应该就绪的时刻。任务的释放时间记为 A_i，表示任务实际就绪的时刻。任务的开始执行时间记为 s_i，任务的结束时间记为 f_i。任务实例 t_i 的响应时间 r_i 表示从任务到达到任务结束的间隔，即，$r_i=f_i-a_i$。而最坏情况下任务 τ_k 的响应时间 R_k 表示其所有实例 $t_{k,j}$ 的响应时间 $r_{k,j}$ 的最大值。最坏情况下任务 τ_k 的抖动 J_k 为该任务所有实例从到达到释放的最大间隔（表示由于中断响应和调度器的执行时间所造成的激活延迟）。

图 2.21 表示一个任务实例图。FlexRay 时间槽中的单个消息可能包含来自同一个 ECU 的单个或多个任务发出的单个或多个信号。

从 τ_i 到 τ_j 的路径 $P_{i,j}$ 表示一个任务序列 $p=[\tau_i,\cdots,\tau_j]$，这个序列中任意两个相邻的任务之间都存在一条链路。如图 2.20 中，任务 τ_1 和任务 τ_9 之间存在一条路径。$P_{i,j}$ 的路径延迟表示从任务 τ_i 的一个实例的到达到任务 τ_j 的一个依赖 τ_i 输出的实例的结束之间的间隔。路径 p 的端到端延迟需要满足其时限约束 D_p。

FlexRay 通信的调度要将一个应用周期内的任务和信号映射到 FlexRay 的通信周期实例上，这个映射过程取决于通信周期长度、静态段大小、时间槽大小（或每个通信周期内静态时间槽的数量）的选择。将这些参数全部编码到优化框架中的话，将会得到一个相当大的搜索空间，这在实际操作中是不可能实现的。因此，在前面的研究工作[30]中，我们研究了两步设计流程。假定某个已经给定的 FlexRay 总线配置（l_{app}，l_{comm}，n_{slot}，l_{slot}，b_{slot}），其中 l_{app} 为应用周期长度（所有任务周期的最小公倍数），l_{comm} 表示 FlexRay 通信周期长度，

n_{slot}表示通信周期静态段中的时间槽数量，l_{slot}表示时间槽的大小，b_{slot}表示时间槽包含的数据位数量。基于这个配置，将该优化问题编码到一个数学规划框架中，包括的变量有：时间槽拥有者、信号到时间槽映射、消息和任务调度。这个两步设计流程与工业领域的典型设计过程是一致的（由于部件重用和标准化等需要，通信周期和时间槽大小是固定的）。

在文献［30］中将问题公式化为一个一般化的数学规划（MP）框架，在MP框架中，系统表示为一系列的参数、决策变量，以及对于参数和决策变量的约束，并根据一个（关于决策变量的）目标函数对MP进行求解，寻找最优方案。FlexRay 调度问题可以通过一个混合整数线性规划来解决。

4. **功能延迟和可调度性**

图2.15（a）是一个过采样通信的例子。图2.22为一种保持模型语义执行顺序的 FlexRay 调度方案。

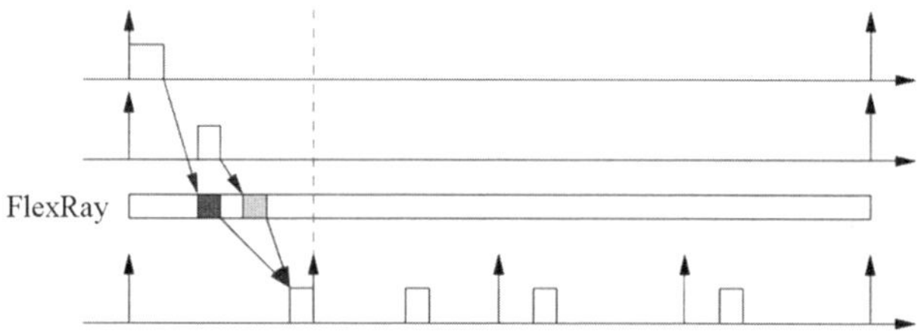

图2.22　无延迟的任务通信调度

从图中可以看出，这是一个约束很严格的调度问题。两个发送任务都必须在其分配的 FlexRay 时间槽开始之前执行完，才能保证其输出数据正常传输，同时，这两个时间槽需要比接收任务早。这些任务和消息都必须在接收任务的时限之前调度完毕。

在一个开发流程中，系统设计者和软件工程师都将面临执行速率和执行顺序约束下的调度问题。在图2.15的例子中，调度器需要在两个发送任务的周期（4个时间单位）内执行完这两个任务。接收任务则要在每个时间单位都执行一个实例，而且在每4个实例中，只有第一个有资格处理接收到的数据。然而，由于时限要求比较紧，设计者可能会通过增加通信链路的功能延迟的方式来放宽执行约束，即，在功能延迟和可调度性之间进行折中。

如果可以自行选择接收任务的实例来读取发送任务的数据，那么调度问题的约束将会被放松。然而，接收任务实例的选择是会影响到实现控制算法的功能块的行为的。

如图 2.23 所示，考虑在通信链路增加两个单位延迟的情况。在这种情况下，接收任务和信号可以晚一些调度，从而增加了系统调度的灵活性。

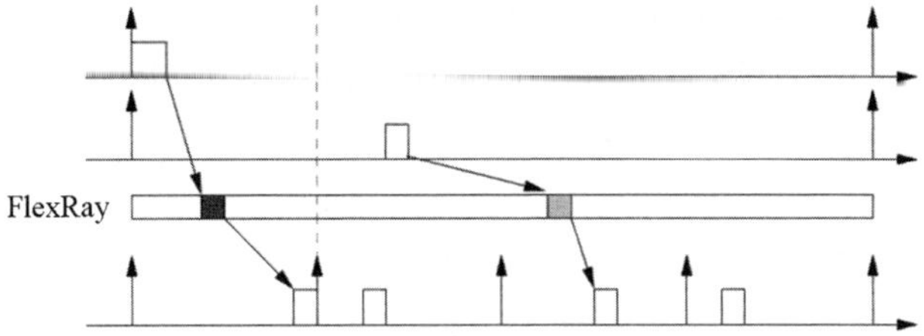

图 2.23　在某条通信链路上增加两个接收任务周期的确定性延迟之后的任务调度情况

在模型实现时，要避免出现不确定性延迟通信链路的情况，如图 2.24 所示。不确定性延迟可能导致实现的系统非常复杂，而系统的行为也更加难以预测。

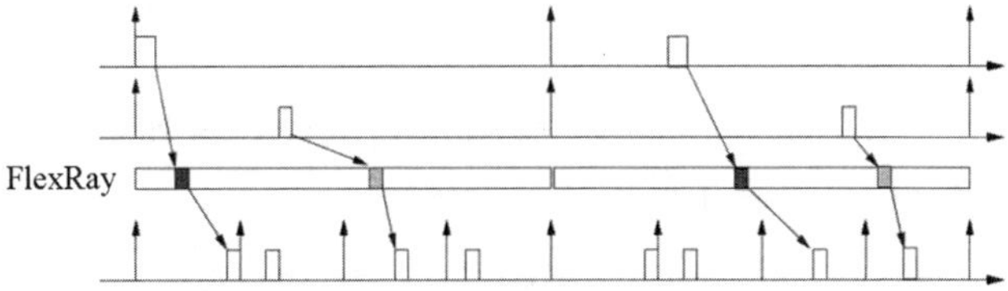

图 2.24　不确定性延迟通信调度的例子

接下来，将给出保证数据流顺序且通信延迟数量可选择的实时调度问题的形式化定义，这样就可以将设计问题转化为正规的线性规划问题，从而在最小的性能代价（即最少通信延迟）下找出可行的方案。混合整数线性规划（MILP）的解决器已经非常成熟，目前有很多商业软件可以高效地解决 MILP 问题。此外，与启发式和随机优化方法相比，MILP 在得到最优解后可保证其最优性，即使得不到最优解也可以给出当前解与最优解之间的距离。

2.3.3　低延迟消息部署模型

本节提出了一种新颖的低延迟消息部署模型（low-latency message deployment，LLMD），该模型使用 MILP 优化方法，以在关键路径引入最少的额外延迟为优化目标，寻找系统调度问题的解决方案。

LLMD 模型由式(2.19)～式(2.49)组成，下面将对该模型进行详细的描述和介绍。

T_i 和 d_i 分别表示周期性任务 τ_i 的周期和相对时限（$d_i \leqslant T_i$）。a_i，A_i，f_i 分别表示任务实例 t_i 的到达时间、激活时间和结束时间。k 表示某个任务的实例序号。如同 Simulink 中假定的，任务初始相位为 0。T_i，d_i 和 a_i 是输入参数，而 A_i 和 f_i 是优化框架的变量。假定所有任务都是初始相位为 0 的周期性任务，任务实例的到达时间需满足：

$$\forall t_{i,k}, a_{i,k} = (k-1)T_i \tag{2.19}$$

所有任务实例必须在时限内完成，即：

$$\forall t_i, f_i \leqslant a_i + d_i \tag{2.20}$$

A_i 通过 J_i 与 a_i 相关。a_i 是"理想的"周期性激活时间，由硬件中断提供。A_i 是周期性任务释放时间，即该任务被中断处理例程放到任务就绪队列的时间。在 OSEK 中，任务是由内部分派器或定时器周期性激活的，任务根据其优先级进行调度。如前面所说的，调度器的响应时间可能对激活时间引入抖动，这个抖动在 OSEK 系统中一般不能忽略，因此，在公式中包含抖动 J_i：

$$\forall t_{i,k}, A_{i,k} - a_{i,k} \geqslant J_i \tag{2.21}$$

任务最坏情况下的响应时间 R_i 可用于表示该任务所有实例的响应时间［这里，$hp(i)$ 表示优先级高于所有任务的集合］：

$$R_i = J_i + C_i + \sum_{j \in hp(i)} \left\lceil \frac{R_i - J_i + J_j}{T_j} \right\rceil C_j \tag{2.22}$$

式（2.22）中除 R_i 外的所有参数都是已知的，因而 R_i 可以事先计算出。根据实时系统可调度性理论，式（2.22）计算出的 R_i 是所有可能的最大值，因此在定义端到端延迟约束时是可以放心使用的。OSEK 任务的结束时间可以计算如下：

$$f_i = a_i + R_i \tag{2.23}$$

1. 数据依赖

存在执行顺序约束的发送任务和接收任务的实例序号取决于通信链路的延迟。如，任务 τ_h 发到任务 τ_k 的通信信号 σ_i，通信链路具有 Δ_i 单位延迟，对于任务 τ_h 的第 j 个实例，它发送的数据由任务 τ_h 的第 $n_k(a_{h,j})$ 个实例接收，$n_k(a_{h,j})$ 可表示为：

$$n_k(a_{h,j}) = \left\lceil \frac{(j-1)T_h}{T_k} + \Delta_i \right\rceil \tag{2.24}$$

如果某两个任务实例或某个任务实例和某个信号之间存在数据依赖，所有后继都必须晚于前续开始。例如，如果某任务实例 t_i 发送信号 σ_j 给任务实例

t_l，那么需要确保任务实例 t_i 在信号在总线上传输之前结束，而信号必须在其接收任务实例 t_l 激活之前传输完毕。下面的公式保证了这些约束，其中 $\gamma_{i,j}$ 表示数据从输出缓存到 FlexRay 适配器的数据发送寄存器的最大复制时间，$\gamma_{j,l}$ 表示从 FlexRay 适配器到接收任务实例输入缓存的最大复制时间，即：

$$f_i \leqslant s_j - \gamma_{i,j} \tag{2.25}$$

$$f_j \leqslant A_l - \gamma_{j,l} \tag{2.26}$$

如果任务实例 t_i 和 t_l 的通信发生在同一节点，也需要保证发送任务在接收任务激活之前结束执行，即：

$$f_i \leqslant A_l \tag{2.27}$$

然而，式（2.27）对于基于优先级调度的 OSEK 任务来讲过于严格，如果发送任务实例 t_i 优先级比 t_l 高，那么只需保证任务实例 t_i 激活时间早于任务实例 t_l 的激活时间。这样，式（2.27）可以重新定义为：

$$\begin{cases} f_i \leqslant A_l, & P_i < P_l \\ A_i \leqslant A_l, & \text{其他情况} \end{cases} \tag{2.28}$$

同样地，为避免信号 σ_j 中的数据被同一发送任务的下一个实例 t_{i+1} 覆盖，σ_j 需要在 t_{i+1} 到达前开始传输，即：

$$s_j \leqslant A_{i+1} \tag{2.29}$$

2. FlexRay 协议的约束

在此简要给出了 FlexRay 调度问题的约束，详细的 MILP 公式参见文献［30］。$s^s_{j,k}$ 作为输入参数表示了第 j^{th} 个通信周期的第 k^{th} 个时间槽的开始时间。$s^s_{j,k}$ 可以通过 $s^s_{j,k} = j \cdot l_{\text{comm}} + k \cdot l_{\text{slot}}$ 计算。

从信号到时间槽的映射由一组二进制变量表示：

$$A_{i,j,k} = \begin{cases} 1, & \text{如果 } \sigma_i \text{ 映射到周期 } j \text{ 的时间槽 } k \\ 0, & \text{其他情况} \end{cases} \tag{2.30}$$

如果信号 σ_i 映射到第 j 个周期的第 k 个时间槽，那么信号 σ_i 的开始时间 s_i 和结束时间 f_i 需要被时间槽的开始时间 $s^s_{j,k}$ 和结束时间 $f_{j,k}$ 约束，这可以通过标准的“big-M”方法表达（其中 M 是一个大于该约束中所有变量的常数）：

$$s^s_{j,k} \leqslant s_i + (1 - A_{i,j,k})M \tag{2.31}$$

$$s_i \leqslant s^s_{j,k} + (1 - A_{i,j,k})M \tag{2.32}$$

$$f_i = s_i + l_{\text{slot}} \tag{2.33}$$

每个信号只能被映射到一个时间槽，而且映射到一个时间槽的所有信号包含的数据位数不能超过时间槽的最大容量，即：

$$\sum_{s_{j,k}^{s} \leq t_{\max}} A_{i,j,k} = 1 \tag{2.34}$$

$$\sum_{i \in \text{signals}} A_{i,j,k} \cdot b_i \leq b_{\text{slot}} \tag{2.35}$$

其中，$t_{\max}$是设计人员需要考虑调度的最大时间范围（见第 2.3.3 节）。

每个时间槽要么空闲，要么被一个 ECU 占用，可以用一组二进制变量表示每个时间槽状态：

$$A_{e_i,j,k} = \begin{cases} 1, \text{如果周期 } j \text{ 的时间槽 } k \text{ 被 ECU} e_i \text{ 占用} \\ 0, \text{其他情况} \end{cases} \tag{2.36}$$

FlexRay 对于时间槽的使用有自己的要求。新的 FlexRay 标准允许时间槽复用，即在一个应用周期内，不同通信周期的同一位置时间槽可以分配给不同的 ECU。式（2.37）表达了时间槽的占用，即如果信号 σ_i 映射到通信周期 j 的时间槽 k，那么该信号的发送任务所在 ECU 必须占有这个时间槽。式（2.38）确保每个时间槽最多只能被一个 ECU 占有。如果通信周期 j 的时间槽 k 不传输任何信号，式（2.39）将该时间槽的占有者设为空。具体如下：

$$A_{i,j,k} \leq A_{e_i,j,k} \tag{2.37}$$

$$\sum_{e_p \in \text{ECUs}} A_{e_p,j,k} \leq 1 \tag{2.38}$$

$$A_{e_p,j,k} \leq \sum_{i \in \text{signals}, j < n_a} A_{i,j,k} \tag{2.39}$$

式中：n_a 为 $[0, t_{\max}]$ 范围内的通信周期数量。

3. **端到端延迟**

如果 Π 是延迟敏感的路径的集合，要求这些路径的端到端延迟满足其时限约束，即：

$$\forall p \in \Pi, f_{sink(p)} - a_{src(p)} \leq D_p \tag{2.40}$$

4. **调度窗口**

如果 Φ_i 是任意任务 τ_i 的初始相位，任务和 FlexRay 总线的调度设计必须对整个应用周期都要进行，即对于该任务需要调度到 $H + \max\limits_i(\Phi_i)$ 时刻。由于初始相位是作为一个优化变量使用的，因此，需要使用其上限：

$$t_{\max} = H + \max_i (T_i) \tag{2.41}$$

在时间间隔 $[0, t_{\max}]$（图 2.25）中，需要为每个任务 τ_i 调度的实例数量为：

$$n_i = \left\lceil \frac{t_{\max}}{T_i} \right\rceil \tag{2.42}$$

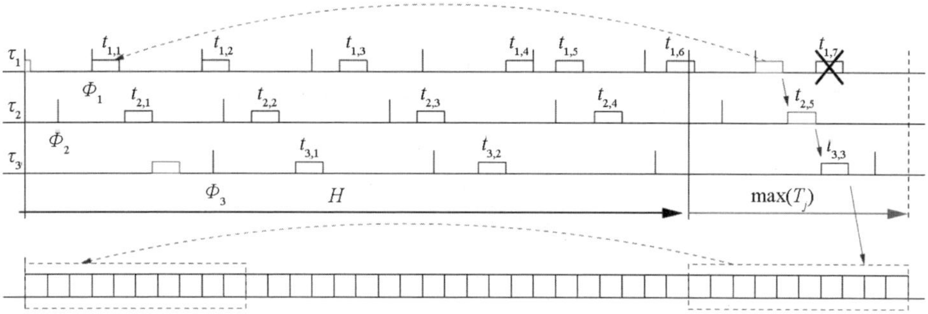

图 2.25　周期性调度的约束

然而，并非所有的任务实例都可以自由调度。在图 2.25 所示的例子中，$t_{3,3}$可以自由调度，而 $t_{1,7}$则需要采用与 $t_{1,1}$一致的调度（因为两者正好相差一个应用周期）。这些将对任务的结束时间产生约束：

$$f_{i,q} = f_{i,k} + H, q = nc_i + k \tag{2.43}$$

其中 nc_i 表示一个应用周期内的任务 τ_i 实例数：

$$nc_i = \frac{H}{T_i} \tag{2.44}$$

FlexRay 时间槽的调度存在类似的约束，需要对 n_a 个通信周期的调度进行计算，其中：

$$n_a = \left\lceil \frac{t_{\max}}{l_{\text{comm}}} \right\rceil \tag{2.45}$$

然而，在最后一个通信周期，只有时间槽：

$$n_l = \left\lfloor \frac{t_{\max} - (n_a - 1) l_{\text{comm}}}{l_{\text{slot}}} \right\rfloor \tag{2.46}$$

需要被考虑。与任务实例调度类似，处于不同应用周期的相同信号必须映射到相同的时间槽，可以通过下面的方法匹配相同的信号。如果信号 σ_i 和 σ_j 的发送和接收任务实例正好差一个应用周期，即：

$$src(\sigma_i) = t_{k,l} \wedge dst(\sigma_i) = t_{m,n} \wedge src(\sigma_j) = t_{k,p} \wedge dst(\sigma_j) = t_{m,q} \tag{2.47}$$

其中，$p = l + nc_k$ 且 $q = n + nc_m$。那么，这两个信号就是同一个信号，应该被放置在距离为 H 的两个时间槽里。将这种关系标记为 $\sigma_i = \sigma_j$。对于每个周期 k、时间槽编号 l 和每个信号对 $\sigma_i = \sigma_j$，必须满足下面约束：

$$A_{j,m,l} = 1, A_{i,k,l} = 1 \wedge m = k + H/l_{\text{comm}} \tag{2.48}$$

5. **目标函数**

前面已经将调度优化问题的所有约束都进行了 MILP 编码，只要给定代价函数，即可对该问题进行求解。在实验中，将以最小化通信链路功能延迟的加权和为优化目标，即：

$$\min \sum_{\sigma_i \in \text{signals}} w_i \cdot \Delta_i \tag{2.49}$$

如果给出控制误差和额外功能延迟之间的确定关系，也可以通过分段连续的线性函数来逼近这个关系曲线，并以最小化控制误差的加权和为优化目标。由于缺少 Simulink 模型控制误差的量化信息，将该研究留到下一步的工作中。

本节将实时通信网络的低延迟消息部署问题抽象为一个混合整数线性规划数学模型，该模型包含了信号封装、消息调度和任务调度的全部过程，并将这些过程形式化为线性规划的约束和优化目标，从而可以利用高效的商业工具（如 IBM 公司的 CPLEX 12.4）对该问题进行求解。在下一节中，将使用两个工业实例对该模型进行实验验证。

2.3.4 低延迟消息部署模型的实验验证

本节在实际汽车系统的一组任务集和信号集上进行了实验。首先，研究了额外延迟对于系统可调度性的影响，然后，对上一节中提出的低延迟消息部署模型 LLMD 进行了实验验证。

1. **功能延迟对于提高可调度性的作用**

在第一个实例分析中，展示了如何通过增加额外通信延迟（采样过密时选择较晚的接收任务实例，采样过疏时选择较早的发送任务实例）来寻找一个可行的调度方案。

表 2.4 和表 2.5 中的配置是从通用汽车公司一个 X-by-wire 原型系统中提取的[30]。该系统使用了 10 个 ECU，通过单条 FlexRay 总线互连而成，共执行 49 个任务，任务周期有 1 ms 和 8 ms 两种，系统包含 132 个信号。表 2.4 和表 2.5 分别表示了每个任务的周期和最坏情况下的执行时间（单位为微秒）以及每个信号的数据位数（单位为比特）。FlexRay 总线的配置如下：应用周期 $H=8$ ms，通信周期 $l_{\text{comm}}=1$ ms，每个通信周期的时间槽数量 $n_{\text{slot}}=22$，时间槽大小 $l_{\text{slot}}=200$ bit 或 35 μs。系统包含多个采样过密的通信链路（发送任务周期为 8 ms，接收任务周期为 1 ms）。

表 2.4　X-by-wire 原型系统的任务参数　　单位：μs

τ_i	e_i	T_i	C_i	τ_i	e_i	T_i	C_i
τ_8	e_9	8000	810	τ_{21}	e_5	1000	25
τ_9	e_9	8000	550	$\tau_{22}/\tau_{26}/\tau_{30}/\tau_{34}$	$e_5/e_6/e_7/e_8$	1000	60
τ_{11}	e_9	8000	100	$\tau_{23}/\tau_{27}/\tau_{31}/\tau_{35}$	$e_5/e_6/e_7/e_8$	1000	40
τ_{12}	e_9	8000	770	$\tau_{24}/\tau_{28}/\tau_{32}/\tau_{36}$	$e_5/e_6/e_7/e_8$	1000	20
τ_{13}	e_9	8000	200	$\tau_{25}/\tau_{29}/\tau_{33}$	$e_6/e_7/e_8$	1000	30
τ_{14}	e_9	8000	110	$\tau_{37}/\tau_{42}/\tau_{47}/\tau_{52}$	$e_1/e_2/e_3/e_4$	8000	1000
τ_{15}	e_9	8000	550	$\tau_{38}/\tau_{43}/\tau_{48}/\tau_{53}$	$e_1/e_2/e_3/e_4$	8000	500
τ_{16}	e_{10}	8000	780	$\tau_{39}/\tau_{44}/\tau_{49}/\tau_{54}$	$e_1/e_2/e_3/e_4$	8000	1500
τ_{10}	e_{10}	8000	510	$\tau_{40}/\tau_{45}/\tau_{50}/\tau_{55}$	$e_1/e_2/e_3/e_4$	8000	1300
τ_{17}	e_{10}	8000	190	$\tau_{41}/\tau_{46}/\tau_{51}/\tau_{56}$	$e_1/e_2/e_3/e_4$	8000	350
τ_{18}	e_{10}	8000	260	τ_{20}	e_{10}	8000	230
τ_{19}	e_{10}	8000	100				

表 2.5　X-by-wire 原型系统的信号参数　　单位：bit

信号量	发送端	信号大小	接收端	信号量	发送端	信号大小	接收端
σ_1 to σ_4	τ_{15}	32	$\tau_{22}/\tau_{26}/\tau_{30}/\tau_{34}$	σ_{48}	τ_{22}	32	τ_{16}
σ_5 to σ_8	τ_{20}	32	$\tau_{22}/\tau_{26}/\tau_{30}/\tau_{34}$	σ_{49}	τ_{26}	32	τ_{16}
σ_9 to σ_{11}	τ_{23}	32	$\tau_{27}/\tau_{31}/\tau_{35}$	σ_{50} to σ_{53}	τ_{26}	16	τ_8/τ_{16}
σ_{12}，σ_{13}	τ_{21}	32	$\tau_{22}/\tau_{26}/\tau_{30}/\tau_{34}$	σ_{54} to σ_{63}	τ_{39}	16	τ_{12}
σ_{14}	τ_{12}	8	$\tau_{39}/\tau_{44}/\tau_{49}/\tau_{54}$	σ_{64}，σ_{65}	τ_{42}	16	τ_{12}
σ_{15} to σ_{18}	τ_{22}	16	τ_8/τ_{16}	σ_{66} to σ_{77}	τ_{44}	16	τ_{12}
σ_{19}，σ_{20}	τ_{23}	8	τ_8/τ_{16}	σ_{78} to σ_{87}	τ_{49}	16	τ_{12}
σ_{21} to σ_{23}	τ_{27}	32	$\tau_{23}/\tau_{31}/\tau_{35}$	σ_{88}，σ_{89}	τ_{52}	16	τ_{12}
σ_{24}，σ_{25}	τ_{25}	32	$\tau_{22}/\tau_{26}/\tau_{30}/\tau_{34}$	σ_{90} to σ_{99}	τ_{54}	16	τ_{12}
σ_{26} to σ_{32}	τ_{12}	16	$\tau_{39}/\tau_{44}/\tau_{49}/\tau_{54}$	σ_{100}	τ_8	1	τ_{17}
σ_{33}，σ_{34}	τ_{27}	8	τ_8/τ_{16}	σ_{101} to σ_{116}	τ_{12}	16	τ_{17}

续表

信号量	发送端	信号大小	接收端	信号量	发送端	信号大小	接收端
σ_{35} to σ_{37}	τ_{31}	32	$\tau_{23}/\tau_{27}/\tau_{35}$	σ_{117} to σ_{124}	τ_{12}	16	τ_{17}/τ_{18}
σ_{38}，σ_{39}	τ_{29}	32	$\tau_{22}/\tau_{26}/\tau_{30}/\tau_{34}$	σ_{125}	τ_{30}	1	τ_{8}/τ_{16}
σ_{40}，σ_{41}	τ_{30}	16	τ_{8}/τ_{16}	σ_{126} to σ_{128}	τ_{34}	16	τ_{8}/τ_{16}
σ_{42} to σ_{44}	τ_{35}	32	$\tau_{23}/\tau_{27}/\tau_{31}$	σ_{129}，σ_{130}	τ_{37}	16	τ_{12}
σ_{45} to σ_{47}	τ_{33}	32	$\tau_{22}/\tau_{26}/\tau_{30}/\tau_{34}$	σ_{131}，σ_{132}	τ_{35}	8	τ_{8}/τ_{16}

在这个实例中，首先尝试在没有额外延迟的情况下寻找可行方案，目标函数为系统的可扩展性，即最小化 FlexRay 时间槽使用数量。对比，使用 Python 语言在 CPLEX 12.4 上进行了建模，并在 Intel Core i5 2.4GHz 处理器和 8 GB 内存的平台上进行了计算，经过 0.1 s，CPLEX 发现该问题无可行解。

然后，对于相同的问题，在所有采样过密的通信链路（发送任务周期 8 ms，接收任务周期 1 ms）上增加一个 7 ms 的通信延迟，此时，CPLEX 12.4 在运行 50 s 时发现了一个可调度的方案，该方案消耗了每个应用周期中 176 个时间槽中的 44 个。

从本实验可以看出，当低延迟或无延迟的模型无法实现（具体表现为系统不可调度）时，可以通过引入额外延迟的方式解决。然而，增加多少单位延迟、在哪条路径增加延迟、如何在关键路径尽可能少引入延迟等问题则需要通过提出的 LLMD 模型来解决。

2. 利用工业实例进行实验验证

在 X-by-wire 工业实例中，以最小化通信链路延迟的加权和为目标，通过 LLMD 模型求解可行方案。这里，主要对延迟敏感的关键路径的信号进行了考虑，表 2.6 表示了这些信号的权值。在这个实例分析中，通信路径的权重是随机选取的值。这里，假定 LLMD 运算时间和能否找到最优解不受权值选择的影响。为支持这一假设，选择了其他的权值，与表 2.6 中的项相对应的，依次为 2，3，4，1，1，2，3，2，2，4，3，3，1 和 2，并对这两种配置采用两步法（稍后详解）求解。如图 2.26 所示，在这两种配置下，最优方案都能很快找到，而且两种方案使用的计算时间相差不大。

表 2.6　在不同的权值下优化问题的求解时间比较

信号	σ_1	σ_6	σ_{21}	σ_{24}	σ_{39}	σ_{40}	σ_{41}
权值	1.2	1.1	0.8	0.9	2	0.5	1
信号	σ_{42}	σ_{43}	σ_{44}	σ_{63}	σ_{76}	σ_{109}	σ_{125}
权值	1.5	2.4	0.8	1.2	1	0.9	1

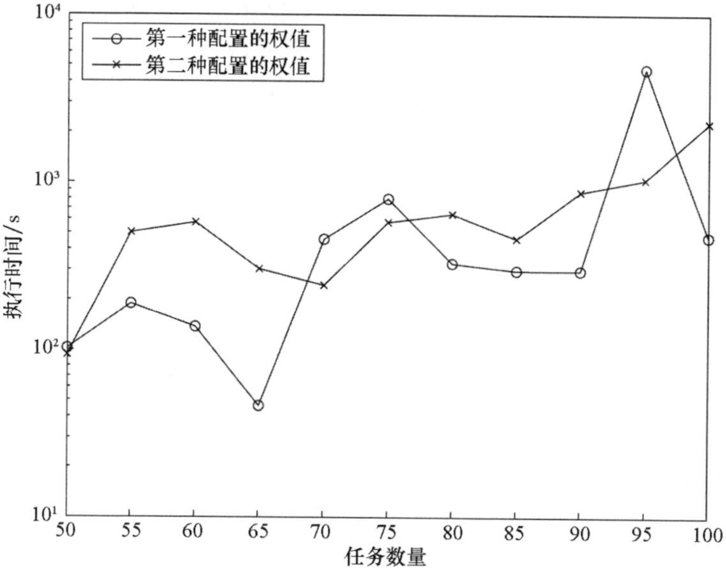

图 2.26　在不同的权值下优化问题的执行时间比较

在上一节提出的 LLMD 模型中，将所有的变量、约束和目标在一个单独的 MILP 框架中实现，称为单步法。对于原设计优化问题（表 2.4 和表 2.5），CPLEX 在 25 131 s（约 7 h）时间内找到最优解。然而，该问题的规模在汽车系统设计中还是比较小的，对于大规模的问题，单步法可能很难找到最优解，后面的可扩展性分析也将论证这一点。

因此，为简化消息部署问题，减少问题求解的时间，还提出了一种两步法的求解思路。第一步是采用装箱算法减少信号数量，即相同发送任务和相同周期信号被映射到同一个 FlexRay 消息（从而放在同一个时间槽），作为一个原子单元进行调度。第二步是关于任务和消息调度问题的 MILP 优化框架。在第一步结束时，作为 FlexRay 总线的调度个体，消息的数量与信号数量相比已经大幅下降，MILP 问题的求解变得简单。使用这种方法，对 X-by-wire 实例进行求解，只需 151 s 即可找到最优方案，而且，此时的最优解与单步法相同。

下面，将通过增加信号和任务的方式对两步法的可扩展性和最优解质量进行研究。在第一组实验中，任务数量固定不变，每个实验增加 16 个信号，即信号数量从 132 增加到最大 292 个。每个实验配置都通过两步法进行求解，最优解和运行时间如图 2.27 和图 2.28 所示。从图中可以看出，信号数量的增加对于方案的代价影响不大，这主要因为 FlexRay 调度允许在未用满的时间槽上传输新的信号，当时间槽用满时，使用新的时间槽即可。然而，算法的运行时间受通信复杂性（信号数量）影响较大。当系统只有 132 个信号时，只需 151 s 即可找到最优解，而当信号增加到 292 个时，则需要 6626 s。

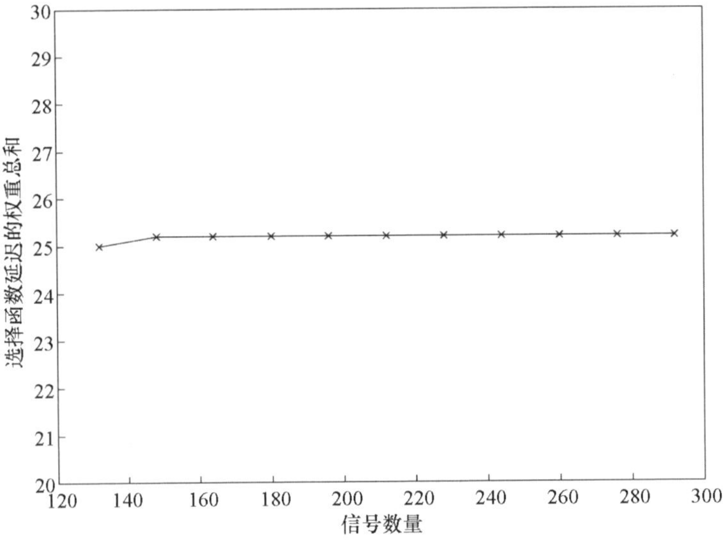

图 2.27　不同信号数量时的功能延迟优化情况

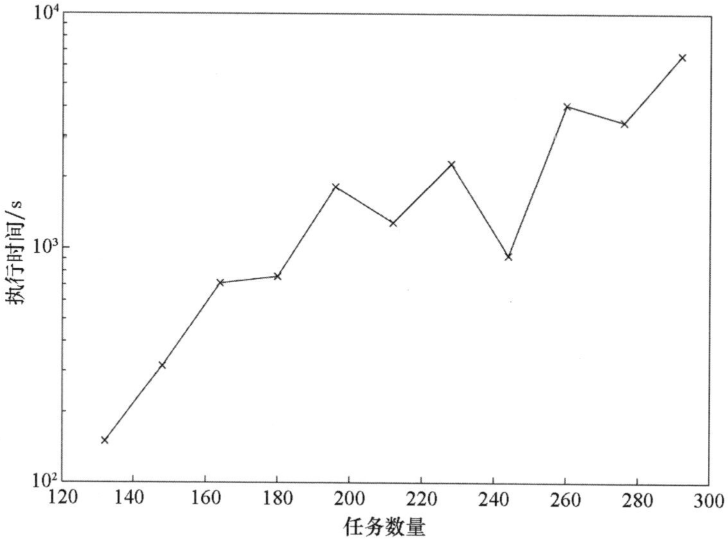

图 2. 28　不同信号数量时的优化算法执行时间

在第二组实验中，保持信号数量不变，在系统中随机选择任务并将其复制出一个新的任务。每个实验增加 5 个任务，任务数量从 50 增加到最多 100 个。图 2. 29 和图 2. 30 表示了这组实验的最优解和运行时间。从图中看以看出，任

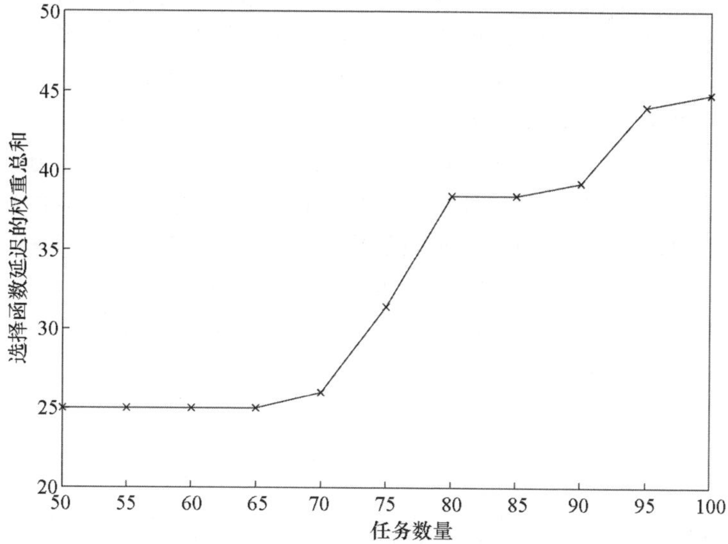

图 2. 29　不同任务数量时的功能延迟优化情况

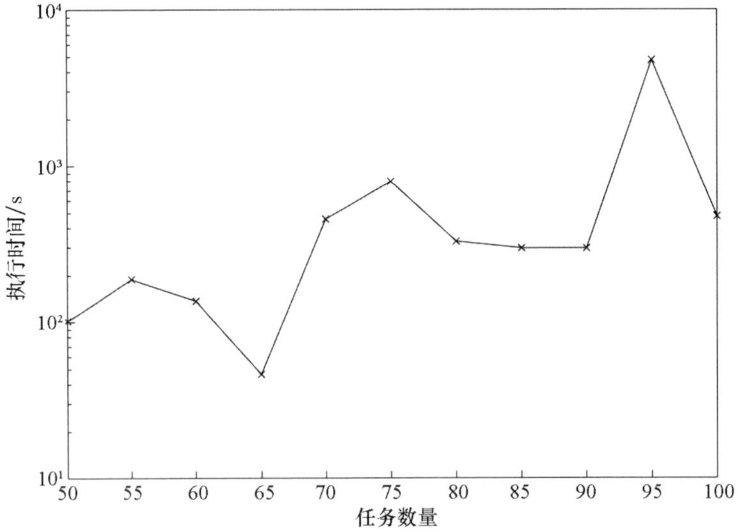

图 2.30　不同任务数量时的优化算法执行时间

务数量对优化代价的影响要远大于信号数量的影响。这主要因为任务数量增加会导致任务响应时间增加，从而减少可调度空间，进而对于可调度性产生较大影响，需要增加通信延迟以保证系统可调度。

对于系统可调度性分析，对比单步法和两步法的执行时间和最优方案的代价。如图 2.31 所示，对 6 个包含不同任务数量的配置进行了实验，对于前四种情况，两种方法都计算得到了真正的最优方案，对于后两种情况，单步法直到用光所有内存也无法找到最优解，这时单步法找到的次优解距离最优解的差距分别为 4% 和 1.8%。对于第五种配置，单步法的次优解（40）还不如两步法的解（39.2）。而对于第六种配置（100 个任务），单步法找到的次优解比两步法找到的解要好。然而，即使将最优解下界 44 ×（1 − 1.8%）= 43.208 视为最优方案，两步法给出的解与最优解之间的差距也不到 4%。

图 2.32 表示了这两种方法执行时间的比较，可以看出两步法的执行时间比单步法少了约两个数量级。

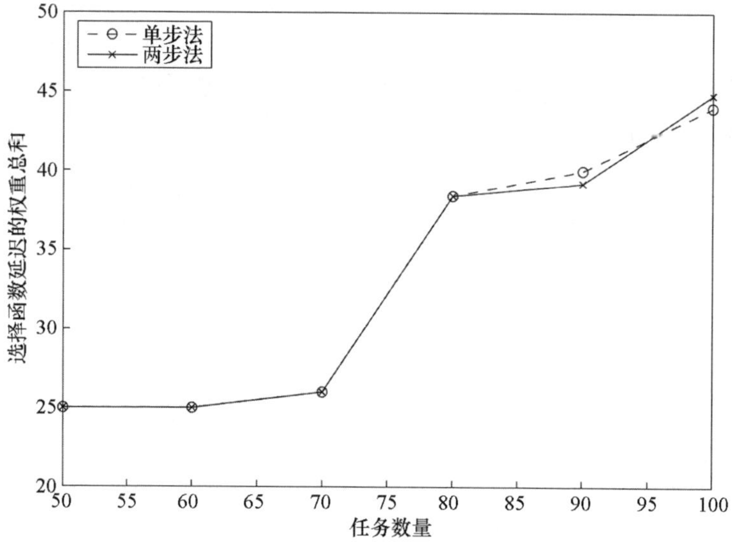

图 2.31　使用单步法和两步法时的功能延迟优化情况

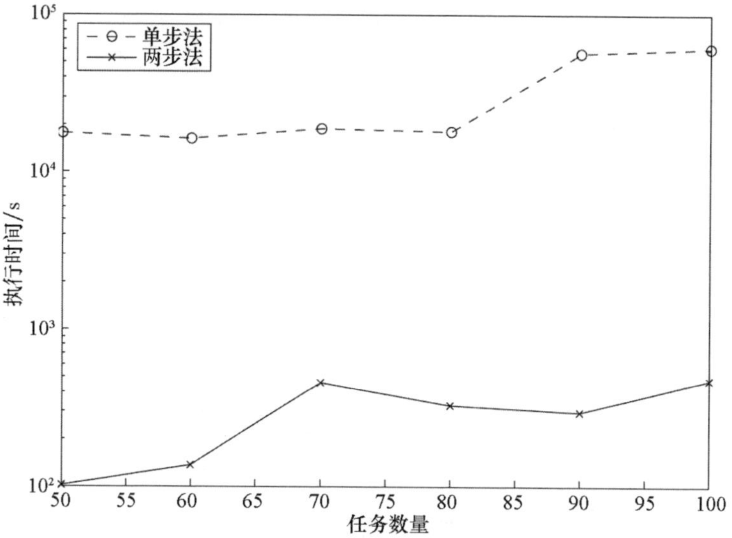

图 2.32　使用单步法和两步法时的优化算法执行时间

在以上实验验证中，LLMD 模型在利用两步法求解不同规模的消息部署问题时，均能在 500 s 内找到优化方案，且得到的优化方案与实际的最优解之间的差距不足 4%。

最后，将单步法应用到另一个案例，该案例包含了一组主动安全功能，包括车辆自适应巡航控制器、电力转向系统和牵引控制功能。这个案例相对较小，包括28个任务和31个信号（具体配置详见文献［67］）。该案例的关键信号及其权值如表2.7所示。

表2.7 主动安全功能实例中的关键信号及其权值[1]

信号	σ_1	σ_2	σ_3	σ_9	σ_{12}	σ_{13}
权值	1	1.5	1.2	1.1	2.4	0.8
信号	σ_{16}	σ_{18}	σ_{19}	σ_{23}	σ_{26}	σ_{28}
权值	0.8	1.2	1	0.9	2	0.5

使用单步法找到的最优解中，只有两个信号需要增加额外延迟，每个信号一个延迟。通过增加任务数量（从28增加到45）来研究算法可扩展性。图2.33和图2.34表示了优化结果和执行时间。对于每个配置都能利用单步法在3 s内找到最优解。

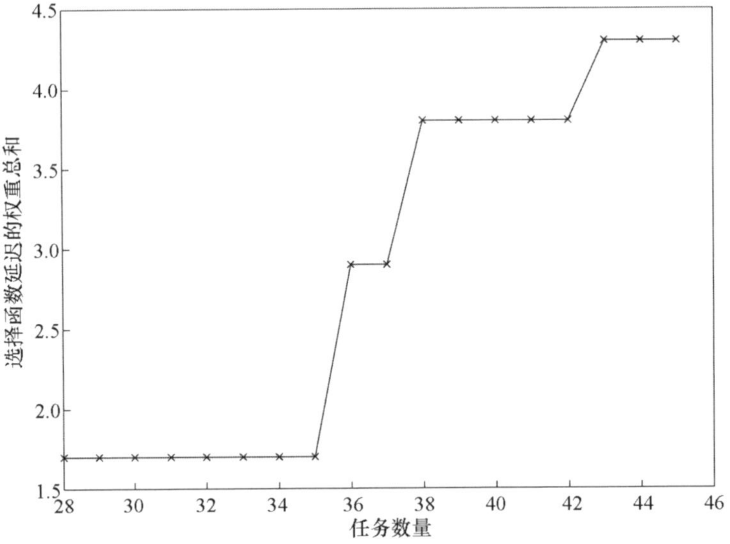

图2.33 使用优化方法求解主动安全功能实例调度问题的通信延迟加权和

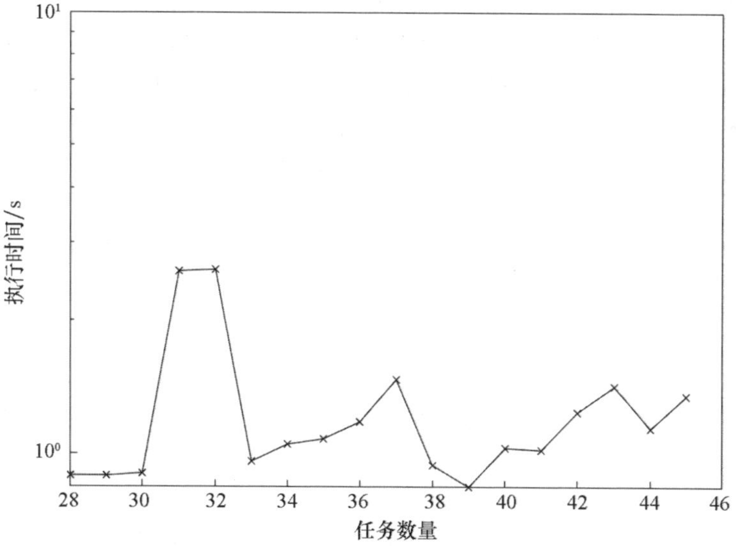

图 2.34　使用优化方法求解主动安全功能实例调度问题时的算法运行时间

在本实验验证中，LLMD 模型在使用单步法求解不同规模的消息部署问题时，均能在 3 s 内找到全局最优方案，该方案在满足系统可调度性的前提下在关键控制路径上引入了最少的单位延迟。

2.4　实时通信网络安全机制与优化技术研究

当前，汽车、航空等电气和电子系统已普遍采用分布式系统，即其所有功能通过互联在一起的电子控制单元（ECU）实现，这些 ECU 之间通过总线和网关进行通信。现阶段的汽车电子系统设计工艺、方法和工具侧重于安全性、可靠性和成本等方面，尤其在安全性方面，工业界已经专门为汽车电子系统安全性的验证过程制定了多项标准（如 ISO 26262）。总之，人们对于实时系统的安全性给予了越来越多的重视，而通信网络的安全性是实时系统安全性的重要组成，因此，对于实时通信网络安全机制的研究也非常重要。

2.4.1　引言

目前，在一般的电气和电子系统的开发过程中，并未将信息安全作为一个重要的设计方面，因而该系统的信息在本质上是不安全的。随着嵌入式软件和联网设备的增加以及汽车系统电子化程度的提高，这种内在的安全漏洞将变得更加凸显。通信网络允许接入设备以相对直接的方式进行非授权的访问，这是通信网络的内在弱点，可能因此受到攻击。例如，在当前的汽车 ECU 通信机制的开发过程中，均未考虑消息认证[92]。由于蜂窝互联、因特网、远程诊断和汽车服务接口，以及即将出现的车辆间/车辆与基站间通信的发展，目前汽车系统的可访问程度迅速增长。因此，对于汽车等嵌入式系统的网络攻击很有可能在不久的将来大规模出现。一旦攻击者成功地攻击了一个 ECU，攻击者就有可能通过通信结构（总线和网关）攻击整个网络。

信息安全已经是嵌入式系统设计中必须考虑的一个重要方面[93-94]，在汽车电子系统设计中，研究人员也对信息安全给予了高度的重视[94-96]。文献［97］对攻击者能够在汽车内部网络通信时可以进行的所有攻击进行了一系列实验。

对于时间触发系统，包括 FlexRay 系统，已经有几种密钥管理机制相继被提出。其中，最出名的一种是密钥延迟公布机制——TESLA[98]，及其轻量化变种[99]。TESLA 要求发送者和接收者之间至少是弱同步的（允许一定的同步误差)，该机制通过对称密钥的延迟公布来实现非对称密钥的安全属性。文献［100］和［101］提出了一种多播报文认证机制，该机制为每个接收者计算一个消息认证码（message authentication code，MAC）并对 MAC 进行裁剪，最后将所有接收者的 MAC 都附加在消息中组播发送出去，这样每个接收者就可以单独对消息进行认证。然而，该方法消耗的计算资源、存储单元和通信带宽与接收者的数量成正比，因此只适用于接收者数量相对较小的情况。文献［102］讨论了时间触发体系结构中的威胁模型和认证机制，并在一个时间触发以太网原型系统中实现了 TESLA 机制。文献［103］基于一种轻量级对称流加密算法在 CAN 总线系统实现了加密性服务。文献［104］也提出了一种基于 CAN 总线的消息认证安全机制。

迄今为止，已经有很多文献讨论了 FlexRay 静态通信调度机制的设计方法，但是均未将汽车通信系统的网络安全作为设计指标。文献［105］解决了分布式实时嵌入式系统的内部通信安全问题，但该工作假设节点间存在专用通信信道，且仅考虑了安全机制的一般模型。文献［106］提出了 SCOTTY 安全机制，通过安全相关功能的协同效应，实现了时间触发系统的安全通信。文献［107］在时间触发协议中使用椭圆曲线数字签名算法实现节点身份认证和消息的完整性保护，然而，该算法的计算复杂度较高，占用了实时系统过多的资源。

安全漏洞对于通信系统安全性的影响与采用的特定通信协议紧密相关。FlexRay 的静态段最有希望用于将来的安全关键通信[64]，因而我们将主要面向 FlexRay 协议的静态段传输，提出一种智能安全机制（SSS），并设计其优化模型，该模型对网络的安全性和其他指标（如可扩展性、成本等）进行了优化设计，以在满足实时通信网络安全性的前提下找到一种解决方案，使得安全机制的实现成本最低。

2.4.2 实时通信网络的智能安全机制

本节针对篡改和伪造攻击威胁模型，基于 TESLA 认证协议，提出了一种用于 FlexRay 实时通信网络的智能安全机制（SSS）。该安全机制的所有安全相关操作（密钥生成、消息认证码生成和验证）均可选择由软件或硬件（FPGA 单元）实现。其中，软件实现无须引入额外硬件资源，因而实现成本低，但会占用一部分处理器资源，从而降低系统的可调度性；而硬件实现方式无须处理器参与，具有良好的系统可调度性，但实现成本较高。SSS 通过合理地选择安全相关操作的软/硬件实现方式，在保证通信安全性和系统可调度性的同时，实现了成本最优化设计。

2.4.2.1 威胁模型

现代汽车提供了车载诊断（on-board diagnostics，OBD）接口等可以直接访问车辆内部网络的接入点，因而，尽管汽车设计时考虑了如何抵御外部通信威胁，但是不够，其内部通信也需专门的保护机制。正如 Koscher 等[97]所描述的，一旦攻击者成功地控制了任一 ECU，他就可以据此影响或控制更大范围的安全关键系统，如禁止刹车功能、命令单个车轮急刹、停止引擎工作，从而产生极大的危害。由于 FlexRay 的广播特性，对于单个节点的攻击可能会传播到整个网络。为避免这些攻击，接收者必须有能力验证消息的合法性和完整性。只有来自合法发送者的消息才是合法的，同时必须保证消息不被篡改。

我们假定攻击者无法获取发送者的签名密钥，因而只关注篡改和伪造两种攻击[108]。文献［108］还提出了另外两种攻击方式：拦截和中断，这两种攻击可以由 FlexRay 的内置硬件（如总线守卫）来阻止，不作为研究重点。篡改和伪造将破坏消息的完整性和合法性。具体地说，篡改指对数据进行未授权的修改，如攻击者改变通信消息的数据字段；伪造是指未被授权地产生额外的数据，如攻击者自己产生的非法消息。

为抵御这两种攻击，一般采用加密认证机制来验证消息的合法性和完整性。消息认证码（MAC）是一种常用的加密认证机制，它根据消息内容计算出一小段信息并将其追加到消息中，用来对消息进行验证。MAC 机制采用对称密钥，即发送者的签名操作（产生 MAC）和接收者对 MAC 的认证操作使用相同的密钥。另一种实现方式是使用非对称密钥加密，即使用私钥进行签名而使用公钥进行验证。与基于对称密钥的方法不同，在非对称密钥方法中，只有私钥的持有者才能进行合法的签名操作，从而具备更高的安全性。不过，非对称加密操作的计算复杂性远远高于同等级别的对称加密操作，因而基于对称密钥的 MAC 机制比基于非对称密钥的数字签名需要的计算资源更少，从而更加适用于资源有限的嵌入式系统。

广播通信的认证协议可采用几种不同的密钥管理策略。文献［100］和［101］中所提出的策略适用于发送者与接收者共享同一个对称密钥的情况，然而该策略在计算资源、存储单元和通信带宽上的开销与接收者数量成正比，因而其可扩展性较差。此外，若使用该策略，则持有密钥的任意接收者都可以轻而易举地伪造签名。

2.4.2.2 TESLA 认证协议

TESLA[98-99]是一种非常适用于嵌入式系统的轻量级广播认证协议，我们考虑采用 TESLA 实现 FlexRay 的安全机制。TESLA 通过发送者延迟公布对称密钥实现非对称的特性（接收者无法伪造合法的签名），因而，TESLA 在提供高安全性的同时，其计算效率也非常高。在该协议中，发送者在一个时间间隔内利用密钥对所有要发送的消息进行签名，在密钥有效期内，所有在此时间间隔中发送的消息都会到达接收者。当密钥有效期结束后，发送者才会公布该密钥，因而在该密钥的有效期内所有接收者都不知道该密钥内容。TESLA 要求发送者和接收者之间是时钟同步的（同步精度可以不用太高），以保证接收者和发送者有相同的时间概念，接收者知道其收到的密钥可以用来验证哪些消息。

在具体实现时，TESLA 将时间分为一系列连续的等长间隔（Interval），记为 T_{int}。发送者在发送消息前，需要计算出一个长度为 $N+1$ 的密钥链 K^0，K^1，……，K^N，其中 $K^i = F(K^{i+1})$。函数 $F(\cdot)$是一个单向函数，计算复杂度低而求逆操作复杂性极高，且该函数是伪随机的（或不严格地讲，具有随机的输出）。每个密钥按照从 K^1 到 K^N 的顺序（与密钥生成顺序相反）赋给每个

Interval，以认证该 Interval 中发送的所有消息。每个接收者收到一个密钥 K^i 后，首先需要验证该密钥的合法性，即利用 $F(K^i)$ 产生 K^{i-1}，并与其实际接收到的 K^{i-1} 进行比较。为了启动协议，发送者需要在发送消息前通过一种安全机制将 K^0 通知其所有接收者。图 2.35 表示了 Interval 和密钥链的对应情况。密钥 K^i 对其后的 d 个 Interval 都是未知的，即只有当第 $i+d-1$ 个 Interval 前的所有消息全部发送结束后，发送者才会以广播方式公布 K^i，其中 d 为密钥公布延迟。从消息开始发送到接收者接收到该消息对应的密钥之间的间隔称为认证延迟，认证延迟与密钥公布延迟 d 和时间间隔长度 T_{int} 呈线性关系[102]。

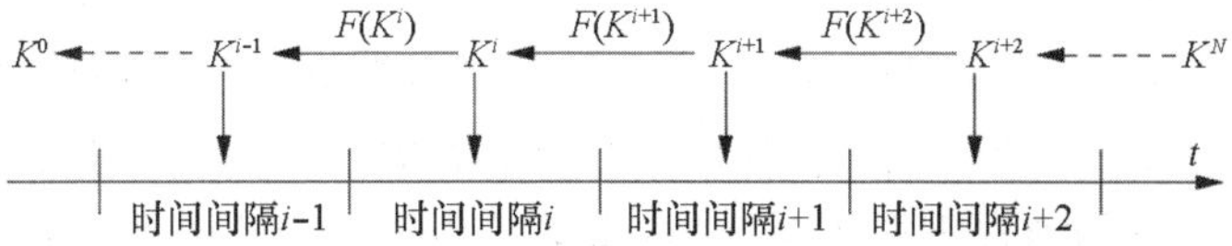

图 2.35　对应时间间隔中密钥的产生和使用

2.4.2.3　安全相关操作及其实现

TESLA 机制包含三类安全相关的操作：密钥生成、MAC 生成和 MAC 验证。这三类安全相关操作既可由软件实现，以任务的形式由处理器来完成相应的执行过程，也可由硬件实现，而不需要处理器的参与。据调研，在已有的安全机制中，所有安全相关操作均采用单一的软件或硬件方式来实现，这就导致要么处理器负载过重、要么实现成本过高。我们提出的 SSS 通过合理地选择安全相关操作的软/硬件实现方式，在保证通信安全性和系统可调度性的同时，能够实现成本最优化设计。

如前文所述，密钥生成函数必须是单向的和伪随机的，我们采取与 TESLA[98] 中相同的函数——SHA－1 哈希函数。对于 MAC 签名（或生成）和验证，我们采用最常用的 HMAC-SHA1 算法，该算法是一种基于 SHA－1 哈希函数的消息认证码机制。HMAC（Hash-based MAC）通常需要一种哈希函数（如 SHA－1）和一个密钥，尽管其他的哈希函数（如 MD5 和 SHA－2）也可以在这里应用，然而 SHA－1 是这三种安全相关操作的公用模块，如果选择硬件实现安全相关操作的话，使用 SHA－1 可以减少 FPGA 单元的使用数量。

使用软件实现时，所有的安全相关操作以任务的形式执行，这必将增加 ECU 的负载甚至可能影响系统的可调度性。实际上，人们一般采用可编程逻辑器件（如 FPGA 等）来实现这种计算密集型操作。在 HMAC-SHA1 算法的

FPGA 实现中，SHA－1 是三种安全相关操作（密钥生成、MAC 生成和 MAC 验证）的公用模块，可以通过合理的设计，以时分复用方式共享该硬件模块（称为认证模块），实现 FPGA 资源的重用。

FPGA 的特性使得其很适用于 TESLA 核心操作的实现，人们对于基于 FPGA 的 HMAC-SHA1 算法实现的研究已有很长时间。文献［109］总结了现有的各种实现方法，Wang 等[110]的实现对于 FPGA 平台频率和性能的要求最低，该实现包含一个控制器模块和一个 SHA－1 模块，提出的 SSS 采用了该实现方法。

HMAC-SHA1 对消息进行摘要，产生的 MAC 长度为 20 字节。对于 FlexRay 通信来说，这个长度过长，引入了较大的带宽开销（即使考虑 FlexRay 最大负荷 256 字节，20 字节的 MAC 仍会占用 7.9% 的带宽）。我们考虑在保证满足安全性要求的前提下对 MAC 进行裁剪。为了对 HMAC-SHA1 进行一次成功的攻击，即找到具有相同 MAC 的两个不同的消息：Hash(key||Msg1) = Hash(key||Msg2)，攻击者需要首先获得密钥。即使获得了密钥，攻击者还需要攻破 SHA－1 哈希函数。目前在 SHA－1 哈希函数中找到一个冲突（即具有相同摘要的两个不同数据）的最快方法的复杂度仍是 2^{61}。因此，我们可以假定该算法产生的 MAC 是完全随机的。随机伪造一个合法的 MAC 的概率是 2^{-n}，其中 n 是裁剪后的 MAC 的长度。我们要求该概率必须低于安全标准 ISO 26262 中的规定，例如，最严格的要求 ASIL D 规定每小时出现安全事故的次数不超过于 10^{-8} 次。对于周期为 1 ms 的信号，其所需的 MAC 长度应该不少于 48 位（或 6 字节）。

2.4.3 智能安全机制的优化

我们提出的智能安全机制 SSS 将用于 FlexRay 总线系统，一组计算节点（ECU）由 FlexRay 互连成一个分布式嵌入式系统，并有一个系统应用映射到该嵌入式系统上。

安全相关操作带来很高的计算代价，因而我们需要升级当前的处理器或采用专用的硬件协处理器，当 ECU 计算资源不足时，SSS 使用 FPGA 协处理器实现该 ECU 中的全部安全相关操作。FPGA 协处理器与 ECU 中的主处理器共享存储器。这种优化方案也符合当代汽车系统的增量设计风格，即在不改变原有平台的前提下对当前系统进行渐进式的升级。而如果将现有的 ECU 全部替换为更高端的 ECU，将需要对系统进行重新设计和测试，从而需要更长的研发时间和更大的代价。与专用硬件安全模块相比，FPGA 更加灵活，具有更低的代价和更短的开发周期。

我们假定 FPGA 类型已给定，且将实现 TESLA 三种安全相关操作所有的全部 FPGA 代价记为一个 FPGA 单元。我们将考虑如何尽可能地降低系统所需的 FPGA 单元数量。

2.4.3.1 系统模型

我们可以用一个数据流图 $G(\mathbb{V},\mathbb{E})$ 来表示一个典型的 FlexRay 系统应用。图的顶点代表任务（包括软件实现的安全相关操作），图中的边表示任务间的通信数据（称为信号）。任务 τ_i 的参数可以用一个五元组（E_i，T_i，o_i，C_i，D_i）来表示，其中，E_i 表示任务所在的 ECU，T_i 表示任务周期，o_i 为任务的初始相位，C_i 为任务最坏情况下的执行时间，D_i 为任务的时限（$D_i \leqslant T_i$）。假设系统基于优先级进行调度，每个任务 τ_i 的静态优先级记为 π_i（值越大优先级越低）。上述任务调度模型在多种汽车标准中都有很好的支持，如 AUTOSAR[73] 和 OSEK[74]。

每个任务都是无限个任务实例组成的序列。FlexRay 系统的应用周期（或超周期）H 被定义为所有任务周期的最小公倍数，在一个超周期内，每个任务实例被看作一个独立的调度实体，记为 Γ_i。FlexRay 系统的调度包含对任务实例执行的规划和为每个信号的传输找到可用的 FlexRay 静态段时间槽。我们根据任务实例的序号及对应的任务来唯一确定，即 $\Gamma_{k,j}$ 表示任务 τ_k 的第 j 个实例。

任务实例 Γ_i 的到达时间记为 a_i 或 $a_{k,j}$（含实例序号），且 $a_{k,j}=\Phi_k+(j-1)\times T_k$。到达时间表示任务应当就绪的时刻。任务开始执行时间记为 s_i，结束时间记为 f_i。任务的响应时间 r_i 定义为从任务到达到任务结束之间的时间间隔，即 $r_i=f_i-a_i$。任务 τ_k 为在最坏情况下的响应时间 R_k 为其所有实例 $\Gamma_{k,j}$ 的响应时间 $r_{k,j}$ 的最大值。

如图 2.36 所示，一个 FlexRay 应用周期内到达的全部任务实例构成了一个应用实例图。位于同一个 ECU 上的任务发送的信号可以封装在同一个消息中，在同一个时间槽内传输。FlexRay 通信周期 k 的第 j 个时间槽的开始时间记为 $s_{k,j}^s$，结束时间为 $f_{k,j}^s$。

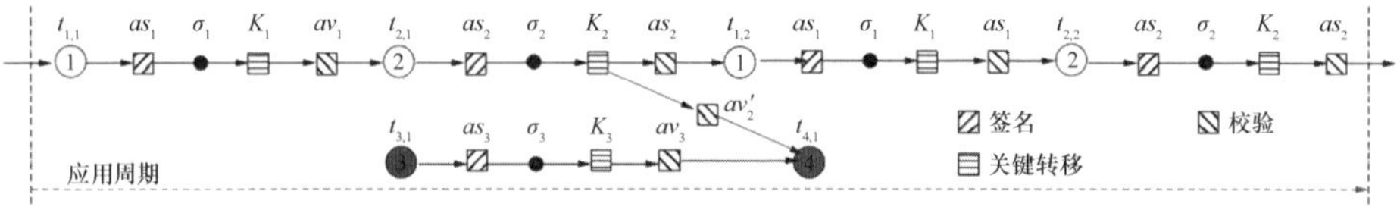

图 2.36　FlexRay 系统应用实例图（包含认证操作）

FlexRay 系统应用数据流图中，任务 τ_h 和 τ_k 之间的一条边表示这两个任务之间的输入/输出连接。每条边可能携带一个 p - 单位延迟，即图 2.37 中 $\tau_2 \xrightarrow{-1} \tau_1$ 表示从任务 τ_2 到 τ_1 任务存在一个单位延迟。对于不携带单位延迟的边，接收任务的执行必须晚于在其之前激活的最晚的发送任务实例，而早于该发送任务实例的下一个实例；而对于携带 p - 单位延迟的边，接收任务实例使用在其之前第 p 个激活的发送任务实例产生的数据。对于图中两个任务实例之间的通信数据（或信号）σ_i，其位宽为 B_i，由任务实例 SR_i 发送，任务实例 SN_i 接收。在保证最低安全性要求时，σ_i 的最小长度（含 MAC）记为 L_i 比特。不同的信号可以根据其重要程度设置不同的安全级别，进而产生不同的最小 MAC 长度。

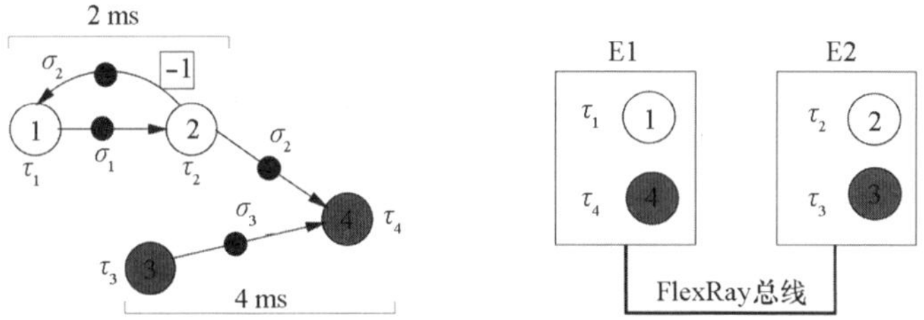

图 2.37　FlexRay 系统数据流图（包括任务、消息和延迟）及其支持的系统结构

从 τ_i 到 τ_j 的｛路径｝p 表示一个任务序列 $p = [\tau_i, \cdots, \tau_j]$，这个序列中任意两个相邻的任务之间都存在一条链路。如图 2.37 中，任务 τ_1 和任务 τ_4 之间存在一条路径。p 的路径延迟表示从任务 τ_i 的一个实例的到达到任务 τ_j 的一个依赖 τ_i 的输出的实例的结束时间之间的间隔。

除应用级任务之外，我们还需考虑软件实现的安全相关操作$\mathbb{A}$（包括 MAC 签名操作 as、认证操作 av 和密钥生成操作 ak）。我们假定每个操作 $a_i \in \mathbb{A}$在最坏情况下的执行时间已经给定，且与其所在的 ECU 有关。假定消息的 MAC 长度根据其包含的所有信号的最高安全性要求确定。密钥 K 可以与消息一起传输，也可以单独占用一个时间槽。此外，还应考虑安全相关操作所引入的时序约束，即，消息必须在传输前完成签名操作，验证操作必须在消息和对应密钥到达接收者之后进行（图 2.36）。

2.4.3.2 安全调度问题定义

从消息传输开始到对应的密钥被接收者收到之间的时间间隔称为认证延迟，是端到端延迟的一部分，随密钥公布延迟 d 和时间间隔 T_{int} 的增大线性增加。为尽量减少端到端延迟，我们令 $d=1$，并考虑 $T_{int}=l_{comm}$，从而使得认证协议的时间间隔与 FlexRay 通信周期对齐，以简化设计。通过这种设计，发送者和接收者可以直观地识别不同密钥的作用范围，并准确地为每个消息找到对应的密钥（消息在接收后的下一个 FlexRay 周期进行认证）。

这里我们考虑的 FlexRay 通信调度包括一个应用周期内所有任务、信号及安全相关操作执行时间的调度。FlexRay 调度方案的选取会受到诸多因素的影响，包括通信周期长度、静态段大小、时间槽大小、静态段时间槽数量等。如果将所有这些参数都作为优化变量，理论上来讲会得到最优的方案，然而这将使搜索空间变得十分庞大，导致根本无法计算。

为了支持 ECU 跨平台重用，大多数的汽车制造商正着手于 FlexRay 通信基本参数（周期长度、静态段大小和时间槽大小）的标准化工作。假设已给定 FlexRay 总线配置（L_{com}，N_{slot}，L_{slot}，B_{slot}），其中 L_{com} 为 FlexRay 通信周期长度，N_{slot} 为一个通信周期内的静态段时间槽数量，L_{slot} 为一个时间槽的时间长度，B_{slot} 为一个时间槽的位宽。假设信号和任务的周期均为 L_{com} 的整数倍。

我们建立的优化设计模型将包括以下几个方面：系统所需的 FPGA 单元数量（其可作为优化问题的代价函数）、安全级别（或裁剪后的 MAC 长度，用以保证系统最大故障概率不超过安全性要求）、时序性能（即应用的端到端延迟）和可扩展性（FlexRay 静态段未使用的时间槽数量）。FGPA 单元数量是优化目标，其他几个方面则作为优化框架的约束条件。在进行设计优化时，我们假设任务的 WCET、信号数据位宽以及任务和信号的周期都已知，任务与 ECU 的对应关系也已给定。

在安全级别的选择上，实验中选择了安全标准 ISO 26262 中的最高级别——ASIL D。由此安全级别所得到的最小 MAC 长度为 48 bit，实验中的 FlexRay 配置中每个时间槽长度为 200 bit，因而，仅 MAC 就占用了 24% 的通信带宽。我们还定义了另外两种安全级别：中度安全级别和轻量安全级别，其对应的 MAC 长度分别为 32 bit 和 16 bit。对于通信负载较高的 FlexRay 系统，当采用最高安全级别所需的 MAC 长度（48 bit）导致系统无法调度时，可以考虑采用中度或轻量安全级别所指定的 MAC 长度。

任务和信号的调度问题可以分为三个子问题：信号 - 消息封装、消息 - 时间槽映射以及任务和消息的调度。优化框架包括以下决策变量：

（1）任务调度，包括任务初始相位的选取；

（2）信号调度，包括信号—消息封装、消息—时间槽映射和时间槽的归属（属于哪个 ECU）；

（3）安全相关操作的软/硬件实现的选择及其调度、密钥传输调度。

2.4.3.3 智能安全机制优化设计模型

在智能安全机制优化模型中，我们通过混合整数线性规划（MILP）的方式寻找 FlexRay 调度问题的方案。表 2.8 和表 2.9 分别总结了 MILP 公式中用到的参数（使用大写字母表示）和变量（使用小写字母表示）。符号的名称、含义及其定义域都在表中列出，可能的定义域包括：二进制数（用$\mathbb{B}$表示）、非负实数（用$\mathbb{R}^+$表示）和自然数（用$\mathbb{N}$表示）.

表 2.8 参数列表

参数	含义	定义域
Θ_e	ECUe 接收的信号集合	
E_i	任务 τ_i 所在的 ECU	
T_i	任务 τ_i 的周期	$\mathbb{N}$
C_i	任务 τ_i 的 WCET	$\mathbb{R}^+$
D_i	任务 τ_i 的时限	$\mathbb{R}^+$
P_i	OSEK 任务 τ_i 的优先级	$\mathbb{R}^+$
HP_i	与任务 τ_i 在同一 ECU 且优先级比它高的任务集	
N_i	一个应用周期内任务 τ_i 的实例数	$\mathbb{N}$
C_e^{FS}	ECUe 上 FPGA 实现的 MAC 签名操作的 WCET	$\mathbb{R}^+$
C_e^{SS}	ECUe 上软件实现的 MAC 签名操作的 WCET	$\mathbb{R}^+$
C_e^{FV}	ECUe 上 FPGA 实现的 MAC 认证操作的 WCET	$\mathbb{R}^+$
C_e^{SV}	ECUe 上软件实现的 MAC 认证操作的 WCET	$\mathbb{R}^+$
C_e^{FK}	ECUe 上 FPGA 实现的密钥生成操作的 WCET	$\mathbb{R}^+$

续表

参数	含义	定义域
C_e^{SK}	ECUe 上软件实现的密钥生成操作的 WCET	$\mathbb{R}^+$
SR_i	信号 σ_i 的发送任务实例	
SN_i	信号 σ_i 的接收任务实例集	
B_i	信号 σ_i 的数据位宽	$\mathbb{N}$
L_i	信号 σ_i 所属消息的 MAC 的最小长度	$\mathbb{N}$
H	应用周期长度（所有任务周期的最小公倍数）	$\mathbb{N}$
L_{com}	FlexRay 通信周期的长度	$\mathbb{N}$
N_{slot}	一个通信周期内的时间槽数量	$\mathbb{N}$
L_{slot}	静态段时间槽的时间长度	$\mathbb{N}$
B_{slot}	时间槽的数据位宽	$\mathbb{N}$
$S_{k,j}^s$	第 k 个通信周期第 j 个时间槽的开始时间	$\mathbb{N}$
$F_{k,j}^s$	第 k 个通信周期第 j 个时间槽的结束时间	$\mathbb{N}$
D_p	路径 p 的端到端延迟	$\mathbb{R}^+$
M	一个足够大的常数	$\mathbb{R}^+$
$T_{\max}$	最大的调度窗口长度：通过 $H+\max\limits_i(T_i)$ 计算得到	$\mathbb{R}^+$

表 2.9　变量列表

变量	含义	定义域
o_i	任务 τ_i 的初始相位	$\mathbb{R}^+$
r_i	任务 τ_i 的响应时间	$\mathbb{R}^+$
a_i	任务实例 Γ_i 的到达时间	$\mathbb{R}^+$
$a_{i,j}$	任务 τ_i 的第 j 个实例的到达时间	$\mathbb{R}^+$
s_i	任务实例 Γ_i 或信号 σ_i 的开始时间	$\mathbb{R}^+$
f_i	任务实例 Γ_i 或信号 σ_i 的结束时间	$\mathbb{R}^+$
$f_{i,j}$	任务 τ_i 的第 j 个实例的结束时间	$\mathbb{R}^+$
$z_{i,j}$	任务 τ_i 对 τ_j 的最大抢先次数	$\mathbb{N}$
c_i^S	信号 σ_i 所属消息 MAC 签名操作的 WCET	$\mathbb{R}^+$

续表

变量	含义	定义域
s_i^S	信号 σ_i 所属消息 MAC 签名操作的开始时间	$\mathbb{R}^+$
f_i^S	信号 σ_i 所属消息 MAC 签名操作的结束时间	$\mathbb{R}^+$
n_e^S	ECUe 上的 MAC 签名操作的数量	$\mathbb{R}^+$
$c_{i,j}^V$	信号 σ_i 被任务实例 Γ_j 接收到后的 MAC 认证操作的 WCET	$\mathbb{R}^+$
$s_{i,j}^V$	信号 σ_i 被任务实例 Γ_j 接收到后的 MAC 认证操作的开始时间	$\mathbb{R}^+$
$f_{i,j}^V$	信号 σ_i 被任务实例 Γ_j 接收到后的 MAC 认证操作的结束时间	$\mathbb{R}^+$
n_e^V	ECUe 上的 MAC 认证操作的数量	$\mathbb{R}^+$
d_e	MAC 操作对 ECUe 上的一般任务的最大抢先次数	$\mathbb{R}^+$
$m_{e,j,k}^K$	密钥到时间槽的映射：若 ECUe 第 j 个密钥映射到第 k 个时间槽，则该值为真	$\mathbb{B}$
f_i^K	信号 σ_i 对应密钥释放的结束时间	$\mathbb{R}^+$
j_i^K	信号 σ_i 对应密钥释放所用的时间槽所在周期	$\mathbb{N}$
$k_{e,j}^K$	ECUe 在第 j 个周期的密钥释放所用的时间槽	$\mathbb{N}$
k_i^K	信号 σ_i 对应密钥释放所用的时间槽	$\mathbb{N}$
$g_{i,j}$	信号 σ_i 和 σ_j 的映射情况：若 σ_i 和 σ_j 映射到同一时间槽，则该值为真	$\mathbb{B}$
$h_{j,k}$	第 j 个周期第 k 个时间槽传输的消息的 MAC 长度	$\mathbb{N}$
$m_{i,j,k}$	信号到时间槽的映射：如果信号 σ_i 映射到第 j 个周期第 k 个时间槽，该值为真	$\mathbb{B}$
$p_{i,j,k,l}$	变量 $m_{i,k,l}$ 与 $m_{j,k,l}$ 的乘积	$\mathbb{B}$
$w_{e,j,k}$	时间槽的拥有者：若第 j 个周期第 k 个时间槽被 ECUe 占有，则该值为真	$\mathbb{B}$
$v_{e,j,k}$	某个时间槽的接收者：如果第 j 个周期第 k 个时间槽被 ECUe 接收，则该值为真	$\mathbb{B}$
u_e	ECUe 上的安全相关操作是否硬件实现： 如果 ECUe 上的安全相关操作由硬件实现，则该值为真； 如果由软件实现，则该值为假	$\mathbb{B}$
$y_{i,j}$	两个 MAC 操作 i 和 j 开始时间顺序：如果 i 早于 j 开始执行，则该值为真	$\mathbb{B}$

在文献［110］的硬件实现中，对一个数据块（512 bit）进行签名/认证所需的最大时间为 18.5 μs，这是在文献综述［109］所列出的所有硬件实现中最慢的一种（性能最高的方案只需 0.3 μs）。然而，即使采用文献［110］的硬件实现，一般最多只需一个 FPGA 单元就可实现一个 ECU 上所有的安全相关操作（签名、验证和密钥生成）。简单起见，在下面提出的 MILP 公式中，我们假定每个 ECU 最多只需一个 FPGA 单元。当然，该优化模型可以扩展到一般化的情况（即每个 ECU 使用多个 FPGA）。

对于软件实现的安全相关操作，我们假定 MAC 签名和验证操作的实现任务使用该 ECU 中最高优先级进行调度，其他任务不可抢先或阻塞此类任务。而生成密钥的任务可以使用最低优先级作为背景任务运行。密钥链长度 N 可以选为一个应用周期内的通信周期数量。

优化目标为最小化 FPGA 单元数，即：

$$\min \sum_{e \in \text{ECUs}} u_e \tag{2.50}$$

下面的约束集定义了任务初始相位、响应时间、实例到达时间和结束时间之间的相对关系：

$$\text{s.t.}\ \forall \Gamma_{i,k}, a_{i,k} = o_i + (k-1)T_i \tag{2.51a}$$

$$\forall \tau_i, 0 \leqslant o_i < T_i \tag{2.51b}$$

$$\forall \Gamma_i, f_i \leqslant a_i + D_i \tag{2.51c}$$

$$\forall \Gamma_{i,k}, f_{i,k} - a_{i,k} = r_i \tag{2.51d}$$

软件实现的 MAC 操作具有系统最高的优先级，因此计算任务在 WCRT 要考虑被更高优先级任务和所有 MAC 操作抢先的情况。硬件实现的 MAC 操作不会对系统的一般应用任务产生影响。具体如下：

$$\forall \tau_i, r_i = C_i + d_{E_i} + \sum_{j \in hp(i)} z_{j,i} C_j \tag{2.52a}$$

$$\forall \tau_i, \forall \tau_j \in hp(i), \frac{r_i}{T_j} \leqslant z_{j,i} < \frac{r_i}{T_j} + 1 \tag{2.52b}$$

$$\forall e, C_e^{SV} \cdot n_e^V + C_e^{SS} \cdot n_e^S \leqslant d_e + M \cdot u_e \tag{2.52c}$$

$$\forall e, d_e \leqslant M \cdot (1 - u_e) \tag{2.52d}$$

如果两个信号 σ_i 和 σ_j 被映射到同一个时间槽，它们的 MAC 签名操作 Γ_i^S 和 Γ_j^S 实际上是同一个操作，因而其具有相同的开始时间和结束时间。如果这两个信号不在同一时间槽，其签名操作的执行不能有重叠。同样的规律也适用于同一接收任务实例 Γ_k 的两个 MAC 认证操作 $\Gamma_{i,k}^V$ 和 $\Gamma_{j,k}^V$：

$$\forall \sigma_j, \forall \Gamma_k \in SN_j, c_{j,k}^V = C_{E_k}^{SV} \cdot (1 - u_{E_k}) + C_{E_k}^{FV} \cdot u_{E_k} \tag{2.53a}$$

$$\forall \sigma_j,\ \forall \Gamma_k \in SN_j,\ f_{j,k}^V = s_{j,k}^V + c_{j,k}^V \tag{2.53b}$$

$$\forall \sigma_i \neq \sigma_j,\ E_i = E_j,\ s_i^S \leqslant s_j^S + M \cdot (1 - g_{i,j}) \tag{2.53c}$$

$$\forall \Gamma_k \in SN_i,\ \Gamma_k \in SN_j,\ s_{i,k}^V \leqslant s_{j,k}^V + M \cdot (1 - g_{i,j}) \tag{2.53d}$$

MAC 签名和认证操作的实际 WCET 与其具体的软硬件实现方式有关，这里我们考虑实现 MAC 操作的任务是不可抢先执行的，即：

$$\forall \sigma_i,\ E_i = e,\ c_i^S = C_e^{SS} \cdot (1 - u_e) + C_e^{FS} \cdot u_e \tag{2.54a}$$

$$\forall \sigma_i,\ f_i^S = s_i^S + c_i^S \tag{2.54b}$$

我们通过为 MAC 签名/认证任务寻找一种可行的执行顺序，以验证其可调度性：

$$\forall \sigma_i \neq \sigma_j,\ E_i = E_j,\ f_j^S \leqslant s_i^S + M \cdot (1 - y_{\Gamma_i^S, \Gamma_j^S}) \tag{2.55a}$$

$$\forall \sigma_i \neq \sigma_j,\ E_i = E_j,\ y_{\Gamma_i^S, \Gamma_j^S} + y_{\Gamma_j^S, \Gamma_i^S} = 1 - g_{i,j} \tag{2.55b}$$

$$\forall \Gamma_k \in SN_i,\ \Gamma_l \in SN_j,\ E_k = E_l,\ f_{j,l}^V \leqslant s_{i,k}^V + M \cdot (1 - y_{\Gamma_{i,k}^V, \Gamma_{j,l}^V}) \tag{2.55c}$$

$$\forall \Gamma_k \in SN_i,\ \Gamma_l \in SN_j,\ E_k = E_l,\ y_{\Gamma_{j,l}^V, \Gamma_{i,k}^V} + y_{\Gamma_{i,k}^V, \Gamma_{j,l}^V} = 1 - g_{i,j} \tag{2.55d}$$

$$\forall \sigma_i,\ \forall \Gamma_k \in SN_j,\ E_i = E_k,\ f_i^S \leqslant s_{j,k}^V + M \cdot (1 - y_{\Gamma_i^S, \Gamma_{j,k}^V}) \tag{2.55e}$$

$$\forall \sigma_i,\ \forall \Gamma_k \in SN_j,\ E_i = E_k,\ y_{\Gamma_{j,k}^V, \Gamma_i^S} + y_{\Gamma_i^S, \Gamma_{j,k}^V} = 1 \tag{2.55f}$$

下面的公式实现了 FlexRay 协议本身的约束：每个信号只能被映射到一个时间槽，映射到同一个时间槽的所有信号的数据位宽（包括 MAC 长度）不能超过时间槽大小；信号的起止时间实际是其所用时间槽的起止时间；每个 FlexRay 时间槽最多只能被一个 ECU 使用，即只能用来传输来自同一个 ECU 的信号。具体如下：

$$\forall \sigma_i,\ \sum_{s_{j,k}^s \leqslant T_{\max}} m_{i,j,k} = 1 \tag{2.56a}$$

$$\forall j,\ k,\ \sum_i m_{i,j,k} \cdot B_i + h_{j,k} \leqslant B_{\text{slot}} \tag{2.56b}$$

$$\forall \sigma_i,\ \forall j,\ k,\ m_{i,j,k} \cdot L_i \leqslant h_{j,k} \tag{2.56c}$$

$$\forall \sigma_i,\ \forall j,\ k,\ s_{j,k}^s \leqslant s_i + (1 - m_{i,j,k})M \tag{2.56d}$$

$$\forall \sigma_i,\ \forall j,\ k,\ s_i \leqslant s_{j,k}^s + (1 - m_{i,j,k})M \tag{2.56e}$$

$$\forall \sigma_i,\ f_i = s_i + L_{\text{slot}} \tag{2.56f}$$

$$\forall j,\ k,\ \sum_{e \in \text{ECUs}} w_{e,j,k} \leqslant 1 \tag{2.56g}$$

$$\forall \sigma_i,\ \forall j,\ k,\ m_{i,j,k} \leqslant w_{E_i,j,k} \tag{2.56h}$$

$$\forall j,k,\ w_{e,j,k} \leqslant \sum_{i:E_i=e} m_{i,j,k} \tag{2.56i}$$

下列约束确保了变量 p，m 和 g 的一致性：

$$\forall \sigma_i,\ \sigma_j,\ \forall k,\ l,\ p_{i,j,k,l} \leqslant m_{i,k,l} \wedge p_{i,j,k,l} \leqslant m_{j,k,l} \tag{2.57a}$$

$$\forall \sigma_i,\ \sigma_j,\ \forall k,\ l,\ m_{i,k,l} + m_{j,k,l} \leqslant p_{i,j,k,l} + 1 \tag{2.57b}$$

$$\forall \sigma_i,\ \sigma_j,\ g_{i,j} \leqslant \sum_{s^S_{k,l} \leqslant T_{\max}} p_{i,j,k,l} \tag{2.57c}$$

$$\forall \sigma_i,\ \sigma_j,\ \forall k,\ l,\ p_{i,j,k,l} \leqslant g_{i,j} \tag{2.57d}$$

下列约束用来计算每个 ECU 上的 MAC 签名/认证操作的数量：

$$\forall \sigma_i,\ \forall \Gamma_k \in \mathrm{SN}(\sigma_j),\ \forall k,\ l,\ m_{i,k,l} \leqslant v_{E_k,k,l} \tag{2.58a}$$

$$\forall e,\ \forall j,\ k,\ v_{e,j,k} \leqslant \sum_{i \in \Theta_e} m_{i,j,k} \tag{2.58b}$$

$$\forall e,\ n_e^V = \sum_j \sum_k v_{e,j,k} \tag{2.58c}$$

$$\forall e,\ n_e^S = \sum_j \sum_k w_{e,j,k} \tag{2.58d}$$

下列公式定义了任务、信号和 MAC 签名/认证操作的时序约束，同时，密钥的释放要在使用该密钥的消息传输的下一个通信周期进行，且早于 MAC 认证的开始时间：

$$\forall \Gamma_i \to \Gamma_j,\ E_i = E_j,\ f_i \leqslant a_j \tag{2.59a}$$

$$\forall \sigma_i,\ \forall \Gamma_j \in \mathrm{SR}(\sigma_i),\ f_j \leqslant s_i^S \wedge f_i^S \leqslant s_i \tag{2.59b}$$

$$\forall \sigma_i,\ \forall \Gamma_k \in \mathrm{SN}(\sigma_i),\ f_i \leqslant s_{i,k}^V \wedge f_{i,k}^V \leqslant a_k \tag{2.59c}$$

$$\forall \sigma_i,\ \forall \Gamma_k \in \mathrm{SN}(\sigma_i),\ f_i^K \leqslant s_{i,k}^V \tag{2.59d}$$

$$\forall \sigma_i,\ j_i^K = \sum_j \sum_k m_{i,j,k} \cdot (j+1) \tag{2.59e}$$

$$\forall e,\ \forall j,\ \sum_k m_{e,j,k}^K = 1 \tag{2.59f}$$

$$\forall e,\ \forall j,\ k_{e,j}^K = \sum_k k \cdot m_{e,j,k}^K \tag{2.59g}$$

$$\forall \sigma_i,\ \forall j,\ k_i^K \leqslant k_{E_i,j+1}^K + M \cdot \Big(1 - \sum_k m_{i,j,k}\Big) \tag{2.59h}$$

$$\forall \sigma_i,\ \forall j,\ k_{E_i,j+1}^K \leqslant k_i^K + M \cdot \Big(1 - \sum_k m_{i,j,k}\Big) \tag{2.59i}$$

$$\forall \sigma_i,\ f_i^K = j_i^K \cdot L_{\mathrm{com}} + (k_i^K + 1) \cdot L_{\mathrm{slot}} \tag{2.59j}$$

任务和 FlexRay 总线的调度窗口应该考虑到第一个应用周期内的所有任务发出的信号及其接收者的调度情况（即直到 $T_{\max} = H + \max\limits_i T_i$），且需保证每个应用周期的调度情况完全相同。这需要增加对于任务实例（包括 MAC 操作）结束时间和信号映射的约束：

$$\forall \tau_i,\ \forall j,\ f_{i,N_i+j} = f_{i,j} + H \tag{2.60a}$$

$$\forall \sigma_i,\ \sigma_j,\ s.t.\ \ SR_i = \Gamma_{k,l} \wedge SR_j = \Gamma_{k,N_k+l},\ \ \forall m,\ n \tag{2.60b}$$

$$A_{i,m,n} = A_{j,m,n+H/L_{\mathrm{com}}} \tag{2.60c}$$

$\mathbb{P}$ 为所有延迟敏感路径的集合，我们需要保证每条路径 $p \in \mathbb{P}$ 的端到端延迟不超过其时限：

$$\sum_{p \in \mathbf{P}} f_{snk(p)} - a_{src(p)} \leqslant D_p \tag{2.61}$$

由于本优化问题的复杂性非常高，对于较大的设计，即使采用先进的 MILP 解决器也很难使用单纯的 MILP 框架找到最优解，因此，我们提出了一种分而治之的启发式优化算法。该算法将问题划分为两个连续的子问题：首先使用启发式算法将信号封装为消息，然后使用 MILP 框架对其他设计变量（任务调度、消息 - 时间槽映射和 MAC 操作的调度）进行优化。

步骤一：将信号封装为消息。在第一步中，我们提出了一种贪婪的装箱算法，将同一 ECU 上的所有信号封装进消息中，其中每个消息的大小（含 MAC）必须小于单个 FlexRay 静态段时间槽的大小。如算法 2.7 所示，首先将信号根据周期分组，即只能将具有相同周期的任务发出的信号封装进一个消息中。由于我们对任务/信号及安全相关操作进行时序约束时假定系统为同步通信模型，因而这种分组方式可以避免不同周期信号的调度耦合问题，同时也可减少所需安全操作数量。

算法 2.7　信号 - 消息封装的贪婪算法

begin
　For *each* ECU*e* **do**
　MsgList（e）= $\varnothing$;
　　for *each* 与 ECU*e* 具有相同周期的信号子集 S **do**
　　m = {}; //创建新消息;
　　for *each* 信号 $\sigma_i \in S$（按照大小降序排列）**do**
　　　if *MsgSize*（m）+ $B_i > L_{\mathrm{slot}}$ **then**
　　　　添加 m 到 MsgList（e）;
　　　　m = {}; //创建新消息;
　　　end
　　　$m = m + \{\sigma_i\}$; // 添加 σ_i 到消息 m;
　　end
　　end
　end
end

对于分组后的每个信号集合，我们将其中的信号按照其数据位宽的降序排列，然后按顺序尝试将信号放进消息中，如果消息中的信号大小超过 FlexRay 时间槽上限，则该信号无法放入消息，跳过当前信号，继续尝试下一个。遍历完所有消息后，该消息构造完成，产生一个空消息，开始下一轮遍历，直至该集合中不再有剩余的信号。

步骤二：任务调度、消息－时间槽映射及 MAC 操作。经过第一步的信号封装，调度实体从信号变为消息，其数量大大减少，从而极大地简化了优化问题。现在，每个 ECUe 上的 MAC 签名操作数量 n_e^S 及认证操作数量 n_e^V 可以直接得到，此外，变量 $g_{i,j}$（表示两个信号 σ_i 和 σ_j 是否映射到相同的时间槽）也为已知。因而，式（2.57）和式（2.58）可以直接移出 MILP 框架，而式（2.53）~式（2.56）也需要进行相应的修改，将调度实体由信号改为消息。

任务 τ_i 在最坏情况下的响应时间根据不同的安全相关操作的软/硬件实现方式，具有不同的约束公式。R_i^S 表示 MAC 操作由软件实现，R_i^F 表示 MAC 操作由 FPGA 实现，则 R_i^S 和 R_i^F 可分别表示为：

$$R_i^S = C_i + C_e^{SV} \cdot n_e^V + C_e^{SS} \cdot n_e^S + \sum_{j \in hp(i)} \left\lceil \frac{R_i^S}{T_j} \right\rceil \cdot C_j \tag{2.62}$$

$$R_i^F = C_i + \sum_{j \in hp(i)} \left\lceil \frac{R_i^F}{T_j} \right\rceil \cdot C_j \tag{2.63}$$

此时式（2.62）和式（2.63）中除 R_i^S 和 R_i^F 外的所有参数均已知，因此我们可以事先将这些参数计算出来，并用作输入参数，这样，式（2.52）可简化为：

$$\forall \tau_i, r_i = R_i^S \cdot (1 - u_{E_i}) + R_i^F \cdot u_{E_i} \tag{2.64}$$

SSS 安全机制提供了三种不同的安全级别：最高、中度和轻量安全级别。这三种安全级别分别对应不同的 MAC 长度，设计人员可根据通信系统负载选择最佳安全级别。本节提出了 SSS 安全机制的两个优化模型，第一个优化模型使用单步 MILP 算法（单步法），能够找到全局最优方案。但该模型的二进制变量数量较多，当问题规模较大时，很难在有限时间内找到可行解。第二个优化模型采用了启发式优化算法（两步法），有效降低了算法复杂度，对于规模较大的问题也能在有限时间内找到优化方案。在后面的实验验证中，我们可以看到，两步法能够得到与单步法相同的优化结果，而其所需的时间远远小于单步法。

2.4.4 智能安全机制的实验验证

在本节中，我们采用 SSS 优化模型对实际的汽车系统案例（包括任务和信号集）进行实验验证。我们使用 CPLEX 12.4 进行 MILP 问题的求解，硬件平台为 Intel Core i5 2.4GHz CPU，4 GB 内存。第一个工业实例是一个相对较小的例子，可以通过单步 MILP 在有限时间内求解。我们可以用该实例验证两步法（启发式算法）的质量。第二个实例是一个 X-by-wire 原型应用，该实例的 ECU 数量、任务和信号数量都比第一个实例多。单步法无法用于本实例，我们会将两步法的结果同模拟退火算法比较。

假定安全相关操作采用文献［110］的 FPGA 实现方式，即，对单个数据块（512 bit）进行签名/验证的最大时间为 18.5 μs。对于软件实现，我们考虑采用 MPC564xL，该芯片是专门用于汽车系统的 32 位微控制器。表 2.10 为在 MPC564xL（主频 120 MHz）上测量到的安全相关操作执行时间。

表 2.10 在 Freescale MPC564xL 上测量到的安全相关操作执行时间（数据块大小为 512 bit，密钥长度为 32 bit）

操作	CPU 周期数	执行时间/μs
C^{SS}	13749	115
C^{SK}	3210	27
C^{SV}	16959	142

2.4.4.1 主动安全功能实例实验验证

我们实现了单步优化算法［式（2.50）~式（2.61）］和两步法（分而治之的启发式算法），并将这两种方法应用到文献［67］中的工业实例——一系列主动安全功能的集合，包括车辆自适应巡航控制、电力转向和牵引控制功能。在实验中，我们假定应用周期为 $H=8$ ms，通信周期为 $L_{com}=2$ ms，每个周期含静态时间槽数量为 $N_{slot}=10$，时间槽大小为 $L_{slot}=32$ bit（或 100 μs）。

本实例包含 6 个 ECU、28 个任务和 31 个信号，是一个相对较小的例子，因此我们可以直接用单步法来解决该问题。表 2.11 和表 2.12 分别列出了本应用的数据流图、任务的周期和 WCET（单位为 μs），以及信号的大小（单位为字节）。在采用单步法和两步法时，本问题所需的最小 FPGA 单元均为 0，即，所有的 MAC 操作都可以用软件来实现而不会破坏系统的可调度性。

表 2.11　主动安全功能实例的任务集　　单位：μs

τ_i	E_i	T_i	C_i	输入信号	输出信号
τ_0	e_0	2000	150		σ_0，σ_1
τ_1	e_0	2000	350	σ_1	σ_2，σ_3
τ_2	e_0	2000	200	σ_0	σ_4，σ_5
τ_3	e_3	2000	250	σ_3	σ_6
τ_4	e_0	2000	300	σ_2，σ_5	σ_7
τ_5	e_3	2000	200	σ_6	
τ_6	e_4	2000	400	σ_7	
τ_7	e_2	4000	300		σ_8，σ_9
τ_8	e_1	4000	350		σ_{10}，σ_{11}
τ_9	e_5	4000	400	σ_9	σ_{12}
τ_{10}	e_2	4000	250	σ_8	σ_{13}
τ_{11}	e_5	4000	400	σ_{11}	σ_{14}
τ_{12}	e_1	4000	300	σ_{10}	σ_{15}
τ_{13}	e_5	4000	400	σ_{12}，σ_{13}，σ_{14}，σ_{15}	σ_{16}
τ_{14}	e_2	4000	300	σ_4	σ_{17}
τ_{15}	e_5	4000	200	σ_{23}	σ_{18}
τ_{16}	e_5	4000	400	σ_{16}，σ_{17}，σ_{18}	σ_{19}，σ_{20}
τ_{17}	e_4	4000	350	σ_{20}	
τ_{18}	e_5	4000	400	σ_{19}	
τ_{19}	e_1	8000	400		σ_{21}，σ_{22}
τ_{20}	e_1	8000	300	σ_{22}	σ_{23}，σ_{24}
τ_{21}	e_1	8000	600	σ_{21}	σ_{25}
τ_{22}	e_0	8000	350		σ_{26}
τ_{23}	e_1	8000	800	σ_{25}，σ_{26}	σ_{27}，σ_{28}
τ_{24}	e_4	8000	300	σ_{24}，σ_{28}	σ_{29}
τ_{25}	e_1	8000	400	σ_{27}	σ_{30}
τ_{26}	e_4	8000	300	σ_{29}	
τ_{27}	e_5	8000	400	σ_{30}	

表 2.12　主动安全功能实例的信号大小　　单位：bit

σ_i	信号大小	σ_i	信号大小	σ_i	信号大小
σ_0	12	σ_{11}	12	σ_{22}	20
σ_1	12	σ_{12}	20	σ_{23}	12
σ_2	20	σ_{13}	12	σ_{24}	20
σ_3	12	σ_{14}	12	σ_{25}	12
σ_4	20	σ_{15}	10	σ_{26}	20
σ_5	12	σ_{16}	12	σ_{27}	10
σ_6	12	σ_{17}	12	σ_{28}	22
σ_7	10	σ_{18}	12	σ_{29}	20
σ_8	12	σ_{19}	10	σ_{30}	12
σ_9	10	σ_{20}	12		
σ_{10}	10	σ_{21}	20		

为了测量所提出方法的性能和可扩展性，我们通过增加任务数量的方式来增大系统的规模，具体如下：每次随机选取 5 个任务并根据这 5 个任务复制出 5 个相同的新任务加入系统中。我们总共产生 6 组新的配置，即任务数量从 28 增至 63 个。在进行本组实验时，信号集和 ECU 集与原始配置保持不变。图 2.38 和图 2.39 为每次实验所需的最少 FPGA 单元数量和执行时间。在图 2.38 中，两步法与单步法的实验结果都是一样的，因而两条曲线重合。从图中可以看出，在所有实验中，这两种方法得到的优化方案均相同，且任务数量越多需要的 FPGA 单元也越多。当任务数量为 38 时，系统开始需要引入 FPGA（任务数量小于该值时所有安全相关操作使用软件实现即可），而当任务数量增加到 63 个时，有 5 个 ECU（系统总共有 6 个 ECU）都需要配备相应的 FPGA 单元。这个趋势的出现是因为当系统任务数量增加时，ECU 的利用率增大，而当 ECU 利用率增大到一定程度后将无法实现调度，从而需要使用硬件完成安全相关操作，以减轻 ECU 负担。

两步法不但能够得到相同的优化结果，而且具有更高的时间效率。在图 2.38 和图 2.39 的所有实验中，两步法的最大执行时间不超过 2 s，而单步法的执行时间有的非常大（在任务数量为 38 时需要 14 505 s）。总体而言，两步法的执行时间比单步法少 1 ~ 4 个数量级。

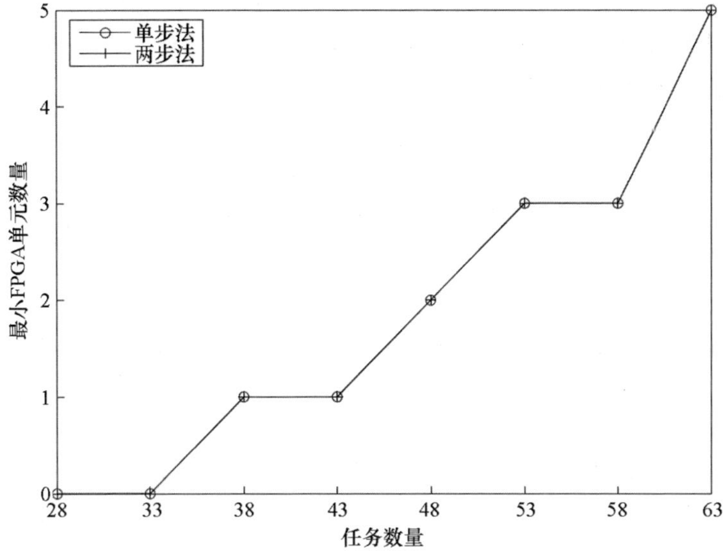

图 2.38　不同任务数量时所需的最小 FPGA 单元数量（单步法和两步法的对比）

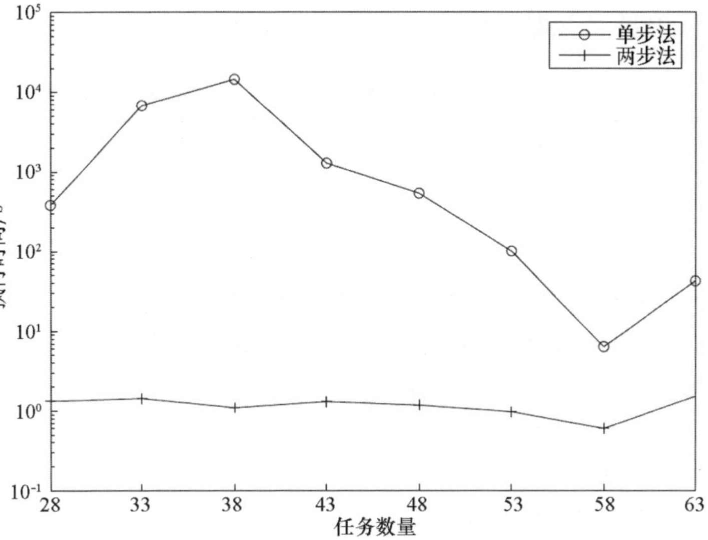

图 2.39　不同任务数量时单步法和两步法的执行时间

在该实验验证中，在所有的任务规模下，SSS 安全机制利用两步法均可以在 2 s 内找到最优的结果。在该实例的原始规模下（28 个任务），每个 ECU 都能独立完成其所属的全部安全相关操作（即软件方式），而无须引入任何硬件单元；当任务规模增加到原来的 2 倍多时（63 个任务），仍有 1 个 ECU 可以独立完成其所属的全部安全相关操作，而无须引入硬件单元，因而 SSS 安全机制大大节省了硬件开销。

2.4.4.2 X-by-wire 系统实验验证

X-by-wire 工业实例来自通用汽车公司的一个 X-by-wire 原型系统[30]，其配置参见表 2.4 和表 2.5。在本实例中，共有 10 个 ECU，它们通过 FlexRay 总线互联在一起；在 ECU 上共执行 47 个任务，任务周期有 1 ms 和 8 ms 两种，任务之间的通信信号有 132 个。在实验中，我们假定应用周期为 $H=8$ ms，通信周期为 $L_{com}=1$ ms，每个周期含静态时间槽数量为 $N_{slot}=22$，时间槽大小为 $L_{slot}=$ 200 bit（或 35 μs）。

如果本实例使用单步 MILP 框架，其所需变量和约束超过 1000 万个，根本不可能在有限时间内求解。而对于两步法，优化结果参见表 2.13，在第二步的 MILP 中，仅有 57 772 个变量和 176 871 个约束，相比单步法，规模大大降低。使用两步法时 CPLEX 解决器仅需 70 s 即可找到本实例的最优解——只需引入 4 个 FPGA 单元即可完成全部安全相关操作。

表 2.13 对该实例使用两步法的求解情况

步骤	二进制变量数量	约束数量	执行时间/s	优化结果	是否最优解
步骤一			0.047	—	—
步骤二	57 772	176 871	70.15	4	是

为了研究两步法的质量，我们对本实例使用了单步模拟退火（SA）算法。SA 算法考虑了下面三种状态变迁操作：任务重调度（随机选择一个任务，并随机改变其初始相位）、信号的重映射（随机移动一个信号至相邻的时间槽）和密钥的重调度（随机移动一个密钥至相邻时间槽）。一个可行方案的最大代价为系统 ECU 数量 $|E|$（即，所有 ECU 都需 FPGA 单元的情况）。参数初始温度，结束温度和冷却速率分别选为 $3\times|E|$，0.5 和 0.95。如果一个中间状态是不可行的（即不能同时满足所有约束），那么其代价可视为其违反的约束数目与 $|E|$ 之和；对于可行的状态，其代价为所需的 FPGA 单元数量。我们使用两步法的优化方案为 SA 算法的初始方案，经过 13 h 的计算，SA 算法无法找到更好的结果。

我们通过增加任务数量的方式进一步研究两步法的可扩展性。同上一个实例分析相同，每次通过复制现有任务的方式增加 5 个任务，任务数量从 47 逐渐增加至 87。使用 CPLEX 计算的最小 FPGA 单元数量和执行时间参见图 2.40 和图 2.41。在本实验中，所有配置下的执行时间均小于 300 s。系统所需 FPGA

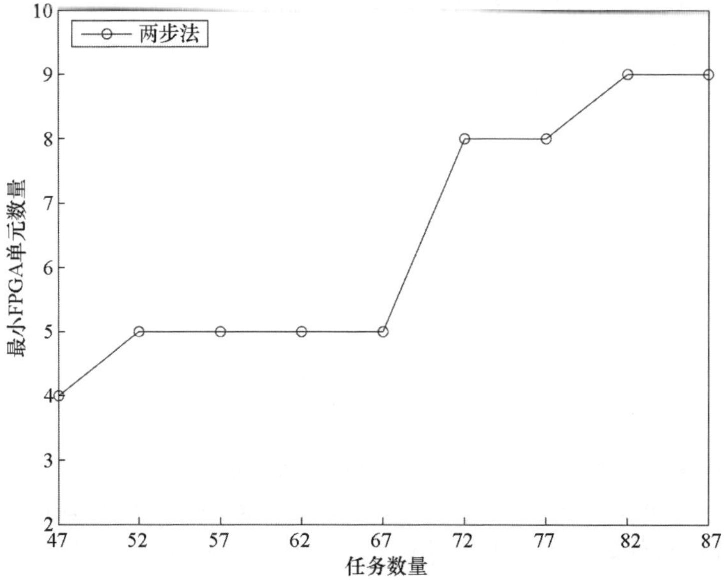

图 2.40　使用两步法求解时，系统在不同任务数量配置下所需的最小 FPGA 单元数量

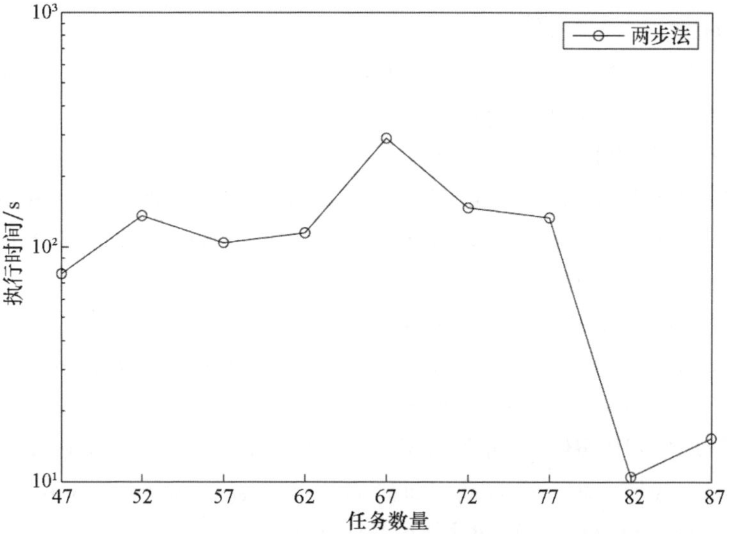

图 2.41　使用两步法求解时，系统在不同任务数量配置下所需的算法执行时间

数量随任务数量的增加而增加，当系统中包含 82 个任务时，9 个 ECU 需要配备 FPGA 单元来实现安全相关操作。

在该实验验证中，在所有的任务规模下，SSS 安全机制利用两步法均可以在 300 s 内找到优化方案。在该实例的原始规模下（47 个任务），有 6 个 ECU 能够独立完成其所属的全部安全相关操作（即软件方式），而无须引入任何硬件单元；当任务规模增加了近 50% 时，只有 5 个 ECU 需要引入硬件单元；当任务规模增加至 87 个时，仍有 1 个 ECU 可以独立完成其所属的全部安全相关操作，有 9 个 ECU 需引入硬件单元。从实验结果可以看出，与文献［105］等全部安全相关操作均使用硬件实现的机制相比，SSS 安全机制能够极大节省硬件开销。

2.5 参考文献

[1] LIU C L, LAYLAND J W. Scheduling algorithms for multiprogramming in a hard-real-time environment [J]. Journal of the ACM, 1973, 20(1): 46 - 61.

[2] LEHOCZKY J, SHA L, DING Y. The rate monotonic scheduling algorithm: exact characterization and average case behavior [C]//Real-Time Systems Symposium. Santa Monica, CA, USA. IEEE Computer Society, 1989: 166 - 171.

[3] SHA L, RAJKUMAR R, LEHOCZKY J P. Priority inheritance protocols: an approach to real-time synchronization [J]. IEEE Transactions on Computers, 1990, 39(9): 1175 - 1185.

[4] BAKER T P. A stack-based resource allocation policy for realtime processes [C]//Proceedings of 11th Real-Time Systems Symposium. Lake Buena Vista, FL, USA. IEEE, 1990: 191 - 200.

[5] RAJKUMAR R. Real-time synchronization protocols for shared memory multiprocessors [C]//10th International Conference on Distributed Computing Systems. Paris, France. IEEE Computer Society, 1990: 116 - 123.

[6] GAI P, LIPARI G, DI NATALE M. Minimizing memory utilization of real-time task sets in single and multi-processor systems-on-a-chip [C]//Proceedings of the 22nd IEEE Real-Time Systems Symposium. New York: ACM, 2001: 73 - 83.

[7] BLOCK A, LEONTYEV H, BRANDENBURG B B, et al. A flexible real-time locking protocol for multiprocessors [C]//13th IEEE International Conference on Embedded and Real-Time Computing Systems and Applications (RTCSA 2007). Daegu, Korea. IEEE, 2007: 47 - 56.
[8] CHEN J, BURNS A. Loop-free asynchronous data sharing in multiprocessor real-time systems based on timing properties [C]//6th International Conference on Real-Time Computing Systems and Applications. RTCSA '99 (Cat. No. PR00306). Hong Kong, China. IEEE Computer Society, 1999: 236 - 246.
[9] HUANG H, PILLAI P, SHIN K G. Improving wait-free algorithms for interprocess communication in embedded real-time systems [C]// Proceedings of the General Track of the Annual Conference on USENIX Annual Technical Conference. New York: ACM, 2002: 303 - 316.
[10] AUDSLEY N C, BURNS A, WELLINGS A J. Deadline monotonic scheduling theory and application [J]. Control Engineering Practice, 1993, 1(1): 71 - 78.
[11] CHEN J, BURNS A. A fully asynchronous reader/writer mechanism for multiprocessor real-time systems [R]. University of York, 1997.
[12] EASWARAN A, ANDERSSON B. Resource sharing in global fixed-priority preemptive multiprocessor scheduling [C]//30th IEEE Real-Time Systems Symposium. Washington, DC, USA. IEEE, 2009: 377 - 386.
[13] NEMATI F, BEHNAM M, NOLTE T. Multiprocessor synchronization and hierarchical scheduling [C]//International Conference on Parallel Processing Workshops. Vienna, Austria. IEEE, 2009: 58 - 64.
[14] NEMATI F, BEHNAM M, NOLTE T. Independently-developed real-time systems on multi-cores with shared resources [C]//23rd Euromicro Conference on Real-Time Systems. Porto, Portugal. IEEE, 2011: 251 - 261.
[15] AMERT T, TONGZ L, VORONOV S, et al. Time wall: enabling time partitioning for real-time Multicore + Accelerator platforms [C]//2021 IEEE Real-Time Systems Symposium (RTSS). Dortmund, DE. IEEE, 2021.
[16] ROBERT BOSCH GmbH. CAN specification version 2.0[EB/OL]. (2010 - 05 - 31)[2024 - 03 - 12]. http://can.marathon.ru/files/can2spec.pdf.
[17] LIN Consortium. Local interconnect network specification[EB/OL]. (2022 - 01 - 14)[2024 - 03 - 12]. http://www.lin-subbus.org.

[18] The Engineering Society for Advancing Mobility Land Sea and Space. Class B data communications network interface: SAE J1850 srandard [EB/OL]. (2001 - 05 - 24) [2024 - 03 - 12]. http://www.interfacebus.com/Automotive_SAE_J1850_Bus.html.

[19] KOPETZ H, BAUER G. The time-triggered architecture [J]. Proceedings of the IEEE, 2003, 91(1): 112 - 126.

[20] FlexRay Consortium. FlexRay communications system protocol specification, version 3.0.1 [EB/OL]. (2006 - 10 - 11) [2024 - 03 - 12]. https://svn.ipd.kit.edu/nlrp/public/FlexRay/FlexRay%E2%84%A2%20Protocol%20Specification%20Version%203.0.1.pdf.

[21] DIAZ J L, GARCIA D F, KIM K, et al. Stochastic analysis of periodic real-time systems [C]//23rd IEEE Real-Time Systems Symposium. RTSS 2002. Austin, TX, USA. IEEE Computer Society, 2002: 289 - 300.

[22] KIM K, DIAZ J L, LO BELLO L, et al. An exact stochastic analysis of priority-driven periodic real-time systems and its approximations [J]. IEEE Transactions on Computers, 2005, 54(11): 1460 - 1466.

[23] NAVET N, SONG Y Q, SIMONOT F. Worst-case deadline failure probability in real-time applications distributed over controller area network [J]. Journal of Systems Architecture, 2000, 46(7): 607 - 617.

[24] NOLTE T, HANSSON H, NORSTROM C. Probabilistic worst-case response-time analysis for the controller area network [C]//The 9th IEEE Real-Time and Embedded Technology and Applications Symposium, 2003 Proceedings. Toronto, Canada. IEEE, 2003: 200 - 207.

[25] QUECK R. Analysis of Ethernet AVB for automotive networks using Network Calculus [C]//2012 IEEE International Conference on Vehicular Electronics and Safety (ICVES 2012). Istanbul, Turkey. IEEE, 2012: 61 - 67.

[26] HAGIESCU A, BORDOLOI U D, CHAKRABORTY S, et al. Performance analysis of FlexRay-based ECU networks [C]//2007 44th ACM/IEEE Design Automation Conference. San Diego, CA, USA. IEEE, 2007: 284 - 289.

[27] POP P, ELES P, PENG Z B. Schedulability-driven communication synthesis for time triggered embedded systems [J]. Real-Time Systems, 2004, 26(3): 297 - 325.

[28] HAMANN A, ERNST R. TDMA time slot and turn optimization with evolutionary search techniques [C]//Design, Automation and Test in Europe. Munich, Germany. IEEE, 2005: 312 - 317.
[29] LUKASIEWYCZ M, GLAB M, TEICH J, et al. FlexRay schedule optimization of the static segment [C]//Proceedings of the 7th IEEE/ACM International Conference on Hardware/Software Codesign and System Synthesis. Grenoble, France. New York: ACM, 2009: 363 - 372.
[30] ZENG H B, DI NATALE M, GHOSAL A, et al. Schedule optimization of time-triggered systems communicating over the FlexRay static segment [J]. IEEE Transactions on Industrial Informatics, 2011, 7(1): 1 - 17.
[31] TANASA B, BORDOLOI U D, ELES P, et al. Scheduling for fault-tolerant communication on the static segment of FlexRay [C]//2010 31st IEEE Real-Time Systems Symposium. San Diego, CA, USA. IEEE, 2010: 385 - 394.
[32] KLEINEBERG O, FRÖHLICH P, HEFFERNAN D. Fault-tolerant Ethernet networks with audio and video bridging [J]. IEEE International Conference on Emerging Technologies and Factory Automation, ETFA, 2011: 1 - 8.
[33] 王永吉，陈秋萍. 单调速率及其扩展算法的可调度性判定[J]. 软件学报，2004，15(6)：799 - 814.
[34] 金宏，王宏安，王强，等. 一种任务优先级的综合设计方法[J]. 软件学报，2003，14(3)：376 - 382.
[35] 邹勇，李明树，王青. 开放式实时系统的调度理论与方法分析[J]. 软件学报，2003，14(1)：83 - 90.
[36] 乔颖，王宏安，戴国忠. 一种新的实时多处理器系统的动态调度算法[J]. 软件学报，2002，13(1)：51 - 58.
[37] 淮晓永，邹勇，李明树. 一种开放混合实时系统的开放自适应调度算法[J]. 软件学报，2004，15(4)：487 - 496.
[38] 王娟娟，乔颖，熊金泉，等. 多核环境下基于图模型的实时规则调度方法[J]. 软件学报，2019，30(2)：481 - 494.
[39] 段成刚，欧阳森，宋政湘，等. 新型在线实时电能质量监测设备的设计[J]. 电网技术，2004，28(2)：60 - 63.
[40] 刘怀，胡继峰. 实时系统的多任务调度[J]. 计算机工程，2002，28(3)：43 - 44，150.
[41] 王志平，熊光泽. 一种基于 Ethernet 的硬实时通信协议[J]. 计算机研究

与发展，2000，37(10)：1252－1258.
[42] 李庆华，韩建军，ABBAS A E，等. 硬实时系统中基于软件容错的动态调度算法[J]. 软件学报，2005，16(1)：101－107.
[43] 张拥军，张怡，彭宇行，等. 一种基于多处理机的容错实时任务调度算法[J]. 计算机研究与发展，2000，37(4)：425－429.
[44] 宾雪莲，杨玉海，金士尧. 一种有限优先级的静态优先级分配算法[J]. 软件学报，2004，15(6)：815－822.
[45] 董威，王戟，齐治昌. 并发和实时系统的模型检验技术[J]. 计算机研究与发展，2001，38(6)：698－705.
[46] 窦强，周兴铭. 一种基于延迟抢先的消息最大响应时间算法[J]. 计算机研究与发展，2002，39(10)：1399－1404.
[47] HERLIHY M. A methodology for implementing highly concurrent data objects [J]. ACM Transactions on Programming Languages and Systems，1993，15(5)：745－770.
[48] ANDERSON J H，RAMAMURTHY S，JEFFAY K. Real-time computing with lock-free shared objects [J]. ACM Transactions on Computer Systems，1997，15(2)：134－165.
[49] WARD B C，ANDERSON J H. Supporting nested locking in multiprocessor real-time systems [C]//24th Euromicro Conference on Real-Time Systems. New York：ACM，2012：223－232.
[50] BRANDENBURG B B. Improved analysis and evaluation of real-time semaphore protocols for P-FP scheduling [C]//19th Real-Time and Embedded Technology and Applications Symposium (RTAS). Philadelphia，PA. IEEE，2013：141－152.
[51] BRANDENBURG B B，ANDERSON J H. A comparison of the M-PCP，D-PCP，and FMLP on LITMUSRT [C]//International Conference on Principles of Distributed Systems. Berlin，Heidelberg：Springer，2008：105－124.
[52] BRANDENBURG B B，CALANDRINO J M，BLOCK A，et al. Real-time synchronization on multiprocessors：to block or not to block，to suspend or spin? [C]//2008 IEEE Real-Time and Embedded Technology and Applications Symposium. St. Louis，MO，USA. IEEE，2008：342－353.
[53] LAKSHMANAN K，DE NIZ D，RAJKUMAR R. Coordinated task scheduling，allocation and synchronization on multiprocessors [C]//30th

IEEE Real-Time Systems Symposium. Washington, DC. IEEE, 2009: 469 - 478.

[54] MARONGIU A, BURGIO P, BENINI L. Supporting OpenMP on a multi-cluster embedded MPSoC [J]. Microprocessors and Microsystems, 2011, 35(8): 668 - 682.

[55] NAEEM A, CHEN X W, LU Z H, et al. Scalability of weak consistency in NoC based multicore architectures [C]//Proceedings of 2010 IEEE International Symposium on Circuits and Systems. Paris, France. IEEE, 2010: 3497 - 3500.

[56] STOIF C, SCHOEBERL M, LICCARDI B, et al. Hardware synchronization for embedded multi-core processors [C]//2011 IEEE International Symposium of Circuits and Systems (ISCAS). Riode Janeiro, Brazil. IEEE, 2011: 2557 - 2560.

[57] BENVENISTE A, CASPI P, EDWARDS S A, et al. The synchronous languages 12 years later [J]. Proceedings of the IEEE, 2003, 91(1): 64 - 83.

[58] WANG G Q, DI NATALE M, SANGIOVANNI-VINCENTELLI A. Optimal synthesis of communication procedures in real-time synchronous reactive models [J]. IEEE Transactions on Industrial Informatics, 2010, 6(4): 729 - 743.

[59] ZENG H B, DI NATALE M. Mechanisms for guaranteeing data consistency and flow preservation in AUTOSAR software on multi-core platforms [C]// 6th IEEE International Symposium on Industrial and Embedded Systems. Vasteras, Sweden. IEEE, 2011: 140 - 149.

[60] KOPETZ H, REISINGER J. The non-blocking write protocol NBW: a solution to a real-time synchronization problem [C]//Real-Time Systems Symposium. Raleigh Durham, NC, USA. IEEE Computer Society, 1993: 131 - 137.

[61] SOFRONIS C, TRIPAKIS S, CASPI P. A memory-optimal buffering protocol for preservation of synchronous semantics under preemptive scheduling [C]//Proceedings of the 6th ACM & IEEE International Conference on Embedded Software. Seoul, Korea. New York: ACM, 2006: 21 - 33.

[62] BALEANI M, FERRARI A, MANGERUCA L, et al. Efficient embedded software design with synchronous models [C]//Proceedings of the 5th ACM

International Conference on Embedded Software. Jersey City, NJ, USA. New York: ACM, 2005: 187 –190.
[63] WANG G Q, DI NATALE M, SANGIOVANNI-VINCENTELLI A. Improving the size of communication buffers in synchronous models with time constraints [J]. IEEE Transactions on Industrial Informatics, 2009, 5(3): 229 –240.
[64] GRENIER M, HAVET L, NAVET N, et al. Configuring the communication on FlexRay: the case of the static segment [C]//European Congress on Embedded Real Time Software, 2008.
[65] SCHMIDT K, SCHMIDT E G. Message scheduling for the FlexRay protocol: the static segment [J]. IEEE Transactions on Vehicular Technology, 2009, 58(5): 2170 –2179.
[66] TANASA B, BORDOLOI U D, ELES P, et al. Reliability-aware frame packing for the static segment of FlexRay [C]//Proceedings of the 9th ACM International Conference on Embedded Software. New York: ACM, 2011: 175 – 184.
[67] DING S, MURAKAMI N, TOMIYAMA H, et al. A GA-based scheduling method for FlexRay systems [C]//Proceedings of the 5th ACM International Conference on Embedded Software. Jersey City, NJ, USA. New York: ACM, 2005: 110 –113.
[68] TINDELL K, BURNS A, WELLINGS A. Calculating controller area network (CAN) message response times [J]. IFAC Proceedings Volumes, 1994, 27(15): 35 –40.
[69] DAVIS R I, BURNS A, BRIL R J, et al. Controller area network (CAN) schedulability analysis: refuted, revisited and revised [J]. Real-Time Systems, 2007, 35(3): 239 –272.
[70] ALMEIDA L, FONSECA J A, FONSECA P. A flexible time-triggered communication system based on the controller area network: experimental results [M]//Fieldbus Technology. Vienna: Springer Vienna, 1999: 342 –350.
[71] DAVIS R I, BURNS A. A survey of hard real-time scheduling for multiprocessor systems [J]. ACM Computing Surveys, 2011, 43 (35): 1 –44.
[72] KUMAR S, HUGHES C J, NGUYEN A. Carbon: architectural support for fine-grained parallelism on chip multiprocessors [J]. ACM SIGARCH

Computer Architecture News, 2007, 35(2): 162 - 173.
[73] AUTOSAR consortium. The AUTOSAR standard[EB/OL]. (2022 - 01 - 16)[2024 - 03 - 12]. http://www.autosar.org/.
[74] ISO Standards. Road vehicles—Open interface for embedded automotive applications—Part 3: OSEK/VDX operating system (OS)[EB/OL]. (2005 - 11 - 15)[2024 - 03 - 12]. https://www.iso.org/standard/40079.html.
[75] Erika Enterprise. An open-source OSEK/VDX hard real time operating system (RTOS)[EB/OL]. (2004 - 05 - 26)[2024 - 03 - 12]. http://erika.tuxfamily.org/drupal/.
[76] TINDELL K W, BURNS A, WELLINGS A J. Allocating hard real-time tasks: an NP-Hard problem made easy [J]. Real-Time Systems, 1992, 4(2): 145 - 165.
[77] CASPI P, CURIC A, MAIGNAN A, et al. From Simulink to SCADE/lustre to TTA [J]. ACM SIGPLAN Notices, 2003, 38(7): 153 - 162.
[78] DI NATALE M, ZENG H B. Time determinism and semantics preservation in the implementation of distributed functions over FlexRay [C]//SAE Technical Paper Series. 400 Commonwealth Drive, Warrendale, PA, United States: SAE International, 2010.
[79] CASPI P, BENVENISTE A. Time-robust discrete control over networked loosely time-triggered architectures [C]//47th IEEE Conference on Decision and Control. Cancun, Mexico. IEEE, 2008: 3595 - 3600.
[80] POTOP-BUTUCARU D, CAILLAUD B, BENVENISTE A. Concurrency in synchronous systems [J]. Formal Methods in System Design, 2006, 28(2): 111 - 130.
[81] CASPI P, POUZET M. Synchronous kahn networks [J]. ACM SIGPLAN Notices, 1996, 31(6): 226 - 238.
[82] TRIPAKIS S, PINELLO C, BENVENISTE A, et al. Implementing synchronous models on loosely time triggered architectures [J]. IEEE Transactions on Computers, 2008, 57(10): 1300 - 1314.
[83] RACU R, JERSAK M, ERNST R. Applying sensitivity analysis in real-time distributed systems [C]//Proceedings of the 11th IEEE Real Time on Embedded Technology and Applications Symposium. New York: ACM, 2005: 160 - 169.

[84] ZHENG W, ZHU Q, DI NATALE M, et al. Definition of task allocation and priority assignment in hard real-time distributed systems [C]//28th IEEE International Real-Time Systems Symposium (RTSS 2007). Tucson, AZ, USA. IEEE, 2007: 161 -170.

[85] ZHU Q, ZENG H, ZHENG W, et al. Optimization of task allocation and priority assignment in hard real-time distributed systems [J]. ACM Transactions on Embedded Computing Systems, 2012, 11(85): 1 -35.

[86] POP T, ELES P, PENG Z B. Design optimization of mixed time/event-triggered distributed embedded systems [C]//Proceedings of the 1st IEEE/ACM/IFIP international conference on Hardware/software codesign and system synthesis. Newport Beach, CA, USA. New York: ACM, 2003: 83 - 89.

[87] SAMII S, CERVIN A, ELES P, et al. Integrated scheduling and synthesis of control applications on distributed embedded systems [C]//Design, Automation & Test in Europe Conference & Exhibition. Nice. IEEE, 2009: 57 -62.

[88] METZNER A, HERDE C. RTSAT: an optimal and efficient approach to the task allocation problem in distributed architectures [C]//27th IEEE International Real-Time Systems Symposium (RTSS' 06). Riode Janiero, Brazil. IEEE, 2006: 147 -158.

[89] EMBERSON P, BATE I. Stressing search with scenarios for flexible solutions to real-time task allocation problems [J]. IEEE Transactions on Software Engineering, 2010, 36(5): 704 -718.

[90] HAMANN A, RACU R, ERNST R. Methods for multi-dimensional robustness optimization in complex embedded systems [C]//Proceedings of the 7th ACM & IEEE International Conference on Embedded Software. Salzburg, Austria. New York: ACM, 2007: 104 -113.

[91] VIELMA J P, AHMED S, NEMHAUSER G. Mixed-integer models for nonseparable piecewise-linear optimization: unifying framework and extensions [J]. Operations Research, 2010, 58(2): 303 -315.

[92] WOLF M, WEIMERSKIRCH A, PAAR C. Security in automotive bus systems [C]//Workshop on Embedded IT-Security in Cars, 2004: 11 -12.

[93] KOOPMAN P. Embedded system security [J]. Computer, 2004, 37(7): 95 -97.

[94] LEE E A. Cyber physical systems: design challenges [C]//11th IEEE International Symposium on Object and Component-Oriented Real-Time Distributed Computing (ISORC). Orlando, FL, USA. IEEE, 2008: 363 - 369.
[95] KOUSHANFAR F, SADEGHI A R, SEUDIE H. EDA for secure and dependable cybercars: challenges and opportunities [C]//Proceedings of the 49th Annual Design Automation Conference. San Francisco, California. New York: ACM, 2012: 220 - 228.
[96] LANG A, DITTMANN J, KILTZ S, et al. Future perspectives: the car and its IP-address—A potential safety and security risk assessment [C]// International Conference on Computer Safety, Reliability, and Security. Berlin, Heidelberg: Springer, 2007: 40 - 53.
[97] KOSCHER K, CZESKIS A, ROESNER F, et al. Experimental security analysis of a modern automobile [C]//2010 IEEE Symposium on Security and Privacy. Oakland, CA, USA. IEEE, 2010: 447 - 462.
[98] PERRIG A, CANETTI R, TYGAR J D, et al. Efficient authentication and signing of multicast streams over lossy channels [C]//IEEE Symposium on Security and Privacy. Berkeley, CA, USA. IEEE Computer Society, 2000: 56 - 73.
[99] PERRIG A, SZEWCZYK R, TYGAR J D, et al. SPINS: security protocols for sensor networks [J]. Wireless Networks, 2002, 8(5): 521 - 534.
[100] SZILAGYI C, KOOPMAN P. Flexible multicast authentication for time-triggered embedded control network applications [C]//IEEE/IFIP International Conference on Dependable Systems & Networks. Lisbon, Portugal. IEEE, 2009: 165 - 174.
[101] SZILAGYI C, KOOPMAN P. Low cost multicast authentication via validity voting in time-triggered embedded control networks [C]//Proceedings of the 5th Workshop on Embedded Systems Security. Scottsdale, Arizona. New York: ACM, 2010: 1 - 10.
[102] WASICEK A, EL-SALLOUM C, KOPETZ H. Authentication in time-triggered systems using time-delayed release of keys [C]//14th IEEE International Symposium on Object/Component/Service-Oriented Real-Time Distributed Computing. Newport Beach, CA, USA. IEEE, 2011: 31 - 39.

[103] CHAVEZ M L, ROSETE C H, HENRIQUEZ F R. Achieving confidentiality security service for CAN [C]//Proceedings of the 15th International Conference on Electronics, Communications and Computers. New York: ACM, 2005: 166 – 170.

[104] LIN C W, SANGIOVANNI-VINCENTELLI A. Cyber-security for the controller area network (CAN) communication protocol [C]//2012 International Conference on Cyber Security. Alexandria, VA, USA. IEEE, 2012: 80 – 92.

[105] JIANG K, ELES P, PENG Z B. Co-design techniques for distributed real-time embedded systems with communication security constraints [C]//Design, Automation & Test in Europe Conference & Exhibition (DATE). Dresden. IEEE, 2012: 947 – 952.

[106] SKOPIK F, TREYTL A, GEVEN A, et al. Towards secure time-triggered systems [C]//International Conference on Computer Safety, Reliability, and Security. Berlin, Heidelberg: Springer, 2012: 365 – 372.

[107] DESHPANDE A, CHARCHALAKIS P, STIPIDIS E, et al. Security in integrated vetronics: applying elliptic curve digital signature algorithm to a safety-critical network protocol-TTP/C [C]//7th IET International Conference on System Safety, Incorporating the Cyber Security Conference 2012. Edinburgh, UK. Institutionof Engineering and Technology, 2012: 1 – 5.

[108] PFLEEGER C P, PFLEEGER S L. Security in computing [M]. Upper Saddle River: Prentice Hall, 2006.

[109] JULIATO M, GEBOTYS C. FPGA implementation of an HMAC processor based on the SHA-2 family of hash functions [R]. University of Waterloo, 2011.

[110] WANG M Y, SU C P, HUANG C T, et al. An HMAC processor with integrated SHA-1 and MD5 algorithms [C]//Proceedings of the 2004 Asia and South Pacific Design Automation Conference. Yokohama, Japan. New York: ACM, 2004: 456 – 458.

第 3 章　基于网络演算的软件定义网络服务质量研究

3.1　概述

1946 年首台电子计算机问世。由于其价格昂贵，数量极少，研究人员通过通信线路将计算机与若干台终端连接以解决共享问题，于是最简单的局域网雏形便产生了。最早的因特网要从 1969 年美国国防高级研究计划局建立的 ARPANet 算起，现代计算机网络的许多概念和方法都源于 ARPANet。经过半个世纪的发展，计算机网络按照 OSI 参考模型分成了七层：物理层、数据链路层、网络层、传输层、会话层、表示层和应用层。数据链路层是由交换机构成的网络，在这个网络中交换机学习 MAC 地址和端口的对应关系，通过匹配第二层报文的 MAC 地址决定如何转发。网络层是由路由设备连接不同网段构成的网络，跨网段的通信都需要路由，而路由器通过记录 IP 地址和端口的对应关系连通不同的网段。1977—1979 年，ARPANet 推出了目前被广泛使用的 TCP/IP 网络体系结构和协议。

在过去半个世纪内 OSI 参考模型被定义为计算机网络的标准模型，主导网络协议的架构。其通用性源于任何协议层面的设置均被消去，进而任何协议都可在这种通用模型中实现。OSI 参考模型不仅支持面向连接的协议，也支持非连接的协议。用户可以根据所需服务的可靠性做出抉择。由于每层之间都是隔离的，此模型的另一个优势是可以将遇到的问题划分到不同的分层，进而在各层内将问题解决，并且各层之间的相互影响较小。这样比将所有服务绑定于同一层内更加安全可靠。

但是随着计算机网络的发展，OSI 参考模型的瓶颈也越来越明显。由于此模型创建于网络产生之初，许多新的协议很难适用。模型中的表达层和会议层也渐渐不像其他层一样被大量使用，七层结构的应用程度已经严重失衡。七层结构中出现了许多功能重复，例如在传输层和数据链路层中都有差错控制机制，造成了资源的浪费。传统网络协议是基于开放环境设计的，设备由多方管控，且任何一方都难以对整个网络进行有效管控，所以大多采用分布式管控策略[1]，随着各类协议的发展，协议在各层中的依存度越来越高，以至于各层协议不能并行地工作。

太阳计算机系统（Sun Microsystems）公司早在1995年便提出了软件定义网络（SDN）的概念。不过SDN的萌芽却在计算机网络形成之初便已产生，其核心思想是将网络中进行数据转发的数据层和数据控制的管理层抽象分离[2]。可编程网络（programmable networks）可以视为SDN的前身。最初的可编程网络的思想分为两类：第一类是集中控制思想，具体实现是可编程交换机，这个模式中不对数据包进行任何修改，而是认为交换机可以从控制端下载一些指令，进而根据指令处理数据包；第二类是分布式控制思想，是将处理数据包的指令包含在数据包内，将每一个节点修改相应的指令部分后发给下一个节点。将交换机的控制功能与数据转发功能剥离开的思想大概产生于20世纪80年代，网络控制协议（network control protocol，NCP）是将控制层和数据层分开的首次尝试，最初由AT&T引入，用以改善其电话网络的管理效率。通过NCP控制层获得网络全局的配置信息，极大地加快了网络创新的步伐，引入了提高网络效能的新途径。OpenFlow[3]的产生，是通过修改交换机使之支持流表（flow table）功能，并通过OpenFlow的API将控制层和数据层之间的通信规范化。如此，控制层仅需通过若干规范化的指令来增加、删除和修改流表，即可实现对交换机转发功能的控制。随后人们又提出了NOX[4]和POF[5]，让可编程思想在以太网中得以实现。2009年，SDN入选麻省理工学院《科技评论》杂志评出的“年度十大前沿技术”，文章指出SDN可以通过OpenFlow让研究者更容易地配置交换机和路由器，提高了网络的创新能力。

SDN由于其控制层和数据层剥离的特性，为通过编程控制网络提供了极大的便利，这种便利体现在三个方面：更便捷的网络配置、改善网络性能、便于对网络结构和运维进行创新。网络配置方面，传统的网络主要由手动进行配置，很容易出错，而SDN的可编程性将配置操作置于控制层编程实现，并通过控制层进行配置验证。传统网络架构下，对网络整体信息的获取往往是有限的并且是静态的，而SDN通过对控制层与数据层的跨层信息交互，可以动态地获取全局控制信息，进而实时地改善网络性能。传统网络架构不同层之间互相牵制和约束，新创意和新思想往往都是在一个受限的环境内进行验证，之后还要经过一个漫长的标准化过程，才能付诸实行。但是在 SDN 中，基于其可编程的特性，可以将新的创意和思想用一个软件模块实现，而这个软件模块可以很便捷地在计算机网络中运行，不会对网络整体造成太大的影响，这一特性为网络创新提供了很大的方便。

SDN 的核心思想便是解耦、抽象和可编程[6]。通过将网络的控制平面与数据平面解耦，进一步实现控制管理功能与数据转发功能解耦，同时基于逻辑集中的控制器和开放的编程接口简化了网络配置工作，实现了扁平化的管理模式和灵活的数据转发功能[7]。随着分布式计算[8]、并行计算[9]和网格计算[10]的发展，云计算应运而生。SDN 与云计算相互融合，既能满足云计算环境下对网络虚拟化、资源池化的需求，又能弥补 SDN 在数据中心网络实施方面的不足。基于软件定义思想的云网融合已经成为网络技术在商业应用和学术研究中的热点。

3.1.1 软件定义网络简介

SDN 成为研究热点起始于 2009 年斯坦福大学 K. Greene 等对 OpenFlow 的研究。之后不同机构对 SDN 给出了不同的定义，开放网络基金会（Open Networking Foundation，ONF）提供的定义为：软件定义网络是一种将网络控制功能从数据转发功能中剥离出来，并且可以直接编程控制的网络架构。ONF 给出的是比较严格的定义，工业界的定义则相对比较宽泛，认为任何包含软件控制的网络都为软件定义网络。K. Diego 等给出了 SDN 的四个特性：一是控制功能从数据层中剥离，网络设备中仅剩下接收转发功能；二是 SDN 转发是基于流表的，而传统网络中却是基于目的节点，这里流表由匹配模块和指令模块组成，数据流则定义为从源节点到目的节点的一系列数据帧；三是 SDN 中控制逻辑被剥离之后成为一个独立的逻辑体，其可以是一个单独的控制器，也可以是一个网络操作系统；四是 SDN 的可编程性体现在控制层对网络功能的编程实现，并且通过相应的控制层与数据层的接口实现对网络转发的控制。

本节将介绍 SDN 的体系架构，并着重介绍 SDN 中的数据层与控制层，以及两层之间的信息交互协议。

3.1.1.1 软件定义网络模型

SDN 的体系架构如图 3.1 所示，控制层或控制器通过南向接口协议对网络设备进行集中控制，网络设备也可以通过南向接口协议将本地探测的信息反馈到控制层。这类控制层与数据层之间的信息交互产生的流量和真正的数据流量不同，称为控制流量。此处从控制层的视角出发，定义控制层和数据层之间的协议为南向接口协议，产生的流量为南向流量；控制层和应用层的协议为北向接口协议，产生的流量为北向流量。

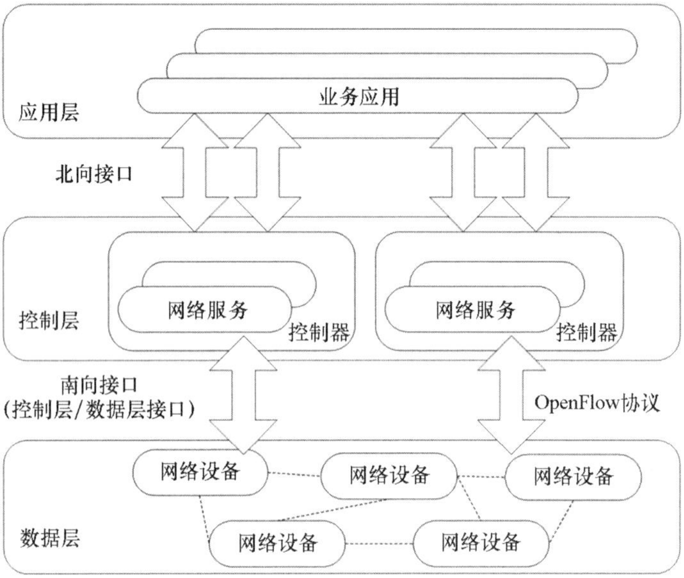

图 3.1　软件定义网络基本架构图

网络设备通过接收到的控制层信令，在本地建立转发流表，转发流表通过匹配源节点 IP 地址、目的节点 IP 地址、接收端口编号、转发端口编号、服务类型（type of service，ToS）、VLAN 编号、MPLS 编号等，对数据流进行匹配，并对匹配的数据流进行转发、丢弃、存入队列、修改编号等一系列操作。数据层无须对数据流进行任何控制，仅需通过获得的控制层指令进行接收和转发。

应用层是由 SDN 应用构成，应用可以通过北向接口与控制层进行交互。应用层将网络应用划分为若干控制层可以执行和实现的请求，并通过北向接口协议发送到控制层，由控制层向网络设备发送控制指令。

目前使用最为广泛的南向接口协议是 OpenFlow 协议，其重要性日渐突出以至于成为 SDN 的核心部分。下面分别对数据层、控制层和南向接口协议进行介绍。

3.1.1.2 数据层

数据层由若干网元（交换机、路由器、网络中间件等）构成，每个网元称为数据路径（datapath）。数据路径和传统物理设备的最大区别在于传统的数据路径仅仅是转发器件而不具备能使其具有自治能力的控制软件和硬件模块，设备的智能模块被集中到控制层。更重要地，新的数据路径是建立在一个标准的开放接口（例如 OpenFlow）之上，这使得不同的转发层和控制层设备可以互相兼容地进行配置和通信。SDN 中标准的开放接口使得不同的控制设备可以动态地配置异构的转发设备。在传统的物理网络中，封闭的接口设置、繁多的设备种类以及分布式的网络控制，使得统一的配置和管理模式是基本不可能实现的。

在基于 OpenFlow 接口的 SDN 架构中，构成网络的两个要素是控制器和数据转发设备。数据转发设备可以是一个硬件，也可以是一个在帧转发过程中实现功能的软件元素；控制器则是运行在一个或一组通用硬件平台的软件栈，也称为“网络大脑”。

在数据层，每个支持 OpenFlow 标准的转发设备的工作原理都是基于流表流水线的。流表由匹配规则、操作指令和统计分析三部分组成。这种基于 OpenFlow 的转发设备的设计架构是 SDN 交换机最普遍的设计方式，不过研究人员也同时开发了其他转发设备，例如协议无感知转发（protocol oblivious forwarding，POF）[5] 和可协商的数据转发模型（negotiable datapath model，NDM）。

POF 的实现原理和 OpenFlow 相似，都是首先基于流表的匹配，匹配之后执行相关指令操作对数据流进行转发或丢弃。不过在 OpenFlow 中转发设备从控制层获得的匹配指令是明确的，例如控制器的匹配指令会明确指出输入端口 *IN_PORT*、源 MAC 地址 *ETH_SRC*、目的 MAC 地址 *ETH_DST*、数据流类型 *ETH_TYPE*、源 IP 地址 *IPV4_SRC*、目的 IP 地址 *IPV4_DST* 等，如何识别数据流的种类和提取数据帧的信息则是转发设备的工作。而在 POF 设备中，协议无感知的意思则是转发设备无须识别数据流，并且无须从数据流中提取信息，转发设备通过从控制器中获得 {*offset*，*length*} 组对到达数据流的某些数据位进行匹配，至于所匹配的是什么信息仅有控制器知晓。当数据流被匹配后依然执行匹配流表后面的流指令集，这部分操作和 OpenFlow 交换机相同，即 POF 设备将协议解析功能放到了控制层执行。

严格地说，NDM 并不是一类数据转发设备，而是在转发层定义的一个静态功能检索数据库。由于不同的设备供应商对 SDN 标准的支持程度不同，且同一供应商的不同产品对 SDN 的支持也可能各有差异，NDM 项目提出了建立一个静态的数据库，控制器可以通过查询此静态数据库获取 SDN 中异构设备支持的功能，继而创建设备所能支持的指令，维护 SDN 的正常运行。

在 OpenFlow 设备内部，流表的顺序决定了数据帧被处理的方式，查找匹配首先从第一条流表开始，直到获得匹配或者查到最后一条流表。这里的匹配可以是单一的匹配规则，也可以是一组匹配规则的组合。通常情况下，转发设备会安装默认转发规则，默认转发规则可以是将数据帧转发到控制器或者以非 SDN 的方式处理。在没有默认转发规则的情形中，如果数据帧失匹，则会被丢弃。在 OpenFlow 的流表中，匹配的数据帧通常会被转发设备执行若干指令之后送入队列或者发送到某输出端口，部分情形下也会被转发到另一个流表、一个群（group）或者监测表（metering table），继续执行其他操作。

3.1.1.3 控制层

与计算机系统对计算机硬件的有效管理和抽象化不同，到目前为止网络设备仍在采用级别很低的资源管理方式，指令集通常仅仅限定于特定的设备，或者仅能运行闭源的独有的网络操作系统，例如思科（Cisco）的 IOS 和 Juniper 的 JunOS[11]。时至今日，仍没有一个不局限于特殊网络设备，以透明的方式抽象化所有网络硬件的系统，因而在解决网络问题、设计路由协议时，研究人员仍需要面对复杂的分布式算法，且同样的问题需要不断地在异构的环境中被重复解决。

SDN 的控制层通过逻辑上集中化的控制器促进了网络管理向高级系统方向发展，并免除了传统模式下需要解决各类网络问题所带来的负担。控制层的核心价值就是为开发人员提供了硬件资源的抽象化模式、基本服务以及通用的 API。在这种范式中，网络状态、网络拓扑信息、设备发现等通用功能都可以当作控制层为应用提供的服务，而将应用与复杂的异构网络设备隔离开来。

控制层或控制器在 SDN 范式中是最重要的一部分，控制层将网络管理人员定义的网络策略转换为相应的网络设备的配置命令转发到数据层的网络设备，控制层和计算机操作系统一样可以将底层的细节和转发设备的互联抽象化地提供给应用层。通过控制层，网络开发人员在定义网络策略时将不再需要考虑数据在路由节点中转发的底层细节，降低了创建网络协议和网络应用的复杂性，因而可以加速网络的创新。

SDN 控制层存在两种控制模式，分别是集中式控制和分布式控制。集中式控制器是用一个控制实体管理所有的数据层的转发设备。很明显，这种模式的缺点是一旦控制器宕机将会造成整个网络的瘫痪。通常单个节点不具有管理大量网络节点的能力，因而这种模式不利于网络规模的扩大。现存的几种集中式控制器都通过各类技术尽量解决这方面的问题。几乎所有的集中式控制器都面向多核控制器设计了多线程结构以提高控制器的并行化能力。太阳计算机系统公司的 Floodlight 控制器[12]设计了高度并发系统提高控制器的吞吐能力。Beacon 控制器[13]通过使用亚马逊云服务提供的大规模处理能力可以每秒处理 1200 万条数据流。其他的集中式控制器还有 NOX-MT、Ryu 和 Rosemary[14]。本书的后续工作都是基于 Ryu 控制器进行的，将会在后续章节中详述。Rosemary 开发了一种基于容器的结构将所有的应用隔离开来，阻止某一个应用造成的错误在整个控制器中扩散。

和集中式控制器的设计不同，分布式控制器可以满足网络规模不断扩大的需求。分布式控制器可以运行在集中式的集群节点中，也可以运行在物理上分布的计算单元中，前者可以为高数据密度的数据中心网络提供较高的吞吐量，后者可以为各类逻辑或物理上的错误提供较好的容错性。对于部分云服务商，由于其需要连接在广域网内分布的不同数据中心，因而需要在各个数据中心内采用集中集群式控制器，并在连接各个数据中心的网络中采用物理分布的控制器[15]。几款已经发布的分布式 SDN 控制器包括 Onix[16]、HyperFlow[17]和惠普公司的 VAN。

分布式控制器需要提供相应的一致性控制，使得控制节点能够及时地获取临近控制节点的信息更新。目前为止大部分分布式控制器都提供弱一致性控制，这意味着一个节点的信息变化最终会在其他节点的流表中得到更新，但是弱一致性可能会导致不同的节点对于相同的属性读到不同的数值。强一致性可以保证不同的节点对于同一个属性所读的数值是相同的，保证一个节点的信息被更新之后在未实现更新同步之前其他节点无法读取新写入的信息，但是这会降低整个控制层的性能。在目前现存的分布式控制器中，只有 Onix[16]提供了一致性控制。

分布式控制器的另一个问题是容错控制。在分布式控制器中当一个节点宕机，其相邻节点应该接管此节点所控制的转发设备。在目前的分布式控制器中，虽然整个控制层可以忍受部分节点的宕机，但是并不能为大规模的宕机提供容错保障。而且当一个节点的功能部分受损时，其相邻节点并不会接管相应的功能。在这种情形下，控制层的功能正常行使至关重要。控制器集群是一种既能保证控制层功能正常行使，又能保证网络规模的可扩展性，降低单节点宕机影响的有效方案。

3.1.1.4 南向接口协议

南向接口（southbound API）是SDN中连接控制层和数据层的桥梁，是实现控制层和数据层功能切割的核心部分。南向接口是和转发层的设备紧密联系的，控制器功能实现也需通过南向接口与转发设备配合完成。通常，新的交换机的研发与程序开发、解决方案的配套需要3年时间甚至更久，而开放式的通用南向接口可以大大降低硬件设备的开发周期。目前南向接口协议中最主要的是OpenFlow协议[3]，此外还有OVSDB协议[18]、POF协议[5]和OpenState协议[19]。

OpenFlow协议是经过各个设备供应商验证的具有互通性的南向接口协议，也是目前为止最被工业界接受的SDN南向接口协议。OpenFlow协议提供了转发设备硬件开发，控制层与数据层信息交互的通用规范。OpenFlow协议为控制层提供了三类信息：一是事件类型的信息，当链路或者端口发生变化时，会触发转发设备发送事件信息给控制层，汇报事件类型和详细参数；二是数据流统计信息，转发设备会根据OpenFlow协议指令统计各类流量信息，以待控制层发送命令进行查询；三是帧到达信息，当新的数据帧到达并且没有匹配的流表为之提供指令时，OpenFlow交换机会将本数据帧发送到控制层，启动路由的计算。这三类信息是控制器可以对转发设备进行流一级控制的基础。

OVSDB是一种为开放虚拟交换机OVS提供高级管理能力的南向接口协议。OVS中除支持OpenFlow对数据流的配置能力外，还支持其他更多的功能，例如OVS支持在一个运行OVS系统的硬件设备中虚拟出若干个交换机，支持在各个端口定义QoS策略，支持将接口配置到交换机，支持对队列的管理和通道技术的配置。而这些功能是OpenFlow协议所不具备的。

OVSDB在大部分功能中相当于是对OpenFlow的一种补充，而POF则是对OpenFlow的一种直接的竞争。POF的目的是使转发设备的功能更加简化，建立一种更加通用的网络白盒子。在OpenFlow协议中，交换机必须理解协议的帧格式并从帧头中提取相应的信息内容用于流表的匹配。而在当前协议众多的网络环境中协议解析功能无疑增加了交换机的负担①，不符合简化转发设备的趋势。而且即使转发设备包含了目前所有的帧头解析功能，也会出现一个向后兼容的问题。对此，POF提出了一种更通用的流指令集（flow instruction set,

① 在OpenFlow v1.3版本中需要解析的帧头字段已经超过40个。

FIS），将协议的解析功能移到了控制层，使得转发设备可以不用考虑数据流所采用的是何种协议。

OpenState 提出了一种面向 SDN 数据层的有限状态机方案，减少了访问控制层的次数。该方案实现了若干有状态的任务，减少控制层的复杂度和计算消耗。例如，MAC 地址的学习、可状态化的边界路由器防火墙等可以直接基于转发设备中的有限状态机完成，而不需要与控制层交互，直接减少了处理延迟，但是其代价是增加了转发设备的复杂度。

3.1.2 相关工作分析

本节将介绍国内外学术界在 SDN 领域的研究进程和现状，SDN 的标准化进展，工业界对 SDN 研究的投入，以及截至目前设备供应商推出的 SDN 产品。

3.1.2.1 国外研究现状

美国哥伦比亚大学的 Yemini 和 Silva[20] 在 1996 年就提出了一个名为 NetScript 的可编程网络的架构，NetScript 将网络视为若干虚拟网络引擎（virtual network engines，VNE）通过虚拟链路（virtual links，VL）连接而成。NetScript 可以通过编程的方式控制数据流在 VNE 之间的转发。NetScript 虚拟网络（NetScript virtual network，NVN）由一组 VNE 和 VL 构成，NetScript 为 NVN 的管理提供了一种编程语言。卡内基梅隆大学的 Greenberg 等[21] 于 2005 年提出了一个 4D 网络结构，将自治网络中协议的决策逻辑从网络元素中剥离，形成一个决策层，在决策层中对网络单元进行配置来转发数据帧。4D 结构中，路由器和交换机对数据帧的转发完全来源于决策层的控制，并且会反馈一些统计信息给决策层供其做决策。

2007 年，斯坦福大学的 Casado 等[22] 提出了一个面向企业的网络架构 Ehane。Ehane 将基于流的以太网交换机和集中化的控制器结合在一起，将数据流的准入和路由功能转移到控制器中，使得管理者可以定义整个网的运行策略。这种设计是向后兼容既存的交换机和路由器的。时隔一年，McKeown 等[3] 又将控制层和数据层做了更清晰的分割，并提出了在两层之间实现信息交互的标准化协议 OpenFlow。OpenFlow 协议的产生标志着 SDN 时代的正式开启。同年，Gude 等[4] 又发布了开源的 OpenFlow 控制器 NOX。NOX 的基本构成部分是一组交换机和一个网络服务器，NOX 软件和网络管理应用运行在网络服务器上。NOX 软件可以看作由控制程序和网络域（network view）组成。网络域包含 NOX 对网络的监测信息，网络应用利用这些信息控制网络流量。

2013 年，Linux 基金会支持了一项名为 OpenDaylight 的方案，建立网络功能虚拟化的基础，其开发语言为 Java。2014 年，第一个版本 Hydrogen 被发布，包含了 OVSDB、OpenFlow v1.3、BGP 以及 PCEP（path computation element protocol）等主流的 SDN 协议。OpenDaylight 的源代码包含了 Big Switch Networks、思科和 NEC 等不同公司的贡献。Internet2 网络一个是美国为高校和研究中心提供服务的 IP 光纤网络，同时提供安全测试和研发环境。2015 年，Internet2 和开源 SDN 操作系统社区宣布在 Internet2 网络上部署了开源 SDN 操作系统。Ryu 是一个模块化的 SDN 工作框架，为研究人员提供软件模块和详细定义的 API 接口，允许采用事件的方式与交换机进行通信，使得 SDN 研发人员更加容易地创建网络管理和控制应用，Ryu 支持 OpenFlow、Netconf、of-config 以及 OVSDB 等南向接口协议。其采用的开发语言为 Python。

在学术会议方面，随着 SDN 在学术界热度的提升，计算机网络顶级学术会议 Sigcomm 自 2012 年开始成立了 HotSDN 专题讨论会，2015 年改为软件定义网络专题研讨会（Symposium on SDN Research，SOSR）。国际开放式网络高峰会（Open Networking Summit，ONS）是一个旨在推进在 SDN、OpenFlow 和 NFV 方面合作的会议，曾引导了研究人员、公司和其他组织共同探讨 SDN 的相关议题。

3.1.2.2 国内研究现状

国内对下一代互联网技术的探索也在积极进行，早在 2003 年清华大学便成立了未来互联网络技术研究中心。2011 年南京市通过和北京邮电大学、中国科学院计算技术研究所、清华大学等院校的合作，设立了江苏省未来网络创新研究院，专门从事未来网络核心技术的研究。未来网络创新研究院主持了若干关于 SDN 的研究，例如可编程虚拟化路由器项目[23]，提出了以 OpenFlow 为代表的一些方案，并研发了部分设备。此外，研究院还承担了一些关于 SDN 的国家课题，例如 2012 年国家“973”计划课题“未来互联网性能评估与实验研究”、2013 年国家“863”计划课题“可编程虚拟化路由器关键技术研究及系统研制”、2013 年国家自然科学基金项目“OpenFlow 高效转发方法研究”以及 2013 年国家 CNGI 项目“新型网络体系架构的技术开发与试验”。

清华大学参与的“863”计划课题“未来网络体系结构创新环境（FINE）”立足于解决制约未来网络体系结构创新环境的构建和发展等方面的

问题，研究包括基于 SDN 思想设计开放的和可定义的未来网络体系结构创新环境的总体架构，研究可组装的和深度可编程的数据平面抽象技术及相关设备等内容。北京邮电大学的黄韬教授承担了“十二五”规划“863”计划课题“面向服务的 SDN 体系架构与关键技术研究”，主持研发了北京邮电大学校园级未来网络创新实验平台。中国人民解放军信息工程大学承担了“863”计划课题“SDN 体系结构与关键技术研究”。中兴通讯股份有限公司承担了课题“支持资源弹性调度的软件定义网络 SDN 关键技术研究与设备研制”。赛尔网络有限公司承担了课题“软件定义网络 SDN 验证与示范”。上海未来宽带技术股份有限公司承担了课题“面向多业务融合的软件定义网络 SDN 规模试验”。这些高校和公司都通过国家课题对 SDN 的不同方面展开了研究。

此外，国家还通过自然科学基金项目支持了若干青年学者对 SDN 课题的研究工作。例如北京邮电大学刘江的“基于 SDN 特征的虚拟网络映射问题研究”课题，西安交通大学张鹏的“软件定义网络的主动攻击与防御机制研究”课题，2017 年大连理工大学李克秋的“软件定义网络的基础理论及关键技术”课题，2017 年中国人民解放军国防科学技术大学吕品的“基于软件定义网络的无线网络虚拟化关键技术研究”课题等。

国防科技大学计算机学院也做了 SDN 的相关研究，周桐庆等[24]研究了 SDN 的流量工程特性，王俊辉[25]在其博士论文中研究了软件定义片上网络系统，提出了将片上系统的控制功能从数据层剥离的软件定义架构。国内也展开了 SDN 研究的国际合作，2010 年清华大学与斯坦福大学签署了关于未来互联网研究的合作协议，以 OpenFlow + IPv6 开始了清华大学与斯坦福大学 SDN 提出者 Nick McKeown 教授的合作。

为了推动 SDN 的前行，2012 年 12 月由中国若干科研机构、运营商、互联网公司等组成了中国 SDN 专业委员会（ChinaSDN），推动 SDN 的研究和标准化进程。为了吸引高校学生投入 SDN 的研究大潮中，教育部科技发展中心互联网应用创新开放平台联盟自 2014 年开始主办了高校 SDN 应用创新开发大赛。

3.1.2.3 标准化进程

SDN 的概念一经提出便因其开放性而受到设备供应商、网络运营商以及学术界的追捧，然而积极火热的研究氛围并未带来 SDN 标准化进程迅速发展的局面。OpenFlow 协议是自 SDN 产生之初便形成的南向接口协议，目前已成为被广泛接受的南向接口标准，除此之外目前并未形成统一的北向接口标准和东西向接口标准。

目前从事 SDN 标准化工作的组织主要包括 ONF、ONRC 和 IETF 等。ONF[26]是一个由谷歌、脸书、微软等公司联合发起的一个非营利产业联盟，以加速 SDN 和网络功能虚拟化（network functions virtualization，NFV）的标准化进程，规范 OpenFlow 协议、OpenFlow 配置协议等相关技术，并推出了 SDN 白皮书[8]。开放网络实验室（open networking lab，ON. Lab）是由斯坦福大学和加州大学伯克利分校联合组成的社区，旨在推进 SDN 的应用，开发其潜力，并实现其开源化进程。ONF 于 2017 年将 ON. Lab 合并。

2012 年 4 月，斯坦福大学和加州大学伯克利分校联合谷歌、思科、华为等 12 家公司成立了开放网络研究中心（Open Networking Research Center，ONRC），研究中心致力于 SDN 的基础，研究一个实用的开源 SDN 基础平台。互联网工程任务组（Internet Engineering Task Force，IETF）专门成立了 SDN 的标准化小组 SDNRG，目前已经发布了几项关于 SDN 的标准，例如 2015 年的 RFC7426。

SDN 的南向接口协议已经产生了以 OpenFlow 为主导，OVSDB 等其他几项南向接口协议并存的局面，但是 SDN 的北向接口协议标准化比较缓慢。目前产生的几个主要的北向接口协议有 RESTful 接口[27]、FML[28]、Frenetic[29]、NetCore[30]等。Ryu 控制器中已经采用 RESTful 接口作为北向接口协议，可以通过 RESTful 接口提供网页界面对 Ryu 控制器进行控制和查询。FML、Frenetic 和 NetCore 都采用声明式编程语言对控制层进行编程。FML 又称为基于流的管理语言，是一种面向企业级网络配置管理的语言，已经在部分企业级网络中使用。Frenetic 是一种面向分布式交换机的语言，可以为网络中数据流提供分类和聚合等操作，并为数据帧转发策略提供一个操作库。NetCore 是面向 SDN 的表述数据包转发策略的编程语言，NetCore 通过一个编译算法和运行时系统为交换机的流表安装提供一种新途径。整体而言，北向接口协议目前仍处于发展中，仍未形成统一的标准。

SDN 东西向接口协议主要为了解决分布式控制器中不同控制器之间数据的导入导出、数据一致性控制以及部分控制器宕机之后的通信和补救机制等问题。SDNi[31]是一个在若干控制器中协调流表安装和交换连接信息的东西向接口协议；Onix[16]包含了控制器之间数据导入导出功能；Botelho 等[32]通过建立一个控制器数据库和基于数据库的一致性协议实现分布式 Floodlight 控制器的协同工作。SDN 东西向接口协议的发展最为缓慢，一是由于目前已经出现的几种 SDN 控制器中有着不小的差异，在不同的控制器中实现协同控制、一致性管理等需要解决很多兼容性问题；二是目前产生的SDN控制器的配置管理方式各异，造成一致性控制更加困难，也不利于东西向接口协议标准的建立。

3.1.2.4 SDN商业化产品现状

SDN一经提出便受到了工业界的追捧，许多专门从事SDN的初创公司相继产生，各个大公司也都成立相应的研究中心和团队。截至目前已经出现了许多SDN产品或兼容SDN的产品。已知的大部分产品都具有较小的结合存储（content-addressable memory）以致不能建立足够多的流表条目，但是这一现状正在逐渐发生改变，最新的普通商用GbE以太网交换机已经可以支持32 000条L2 + L3流表条目[33]。企业级的10GbE交换机已经可以支持80 000条的L2流表条目的存储[34]。

思科提出了若干面向SDN的解决方案，并提出了一套类似SDN的网络架构，命名为开放网络环境，其由三层构成，分别是演进可编程网络（evolved programmable network，EPN）[35]、演进服务平台（evolved services platform，ESP）和应用层。EPN是开放网络环境的基础，其结合ESP创造了一种网络操作模式，可以实现网络资源和服务的自动化配置，以及运载SDN、NFV和广域网优化。思科也参与了其他组织的SDN研究工作，例如在Linux基金会发起OpenDaylight项目中，思科便是主要合作方之一。在硬件方面，思科也推出了几款兼容SDN的交换机，例如Nexus9000系列[36]。

Juniper网络公司早在1998年便发布了初始版本的JunOS网络操作系统，运行在Juniper交换机、路由器以及通用计算机上。从JunOS的14.2R1版本开始，此系统可以支持OpenFlow的1.3.1版本。目前支持OpenFlow协议且可以运行JunOS操作系统的交换机包括EX9200以太网交换机、MX80/MX240/MX480等边缘路由器（edge router）以及QFX5100交换机。JunOS系统将硬件资源统筹管理，并提供给用户一个基于Web的可视化配置页面，用户可以通过Web为服务配置相应的存储、计算、交换等资源。加拿大移动运营商Telus和Juniper长期合作，Telus已部分采用Juniper的SDN设备和解决方案。

Ciena公司也研发了自己的网络管理系统Blue Planet，此系统包括多网域服务配置、NFV配置、网络分析、网络健康预测、开放网络操作系统等功能，能够为用户提供一个集编配、策略、端到端分析、智能服务等网络操作于一体的平台。Ciena支持软件定义的硬件产品包括6500系列交换机、3906mvi/3938vi服务虚拟化交换机等。诺基亚在收购原阿尔卡特 - 朗讯（Alcatel-Lucent）之后继续展开其在SDN方面的研究，主要集中于IP和光网络的载波

SDN 解决方案。诺基亚推出了虚拟网络服务（virtualized network services，VNS）平台，让用户可以更迅速更灵活地配置其网络资源。此外，诺基亚也研发了 PSS1830 等支持 OpenFlow 的交换机。

华为在 SDN 方面提供了园区网络 SDN 解决方案、数据中心网络 SDN 解决方案和广域网络 SDN 解决方案等。园区网络 SDN 解决方案针对办公大楼、政企园区、学校、医院等场景提出了 SD-Campus 架构；数据中心网络 SDN 解决方案包含自动化部署方案、弹性互联方案和开放生态系统等帮助客户适应各种云业务；广域网络 SDN 解决方案致力提供最佳业务体验和商业体验。此外，华为也推出了支持 SDN 的一系列交换机产品，例如华为 8500 系列等。

随着 SDN 的发展，越来越多的初创公司选择以这种新兴的技术作为起点，选择集中精力开发 SDN 产品，这类公司包括品科科技（Pica8）、Cyan、NoviFlow 和 Plexxi 等。这些公司由于无法和思科、华为等一样在其既有的产品上推出支持或者部分支持 SDN 的功能，而是选择专门面向于 SDN 的产品。例如品科科技在 2009 年发布了基于 Linux 的网络操作系统 PicOS，此外品科研发了一系列集成了 PicOS 或者 OpenFlow 的交换机，如 AS7712 -32x100GbE 交换机、P-5401 40GbE 交换机、P-3922 万兆交换机等。

在各个公司推出各自的支持 SDN 的交换机、路由器的同时，也有部分公司相继研发了基于软件的虚拟交换机产品，这些产品被广泛地应用于数据中心网络和网络虚拟化中。基于软件的虚拟交换机产品主要包括开放虚拟交换机（OVS）[37]、Switch Light[38]、Pantou[39]等。在网络虚拟化趋势的推动下，据报道在数据中心网络中虚拟化网络接入端口的数目已经超过了物理接入端口[40]。

加拿大面向下一代网络前沿研究中心（Center of Excellence in Next Generation Networks，CENGN）是由加拿大联邦政府主导并部分资助的，由加拿大各高校与各大公司合作的一个非营利机构，其目的便是研究基于 SDN 的网络前沿技术，提供基于 SDN 的解决方案。

SDN 和 OpenFlow 协议的商业化推广也不乏案例，其中影响最大的莫过于谷歌全部数据中心骨干网连接采用 SDN 和 OpenFlow 的案例。谷歌为全球用户提供搜索、Google+、Gmail 和 Youtube 等服务，广域网流量巨大。谷歌广域网由两个平面组成，分别是承载用户流量的 I-scale 网络和承载数据中心之间流量的 G-scale 网络。谷歌在其站点部署了多台 OpenFlow 交换机，并通过 OpenFlow 实现网络调度。在广域网中，谷歌还建立了集中的流量工程模型，这个模型的集中控制器从 OpenFlow 交换机中实时获取网络流量和带宽利用率的数据，进而利用这些数据进行路由计算，获得最佳路径，然后通过

OpenFlow 协议将路由写入交换机。谷歌于 2010 年在 G-scale 网络中采用了 SDN 架构、进而在 2012 年在全部数据中心骨干网络中采用 SDN 理念，使网络利用率提升到 95% 以上[41]。

3.1.2.5 SDN 中流量工程的研究

对于流量工程，IETF 给出的定义是处理网络性能评估与网络性能优化的 Internet 网络工程[42]。流量工程基于科学和技术的原则，对 Internet 网中的流量依次进行测量、描述、建模和控制，从而提高网络资源的利用率，对网络进行规划。周桐庆等[24]对流量工程的定义为“对网络中的数据流行为进行动态的分析预测和有目的的管理”。流量工程的核心任务是根据网络流量的测量与分析结论将业务流智能地映射到物理拓扑上。根据 SDN 中实施流量工程所涉及的数据采集与分析的性质，可以将流量工程的实施分为三个步骤：一是交换机或路由器中的数据流信息采集；二是 SDN 控制器对交换机所采集信息的获取或查询；三是 SDN 控制器对获得的信息的分析与建模，并指导数据流的路径选择，例如路由算法或者流量均衡等。

对于交换机中数据流信息的采集，目前有两种主流的技术，分别是 NetFlow 和 sFlow。NetFlow 由思科公司提出[43]，采用的是基于数据流的统计方法。在 IP 网络中其利用数据流的第一个 IP 包，根据数据包中的信息建立 NetFlow 缓存，之后相同的数据进行缓存信息匹配之后进行数据帧、数据流字节等信息的统计。Suárez-Varela 和 Barlet-Ros[44]将 NetFlow 技术引入 SDN 中，在 OVS 中实现了 NetFlow 流量监控技术并在 OpenDaylight 控制器中实现了对流量的分析。sFlow[45]技术由 InMon 公司提出，由 Giotis 等[46]引入 SDN 中。与 NetFlow 监控每一个数据流的方式不同，sFlow 监控的对象是设备的物理端口或者虚拟端口，以抽样的方式测量每个端口的流量。sFlow 监控由 Agent 和 Collector 两部分构成，Agent 位于网络转发设备中，获取各个端口的统计信息，并将获取的信息封装成特定的报文，定时发送到 Collector①，进而由 Collector 对报文分析、形成流量报告。

为指导流量工程和优化网络，SDN 控制器需获取网络转发设备所采集的数据进行集中式分析，进而为控制器做出决策提供依据。周桐庆等[24]将交换设备中流量信息的采集分为主动式信息采集和被动式信息采集两类，主动式信息采集方式周期性地向数据层发送查询指令，或者根据已接收到的数据层信息

① 发送周期为 1 s

自适应地向数据层发送查询指令以获取数据流统计信息，例如 Payless 算法则是通过已收到的查询信息进而自适应地调整查询指令发送的时间间隔[47]；被动式信息采集方式则根据数据层发送的事件信息进而计算出所需的数据流信息，或者根据数据层发送的事件触发查询指令，Flowsense 算法根据数据层的转发设备中流表被移除之后向控制层发送的事件信息计算出数据层的数据流带[48]。此外，流量信息的采集又可分为完全监控和部分监控，完全监控是监控网络中全部链路的流量信息，进而构建一个完整的流量分布视图，这种监控方式虽然能获得相对精确的流量分布信息，但是往往会造成较大的控制消耗；Vardi[49]首先在网络流量监控中引入了层析成像（tomography）技术，即通过监控网络中部分链路的流量信息进而推断整个网络的流量分布。控制层数据信息的采集有若干不同的策略，而不同的策略都需在算法复杂性、控制开销以及统计精确度等各个要素之间进行权衡，通过综合考虑获得适合于不同应用场景的信息采集策略。

SDN 控制器通过网络流量信息采集算法获得网络的负载状况之后，需要用一种数据结构表述网络流量分布信息，其中流量矩阵是一种最常见的网络流量分布表述模型。流量矩阵是对进入、流经和离开某个网络的数据流的一种量化评估，是对网络端到端的流量的一种本质的表述，在流量工程和网络规划中具有不可替代的作用，可以分为网域级流量矩阵、节点级流量矩阵和端口级流量矩阵。在流量工程中，可以通过流量矩阵和路由矩阵获取一组网络链路的测度，例如 Roughan 等[50]利用流量矩阵计算 OSPF 路由中链路测度。网络流量监控算法的效率和流量矩阵的性能需要通过流量矩阵在流量工程中的发挥的性能而评定，通过调整数据流路径的选择检测流量工程是否能优化网络路由从而使网络在资源利用方面更加高效，减少阻塞的发生。路由的计算可以通过对估测流量矩阵 $\boldsymbol{t}$ 施加路由优化器，进而评价这个路由算法对实际流量矩阵的效果如何，例如 Matthew 等人为了优化 OSPF 路由算法的权重，基于估测流量矩阵 $\boldsymbol{t}$ 获取 OSPF 的链路权重，其优化可以表述为 $\boldsymbol{w} = OSPF - weight - optimizer\ (\boldsymbol{t})$，进而根据已优化的权重获取优化的路由矩阵 $\boldsymbol{A} = OSPF - route - simulater\ (\boldsymbol{w})$，最终将实施新的路由算法之后所产生的实际流量矩阵计算新的权重 $\boldsymbol{w} = \boldsymbol{A}\boldsymbol{t}$。

3.1.2.6 SDN 中流量工程的优势

基于 MPLS 的流量工程实施过程可以分为四个部分：信息发布功能，用以搜集网络信息；路径选择功能，负责路径的计算；信令协议部分，建立标签交换路径（label switch path，LSP）；数据转发部分，根据 MPLS 标签将数据依制转发。实施流量工程，不仅需要获取网络的拓扑信息，还需要获取流量工程相关的其他网络属性和现行的流量负载信息。

在信息发布功能中，各个路由器定期通过 IGP 或者 IS-IS 协议将链路属性和拓扑属性通过洪泛的方式发送到其他路由器，进而建立流量工程数据库（traffic engineering database，TEDB），使得各个网络节点可以通过 TEDB 计算出满足各种约束的路由。在路由选择功能中，受约束的最短路径优先算法（constraint-based shortest path first，CSPF）是一种较为常见的路径选择算法，CSPF 在计算路由的过程中将各类约束都考虑到路径的计算中，从而得出一个满足约束的最短路径。在流量工程中，通常只需在每个数据流流入一个网络时的入点（ingress）计算路由，当计算出一条显示的路径之后通过信令协议传达到下游的节点中，从而建立一条转发路径。在流量工程中，当路由协议计算出一条路径之后，将会通过信令协议预留资源，建立 LSP。目前主要有 RSVP-TE 和 CR-LDP 两类动态信令协议：在 RSVP-TE[51] 中数据流抵达网络入点时，入点根据本地的 TEDB、带宽约束、指定路径等信息依据 CSPF 路由算法计算出路由路径，将资源路由信息和路径信息封装之后向出点（egress）发送，并在沿途节点保存路径状态，抵达出点之后再沿发送路径返回，在返回的途中实现资源的预留，同时生成 MPLS 标签，建立 MPLS 标签交换路径，当反馈信息返回到入点时完成路径搭建，数据流以标签交换的方式发送到出点；CR-LDP 资源预约协议的工作原理也大致和 RSVP-TE 相似，IETF 在 2003 年已经表示将专注于 RSVP-TE 而不继续 CR-LDP 的研制[52]。在 MPLS 转发阶段，交换机在 LSP 建立之后根据分配好的标签对数据流进行转发。

3.2 基于网络演算的软件定义网络分析模型

研究人员在传统的 OSI 参考模型中基于网络演算研究了流量分析模型、冲突模型以及网络性能上限等方面。而对于软件定义网络中控制层分离的三层网络模型，其研究方法会发生一些改变。如何为软件定义网络三层模型建立网络演算流冲突模型，如何用网络演算分析控制层分离的特殊架构，以及如何用网络演算分析软件定义网络中的队列模型都是尚待解决的问题。我们基于网络演算理论结合软件定义网络的网络模型，对上述问题展开了探索和研究。

3.2.1 引言

网络演算是一种基于最小加代数的理论工具，用以分析网络的极限性能。在计算机网络中，网络为数据流提供的性能取决于带宽容量、队列规则等。网络演算理论主要由三部分构成，即到达曲线、服务曲线和推演定理。网络演算为数据流提供到达曲线刻画数据流的到达行为，服务曲线表示网络节点的服务能力。

假设存在一个离散时间数据流 f，一个网络节点 s，数据帧 p_i（$i=0$，1，2，…）依次到达 s。$A(t)$是数据流f到达 s 的累积，即$A(t)=\sum_{\{i\mid i>0,i\leqslant t<i+1\}}p_i$。假设 $D(t)$是数据流f离开 s 之后所产生的数据流的累积。对于数据流f，为了能缓存所有累积的数据帧，节点 s 需要的缓存空间即是所有等待被 s 处理的数据包的总和，$B(t)=A(t)-D(t)$。数据帧的处理延迟 $d(t)$即是所有到达的数据帧$A(t)$在$d(t)$时间内完全离开了节点 s，$d(t)=\inf\{d\geqslant 0\mid A(t-d)\leqslant D(t)\}$。$B(t)$是$A(t)$和$D(t)$两条曲线的垂直距离，$d(t)$是两者的水平距离。

网络演算理论即是用到达曲线$\alpha(t)$刻画数据流的到达行为$A(t)$，用服务曲线$\beta(t)$刻画节点 s 的处理能力，在这里，$D(t)\geqslant A(t)\otimes\beta(t)$，其中$\otimes$是卷积运算。$\alpha(t)$和$\beta(t)$分别是$A(t)$和$D(t)$的上限约束曲线。卷积运算在不同的代数理论中有所不同，目前已经形成的网络演算理论分别是基于最小加代数[53]、最大加代数[54]和矩阵理论[55-57]。在最小加代数中，卷积运算的定义为$(f\otimes g)(t)=\inf_{0\leqslant s\leqslant t}\{f(t-s)+g(s)\}$。根据提供的性能上限的性质不同，网络演算分为确定性网络演算和随机网络演算[58]。确定性网络演算为数据流提供确定性的服务上界或者下界，而随机网络演算则提供概率性的服务上下界。例如，确定性网络演算可以给出一个数据流中全部数据包的最大延迟上界，而随机网络演算则会给出能约束例如95%的数据包的延迟上界；确定性网络演算可以给出所有数据包都不能丢失情况下网络节点所需的缓存空间，而随机网络演算则给出保证例如95%数据包不丢失所需的缓存空间。

网络演算理论和应用的研究一直受到持续的关注，张信明[59]将网络演算应用于因特网中，提出了基于因特网的数据流整形模型、分组调度模型等，并提出了 QoS 路由的近似算法。钱悦[60]研究了网络演算在片上网络的应用，利用网络演算建立了虫孔路由的分析算法，对比分析了二维和三维片上网络的极限性能，此外还研究了几类数据流冲突模型和相应的分析机制。李焕忠[61]针对基于最小加代数的随机网络演算中概率运算和最小加运算的不协调问题，提出了一种不基于最小加代数的随机网络演算理论系统，降低了随机网络演算的理论难度。陈艳平[62]研究了面向数据变换的网络服务模型，并提出了面向数据流自相似多分形特性的接纳控制算法。李宝亮[63]研究了片上网络中基于实时演算的端到端延迟上限和缓存分配算法。

在网络演算的应用研究方面，Schmitt 和 Roedig[64]将网络演算理论微调之后引入无线传感器网络中，分析了传感器网络中的极限性能，为传感器节点设计提供性能保障。Dang 和 Mifdaoui[65]利用网络演算分析了时分多址网络中数据流端到端的延迟上限。林云松等[66]基于网络演算提出了一种网络处理器数据通道的计算模型，研究了其数学特征，并提出了性能分析的建模方法。张奇智等[67]提出了在交换式工业以太网中交换机对不同类型数据的服务曲线，并在一个树型拓扑的交换式工业以太网中计算了实时数据的最大网络时延。康晓凤和孙彦景[68]基于煤矿监控信息的应用环境，在非抢占式优先级调度上采用最早截止时间优先的调度方法，建立了网络演算方法，分析了煤矿工业以太环网中数据传输的最差端到端延时。

关于网络演算理论在 SDN 的应用方面，Hernandez 等[69]通过在 SDN 中获取的实时流量信息，在 SDN 交换机的流控模块加入了基于确定性网络演算的端到端的 QoS 分析。Azodolmolky 等[70]基于网络演算理论研究了 OpenFlow 交换机中延迟和队列长度的性能，分析了控制器分离架构中交换机和控制器的分析模型，研究了控制器中队列长度的极限性能。Azodolmolky 等[71]另外通过网络演算研究控制器中的队列长度上限，进而研究 SDN 的可扩展性。在移动通信中，SDN 技术可以将同一个物理通信基站定义为若干个虚拟基站。Zhang 等[72]基于随机网络演算理论研究了数据流在虚拟基站网络中的端到端的延迟性能。

本节首先基于前人的研究成果概述了网络演算理论系统；其次研究了 SDN 架构中的网络演算分析模型，提出了控制层分离架构下的网络演算冲突模型，以及网络资源竞争的分析机制；最后基于网络演算建立了 SDN 中先入先出、随机公平排队和分层口令桶三种队列规则的调度机制。

3.2.2 网络演算

本节介绍了网络演算的到达曲线、服务曲线的定义，以及网络演算的基本推演定理，综合论述了网络演算理论的工作原理，给出了网络演算中各类曲线之间的内部关联。

3.2.2.1 到达曲线和服务曲线

在网络演算理论中，最关键的问题是如何提取到达曲线和服务曲线[53]，到达曲线和服务曲线的定义分别为如下。

定义 3.1（到达曲线） 假设存在两个广义增函数 $R(t)$ 和 $\alpha(t)$，其中 $R(t)$ 非负，为到达一个网络节点的数据流累积函数，对任意的 s 和 t，如果 $\forall s\leqslant t$，当且仅当 $R(t)-R(s)\leqslant\alpha(t-s)$，则称 α 为 R 的到达曲线。

定义 3.2（服务曲线） 假设存在两个广义增函数 $R(t)$ 和 $D(t)$，且 $R(t)$ 和 $D(t)$ 均非负，$R(t)$ 为到达网络节点的数据流累积函数，$D(t)$ 为离开此网络节点的数据流累积函数，如果存在 $\beta(t)$ 非负且 $\beta(0)=0$ 满足 $D(t)\geqslant R(t)\otimes\beta(t)$，则称 $\beta(t)$ 为网络节点提供给数据流 $R(t)$ 的服务曲线。

3.2.2.2 网络演算基本推演定理

在网络演算中，到达曲线和服务曲线的水平距离是数据流经过网络节点时此节点为之添加的延迟，两者的垂直距离是数据流无失地流经此节点时节点所需提供的存储转发空间。Cruz[73-74]首先在论文中提出了一系列网络演算理论，Le Boundec 和 Thiran[53]在专著中完善了确定性网络演算理论系统。网络演算理论系统的几项基本定理如下所示。

定理 3.1（延迟上限） 考虑一个以 $\alpha(t)$ 为到达曲线的数据流流经一个以 $\beta(t)$ 为服务曲线的单系统，则此单系统将为数据流附加一个延迟，此延迟上限为 $d(t)\leqslant H(\alpha(t),\beta(t))$，这里 $H(\alpha(t),\beta(t))$ 是 $\alpha(t)$ 和 $\beta(t)$ 之间的水平距离。

定理 3.2（积压上限） 考虑一个以 $\alpha(t)$ 为到达曲线的数据流流经一个以 $\beta(t)$ 为服务曲线的单系统，则此单系统能无失地转发数据流 $\alpha(t)$，且系统需要为之提供相应的缓存空间存储累积的数据流，$B(t)\leqslant V(\alpha(t),\beta(t))$，这里 $V(\alpha(t),\beta(t))$ 是 $\alpha(t)$ 和 $\beta(t)$ 之间的垂直距离。

定理 3.3（剩余服务） 考虑两个分别以 $\alpha_1(t)$ 和 $\alpha_2(t)$ 为到达曲线的数据流同时流经一个以 $\beta(t)$ 为服务曲线的单系统，当数据流 $\alpha_1(t)$ 比 $\alpha_2(t)$ 具有非排空高优先级时，网络节点为数据流 $\alpha_1(t)$ 提供的服务曲线为 $\beta(t)$，为数据流 $\alpha_2(t)$ 提供的服务曲线为 $(\beta(t)-\alpha_1(t))^+$。

定理 3.4（聚合流） 考虑 N 个分别以 $\alpha_1(t)$，$\alpha_2(t)$，…，$\alpha_N(t)$ 为到达曲线的具有同等优先级的数据流同时流经网络节点，则可以将此 N 个数据流看作一个数据流，其到达曲线为 $\alpha(t) = \sum_{i=1}^{N} \alpha_i(t)$。

在获取到达曲线和服务曲线之后通过延迟上限定理可以获得此网络节点为数据流附加的延迟，当服务曲线是网络系统服务曲线时，此延迟是此网络系统为数据流附加的端到端的延迟上限。积压上限定理用于分析若要一个数据流无失地流经一个网络节点时，此节点需要为数据流提供的队列长度。剩余服务定理分析当一个网络节点为部分数据流提供服务之后剩余的服务能力，这里的剩余服务为网络节点能保障的最低服务能力。聚合流定理讨论了当几个数据流同时流入同一个交换机的某个输入端口时的等效的到达曲线。

网络演算理论系统中涉及的曲线如图 3.2 所示，在图 3.2 中 $A(t)$ 为网络节点的到达数据流随时间的累积，为一个非负不减函数；$\alpha(t)$ 为到达数据流的到达曲线，其物理意义是为数据流 $A(t)$ 提供上限约束，即不论到达数据流的突发性抑或持续高速率的抵达，数据流总是受 $\alpha(t)$ 约束 $A(t) - A(s) \leqslant$

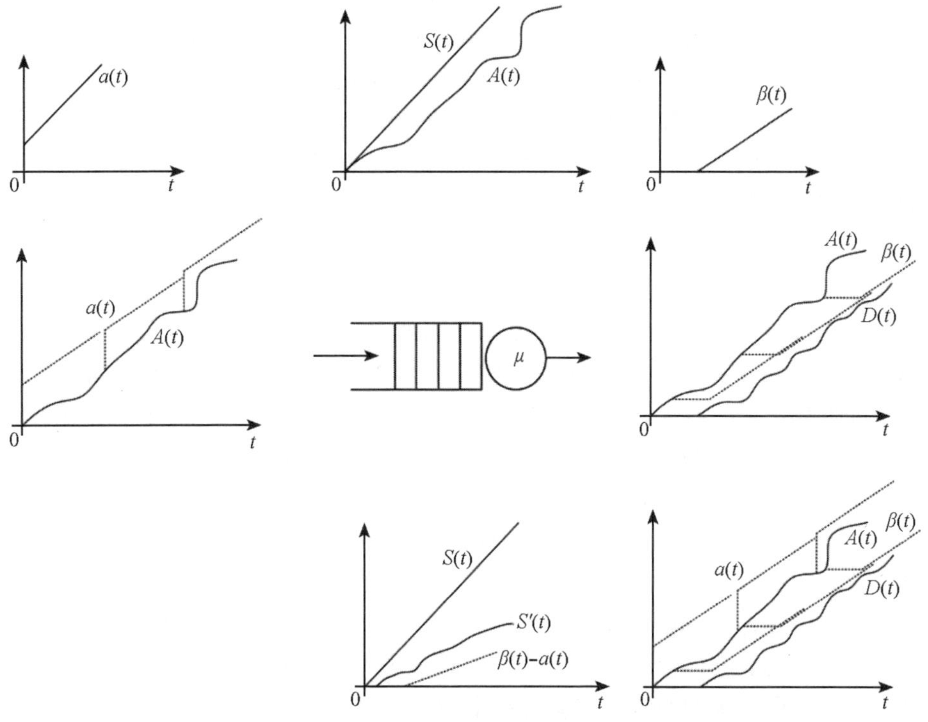

图 3.2　网络演算理论系统

$\alpha(t-s)$，这里 $s\leqslant t$；$S(t)$为网络节点提供的累积服务能力；$S'(t)$为网络节点为数据流 $A(t)$提供服务之后的累积剩余服务能力；$\beta(t)$为网络节点提供的服务曲线。从图中可以看出，若要保证网络节点为无失的，其中一个前提约束条件为对任意 t 有 $A(t)\leqslant S(t)$，即节点抵达数据流的累积不能高于节点所能提供的服务能力的累积。剩余累积服务能力 $S'(t)$受累积节点累积服务能力 $S(t)$和到达数据流 $A(t)$影响。$D(t)$为数据流 $A(t)$接受此网络节点服务之后所产生的离开数据流累积函数，亦是一个非负不减函数。从右图中可以发现到达流、服务曲线和离开流之间的关系，离开流 $D(t)$不会与服务曲线 $\beta(t)$重叠。网络节点的剩余累积服务能力 $S'(t)$受剩余服务曲线$[\beta(t)-\alpha(t)]^{+}$的约束。

3.2.3 SDN 中的网络演算模型

本节我们依据网络演算建立了在 SDN 控制层剥离架构下交换机的分析模型，依据 OpenFlow 交换机的功能结构，利用网络演算分析了交换机的协议解析功能和基于流水线的流表查询过程，分别讨论了数据流抵达之后流表查询命中和未命中情形。基于 OpenFlow 交换机中队列规则安装在每个输出端口的情况，本节研究了输出端口共享的聚合冲突和输出端口不同的交换冲突，并分析了两种冲突模型在流表查询命中和未命中的情形。在单交换机的基础上，本节最后研究了若干交换机的串联分析模型。

3.2.3.1 OpenFlow 交换机网络演算分析模型

在 SDN 中，当一个客户端发起一个数据流，客户端首先将数据流发送到相连接的 SDN 交换机。SDN 交换机根据数据流的源地址、目的地址以及服务类型等查找匹配的流表，如果流表查找是命中的，则会按照流表中所保存的指令对此数据流执行相应的操作，如果流表不能命中，交换机需要将数据流的帧头信息发送到 SDN 控制器，控制器根据帧头信息进行路由计算，并通过 OpenFlow 协议将路由指令安装到 OpenFlow 交换机中。数据流的后续数据帧根据安装好的流表进行转发、存储或者丢弃等操作。

据上所述，OpenFlow 交换机工作原理如图 3.3 所示，OpenFlow 交换机由协议解析、流表和输出端口三个模块构成，并与远端的 SDN 控制器配合完成网络功能。在传统的 OSI 七层参考模型中，同层协议之间才能通信，因而需要协议解析器分析各种协议的帧头和帧尾，识别协议类型并提取相应的信息。在 SDN 中由于传统的 OSI 参考模型被重新定义为数据层、控制层和应用层三层参考模型，OpenFlow 交换机对所有的数据流在数据层中进行协议解析，读取协议类型并提取相应的帧头信息。然后依据协议类型和帧头信息在流表模块中进行流表匹配。SDN 交换机流表模块存储着 L2 + L3 流表条目①，由硬件完成流表的查询与匹配机制，SDN 交换机采用流水线机制对流表进行查询和匹配以节约处理时间。流表成功匹配之后交换机会依据流表中包含的指令将数据帧加入输出队列（enqueue 命令）、送入下一个流表（GoTo 命令）或者直接丢弃（drop 命令）。

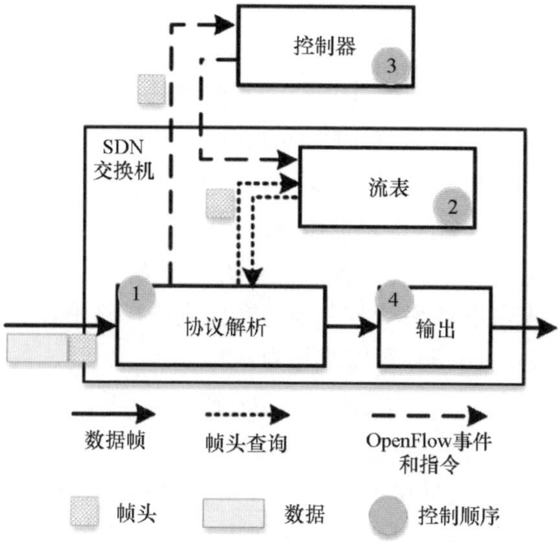

图 3.3　SDN 单交换机工作原理流程图

当数据帧被加入某个输出端口之后，输出端口会依据不同的队列规则对各个数据流进行调度实现资源共享，队列规则的分析在下一节中详细介绍。

如图 3.3 所示，假设 SDN 控制器和交换机之间的虚拟路径的延时为 τ_link，控制器路由计算的时间为 τ_ctl，路由信息在路由器中的安装时间为 τ_ft，路由表的查询时间为 $\tau\_ft \cdot s$，协议解析消耗时间为 τ_par。如果路由表查询是命中的，那么 SDN 交换机为数据流提供的服务曲线是：

$$\beta_{dp \cdot hit} = \beta_{\tau\_par} \otimes \beta_{\tau\_ft \cdot s} \otimes \beta_{qdisc} \tag{3.1}$$

式中：β_{τ_par} 为交换机协议解析模块所提供的服务曲线；$\beta_{\tau\_ft \cdot s}$ 为流表查询模块

① 目前流表条目已经可以支持到数万条的规模

为数据流提供的服务曲线；β_{qdisc}为输出端口的服务曲线，不同的排队规则对数据流将会提供不同的资源竞争模型，其网络演算分析将会在第3.2.4节中详细讨论。在式（3.1）中，定义β_{dp}为交换机协议解析和流表匹配模块提供的服务能力，式（3.1）可以改写为：

$$\beta_{dp} = \beta_{\tau\_par} \otimes \beta_{\tau\_ft \cdot s} \tag{3.2}$$

$$\beta_{dp \cdot hit} = \beta_{dp} \otimes \beta_{qdisc} \tag{3.3}$$

由于协议解析功能和流表查询功能是硬件完成的，因而延迟较小且延迟时间稳定，可以用一个延迟函数δ_{τ}表述：

$$\delta_{\tau} = \begin{cases} +\infty, & t > \tau \\ 0, & \text{其他情况} \end{cases} \tag{3.4}$$

式中：τ为协议解析和流表查询所附加的延迟。在最小加卷积运算中，延迟函数的作用是数据流附加一个延迟，即$\alpha(t) \otimes \delta_{\tau} = \alpha(t-\tau)$。如果流表查询未命中，则SDN交换机为数据流提供的服务曲线是：

$$\beta_{dp \cdot loss} = \beta_{\tau\_par} \otimes \beta_{2\tau\_link} \otimes \beta_{\tau\_ctl} \otimes \beta_{\tau\_ft} \otimes \beta_{qdisc} \tag{3.5}$$

记β_{ctl}为流表未命中时SDN控制器为数据流执行路由计算和在交换机中安装流表的过程，则式（3.5）可以改写为：

$$\beta_{ctl} = \beta_{2\tau-link} \otimes \beta_{\tau\_ctl} \tag{3.6}$$

$$\beta_{dp \cdot loss} = \beta_{ctl} \otimes \beta_{\tau\_dp} \otimes \beta_{qdisc} \tag{3.7}$$

同理，假设相较于交换机的请求，SDN控制器的处理能力是理想的，则控制器路由计算的时间也可以用延迟函数表示。Azodolmolky等[70]讨论了SDN控制器中接收交换机请求的队列以及延迟上限。任双印[75]分析电路交换过程时得出结论：当链路稳定时建立链路带来的影响随着传输数据量的增大而降低，同理SDN控制器控制的延迟的影响也随着链路中传输的数据量增大而降低。

在SDN交换机中的流表查询中，由于流水线的设计使得流表查询可以为数条数据流提供匹配服务而不会严重降低某一数据流的延迟，同理大部分交换机也采用了硬件加速的方式为协议解析提高性能，协议解析和流表匹配等功能为数据流附加的延迟明显低于输出端口的排队时间，且前两者对延迟附加的离散化因素也低于排队时间。在交换机中，如果两个数据流同时聚合于同一个输出端口，则两个数据流会依据一定的队列规则进行资源竞争；假如两个数据流从不同的数据端口输出，则两个数据流在协议解析和流表查询过程中存在资源竞争，并无输出端口带宽资源的竞争。

3.2.3.2 SDN 中的交换冲突

SDN 中交换冲突模型用以解决若干数据流流经 OpenFlow 交换机后流经不同的输出端口的问题。在 OpenFlow 交换机中通常在输出端口采用队列规则对数据流进行调度，实现资源共享。当多个数据流流向不同的输出端口时，数据流之间的冲突仅仅发生在协议解析和流表查询部分。本节以两个数据流的情形分析了交换冲突和解决方法。

如图 3.4 所示，到达流 α_1 和 α_2 在交换机中存在资源竞争。α_1 和 α_2 会竞争协议解析功能和流表查询功能的硬件资源，用$\chi(\beta,\alpha)$表示网络节点 β 为数据流 α 提供服务之后的剩余服务能力，则交换机协议解析和流表查询功能为数据流 α_1 和 α_2 提供的服务能力分别为$\chi(\beta_{dp},\alpha_2)$和$\chi(\beta_{dp},\alpha_1)$。由于在交换机中协议解析是由硬件辅助完成，而流表查询由硬件流水线完成，处理速度较快，而且可以同时处理多个数据流而不会明显影响单一数据流获得的服务能力，因而可以将其剩余服务近似于完整的服务能力，即有$\chi(\beta_{dp},\alpha_2)=\beta_{dp}$。在流表命中交换机为数据流 α_1 和 α_2 提供的服务能力分别为：

$$\beta_1=\beta_{dp}\otimes\beta_{qdisc1} \tag{3.8a}$$

$$\beta_2=\beta_{dp}\otimes\beta_{qdisc2} \tag{3.8b}$$

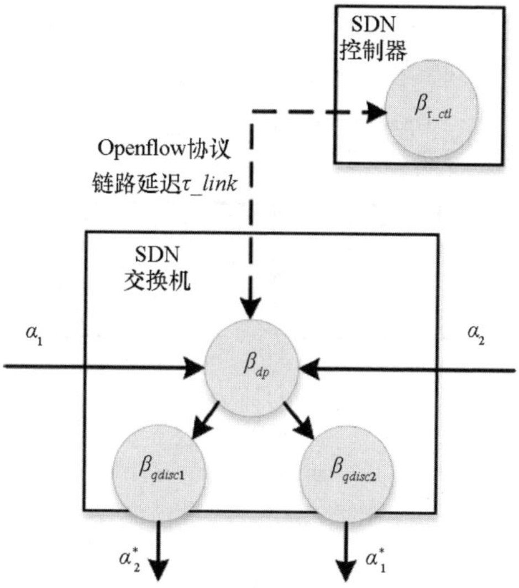

图 3.4 SDN 数据流交换冲突

交换机为数据流 α_1 和 α_2 提供的服务能力的差异取决于各自输出端口的流量负载。上述情形是两个数据流的流表查询均命中时的服务曲线，而当有数据流无法命中时，则需要将未命中的数据帧的帧头信息发送到控制器进行路由计算并安装流表，假如数据流 α_1 命中而 α_2 未命中，其获得的服务曲线可以记为：

$$\beta_1 = \beta_{dp} \otimes \beta_{qdisc1} \tag{3.9a}$$

$$\beta_2 = \beta_{ctl} \otimes \beta_{dp} \otimes \beta_{qdisc2} \tag{3.9b}$$

3.2.3.3 SDN 中的聚合冲突

SDN 中聚合冲突模型用以分析多个数据流经过同一个 OpenFlow 交换机并从同一个输出端口输出的情形，在这种情形中不同的数据流之间不仅竞争交换机的协议解析、流表查询等功能，也会在输出端口通过队列规则竞争网络资源。聚合冲突模型即是分析若干数据流聚合于同一个输出端口的队列的情形。为便于叙述且不失一般性，本节采用两个数据流进行讨论。

如图 3.5 所示，数据流 α_1 命中而 α_2 在交换机中存在交换机资源和输出端口资源竞争，在上一小节的讨论中可以得知 $\chi(\beta_{dp}, \alpha_2)$ 可以近似为 β_{dp}，如图 3.5 中数据流 α_1 命中而 α_2 在竞争交换机资源和输出端口带宽资源时，可以

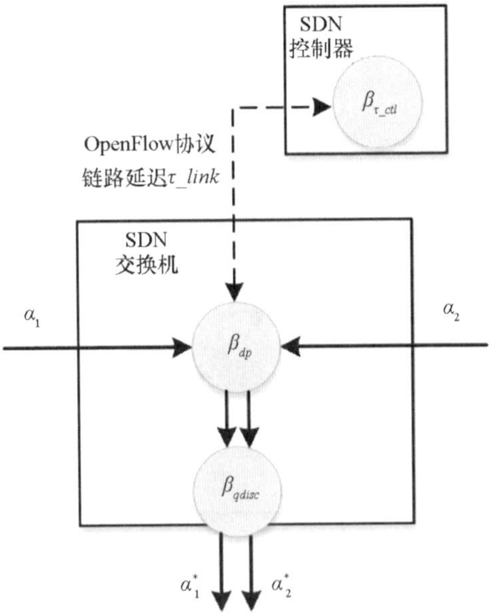

图 3.5 SDN 聚合流冲突

将交换机为数据流 α_1 命中而 α_2 提供的数据流分别记作：

$$\beta_1 = \chi(\beta_{dp} \otimes \beta_{qdisc}, \alpha_2) \tag{3.10a}$$

$$\beta_2 = \chi(\beta_{dp} \otimes \beta_{qdisc}, \alpha_1) \tag{3.10b}$$

这里，根据网络演算的串联服务定理可得 β_{dp} 和 β_{qdisc} 构成一个串联系统，此系统为数据流 α_1 或 α_2 提供服务，此串联系统为业务流提供的剩余服务能力分别为 $\chi(\beta_{dp} \otimes \beta_{qdisc}, \alpha_2)$ 和 $\chi(\beta_{dp} \otimes \beta_{qdisc}, \alpha_1)$。为了便于后面讨论，仅考虑输出端口的队列规则对剩余函数的影响，可以将 $\chi(\beta_{dp} \otimes \beta_{qdisc}, \alpha_i)$ 改写为 $\beta_{dp} \otimes \chi(\beta_{qdisc}, \alpha_i)$，根据定理 3.5 可知上述论断是成立的。

同上一节论述相同，假如数据流在流表查询过程中并未命中，则需考虑控制器计算和安装流表过程造成的影响。假如数据流 α_1 命中而 α_2 未命中，其获得的服务曲线可以记为：

$$\beta_1 = \beta_{dp} \otimes \chi(\beta_{qdisc}, \alpha_2) \tag{3.11a}$$

$$\beta_2 = \beta_{ctl} \otimes \beta_{dp} \otimes \chi(\beta_{qdisc}, \alpha_1) \tag{3.11b}$$

定理 3.5　定义一个延迟函数 δ_T 和一个非负不减服务曲线函数 β，将 δ_T 和 β 看作一个网络系统，则一个数据流依次流经 δ_T 和 β 之后系统的剩余服务曲线和业务流只流经 β 之后的剩余服务曲线相同。上面论述可以表述为：$\delta_T \otimes \chi(\beta, \alpha) = \chi(\delta_T \otimes \beta, \alpha)$，其中 $\chi(\beta, \alpha)$ 为 β 为数据流 α 提供服务之后的剩余服务曲线。

证明：定理中的论述可以用图 3.6 表示，图 3.6（a）中数据流只流经 β，在图 3.6（b）中数据流依次流经 δ_T 和 β。根据延迟函数的定义可知 δ_T 为流经此节点的所有数据流提供一个延迟 T，假如有两个业务流 α_1 和 α_2 先后流经 δ_T，则 α_1 受到的服务为延迟 T，δ_T 为 α_1 提供服务之后的剩余服务能力为 α_2 提供的服务依然为增加延迟 T，即 α_1 和 α_2 接受的服务相等，即有 $\chi(\delta_T, \alpha_1) = \delta_T$。在图 3.6（b）中 α 依次流经 δ_T 和 β，根据串联服务定理可知系统整体为 α 提供的服务的剩余服务等效于系统中两个节点依次为 α 提供服务之后的串联，即有 $\chi(\delta_T \otimes \beta, \alpha) = \chi(\delta_T, \alpha) \otimes \chi(\beta, \alpha)$。因此定理中公式可以表述为 $\delta_T \otimes \chi(\beta, \alpha) = \chi(\delta_T, \alpha) \otimes \chi(\beta, \alpha) = \chi(\delta_T \otimes \beta, \alpha)$，定理得证。

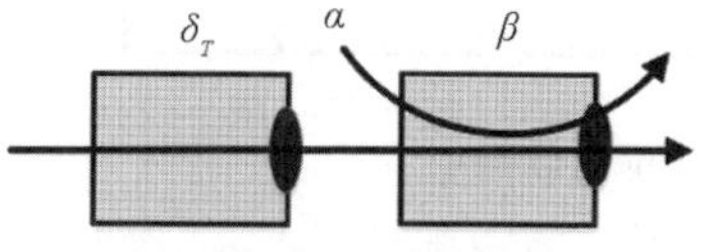

(a) 数据流流经服务节点

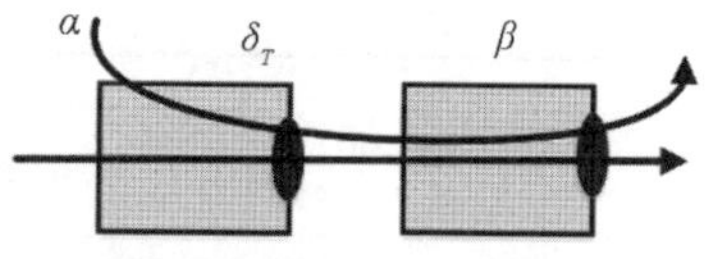

(b) 数据流流经延迟节点和服务节点

图 3.6　延迟节点对剩余服务函数的影响

在兼容 OpenFlow 的交换机中，对输出端口的资源竞争体现在如图 3.3 所示的输出端口队列规则中交换机对不同数据流的调度。交换机对于抢占同一个输出端口有资源竞争的 N 个数据流 f_0，f_1，…，f_N，依据队列规则和网络演算剩余服务定理，f_i 获得的服务曲线为：

$$\beta_{f_i}=\chi(\beta_s, f_{k,0\leqslant k\leqslant N,k\neq i}) \tag{3.12}$$

这里，根据不同的队列规则，网络演算剩余服务函数 χ（β_s，f_k）表述函数也随之变化，我们将在第 3.2.4 节中详细讨论不同的队列规则中资源共享的网络演算分析方法。

3.2.3.4 SDN 中面向单数据流的串联分析

SDN 中单数据流串联模型用以分析一个数据流经过两个以上 OpenFlow 交换机串联的网络时，在无冲突的情形中两个 OpenFlow 交换机的串联可以用网络演算串联定理解决。

如图 3.7 所示，当一个数据流无冲突地依次流经两个 SDN 交换机时，依据网络演算串联服务定理可以获得两个交换机在流表命中情形中对此单数据流提供的服务曲线如式（3.13）所示，这里假设两个交换机是相同的，提供的协议解析、流表查询和输出端口的服务能力也相同。

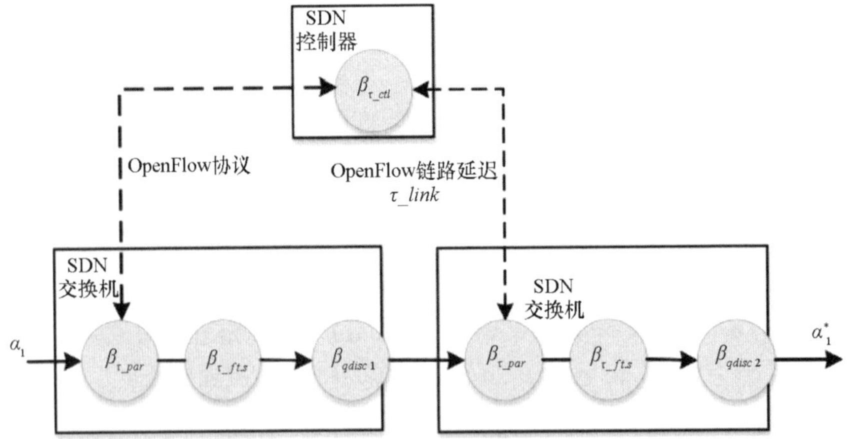

图 3.7 SDN 单数据流无冲突串联情形

$$\beta_{dp\cdot hit\cdot net}=\beta_{dp\cdot hit\cdot 1}\otimes\beta_{dp\cdot hit\cdot 2}=2\beta_{dp}\otimes\beta_{qdisc1}\otimes\beta_{qdisc2} \tag{3.13}$$

当数据流流经任意 N 个网络节点时，同理可以得到其接受服务的服务曲线为：

$$\beta_{dp \cdot hit \cdot net} = \bigotimes_{i=1}^{n} \beta_{dp \cdot hit \cdot i} \tag{3.14}$$

同理，在流表查询未命中时协议解析之后会将帧头信息发送到控制器，由控制器进行路由计算并执行流表安装指令，其接受服务的服务曲线为：

$$\beta_{dp \cdot loss \cdot net} = \beta_{ctl} \otimes \left(\bigotimes_{i=1}^{n} \beta_{dp \cdot hit \cdot i} \right) \tag{3.15}$$

在式（3.14）和式（3.15）中，定义$\bigotimes_{i=1}^{n} \beta_i = \beta_1 \otimes \beta_1 \otimes \cdots \otimes \beta_n$。对于恒定比特率为 r 的数据流，创建路由流表缓冲的空间为：

$$B = (2\tau\_link + \tau\_ctl + \tau\_ft) r \tag{3.16}$$

3.2.4 基于网络演算的 SDN 队列规则研究

本节对比分析了网络演算和排队论理论的优势与劣势，并基于网络演算研究了用聚合流调度理论分析了通用的网络资源共享模型，继而研究了基于丢尾策略的 FIFO 队列网络演算分析方法。SFQ 可以看作若干个丢尾策略的 FIFO 队列采用均权轮询的方式共享网络资源，分层口令桶（HTB）是将 FIFO 队列采用分层口令桶系统进行资源共享调度，本节基于丢尾策略 FIFO 队列的网络演算模型，结合 OpenFlow 交换机的工作原理，研究了 SFQ 和 HTB 的输出端口资源调度的网络演算分析方法。

3.2.4.1 排队论理论及其缺陷

在计算机网络中，队列规则是交换机和路由器处理接收到数据流时所遵循的一个调度顺序，以及在不能完全提供服务时采取的丢弃规则。任何一个交换机和路由器都必须执行某个队列规则以分配带宽和缓存空间，带宽分配决定了交换机下一个数据帧将会选择不同数据流的概率，缓冲空间决定了拥塞情形下哪个数据流的数据帧将会被丢弃，排队规则影响了各个数据流的延迟。

排队论中一个节点的排队系统由四个逻辑元素组成，即到达、队列、服务和输出。到达定义了数据流量进入系统的行为，在排队论中通常用随机过程定义一个到达，称为到达模式。在队列中数据帧被缓存并且等待被服务，队列的系统容量（最大队列长度）是队列能缓存的最大数据帧数量，队列规则表示队列的管理模式，例如先入先出、后入先出、随机服务等。服务的过程即是系统消耗一定的时间和资源完成了对队列中的某个数据帧的服务，由于硬件技术的进步服务，过程往往是快速且稳定的。输出表示接受服务的数据帧被发送到输出端口离开系统。

研究排队论理论的基础是流量模型（traffic model）。流量模型的重要性首先体现在它是对网络流量本身的一种理解，由于交换机和路由器从根本上是用来处理网络流量的，对流量模型的研究可以辅助交换机和路由器的设计；一个经得起实验的流量模型可以显示出流量到达之间的关联，进而为数据帧的处理策略提供指导。流量模型的重要性还体现在网络的仿真中，它可以用来配置网络仿真中数据流的到达过程，网络仿真是研究协议或者算法的重要途径，而提供一种切实有效的流量模型则是获取可靠仿真结果的前提。

在流量模型的研究中，人们提出的第一个理论模型是基于电话网络的泊松过程（Poisson process）[76]。在电话网络中，每个呼叫的建立可以看作独立同分布的，通话时间服从指数分布。虽然泊松过程在分析电话网络初期取得了一定的成功，然而随着 LAN 和 WAN 的发展，网络流量的批量到达、事件的相关性以及流量的突发性成为更明显的特性，泊松过程已经不能适应于网络流量模型的研究。

然而研究人员仍然尝试用泊松过程继续解释流量模型，在这种情形下提出了复合泊松过程（compound Poisson process）用以刻画网络流量到达中的突发性。这里假设流量突发（批量）的抵达是独立的，任意两个突发之间的时间是符合指数分布的，批量的大小是随机分布的。这样就可采用两个随机过程 A_n 和 B_n 描述网络流量，用 A_n 表示批量的抵达时间间隔，用 B_n 表述突发的大小。

马尔可夫性是指随机过程中未来状态的条件概率分布只与当前状态有关，和过去状态是条件独立的。Lombardo 等[77]提出了一个基于马尔可夫过程的流量模型用于分析 MPEG 流量。对于网络数据的到达行为，假设网络的数据帧到达具有无记忆性，可以用泊松过程[76]、复合泊松过程以及马尔可夫链（Markov chain）来描述。排队论的应用方面，Lai 等[78]在片上网络中建立了 M/G/1/N 队列模型描述虫孔交换机中的各类阻塞现象，用排队论计算队列的平均等待时间、缓冲区利用效率等，用 M/G/1/N 队列模型的分析结果指导片上网络系统的设计取得了很好的结果。

网络数据流的自相似性和突发性的研究起于 20 世纪 80 年代末，根据 Leland 等[79]对 1989 年到 1993 年四年内的以太网内部业务以及广域网数据流量的分析，证明了网络业务的到达具有自相似性。1995 年 Paxson 和 Floyd[80]更是直接推翻了网络业务到达符合泊松过程这一结论。20 世纪七八十年代，网络的数据种类主要包括电话网络等种类较少的几项业务。随着网络的发展，网络业务的种类越发繁多，网络业务的差异性加大，更加难以用排队论中的流量模型去模拟网络行为。而且排队系统的性能对到达过程的相关性和突发性是高度敏感的，排队论对于自相似数据流的性能分析已经不能满足更广泛的应用和研究的需要，因而需要采用一种更能刻画网络流量本质的理论模型对网络性能进行分析。

3.2.4.2 排队论和网络演算的对比分析

本节中，我们将利用排队论和网络演算对比分析 M/M/1/∞/∞/FIFO 模型，并对比分析网络演算和排队论的长处和不足。

如图 3.8 所示，在 M/M/1/∞/∞/FIFO 模型中假设到达数据流的时间间隔服从泊松过程，在一个服务节点中以先到先服务的规则接受着服务，服务时间服从指数分布，在模型中队列长度为无限，数据帧的数目也为无限。数据的到达过程为：

$$P[N(t+\tau)-N(t)=k]=\frac{e^{-\lambda\tau}(\lambda\tau)^k}{k!},k=0,1,2,\cdots \tag{3.17}$$

式中：λ 为数据帧的抵达率（arrival rate）。假设服务时间服从率参数为 μ 的指数分布，则数据流离开队列（抵达服务元）的过程也是一个泊松过程，抵达服务元的抵达率是 μ。当 $\mu<\lambda$ 时，数据的抵达率大于离开率，队列的长度将持续增加而无法达到稳定状态。当 $\mu\leqslant\lambda$ 时系统最终会进入稳定状态，此时节点服务被占用的平均概率是：

$$\rho=\frac{\lambda}{\mu} \tag{3.18}$$

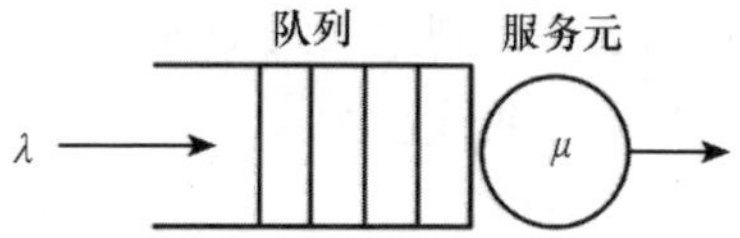

图 3.8 M/M/1/∞/∞/FIFO 排队模型

队列中缓存的数据帧数量为：

$$N_{\text{queue}}=\frac{\rho^2}{1-\rho} \tag{3.19}$$

数据帧从抵达系统到离开系统的平均时间为：

$$T=\frac{1}{\mu-\lambda} \tag{3.20}$$

在网络演算分析模型中，相比于排队论的到达、队列、服务和输出四个逻辑元素，我们用到达曲线刻画数据流的到达，用服务曲线刻画队列和服务元素，用输出流刻画排队论的输出部分。在 M/M/1/∞/∞/FIFO 模型中用网络演算理论的角度分析，到达数据流的累积到达函数是：

$$A(t)=\mathrm{e}^{-\lambda}\sum_{i=0}^{\lfloor t\rfloor}\frac{\lambda^{i}}{i!} \tag{3.21}$$

根据到达曲线的定义，此 M/M/1/∞/∞/FIFO 系统的到达曲线为：

$$\alpha(t)=\mathrm{e}^{-\lambda}\sum_{i=\lfloor\lambda-t\rfloor}^{\lfloor\lambda\rfloor}\frac{\lambda^{i}}{i!} \tag{3.22}$$

在此系统中，服务端由单一节点构成，在图 3.8 中可知服务节点的处理能力等效于数据离开队列的速度，而在上述 M/M/1/∞/∞/FIFO 模型中数据帧离开队列的时间间隔是符合指数分布的，即是一个泊松过程，服务节点的服务曲线为：

$$\beta(t)=\mathrm{e}^{-\mu}\sum_{i=\lfloor\mu-t\rfloor}^{\lfloor\mu\rfloor}\frac{\mu^{i}}{i!} \tag{3.23}$$

故单数据流流经该系统所产生的积压为：

$$B(t)\leqslant\sup_{s\geqslant 0}[\alpha(s)-\beta(s)] \tag{3.24}$$

数据流流经该系统之后所产生的延迟上限为：

$$d(t)\leqslant H(\alpha(t),\beta(t)) \tag{3.25}$$

从上述两个分析模型可以看出，排队论可以给出精确的网络延迟和队列长度的统计均值。网络演算不需要刻画数据流的内部特性，网络演算的理论模型建立在到达曲线和服务曲线之上，到达曲线刻画流量的到达特性，表现了流量的到达上限，可以用比较简单的曲线去约束。

此外，在 M/M/1/∞/∞/FIFO 模型中采用指数分布描述服务节点对单一数据流的服务特性，然而随着数据流种类的增加，在冲突产生时已经无法单纯用某类分布或者随机过程去刻画服务器的服务能力。本节采取网络演算理论研究 SDN 中资源共享机制，对比分析 FIFO、HSQ 和 HTB 三种队列模型的性能。

3.2.4.3 网络演算流聚合调度

考虑一组数据流聚合在网络节点的同一个端口接受网络节点的服务，为了简化分析且不失一般性，本节采用两个数据流的情形，在本网络节点的数据流聚合过程中，数据流遵守特定的仲裁政策。假设两个数据流分别是f_1和f_2，网络节点为业务流提供一个严格的到达曲线β，且数据流f_2是受α_2约束的，定义为：

$$\beta_1(t)=[\beta(t)-\alpha_2(t)]^+ \tag{3.26}$$

此处β_1是广义增函数，则网络节点为数据流f_1提供的服务曲线即是β_1。如果将服务曲线用速率－延迟线的方式表达，即：

$$\beta(t)=\beta_{R,T}(t)=R[t-T]^+ \tag{3.27}$$

假设两个到达数据流都受仿射曲线约束①，其到达曲线为：

$$\alpha_i(t)=r_it+b_i i=1,2 \tag{3.28}$$

如果$r_1+r_2<R$，则数据流f_1离开网络节点时受以下仿射曲线约束：

$$\alpha_1^*(t)=r_1t+\left(b_1+r_1T+r_1\frac{b_2+r_2T}{R-r_2}\right) \tag{3.29}$$

可以发现，在上述约束曲线中离开流的突发性增加，其中一部分来源于r_1T，另一部分来源于冲突流$r_1\frac{b_2+r_2T}{R-r_2}$。

3.2.4.4 基于FIFO调度机制和丢尾策略的网络演算模型

考虑一个无失的网络节点以FIFO的方式服务两个数据流f_1和f_2，假设数据包的到达是瞬时的②，网络节点为聚合数据流提供最小服务曲线β，假设数据流f_2是受α_2约束的，定义为：

$$\beta_\theta^1(t)=[\beta(t)-\alpha_2(t-\theta)]^+1_{\{t>\theta\}} \tag{3.30}$$

定义数据流f_1的到达和离开累积函数分别是$A_1(t)$和$D_1(t)$，则对于任何$\theta>0$都有：

$$D_1(t)\geq A_1(t)\otimes\beta_\theta^1(t) \tag{3.31}$$

如果$\beta_\theta^1(t)$是广义增函数，则FIFO系统为数据流f_1提供的服务曲线是$\beta_\theta^1(t)$。数据流f_1在从网络系统中的输出流的约束曲线是：

---

① 在漏桶模型中，受漏桶模型约束的数据流以仿射曲线为到达曲线。

② 数据包到达是瞬时的，即服务网络是一个流体系统，每个数据帧是一个bit或者一个cell，或者说数据帧在送入网络系统之前是帧化的，即数据流的成帧过程不在系统的研究范围。

$$\alpha_1^*(t) = \inf_{\theta>0}(\alpha_1 \oslash \beta_\theta^1) \tag{3.32}$$

如果 $r_1 + r_2 < R$，则数据流 f_1 离开网络节点时受以下放射曲线约束：

$$\alpha_1^*(t) = r_1 t + \left(b_1 + r_1 T + r_1 \frac{\hat{B}}{R}\right),\ \hat{B} = \sup_{t\geqslant 0}[\alpha_2(t) + r_1 t - Rt] \tag{3.33}$$

此处的突发是最差情况时的上限值，网络节点对数据流 f_1 提供的服务曲线为速率－延迟曲线，如下所示：

$$\beta(t) = \beta_{R-r_2, T+\frac{b_2}{R}}(t) = (R - r_2)\left[t - \left(T + \frac{b_2}{R}\right)\right]^+ \tag{3.34}$$

数据流 f_1 离开网络节点时受以下放射曲线约束：

$$\alpha_1^*(t) = r_1 t + \left(b_1 + r_1 T + r_1 \frac{b_2}{R}\right) \tag{3.35}$$

3.2.4.5 随机公平排队队列规则分析模型

SFQ 队列规则[81]尝试对网络中的任意数量的数据流都提供一个公平的分配机制。其实现原理是利用一个哈希函数将所有数据流分配到各个 FIFO 队列中，而服务节点将对这些 FIFO 队列采用轮询（round robin）的方式依次为各个 FIFO 队列服务，轮询方式采用不加权轮询。在 SFQ 的机制中，最大的不公平可能性来源于哈希函数的选用，且一些网络应用可以根据哈希函数的性质采取有利的参数设置获得更多的资源，因此在 SFQ 机制中也会定期地更换哈希函数。

SFQ 队列规则的工作机制如图 3.9 所示，图中三个数据流分别标记为 f_1、f_2 和 f_3，假设输出端口为数据流提供的服务曲线为 β，由于本节中 SFQ 队列模型为三个数据流提供均等的服务，即在图 3.9 中的平权轮询模块中，三个数据流被服务的概率相等，被服务的时间相等，三个数据流接受服务的权重都为 φ，则 SFQ 队列模型中每个数据流的服务曲线都是：

$$\beta_i(t) = \frac{1}{3}\beta(t), i = 1, 2, 3 \tag{3.36}$$

在平权轮询过程中，当一个数据流处于空闲状态时，此次轮询轮空。假若以速率－延迟曲线描述输出端口的服务曲线如下：

$$\beta(t) = R[t - T]^+ \tag{3.37}$$

当输出端口聚合了 N 个数据流时，每个数据流接受的服务曲线可以表示为：

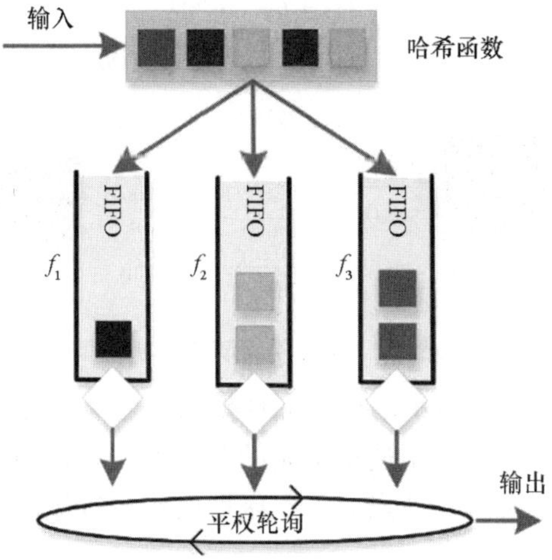

图 3.9 随机公平排队 *SFQ* 的工作原理

$$\beta_i(t) = \frac{R}{N}[t - T]^+ \tag{3.38}$$

然而一些应用也会利用 SFQ 的漏洞以获取更多的资源，例如电驴（eMule）会为一个业务建立尽量多个 TCP 会话，以此占用更多的带宽资源。在规范的用户行为中，随机公平排队机制可以为各个用户提供公平的资源分配，一旦出现了抢占资源的应用程序，SFQ 则不能为用户提供正常的资源保障。

3.2.4.6 基于分层口令桶 HTB 的队列规则分析模型

在描述网络业务到达和离开网络节点时，人们提出了漏桶模型，如图 3.10（a)所示，到达漏桶的数据的快慢表示到达网络节点的数据的到达率，漏桶的容量 b 表示网络节点的缓存空间，漏桶的流逝速度 r 表示网络节点的服务能力，当到达漏桶的流量速度高于漏桶流逝速度或者当突发流量到达时，流量在漏桶内累积，当累积的流量高于漏桶的容量时，发生溢出。在网络中，如果数据流量有溢出发生，则称此数据流是非相容的（non-conformant)，相反则称为相容的（conformant)。

Le Boudec[53]在专著中基于最小加代数提供了一个漏桶模型的网络演算分析模型，漏桶模型的离开数据流以 $\gamma_{r,b}$ 作为到达曲线，即：

$$\gamma_{r,b}=\begin{cases}rt+b, & t>0\\0, & \text{其他情况}\end{cases}\tag{3.39}$$

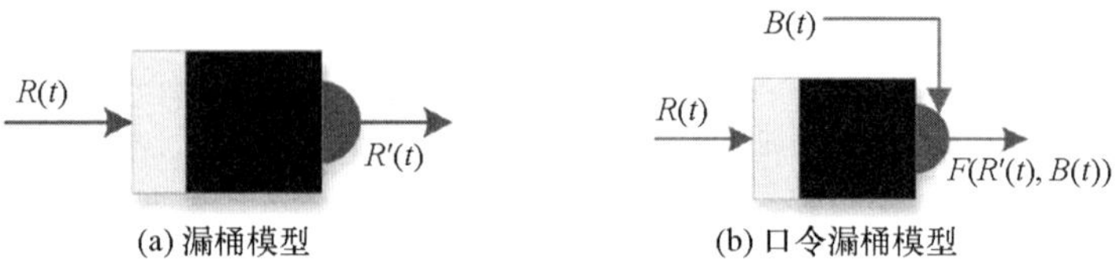

图 3.10　漏桶网络演算分析模型

而在如图 3.10（b）所示的口令漏桶模型中，口令漏桶模型可以看作一个离开流的流出速率受口令产生速率限制的漏桶模型。在图 3.11（a）中，数据帧在有可用的口令以及服务节点处于空闲期时候可以流出网络节点。数据流流出网络节点的速率是：

$$\begin{aligned}r(t)&=\begin{cases}r, & T(t)>0,R_T(t)>r\\R_T(t), & T(t)>0,R_T(t)\leqslant r\\0, & T(t)\leqslant 0\end{cases}\\&=\begin{cases}\min[r,R_T(t)], & T(t)>0\\0, & T(t)\leqslant 0\end{cases}\end{aligned}\tag{3.40}$$

式中：$T(t)$为 t 时刻的可用口令；$R_T(t)$为口令的产生速率。

在 HTB 中，节点利用口令和漏桶两个模型进行带宽共享。在如图 3.11（b）所示的 HTB 系统中，HTB 包括根类（root class）、内部类（interior class）

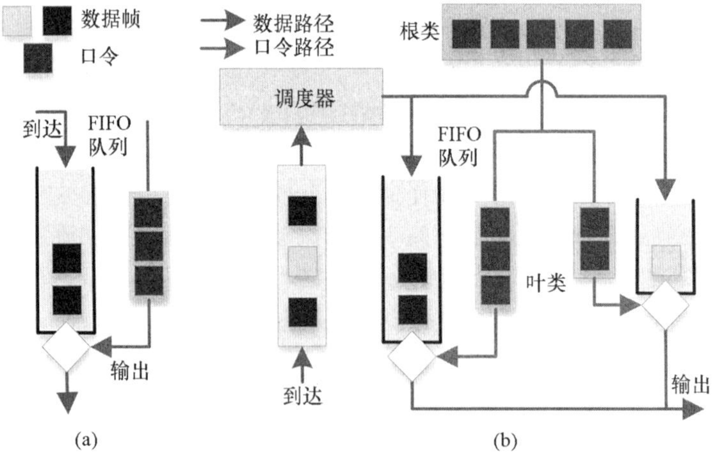

图 3.11　(a) 口令桶模型 (b) 分层口令桶模型

和叶类（leaf class）。在 HTB 中，类由保证速率 AR（assured rate）、最高速率 CR（ceil rate）、优先级 P（priority）、定量 Q（quantum）和级别 L（level）描述。数据帧仅能通过叶类传送到输出端口，且必须以此叶类有可用的口令为前提。如果叶类的口令消耗完毕，那么此叶类可以向其父类“借用”口令，这里借用的引号表示此叶节点不需要归还借用的口令，即使是在父节点出现口令紧缺的情况下，叶节点仅当其使用完借用的口令后还有空余口令时，才会将借用的口令归还。

借用机制在以下几个条件下才会发生：一是此叶节点的数据率 R 满足 $AR < R < CR$；二是此叶节点的父节点具有空余的口令资源；三是在其父节点的其他子节点中没有更高优先级的业务需要借用口令；四是在父节点不是根节点的情形下可以向更高一层的节点借用口令；五是若干个可以借用口令的子节点根据 Q 值按比例分配父节点出借的口令。

口令的分配函数是：

$$R_T(t) = \min[CR, AR + B(t)] \tag{3.41}$$

$$B(t) = \begin{cases} \dfrac{QR_{p\_excess}(t)}{\sum\limits_{i \in D(p)} Q_i}, & \min\limits_{i \in D(p)} p_i \leqslant p \\ 0, & \text{其他情况} \end{cases} \tag{3.42}$$

$$R_{p\_excess}(t) = R - \sum_{i \in D(p)} AR_i \tag{3.43}$$

式中：$B(t)$ 为子节点向父节点借用的口令数量；$R_{p\_excess}(t)$ 为父类中可用的带宽；$D(p)$ 为 p 节点中所有需要借用口令的子节点的集合。

我们将根据分层口令桶模型的原理建立网络演算分析模型，在这里做出以下假设：首先，系统是一个无失的系统且仅有相同的数据流会注入网络节点。其次，不论是口令漏桶模型还是分层口令桶模型，在时间 $t=0$ 时刻漏桶都是空的，也即是说在 $t=0$ 时刻没有数据累积。再次，在 $t=0$ 时刻所有口令都是空闲的。最后，所有高优先级的数据流均是非排空式（preemptive）高优先级。

在图 3.12 中，我们对比了分层口令桶的离开数据流及其到达曲线。实验仿真的参数设置如表 3.1 所示，在实验中实验数据流和冲突数据流都设为 UDP 数据，UDP 数据帧帧长固定，为 256 字节。默认的分层口令桶中队列长度上限是 100。结合本节中对分层口令桶的网络演算模型和表 3.1 中的参数设置，表 3.1 中数据流①、②和③分层口令桶的离开数据流的到达曲线分别如式（3.44）~式（3.46）所示：

$$\gamma_{r,b}^{a} = 15t + 100l,\ 0 < t < 20 \tag{3.44}$$

$$\gamma_{r,b}^{c} = (20t + 100l) \otimes (25t),\ 0 < t < 20 \tag{3.45}$$

$$\gamma_{r,b}^{c} = (20t + 100l) \otimes (50t),\ 0 < t < 20 \tag{3.46}$$

式中：l 为数据帧的长度。

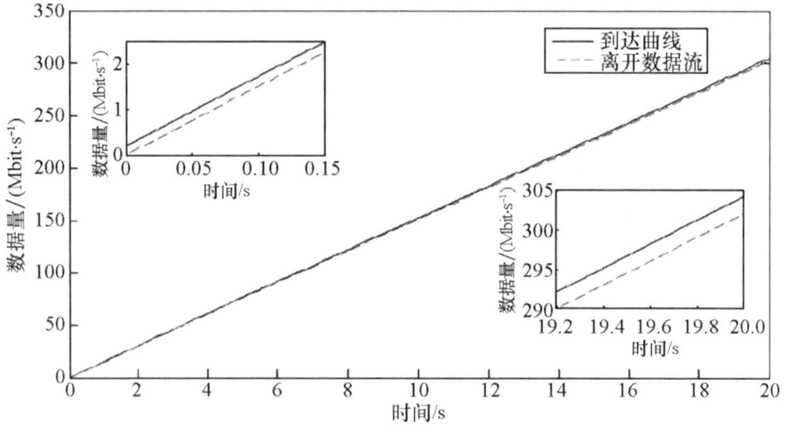

(a) 15 Mbit/s的BE数据流

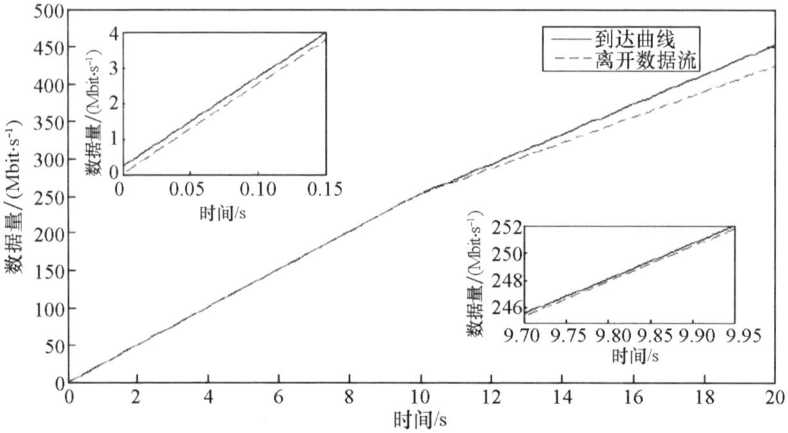

(b) 25 Mbit/s的BE数据流和10 s之后的180 Mbit/s的QoS数据流

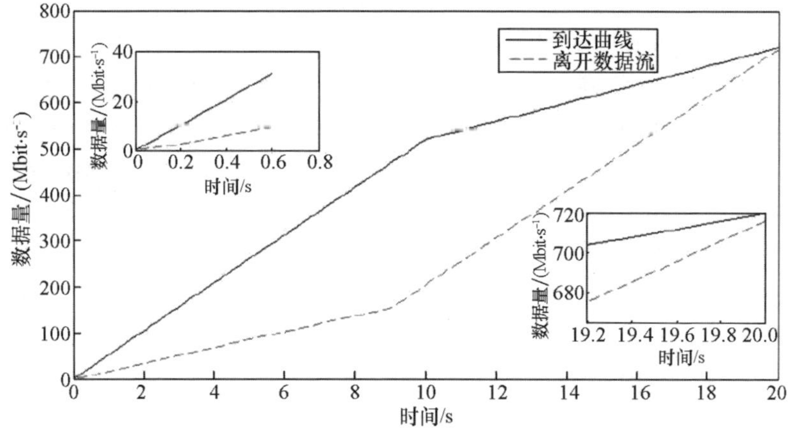

(c) 160 Mbit/s的QoS数据流和10 s之后的50 Mbit/s的BE数据流

图 3.12　HTB 队列规则中离开数据流和其到达曲线对比图

表 3.1　HTB 仿真参数设置表

序号	测试数据流		冲突数据流	
	宽带/($Mbit \cdot s^{-1}$)	时间/s	宽带/($Mbit \cdot s^{-1}$)	时间/s
①	15（BE）	0～20		
②	25（BE）	0～20	180（QoS）	10～30
③	50（BE）	10～30	160（QoS）	0～20

由图 3.12 可知，所有分层口令桶的离开数据流都是由其到达曲线约束的，在图 3.12（c）中似乎离开数据流要和其到达曲线在 $t=20$ 处接合，然而这两条曲线是不可能接合的。因为最小加代数的卷积运算将较大斜率的部分（$r=$ 50 Mbit/s）平行前移，并将较小斜率部分平行后移。也就是说离开流和其到达曲线在以不同的速率累积，但是由于到达曲线考虑了其突发性，并将突发性添加到了到达曲线中，因此两条曲线是不可能接合的。

3.3　软件定义网络流量矩阵和服务矩阵

流量矩阵反映整个网络的流量负载情况，为网络规划、流量工程和路由优化提供决策依据。近年来研究人员在 SDN 控制层分离的网络模型中提出了一些流量矩阵的信息提取与评估模型，但通过 OpenFlow 协议在 SDN 交换机中提供一种监测损耗低且监测评估精确度高的流量矩阵提取方法仍然是一个研究难题，并且在如何将流量矩阵有效地运用于流量工程和路由优化方面的研究也较少，系统且有效地利用流量矩阵为 SDN 路由提供支持的理论系统仍待深入研究。我们基于 OpenFlow 协议的事件信息，在 SDN 中实现了一种响应式流量矩阵提取与评估算法。在这一算法中，SDN 控制器通过获取的网络全景视图提取出核心链路作为监控链路，然后通过 OpenFlow 事件所携带的信息和查询指令查询核心链路的流量负载，并通过评估方法评估聚合链路上的流量负载，进而构建一个完整的流量矩阵。基于美国 Abilene 骨干网络中获取的流量时间空间的分布特性，我们提出了一种基于响应式算法的流量矩阵的周期性统计算法，记录整个网络流量的时间空间分布特性。为了将流量矩阵有效地运用于路由优化，我们提出了网络演算矩阵化理论，将流量矩阵的信息用于网络演算服务矩阵的构建，发展了基于矩阵的延迟上限和流量积压的分析定理，形成了一个流量矩阵用于指导端到端的服务质量保障的理论系统。

3.3.1 引言

SDN 中从交换机中剥离开来的控制功能使得网络运营和管理者可以通过编程动态地实现控制、修改、初始化和调整交换机网络。网络控制功能在 SDN 控制层中被集中化地实现，可以获得全局网络的丰富信息并通过获取的全局信息做出决策以提高网络的效能。

在 SDN 中，研究人员实现了不同的控制架构，一部分 SDN 控制层功能集中在单一的网络控制器[82]，而另外一些研究将 SDN 控制功能分布在几个控制器中，形成严格意义上的控制层[83-84]。分布式的 SDN 控制层通常需要维护一个数据库存储网络信息，并采用了一致性控制机制同步各个控制器对数据的访问和修改。不论是单一的 SDN 控制器模式还是分布式的 SDN 控制层，SDN 都能实现一个相对交换机网络更加集中的网络信息获取和存储范式，且这种范式使得 SDN 可以对交换机网络以及网络资源分布与消耗具有更加全局的认知。基于这种认知对网络资源提供评估，可以对网络资源和路由进行全局统筹调度。

流量矩阵（traffic matrix）是对于进入、流经和离开某个网络的数据流的一种量化评估，包括对流量的表述、测量和评估三个方面。流量矩阵是对网络端到端的流量的一种本质的表述，在流量工程和网络规划中具有不可替代的作用，流量矩阵理论的最大障碍是如何在可以承受的代价内构建一个足够精确的矩阵。

对于流量矩阵种类的划分，不同的研究组织提供了不同的观点。根据流量矩阵中流量监控数据的来源，可以将流量矩阵分为三个等级[85]，分别是网域级（domain）流量矩阵、节点级（point of presence）流量矩阵和端口级（interface）流量矩阵。网域级流量矩阵监控从源网域到目的网域的网络流量，节点级流量矩阵收集源节点到目的节点的流量信息，而端口级流量矩阵则监控从交换机源端口到目的端口的流量。思科在其白皮书中根据流量监测的范围将流量矩阵分为内部流量矩阵和外部流量矩阵。内部流量矩阵的监测范围是公司或运营商的所能控制的设备，管理者可以更加细致地探查网络的任何一部分，例如内部流量监控可以探测网络核心设备任何端口的流量，也可以扩展到边缘设备的任何端口的流量信息。内部流量矩阵并不区分外部随机流量源的业务是流经本网络或者是终止于本网络的某一个设备，或者是本网络流量源终止于本网络内部或者流出本网络区域。外部流量矩阵表述了一个从自治网络到自治网络的网状网络的流量信息。外部流量矩阵侧重于监测自治网络边缘设备的流量统计，外部流量矩阵为了提高矩阵的效能，通常需要区分流量源端和目的端的位置信息，即数据流来源于或者终止于哪一个自治系统，外部流量矩阵的复杂度随着标记数据流的源和目的信息的精确程度而变化。

流量矩阵在流量工程以及网络规划中具有广泛的应用，具体包括通过流量矩阵所反映的网络业务的繁忙情况对网络进行规划，通过流量矩阵反映的不同链路的网络负载为流量工程和路由优化提供决策依据。例如 Roughan 等[50]将流量矩阵传入 OSPF 路由优化器，OSPF 路由优化器根据流量矩阵计算出相应链路的最大利用率，进而选出更优的路由策略。

最早的流量矩阵的评估模型大概是 Jacek P. Kowalski 研究的重力模型。经典力学中的重力是当已知两个物体的质量时即可根据引力系数计算出两个物体之间的吸引力，引力的大小取决于两个物体的质量和引力系数的设定。在网络中 Jacek 将重力模型引入两个节点之间的流量分析，认为两个网络节点之间的流量的多少可以由两个节点的流出流入流量和引力系数决定，与流经的路径无关。Jacek 通过监测节点 s 的流出流量和节点 d 的流入流量，通过大量的实验归纳出重力系数，并根据大量的实验验证了引力系数的有效性。

在 Jacek 之后研究人员提出了许多不同的网络流量评估模型，例如思科公司提出了流量需求减法（demand deduction）模型，在这种模型中一小部分链路的流量被监控，并通过这一部分链路的流量信息和路由算法得出的最短路由两个信息推断所有链路的流量。这一模型是基于一个假设，即一个网络节点某一个端口的流出流量是由这个网络节点的其他端口的输入流量等概率地提供的，同时一个端口的输入流量由这个节点的其他端口等概率地流出。基于这种假设可以通过监控部分链路的流量来推断其他链路的流量信息。

上述两种流量矩阵的评估模型均可认为是基于断层扫描的原理，即是通过网络探针探测网络层的某一部分横切面，然后根据横切面提供的信息推测整个网络的流量信息。这种流量矩阵评估模型是基于对部分链路或节点的流量监控，此外还有一些模型基于获取的网络的管理信息进行推断。例如在 MPLS 路由中每个节点转发数据流时都需要对数据流进行一种去除 MPLS 标签并添加新标签的操作，交换机根据数据流中的不同标签将数据发送到不同的输出端口，且会为之添加新的 MPLS 标签以告之下一跳交换机需选择的输出端口。在 MPLS 路由中，MPLS 标签由 LDP 或者 RSVP-TE 协议分配。Schnitter 等[86]提出了一种流量矩阵的评估模式即基于 MPLS 标签分配协议，根据 LDP 或 RSVP-TE 分配标签的多少评估某个节点流量的多少。Medina 等[87]针对近年来出现的几种不同的流量矩阵评估技术做了对比，主要分析了线性编程技术、贝叶斯推断技术和时变网络断层扫描技术的各自优缺点。

在计算机网络中，每一个数据流都受到链路容量、队列规则和冲突数据流等几个方面限制。网络演算是为数据流提供性能上限分析的理论工具，能分别为到达数据流提供约束曲线，为网络节点提供处理能力上限曲线。

3.3.2 SDN 流量矩阵获取机制

在 SDN 中由于控制层被剥离，可以通过南向接口协议获取数据层的流量信息，其流量矩阵的构建相对于传统网络模型更加容易。然而，SDN 中流量矩阵的构建也同样面临着流量精度与控制开支的平衡性问题。在允许增加控制开支的前提下，可以获得更高的流量矩阵精度，相反降低控制开支流量矩阵精度通常也随之降低。本节对比了两种典型的 SDN 流量矩阵构建算法，并提出了一种折中的流量矩阵构建方案。

3.3.2.1 SDN 中流量矩阵

为了构建流量矩阵，SDN 控制器需要收集数据流如何从数据层的源端发送到目的端的流量信息。流量信息的收集方式有两种，即是直接监测和间接流量估计。直接监测方式以网络探针的方式直接监控任意两个交换机和路由器之间的流量，这种方式虽然简单直接，但是控制层和数据层的监控信息传输却会消耗大量的带宽资源，以至于到了不实用的地步。间接流量估计方式是基于部分监控信息的流量估计，这种方式通过对网络的不完全监控结合有效的评估和推测构建一个完整的流量矩阵。这种理论基于不完全的监控，其精度往往取决于监控的粒度以及评估策略的有效性。绝大部分的应用能接受不完全精确的流量矩阵，因而这种方式反而被更加广泛使用。

一些研究人员专门研究了在 SDN 中的获取流量矩阵的技术及其在网络规划和路由优化方面一些应用。Yu 等[48] 提供了一个名为 Flowsense 的流量矩阵提取算法。在 SDN 中，数据层通过 OpenFlow 协议将本层中的网络变化，例如流量变化或网络连接的变化，以事件（event）的方式发送到 SDN 控制层。Flowsense 模型是基于网络转发层向控制层反馈的事件类型以及附带的统计信息对网络流量进行分析，并构建一个流量矩阵。在 SDN 中 *packetIn* 事件标志着一个新的数据流到达数据层，*packetIn* 事件被发送到控制层之后，控制层根据 *packetIn* 事件所附带的信息进行路由计算并根据路由计算的结果将流表安装到相应的交换机中。当交换机中的流表存在时间超过 *hard_timeout* 或者 *soft_timeout*，或被手动拆除时，交换机会发送一个 *EventOFPFlowRemoved* 事件给控制层。*EventOFPFlowRemoved* 事件包含这一流表的生命周期内所匹配的数据大小，以及此条流表所生存时间，这些信息包含在 *EventOFPFlowRemoved* 事件的 *duration_sec*、*idle_timeout*、*hard_timeout* 和 *byte_count* 条目中，控制层可以根据这些信息条目计算出这条链路中的带宽消耗。在 *Flowsense* 模型中，控制器根据 *packetIn* 和 *EventOFPFlowRemoved* 等事件计算出网络的流量矩阵，并不需要单独地在网络中加入探针，因此其带宽代价几乎为零。然而从上述分析可以得知，*EventOFPFlowRemoved* 事件中所包含的信息虽然丰富，却都是在整个流表拆除之后由数据层发送到控制层的，因此这种模型的时效性较差。再者，流表存在的末期往往处于空闲状态，因而根据 *duration_sec* 计算出的平均带宽也通常不能反映实际流量带宽。

Chowdhury 等[47] 提出了另一个面向 SDN 的流量矩阵构建框架 Payless。Payless 在 Floodlight 控制器中结合 OpenFlow 协议实现。Payless 算法以自适应的方式用 Floodlight 控制器中的 REST 接口对数据层中的交换机进行流量询问。它首先通过一定的周期向数据层发送流量询问指令，并根据数据层反馈的信息计算链路中的流量负载。当两次询问的反馈信息计算出的链路流量数值差异较大时，证明数据层的流量稳定性差，Payless 自适应算法将提高询问频率，反之则降低询问频率。Payless 算法对询问的最高频率和最低频率设置了上限和下限，流量询问的最大和最小周期分别标记为 T_{max} 和 T_{min}，以此控制算法的控制开支。

我们基于 SDN 中 Ryu 控制器、OVS 以及 OpenFlow 协议提出了一种响应式流量监控模型。

3.3.2.2 SDN 核心链路中流量数据的响应式获取

本节介绍了 SDN 流量的响应式监控算法，本算法的目的是在尽量减少网络流量监控成本的前提下获得较精确的 SDN 实时流量信息。本算法的应用平台如第 3.4 节所示，是基于 SDN 仿真器 Mininet、SDN 控制器 Ryu、OVS 虚拟交换机以及运行于控制器和交换机之间的 OpenFlow 协议。

为了叙述的准确性，我们首先定义本节中所采用的若干术语①，边缘交换机（edge switch）是一个网络和另一个网络连接的交换机，或者是一个网络和计算机终端连接的交换机；核心交换机（core switch）或者称为骨干交换机（backbone switch）是位于物理网络中心的负责连接边缘交换机的交换机；接入链路（access link）是连接计算机终端和边缘交换机的链路；聚合链路（aggregation link）是连接边缘交换机和核心交换机之间的链路；核心链路（core link）是核心交换机之间的链路；访问端口（access port）是边缘交换机中连接计算机终端的接口，其他接口则被称为内部接口（interior port）。

在 SDN 中，当一个数据帧到达交换机之后，交换机将提出数据帧的帧头信息与本地的流表进行匹配，如果没有命中的流表，交换机会将帧头或者整个数据帧以事件的方式发送到控制层。从控制层的角度看，其收到是一个 *MAIN_DISPATCHER* 会话阶段的 *EventOFPPacketIn* 事件。当控制器收到 *EventOFPPacketIn* 事件之后，将根据此事件中所蕴含的信息进行路由计算，之后将计算出的最佳路由通过 OpenFlow 协议以 *OFPInstructionActions* 的格式和 *OFPFlowMod* 命令将流表依次安装到路由路径中的所有交换机。当路径中的所有交换机都成功安装流表之后，交换机将依据安装好的流表转发本数据流的后续数据帧。已经安装的流表会在成功安装之后的 *hard_timeout* 秒内被移除，或者在流表没有任何转发任务之后的 *idle_timeout* 秒内被移除，交换机会选择成功安装 *hard_timeout* 秒和空闲 *idle_timeout* 秒中的较快发生的执行移除指令。

在 SDN 中最容易执行的收集流量信息的方式是周期地询问数据层的流量信息，但这种方式会造成大量的带宽资源浪费。在网络演算理论中，创建网络

① 本处的术语均来源于思科提供的定义。

节点服务曲线的过程最有影响的部分是数据流的开始和结束时间以及流量占用的带宽，即网络演算需要将冲突流持续时间以及冲突流的最大稳定带宽作为设置服务曲线的参数。因而建立应用于网络演算的流量矩阵不需要周期性地询问流量的实时带宽。

在 SDN 中，在交换机将数据帧的帧头发送到控制器之后，直到控制器将流表成功地安装在交换机之前，网络的边界交换机需要缓存所有后续到达的数据帧。数据帧的累积会为网络的数据流增加一个突发（burst），为了能采集到稳定的带宽信息，需要在流表安装之后的 τ_0 秒采集数据层流量信息。如果交换机在 t 时刻将数据帧到达信息发送到控制层，则控制层信息采集的时间从 $t+\tau_0$ 开始。本算法之所以命名为响应式流量矩阵提取算法，是因为每个控制层的流量查询指令都是在收到数据层的流表创建请求之后触发的，控制器收到 *EventOFPPacketIn* 事件之后不仅要启动路由计算过程，也要启动流量查询过程。

在 SDN 仿真环境的平台中 Ryu 控制器通过若干 OpenFlow 命令询问数据层 OVS 的流量信息①。控制器通过 OpenFlow 协议发送 *OFPPortStatsRequest* 指令到数据层，本指令中包含交换机的编号（*datapath ID*）以及所需查询的端口的编号（port number）。数据层将根据交换机编号和端口编号统计对应的流表的信息，统计信息包括此条流表从建立到查询时间之内的接收数据字节 *rx_bytes*、发送字节 *tx_bytes* 和持续时间 *duration_sec* 与 *duration_nsec*，OVS 将此条信息发送到 Ryu 控制器。Ryu 控制器发送查询指令之后会在 *MAIN_DISPATCHER* 会话阶段接收 *EventOFPPortStatsReply* 的反馈信息。由于 *EventOFPPortStatsReply* 收到的反馈信息中的接收字节 *rx_bytes* 和发送字节 *tx_bytes* 都是流表统计的累积信息，并不能由此计算数据流的实时带宽，因此在响应式监控算法将会在时间 $t+\tau_0$ 和 $t+\tau_1$ 分别发送查询指令，进而分别获得 $t+\tau_0$ 和 $t+\tau_1$ 时刻的反馈的累积发送和接收字节，这里 $\tau_0<\tau_1$。端口的带宽计算为：

$$r_{ij}(t+\tau_1)=8\times\frac{tx\_bytes(t+\tau_1)-tx\_bytes(t+\tau_0)}{\tau_1-\tau_0} \tag{3.47}$$

$$r_{ji}(t+\tau_1)=8\times\frac{rx\_bytes(t+\tau_1)-rx\_bytes(t+\tau_0)}{\tau_1-\tau_0} \tag{3.48}$$

式中：r_{ij}为从交换机 i 到交换机 j 的流量；r_{ji}为从交换机 j 到交换机 i 的流量。

---

① SDN 仿真环境的平台如第 3.2.3 节所示。

3.3.2.3 SDN 中聚合链路的流量评估和流量矩阵的建立

在研究流量矩阵提取算法之前，需要先为系统注入实验数据流。本节所有的数据流都是通过 *iperf* 工具注入的。如图 3.13 所示，*iperf* 从计算机终端 n 中产生了一系列持续时间为 τ_i^n，间隔为 δ_i^n，服务等级为 C_i^n 的 UDP 数据流，这里 $i=1, 2, 3, \cdots$。设置了数据流持续时间服从 0 ~ 10 s 的平均分布 $\tau_i^n \sim uniform(0, 10)$，间隔时间服从 0 ~ 5 s 的平均分布 $\delta_i^n \sim uniform(0, 5)$，服务等级服从几何分布 $C_i^n \sim Geocdf(0.3)$。

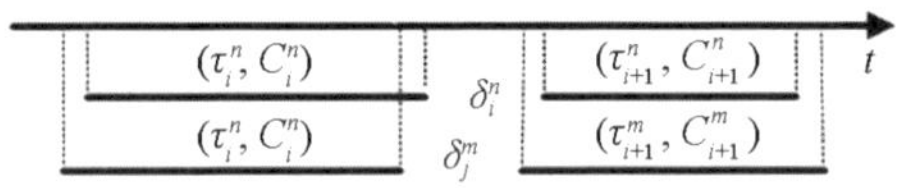

图 3.13 从各个计算机终端中发送的数据流示意图

在响应式流量监控算法中，流量监控在网络中的核心链路上，控制器通过计算机终端获取接入端口列表，并通过网络拓扑图和接入端口获取所有内部端口。监测端口的获取如算法 3.1 所示。从算法 3.1 中可以发现，算法首先通过在网络发现阶段（*network_aware*）建立的 *link_list* 中遍历所有链路，如果链路的连接端属于交换机①互联，则属于内部端口 *interior_ports*，剩余的端口则为接入端口 *access_ports*。接入端口连接的所有交换机为边界交换机 *er_list*，其余为核心交换机 *cr_list*。在链路列表 *link_list* 所有端口中，如果某一链路的源端和目的端都属于核心交换机，则这两个端口都属于核心端口 *tm_monitor_ports*。所采用的仿真系统利用 python 的词典和列表两类数据类型为网络状态数据建立了相应的数据结构②。

流量矩阵监测端口均为连接核心交换机的核心链路两端，而创建一个完整的流量矩阵不仅需要核心链路之间的流量信息，还需要聚合链路的流量信息。在本节的响应式算法中，SDN 控制器仅通过 OpenFlow 接口监测了核心链路，以此减少控制器对数据层的查询次数，降低控制器和数据层之间的流量消耗，减少流量矩阵的构建成本。核心链路的流量信息对路由计算的影响也更加明

---

① 在 *switch_list*。

② *link_list* 为列表型；*swit_ch* 为列表型；*switch_port_table* 为词典型 *dpid*：[*port_num*]；*access_ports* 为词典型 *dpid*：[*port_num*]；*interior_ports* 为词典型 *dpid*：[*port_num*]；*er_dp* 为列表型；*cr_dp* 为列表型；*tm_monitor_ports* 为词典型 *dpid*：[*port_num*]。

显，核心链路流量信息通过 OpenFlow 协议查询获得可以提供更加精确的数据，对路由计算影响较小的聚合链路的流量信息则可以通过流量评估获得估测值，以此构建完整的流量矩阵。

算法 3.1　流量矩阵监测端口提取算法

```
Require: link_list, switch_list, switch_port_table
Ensure: tm_monitor_ports
er_list←[ ],Cr_list←[ ]
tm_monitor_ports←{ },interior_ports←{ }
for link ∈ link_list do
    src←link. src,dst←link. dst
    if link. src. dpid ∈ switch_list then
        interior_ports[link. src. dpid]. add(link. src. port_no)
    end if
    if link. dst. dpid ∈ switch__list then
        interior_ports[link. dst. dpid]. add(link. dst. port_no)
    end if
end for
for dp ∈ switch_port_table do
    access_ports[dp]←switch_port_table[dp] - interior_ports[dp]
end for
er_dp←access_ports. keys( ),cr_dp←switch_list - er__dp
for link ∈ link_list do
    src←link. src,dst←link. dst
    if link. src. dpid ∈ switch_list and link. dst. dpid ∈ switch_list then
        tm_monitor_ports[link. src. dpid]. add(link. src. port_no)
        tm_monitor_ports[link. dst. dpid]. add(link. dst. port_no)
    end if
end for
return tm_monitor_ports
```

响应式流量矩阵构建算法的聚合链路流量评估基于两个假设：首先，控制器准入的所有 QoS 数据流都是相容的（conformant），数据流在核心交换机中不会被丢帧；其次，网络中所有边界交换机负载的业务量的概率相等。在响应式流量矩阵构建算法中，边界交换机聚合链路的流量估测原理上基于上述两个假设，控制器通过监测核心交换机的核心链路的流量，计算出这个边缘交换机所有核心链路的抵达流量和输出流量。由于核心交换机中并无连接终端，因而没有产生或者消耗本地数据流量，且假设核心交换机不会丢弃数据帧，因而抵达的流量不会因为丢帧而减少，核心交换机抵达流量和输出流量的差额仅能通过聚合链路由边缘交换机输入。另外，由于边界交换机负担业务量的概率基本相当，因而可以得出当有 N 个聚合链路连接此核心交换机时，此核心交换机抵达流量和输出流量的差额由此 N 个聚合链路均匀负载。

在如图 3.14 所示的拓扑结构中，核心交换机 CR_1 监测到的核心链路的带宽如表 3.2 所示，所有抵达交换机 CR_1 的流量为 70 Mbit/s，所有输出交换机 CR_1 的流量为 45 Mbit/s，而与交换机 CR_1 相连的两个聚合链路分别为 $CR_1 \leftrightarrow ER_1$ 和 $CR_1 \leftrightarrow ER_3$，因而两个聚合链路的流量负载分别为 12.5 Mbit/s，方向为 $CR_1 \leftrightarrow ER_1$ 和 $CR_1 \leftrightarrow ER_3$。本节流量矩阵不考虑边界交换机的本地流量负载，即是说假如边界交换机 ER_1 连接两个终端或 $host_1$ 和 $host_2$，则流量矩阵不计入 $host_1$ 和 $host_2$ 之间的流量。

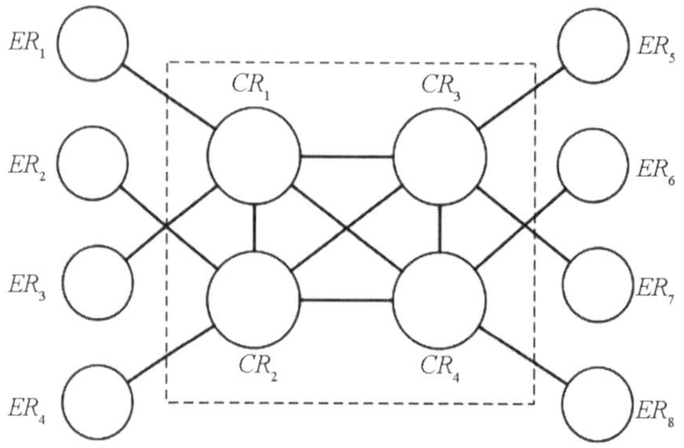

图 3.14　流量监测与流量矩阵评估

表 3.2　流量监测与聚合链路流量评估　　单位：Mbit/s

核心链路监测		聚合链路评估	
核心链路	监测带宽	聚合链路	带宽评估
$CR_1 \to CR_2$	10	$CR_1 \to ER_1$	12.5
$CR_1 \to CR_3$	5	$CR_1 \to ER_3$	12.5
$CR_1 \to CR_4$	30		
$CR_1 \leftarrow CR_2$	25		
$CR_1 \leftarrow CR_3$	25		
$CR_1 \leftarrow CR_4$	20		

响应式流量矩阵评估算法所示的聚合链路流量评估如算法 3.2 所示①，此算法根据控制器统计的核心链路间的流量信息以及估测的聚合链路间的流量信息构建一个交换机到交换机的流量矩阵，交换机到其本身的流量为 0，不相连的交换机间的流量为 inf，相连的交换机间流量根据监测统计或者评估算法获得。

算法 3.2 响应式流量矩阵获取算法

```
Require: cr_traffic, er_list, cr_list, link_list
Ensure: tm_table
tm_table ←inf
for all link ∈ link_list do
src←link.src, dst←link.dst
  if link.src.dpid ∈ cr_list and link.dst.dpid ∈ er_list then
    er_agg_ports[link.src.dpid].add(link.src.port_no)
  end if
end for
for dp ∈ cr_traffic.keys() do
  num_ports←num(er_agg_ports[dp]), sum←0
  for port ∈ cr_traffic[dp] do
    sum←sum + cr_traffic[dp][port]['t'] - cr_traffic[dp][port]['rx']
  end for
  ave←sum/num_ports
  for link ∈ link_list do
    if link.src.dpid == dp and link.dst.dpid ∈ er_list then
      if sum > 0 then
        tm_table[dp][link.dst.dpid] ←sum/num_ports
        tm_tablel[link.dst.dpid][dp]←0
      else
        tm_table[dp][link.dst.dpid]←0
        tm - table[link.dst.dpid][dp]←sum/num_ports
      end if
    end if
  end for
end for
for link ∈ link_list do
  if link.src.dpid ∈ cr_list and link.dst.dpid ∈ cr_list then
    tm_tablel[link.src.dpid][link.dst.dpid]←cr_traffic[link.src.dpid][link.src.
    port_no o]['tz']
```

---

① *cr_traffic* 为词典型 {*dpid*: {*port_id*: {'*tx*': *tx_rate*, '*rx*': *rx_rate*}}}；*tm_table* 为二维列表。

```
        tm_table[link.dst.dpid][link.src.dpid]←cr_traffic[link.src.dpid][link.src.
        port_no]['rx']
    end if
end for
return tm_table
```

3.3.2.4 响应式流量矩阵提取算法性能分析

我们将响应式流量监控算法和其他两个流量矩阵提取算法进行了对比。图 3.15 显示了三种不同的网络流量提取算法所消耗的从控制器到交换机的控制帧的数目。在 Flowsense 模型中，SDN 控制器仅仅需要监控数据层发送到控制层的事件信息，不需要主动对数据层进行查询，因而控制层和数据层之间的控制消耗为零。

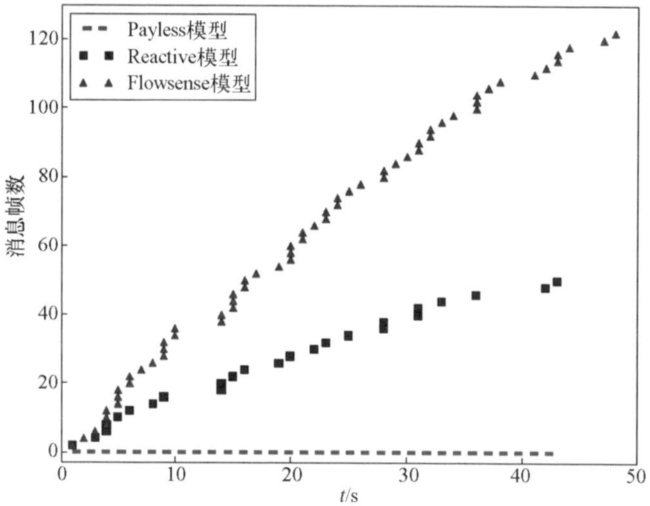

图 3.15　三种不同的流量矩阵模型所消耗的控制帧的数目对比图

在响应式流量监控模型中，控制器需要对每个流表发送两个流量询问信息，并通过询问命令的反馈计算链路的带宽消耗，因而其数据帧消耗与流表的建立命令成正比。在 Payless 模型中，控制器采用了一种自适应的流量查询模型，这种模型消耗的控制信息帧的数目是最大的。

在网络中某一链路注入四个数据流，四个数据流 $f_1 \sim f_4$ 的消耗带宽、起止时间的设置亦如表 3.3 所示。为便于分析，仅讨论通过不同的流量矩阵提取算法获取的某单一链路流量信息。在响应式流量提取算法中，当某一数据流抵达数据层时，数据层向控制层发送建立流表的请求，控制层响应数据层此请求随后启动流量查询机制，查询实时流量带宽消耗。响应式流量矩阵提取算法的监测数值与仿真系统注入数据流实时带宽的对比如图 3.16 所示①，此图中仿真系统注入数据流带宽信息来源于 *iperf* 的实时信息统计。从图 3.16 中可以看出，响应式流量矩阵提取算法对链路流量信息的统计大致耦合，统计信息的实时性也较高。

表 3.3　流量矩阵提取算法验证仿真参数设置

数据流	输入数据流/($Mbit \cdot s^{-1}$)	注入时间/s	结束时间/s
f_1	15	t	$t+15$
f_2	30	$t+4$	$t+19$
f_3	10	$t+8$	$t+23$
f_4	35	$t+12$	$t+27$

注：数据流开始时间 t 随仿真环境变化。

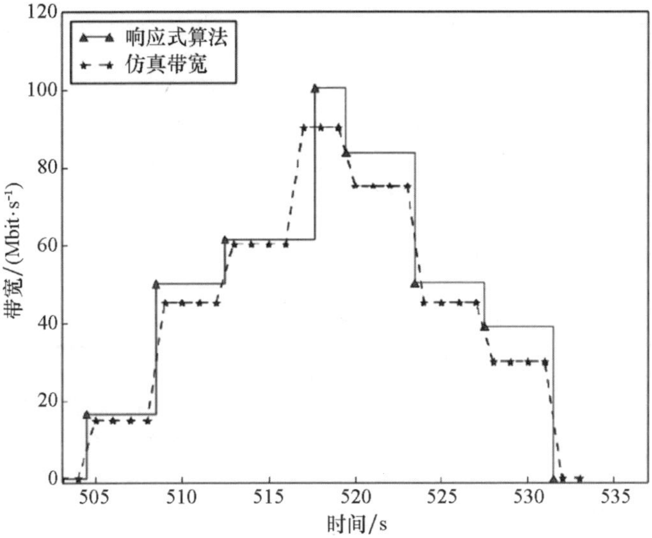

图 3.16　响应式流量矩阵提取算法性能分析

① 图中时间坐标信息为 python 中 time. time ( ) 时间提取函数中的后三位整数，由于本书所设置的仿真环境中并没有逻辑时钟，因而时间信息均来源于计算机系统。

在 Flowsense 流量矩阵提取算法中，当一个流表由于 *idle_timeout*、*hard_timeout* 或其他原因被拆除时，数据层向控制层发送流表移除的事件，并附着流表的各项信息，例如 *idle_timeout* 和 *hard_timeout* 参数设置、流表持续时间、数据帧和数据字节统计以及流表拆除的原因等。控制层在接收到流表移除事件信息之后，根据其附着的统计信息计算此流表工作过程中的平均带宽。由上所述可知，Flowsense 流量矩阵提取算法所统计的信息为流表结束工作之后的信息，因而并无时效性。图 3.17 中星状标识为数据流注入时间和带宽，上三角标识为 Flowsense 算法在流表结束之后根据统计信息计算的平均带宽，算法根据流表平均带宽和流表持续时间计算出链路在此前时间内的带宽。在图 3.17 中，数据流注入时间（星状标识）和 Flowsense 算法统计时间（上三角标识）的差是 20 s，因为在 *iperf* 中设置的测试数据流持续时间为 15 s，流表安装时设置 *idle_timeout* 为 5 s，因而两项数据之间时间差为 20 s，这也证明此流表是由于闲置 5 s 而被拆除。在 Flowsense 算法中，流表拆除之后给控制层发送的事件信息中包含着流表拆除的原因①。流表拆除原因不同则带宽的相应计算方式也不同。

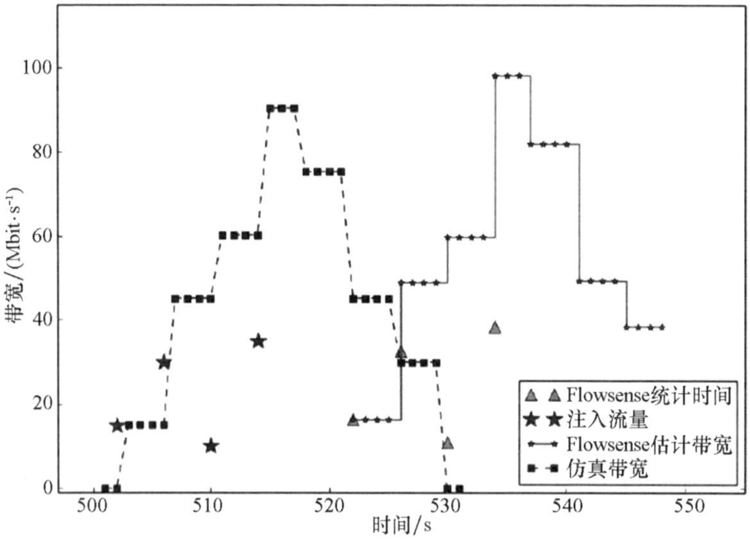

图 3.17　Flowsense 流量矩阵提取算法性能分析

① 原因共有 OFPRR \ _IDLE _TIMEOUT、OFPRR \ _HARD _TIMEOUT、OFPRR \ _DELETE、OFPRR \ _GROUP_DELETE 和 unknown 五类。

对比响应式流量矩阵提取算法和 Flowsense 流量矩阵提取算法，可以发现响应式流量提取算法的时效性明显优于 Flowsense。再者，响应式算法基于数据流到达所引发的数据流到达事件的顺序能正确反映数据流的发生顺序，流量矩阵的统计能包含网络中数据流的最新变化。而 Flowsense 则是基于数据流的流表拆除所引发的流表拆除事件，可能出现如下情形：数据流 f_1 在 t_1 时刻到达并在 t_4 时刻结束，另外数据流 f_2 在 t_2 开始并在 t_3 时刻结束，且有 $t_1 < t_2 < t_3 < t_4$，即数据流 f_2 嵌入在 f_1 中，此时 Flowsense 在 f_2 结束时统计网络中的流量信息时并不能察觉到 SDN 的数据层还在负载着 f_1。

Payless 流量矩阵提取算法以自适应的方式查询 SDN 数据层的流量信息，其查询方式和响应式流量矩阵提取算法相似，且能反映出流量的变化情况，其代价是更多的查询次数以及相应的管理消耗。响应式算法主要统计数据流的引入对网络负载的影响，其统计数据反映新到达数据流在开始流经网络时所消耗的带宽，可以提供给控制层用于服务质量决策。响应式算法相对于 Payless 的一个不足便是流量信息统计时间间隔较大，不过由于响应式算法在响应新到达的数据流请求的同时也会查询网络中已负载的流量。也就是说，响应式流量矩阵提取算法在响应新数据流到达的同时，查询整个链路的即时流量信息，为控制层服务质量和流量工程决策提供足够精确的流量统计。

3.3.3 流量矩阵的时域特性及提取

前述工作研究了实时的流量空间分布特性，提出了流量矩阵流量信息提取和评估。流量矩阵的时域特性可以用于网络异常，用于标明异常发生的时间和区域来源；也可以对网络流量进行预测，对网络进行配置。本节研究了网络流量的时域特性，以及时域粗粒度流量矩阵的提取。

3.3.3.1 流量矩阵的时域特性

网络中大部分网络流量是由人产生的，人的活动在一天 24 h 以及一周 7 天内都会呈现出一定的周期性。事实上网络流量在一天 24 h 的分布特性已经被证明显现出周期性，流量峰值出现于日中和晚上，谷值发生于夜间。这和人类白天工作和学习的节奏以及晚上休闲娱乐的节奏明显相关，谷值和人类夜间休息的节奏相关。在流量的一周特性中，也已经发现流量在周末会出现明显的下降。图 3.18 为美国 Abilene 骨干网络中在 2004 年 3 月 1 日至 3 月 8 日的流量分布，从图中可以明显发现 Abilene 网络中的流量在时域上呈现上述周期性。

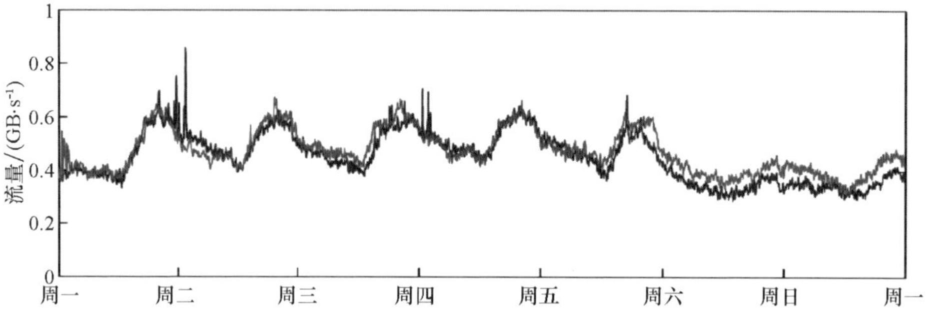

图 3.18　2004 年 Abilene 骨干网络中两周的流量统计[88]

在网络流量的监控方面，网络流量的特性和监控手段、监控持续时间以及流量聚合度等都有明显的相关性。在极短的监控时间内，例如毫秒或者秒级，流量的分布呈现出极大的变化性和自相似性，精确的短时间的监控结果也更不易获取，而且监控获得的数据有效性也不高。在分钟或者小时级别的流量监控中，利用 OpenFlow 协议统计信息获取整个流表有效期间的流量统计特性更加容易，且数据的周期性更加明显，其指导意义也更加明显。

单一数据流在时域的随机变化是其固有的特性，研究人员在流量模型的研究中也提出了不同的尝试去探究，例如人们采用泊松过程、复合泊松过程以及马尔可夫链等去研究单一数据流的时域特性。而在网络中为了提高链路的利用率，几乎所有的链路都是被复用的，不同的源端的数据流以复用的方式共享同一链路。根据概率论中的中央极限定理，多路复用降低了整个链路上数据流的时域变化特性，而且复用度越高，数据流的时域变化越小，光滑性越高，对网络规划、流量工程的指导意义也更明显。

流量矩阵从不是研究网络性能的一个目的，而仅能作为研究其他网络性能的一种输入，因而流量矩阵的精度、内容和表达形式都可以随着流量矩阵的使用方式和应用目的而变化。在研究流量的空间分布特性时，可以侧重于流量矩阵在不同链路上的分布及其精度；而在研究网络异常的发现和排除时，则侧重于流量矩阵的时域特性。

3.3.3.2　时域粗粒度流量矩阵的提取

为了创建时域粗粒度流量矩阵，SDN 控制器定时地通过 OpenFlow 协议发送 *OFPPortStatsRequest* 指令到数据层，询问某一个交换机的某一端口的流量统计信息。数据层根据交换机编号和端口编号查询对应的统计信息：接收数据字

节 *rx _ bytes*、发送字节 *tx _ bytes* 和持续时间 *duration _ sec* 和 *duration _ nsec*。*EventOFPPortStatsReply* 收到的反馈信息中接收字节 *rx_bytes* 和发送字节 *tx_bytes* 都是流表统计的累积信息，当控制器周期性发送 *OFPPortStatsRequest* 指令时，也同时周期性地收到数据层反馈的 *EventOFPPortStatsReply* 信息，本节设置了每 $\Delta = 300$ s 发送一次 *OFPPortStatsRequest* 询问指令。

$$r_{ij}(t) = 8 \times \frac{tx\_bytes(t) - tx\_bytes(t - \Delta)}{\Delta} \tag{3.49}$$

$$r_{ji}(t) = 8 \times \frac{rx\_bytes(t) - rx\_bytes(t - \Delta)}{\Delta} \tag{3.50}$$

式中：r_{ij}为从交换机 i 到交换机 j 的流量；r_{ij}为从交换机 j 到交换机 i 的流量。

3.3.4 基于矩阵的网络演算分析模型

网络演算两个最核心的要素是构建到达曲线和服务曲线，到达曲线用来约束到达数据流而服务曲线则用来描述网络节点并能为数据流提供的服务能力。到达曲线和服务曲线的水平距离表示数据帧在流经此网络节点时被附加的延迟上限，而两条曲线的垂直距离表示数据流要无失地流经此网络节点时网络节点需要提供的缓冲区大小的上限。在目前的网络演算理论中，大部分工作都是研究单数据流的，这里的单数据流并非网络中仅有一个数据流，而是将除目标数据流之外的其他数据流（冲突数据流）都当作确定因素，研究在网络受到冲突数据流影响时所剩余的服务能力，这里将冲突数据流当作网络服务能力的影响因素，而不对冲突数据流进行研究。对单数据流的网络演算研究具有相当明显的优势：一是目标数据流清晰，便于建立到达曲线；二是冲突数据流固定，可以利用既有的网络演算分析定理研究网络的剩余服务能力；三是可以根据上述到达曲线和服务曲线研究网络性能上限。然而实际的计算机网络是一个多输入多输出的系统，目标数据流所面对的是一个时变的冲突数据流集合，而精确地描述时变的冲突数据流集合以及它们对网络剩余服务能力的影响，单目标数据流模型就力有不逮。

我们基于网络演算理论和矩阵理论研究了面向多目标流多冲突流计算机网络性能分析模型。通过搜索近二十年关于网络演算发表的学术论文，据悉仅有两个人提出了不同的矩阵化分析模型。Chang[55] 基于滤波器理论研究了网络演算的一种矩阵表示方法，在 Chang 的工作中到达矩阵是到达数据流向量的 F 上限约束矩阵，并以滤波系统的观点建立了网络的服务矩阵。樊葆华等[56]面向确定性网络演算的单输入单输出数据流提出了一种矩阵表示。在樊葆华的工作中，对到达的单数据流进行了时域连续取样，并把取样结果改写为矩阵形式。对单数据流的矩阵改写并不能扩展到更复杂的网络系统和多数据流多冲突流的环境中。

本节基于网络演算理论，结合 SDN 中响应式算法获取的流量矩阵，提出了一种网络演算剩余服务矩阵理论，用于分析在多输入流多冲突流情形下的端到端的 QoS 保障研究。

3.3.4.1 服务向量

本节构建了计算机网络多输入多输出系统的 A 网络演算的矩阵表示。首先从如图 3.19 所示的一个单节点双数据流网络结构开始，如果两个分别以 $\alpha_1(t)$ 和 $\alpha_2(t)$ 为到达曲线的数据流到达节点 β，网络节点服务曲线 β 的表达式可以参考第 3.2.3 节，假设两个数据流离开节点 β 的约束曲线分别为 $\alpha_1^*(t)$、$\alpha_2^*(t)$。则根据网络演算离开流定理可知：

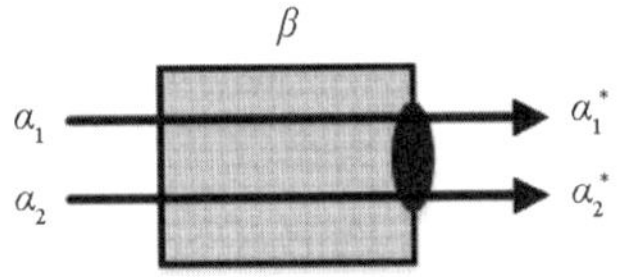

图 3.19 单节点双数据流冲突示意图

$$\alpha_1^*(t)=\alpha_1(t)\otimes\beta_1(t) \tag{3.51a}$$

$$\alpha_2^*(t)=\alpha_2(t)\otimes\beta_2(t) \tag{3.51b}$$

式中：$\beta_1(t)$、$\beta_2(t)$ 分别为节点 β 为数据流提供的服务曲线。根据网络演算剩余服务定理可以将 $\beta_1(t)$ 和 $\beta_2(t)$ 以统一的剩余服务公式分别表示为：

$$\beta_1(t)=\chi(\beta,\alpha_2)(t) \tag{3.52a}$$

$$\beta_2(t)=\chi(\beta,\alpha_1)(t) \tag{3.52b}$$

式中：$\chi(\beta,\alpha)(t)$ 表示节点 $\beta(t)$ 在冲突数据流 $\alpha(t)$ 流经此节点时剩余的服务能力。如果将到达数据流的到达曲线和离开数据流的约束曲线分别用向量的方式表示：

$$\mathbb{A}(t)=\begin{bmatrix}\alpha_1(t)\\ \alpha_2(t)\end{bmatrix} \tag{3.53}$$

$$A^*(t)=\begin{bmatrix}\alpha_1^*(t)\\ \alpha_2^*(t)\end{bmatrix} \tag{3.54}$$

则此网络节点为两个数据流提供的服务能力$\mathbb{S}(t)$可以用向量的形式表示：

$$\mathbb{S}(t)=\begin{bmatrix}\chi(\beta,\alpha_2)\\ \chi(\beta,\alpha_1)\end{bmatrix} \tag{3.55}$$

剩余服务曲线$\chi(\beta,\alpha_i)(t)$，$i=1$，2 的函数表达式取决于不同的数据流类型和不同的链路共享模型。第 3. 2. 4 节详细介绍了几种不同队列规则的链路共享模型的网络演算表示。例如，如果 $\alpha_2(t)$相对于 $\alpha_1(t)$具有非排空的高优先级时，$\chi(\beta,\alpha_1)$和$\chi(\beta,\alpha_2)$可以改写为：

$$\chi(\beta,\alpha_1)(t)=[\beta-\alpha_2]^+(t) \tag{3.56a}$$

$$\chi(\beta,\alpha_2)(t)=\beta(t) \tag{3.56b}$$

这里，$[x]^+$是正值检测函数，当 $x\geqslant 0$ 时，$[x]^+=x$，反之，$[x]^+=0$。式(3. 51)可以改写为：

$$A^*(t)=\mathbb{A}(t)\otimes\mathbb{S}(t) \tag{3.57}$$

式（3. 57）的表达形式为三维矩阵，其运算方式如定义 3. 3 所示。

定义 3. 3（向量的最小加代数卷积内积运算） 定义一个向量：$\mathbb{S}(t)=[\beta_1,\ \beta_2,\ \cdots,\ \beta_x]$，则称$\mathbb{S}(t)$为一个服务曲线向量；定义一个横向向量$\mathbb{A}(t)$如下所示，$\mathbb{A}(t)=[\alpha_1(t),\alpha_2(t),\cdots,\alpha_x(t)]$，则三维矩阵最小加代数卷积内积为$\mathbb{A}(t)\otimes\mathbb{S}(t)=A^*(t)$，这里 $A^*=[\alpha_1\otimes\beta_1,\alpha_2\otimes\beta_2,\cdots,\alpha_x\otimes\beta_x]$。

图 3. 19 中的两个数据流是从交换机中的同一个输出端口输出的，两个数据流通过队列规则共享带宽，而在图 3. 20 中，两个数据流从不同的输出端口输出，网络节点为其提供的服务曲线分别为：

$$\beta_{qd1}=\beta_{dp}\otimes\beta_{qd1} \tag{3.58a}$$

$$\beta_{qd2}=\beta_{dp}\otimes\beta_{qd2} \tag{3.58b}$$

这里β_{qd1}和β_{qd2}分别受各自端口的其他冲突数据流影响，而 $\alpha_1^*(t)$和

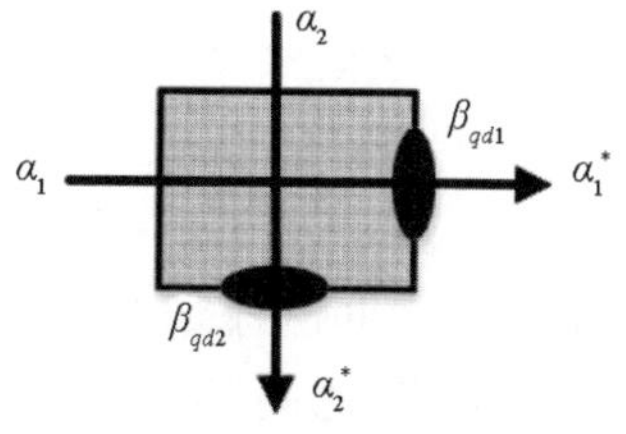

图 3. 20　单节点双数据流冲突示意图

$\alpha_2^*(t)$之间互相影响很小。图 3.20 中所示情形的服务向量可以改写为：

$$\mathbb{S}(t)=\begin{bmatrix}\beta_{qd1}\\ \beta_{qd2}\end{bmatrix} \tag{3.59}$$

同理，对于如图 3.21 所示的多节点的冲突流模型，可以将$\{\beta_1(t),\beta_2(t),\beta_3(t)\}$作为一个网络系统，有两个数据流 $\alpha_1(t)$ 和 $\alpha_2(t)$ 流经此网络系统：

$$\alpha_1^*(t)=\alpha_1(t)\otimes\beta_1(t)\otimes\chi(\beta_2,\alpha_2)\otimes\beta_3(t) \tag{3.60a}$$

$$\alpha_2^*(t)=\alpha_2(t)\otimes\chi(\beta_2,\alpha_1) \tag{3.60b}$$

将此系统的输入和输出数据流的约束向量分别记成如式（3.53）和式（3.54）所示形式，其服务行列式的表达式为：

$$\mathbb{S}(t)=\begin{bmatrix}\beta_1\otimes\chi(\beta_2,\alpha_2)\otimes\beta_3\\ \chi(\beta_2,\alpha_1)\end{bmatrix} \tag{3.61}$$

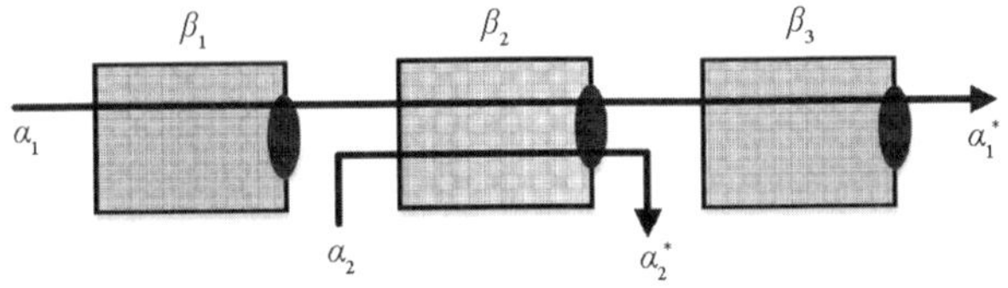

图 3.21　多节点双数据流冲突示意图

3.3.4.2　剩余服务矩阵和路由矩阵

本节依据第 3.3.2 节中提取的流量矩阵，在 SDN 控制器中依据路由算法提供的信息建立了路由矩阵，再依据网络演算基本定理和路由矩阵，建立了服务向量$\mathbb{S}$，基于 Ryu 控制器实现了路由矩阵和服务向量。

在如图 3.14 所示的 SDN 拓扑中添加若干数据流作为示例分析流量矩阵、路由矩阵和到达向量、服务向量，添加的数据流如下所示：

$ER_1\ \rightarrow\ CR_1\ \rightarrow\ CR_4\ \rightarrow\ ER_8$

$ER_1\ \rightarrow\ CR_1\ \rightarrow\ ER_3$

$ER_4\ \rightarrow\ CR_2\ \rightarrow\ CR_1\ \rightarrow\ ER_1$

$ER_6\ \rightarrow\ CR_4\ \rightarrow\ CR_3\ \rightarrow\ ER_7$

依次引入上述数据流之后，可以通过流量矩阵的响应式监控算法获得流量矩阵。如表 3.4 所示，核心交换机之间的流量通过 OpenFlow 查询命令获得统计数据，核心交换机与边界交换机之间的流量通过流量评估获得。根据第 3.2.3 节中的聚合冲突研究，假设 SDN 交换机中某一个输出端口已承载的

网络负载为 N 个数据流，其到达曲线分别标记为 α_1，α_2，…，α_n，则其聚合流的到达曲线可以表达为：

$$\alpha(t) = \sum_{i=1}^{N} \alpha_i(t) \tag{3.62}$$

剩余服务能力为：

$$\beta_{residual} = \beta_{dp} \otimes \chi(\beta_{qdisc}, \alpha) \tag{3.63}$$

通过定理3.5，证明剩余服务计算和最小加卷积计算的顺序可以互换，可以得到 $\beta_{dp} \otimes \chi(\beta_{qdisc}, \alpha) = \chi(\beta_{dp} \otimes \beta_{qdisc}, \alpha)$，如此仅需考虑交换机对某一端口的整体服务能力，而无须同时考虑其他输出端口的数据流带来的影响。

在保障已准入的网络负载数据流的前提下，网络节点为新抵达的数据流所提供的服务能力为 $\beta_{dp} \otimes \chi(\beta_{qdisc}, \alpha)$。这里，如果用速率－延迟曲线描述网络节点的服务能力 $\beta(t) = \beta_{R,T}(t) = R[t-T]^+$，用仿射曲线 $\alpha_i(t) = r_i t + b_i$，$i = 1, 2, \cdots, n$ 表示 α_1，α_2，…，α_n 的到达曲线，则有：

$$\alpha(t) = \sum_{i=1}^{N} \alpha_i(t) = \sum_{i=1}^{N} r_i + \sum_{i=1}^{N} b_i \tag{3.64}$$

$$\beta_{residual} = \chi(\beta(t), \alpha(t)) = \left(R - \sum_{i=1}^{N} r_i\right)\left[t - \left(T + \frac{\sum_{i=1}^{N} b_i}{R}\right)\right]^+ \tag{3.65}$$

结合表3.4可知式（3.65）中 $\sum_{i=1}^{N} r_i = t_{i,j}$，$R$ 即为交换机 i 到交换机 j 之间链路的总带宽，因而可以通过流量矩阵表获得相应的网络演算剩余服务能力表，这里用 ReM 表示剩余服务能力矩阵。

表3.4　流量矩阵表

数据流标号	1	2	3	4	5	6	7	8	9	10	11	12
1	0	inf	inf	inf	inf	inf	inf	inf	$t_{1,9}$	inf	inf	inf
2	inf	0	inf	inf	inf	inf	inf	inf	inf	$t_{2,10}$	inf	inf
3	inf	inf	0	inf	inf	inf	inf	inf	$t_{3,9}$	inf	inf	inf
4	inf	inf	inf	0	inf	inf	inf	inf	inf	$t_{4,10}$	inf	inf
5	inf	inf	inf	inf	0	inf	inf	inf	$t_{5,9}$	inf	$t_{5,11}$	inf
6	inf	inf	inf	inf	inf	0	inf	inf	$t_{6,9}$	inf	inf	$t_{6,12}$
7	inf	inf	inf	inf	inf	inf	0	inf	$t_{7,9}$	inf	$t_{7,11}$	inf

续表

数据流标号	1	2	3	4	5	6	7	8	9	10	11	12
8	inf	inf	inf	inf	inf	inf	inf	0	$t_{8,9}$	inf	inf	$t_{8,12}$
9	$t_{9,1}$	inf	$t_{9,3}$	inf	inf	inf	inf	inf	0	$t_{9,10}$	$t_{9,11}$	$t_{9,12}$
10	inf	$t_{10,2}$	inf	$t_{10,4}$	inf	inf	inf	inf	$t_{10,9}$	0	$t_{10,11}$	$t_{10,12}$
11	inf	inf	inf	inf	$t_{11,5}$	inf	$t_{11,7}$	inf	$t_{11,9}$	$t_{11,10}$	0	$t_{11,12}$
12	inf	inf	inf	inf	inf	$t_{12,6}$	inf	$t_{12,8}$	$t_{12,9}$	$t_{12,10}$	$t_{12,11}$	0

注：边界交换机 $ER_1 \sim ER_8$ 的 *datapath ID* 为 1 ~ 8；核心交换机 $CR_1 \sim CR_4$ 的 *datapath ID* 为 9 ~ 12。

在 SDN 控制器为数据流计算、安装路由之后，控制器相应地建立路由矩阵 *RM*。路由矩阵的产生算法如算法 3.3 所示，在算法 3.3 中可以得知同一对源端 - 目的端可能会产生不同的路由，因而算法 3.3 用 *src*：*dst*：i 中的 i 标志相同源端 - 目的端的不同路由路径。算法产生的路由矩阵如表 3.5 所示，其中记录的是每条路由中的构成链路，这些链路的信息是有向无序的，有向意思是节点 i 到节点 j 的记录方式与节点 j 到节点 i 不同，无序意思是假如路由以 $i_1 \to i_2$ 和 $i_2 \to i_3$ 构成则路由矩阵并不会记录两个路径的顺序。

算法 3.3　SDN 控制器路由矩阵提取

```
Require: src, dst, path, switch_list
Ensure: RM
item ← { }
for dp ∈ switch_list do
    item[dp] ← inf
end for
for all dp ∈ switch_list do
    tmp ← src
    for mid ∈ path[1:] do
        item[tmp] ← mid, tmp ← mid
    end for
end for
i ← 0
while str(src) + ':' + str(dst) + ':' + str(i) ∈ RM.keys() do
    if RM[str(src) + ':' + str(dst) + ':' + str(i)] != item then
        i ← i + 1
    else
```

续表

```
            return RM
        end if
end while
RM[str(src) + ':' + str(dst) + ':' + str(i)] ← item
return RM
```

表 3.5　路由矩阵表

数据流标号	1	2	3	4	5	6	7	8	9	10	11	12
1	9	inf	inf	inf	inf	inf	inf	inf	12	inf	inf	8
2	9	inf	inf	inf	inf	inf	inf	inf	3	inf	inf	inf
3	inf	inf	inf	10	inf	inf	inf	inf	1	9	inf	inf
4	inf	inf	inf	inf	inf	12	inf	inf	inf	$t_{4,10}$	7	11

注：边界交换机 $ER_1 \sim ER_8$ 的 *datapath ID* 为 1 ~ 8；核心交换机 $CR_1 \sim CR_4$ 的 *datapath ID* 为 9 ~ 12。

通过路由矩阵 *RM* 和网络演算剩余服务能力矩阵 *ReM* 可以获得剩余服务向量 $\mathbb{S}[r]$：

$$\mathbb{S}[r] = \bigotimes_{i=1}^{N} ReM[i][RM[r][i]] \big|_{RM[r][i] \neq \inf} \tag{3.66}$$

式（3.66）将路由矩阵中不同链路的剩余服务能力进行卷积运算，根据网络演算串联服务定理[53]可知，式（3.66）可以当作网络系统为到达流提供的服务曲线的前提是最小加卷积运算可以满足交换律，交换律的证明如定理 3.6 所示。当最小加卷积满足交换律之后，在路由路径中链路 $i_m \to RM[r][i_m]$ 和 $i_n \to RM[r][i_n]$ 的剩余服务曲线的运算顺序无碍于最终结果，因而式（3.66）成立。

定理 3.6　任取两个非负不减的服务曲线 β_1 和 β_2，其最小加卷积运算满足交换律，即有 $\beta_1 \otimes \beta_2 = \beta_2 \otimes \beta_1$。

证明：根据最小加卷积的定义有：

$$(\beta_1 \otimes \beta_2)(t) = \inf_{0 \leqslant s \leqslant t} \{\beta_1(t-s) + \beta_2(s)\} \tag{3.67}$$

$$(\beta_2 \otimes \beta_1)(t) = \inf_{0 \leqslant s \leqslant t} \{\beta_2(t-s) + \beta_1(s)\} \tag{3.68}$$

在 $(\beta_1 \otimes \beta_2)(t)$ 中取 $s' = t - s$，则有：

$$
\begin{aligned}
(\beta_1 \otimes \beta_2)(t) &= \inf_{0 \leqslant s \leqslant t} \{\beta_1(t-s) + \beta_2(s)\} \\
&= \inf_{0 \leqslant s' \leqslant t} \{\beta_1(s') + \beta_2(t-s')\} \\
&= (\beta_2 \otimes \beta_1)(t)
\end{aligned} \tag{3.69}
$$

3.3.4.3 延迟向量和积压向量

为了利用到达向量和剩余服务矩阵分析网络性能，获得数据流的延迟上限和累积积压上限，本节基于网络演算证明了两个定理，分别是网络演算矩阵延迟上限定理3.7和网络演算矩阵积压上限定理3.8。

定理3.7　假设一组数据流以$\mathbb{A}(t)$为到达向量，流经一个以$\mathbb{S}(t)$为服务向量的网络系统，则这组数据流的延迟上限向量$\mathbb{D}(t)$的表达式为$\mathbb{D}(t) \leqslant H(\mathbb{A}, \mathbb{S})$，其中$d_i(t) \leqslant h(\alpha_i, s_i)$，这里，$h(\alpha, \beta)(t) = \inf\{d > 0 \mid \alpha(t) \leqslant \beta(t+d)\}$是两条曲线$\alpha(t)$和$\beta(t)$的水平距离。

证明：要证明这个定理，首先以两个网络节点a和b作为开始，分析多节点的情形。假定a和b两个网络节点的累积服务能力分别为$S_a(t)$和$S_b(t)$，这里累积服务能力表示网络对数据帧的处理能力的时间累积函数。假如一个数据流具有时间累积函数$A(t)$，依次流入由节点a和b构成的网络系统，这个数据流离开节点a和b时具有离开流累积函数$D(t)$。假定t_0是一个网络节点的最近闲时，最近闲时的表述：$t_0 = \sup_{0 \leqslant s \leqslant t}\{s \mid A(s) = D(s)\}$，即一个网络节点最近的没有数据帧要处理的时间点。定义网络节点b在时间t之前的最近闲时为t_{0b}，定义节点a在时间t_{0b}之前的最近闲时为t_{0a}。定义数据流$A(t)$流入节点a只有具有离开累积函数$A^*(t)$时。由此可以得到：

$$D(t+d) = A^*(t_{0b}) + S_b(t+d) - S_b(t_{0b}) \tag{3.70}$$

$$A^*(t_{0b}) = A(t_{0a}) + S_a(t_{0b}) - S_a(t_{0a}) \tag{3.71}$$

$$D(t+d) = A(t) \tag{3.72}$$

然后有：

$$A(t) - A(t_{0a}) = \{[S_a(t_{0b}) - S_a(t_{0a})] + [S_b(t+d) - S_b(t_{0b})]\} \tag{3.73}$$

因为：

$$A(t) - A(t_{0a}) \leqslant \alpha(t - t_{0a}) \tag{3.74}$$

$$S_a(t_{0b}) - S_a(t_{0a}) \geqslant \beta_a(t_{0b} - t_{0a}) \tag{3.75}$$

$$S_b(t+d) - S_b(t_{0b}) \geqslant \beta_b(t + d - t_{0b}) \tag{3.76}$$

令$\Delta t = t_{0b} - t_{0a}$，则$t + d - t_{0b} = t + d - t_{0a} - \Delta t$，因此可得：

$$a(t - t_{0a}) \geqslant \beta_a(\Delta t) + \beta_b(t - t_{0a} - \Delta t) \tag{3.77}$$

根据定义可以得到：

$$(\beta_a \otimes \beta_b)(t) = \inf_{0 \leqslant s \leqslant t} \{\beta_a(t-s) + \beta_b(s)\} \tag{3.78}$$

$$\beta_a(\Delta t) + \beta_b(t + d - t_{0a} - \Delta t) \geqslant (\beta_a \otimes \beta_b)(t + d - t_{0a}) \tag{3.79}$$

$$\alpha(t - t_{0a}) \geqslant (\beta_a \otimes \beta_b)(t - t_{0a} + d) \tag{3.80}$$

当 $\alpha(t-t_{0a}) \geqslant (\beta_a \otimes \beta_b)(t-t_{0a})$ 时，d 即为0，否则 $\alpha(t-t_{0a}) \leqslant (\beta_a \otimes \beta_b)(t-t_{0a})$，如图3.22所示，$\alpha$ 与 β 的水平距离是 $h(\alpha,\beta)(t) = \inf\{d > 0 \mid \alpha(t) \leqslant \beta(t+d)\}$，因此可以得到 $d \leqslant h(\alpha, \beta_a \otimes \beta_b)$。

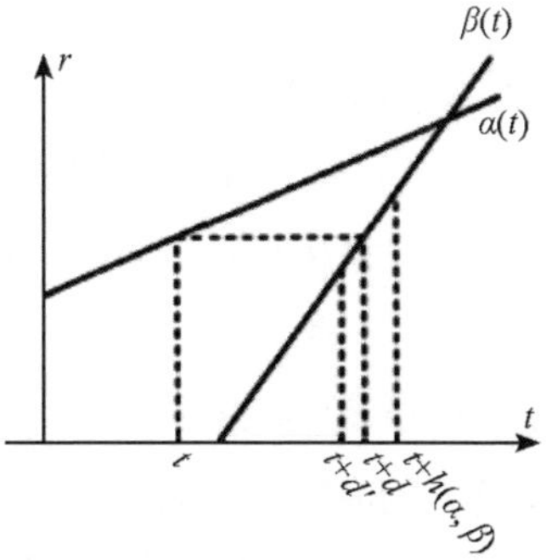

图3.22　到达曲线和服务曲线的延迟上限分析

如果节点 a 和 b 在时间0到 t 之间没有闲时，则可以将闲时设为 $t_{0a} = 0^+$，$t_{0b} = 0^+$，如此依然可以得到上述结论。

这里，如果 S_a 和 S_b 的顺序改变了，依然可以得到上述结论。从矩阵的观点看，一个数据流 α_i 将流经一系列链路提供的剩余服务能力 s_i，这里 $0 \leqslant k \leqslant n$，因此延迟上限和矩阵元素的顺序无关。由于本节中获取的剩余服务向量在计算过程中具有无序性，由上述证明可知服务节点的顺序不影响延迟上限的计算。

定理 3.8　给定一组数据流的到达矩阵 $\mathbb{A}(t)$，和一个服务矩阵 $\mathbb{S}(t)$，则此数据流无失地流经网络所需的缓冲区上限为 $\mathbb{B}(t) \leqslant V(\mathbb{A}, \mathbb{S})$，则 $b_i(t) \leqslant v(\alpha_i, s_i) = \sup\limits_{0 \leqslant s \leqslant t}(\alpha_i(s) - s_i(s))$。

定理 3.9　定义网络节点的最近闲时 t_0 为 $t_0 = \sup\limits_{0 \leqslant s \leqslant t}\{s \mid A(s) = D(s)\}$。为了证明这个定理，取一个具有两个节点的网络作为开始，命名这两个网络节点为 a 和 b，假定这两个网络节点所具有的累积服务能力分别为 $S_a(t)$ 和 $S_b(t)$，一个以 $A(t)$ 为累积函数的数据流依次流经这个网络系统，离开累积数据流为

$D(t)$。定义节点 b 在 0 到 t 之间的最近闲时为 t_{0b}，节点 a 在 0 到 t_{0b}之间的最近闲时为 t_{0a}，这里有 $t_{0a} \leqslant t_{0b}$。假设数据流 $A(t)$ 流经节点 a 所产生的离开累积流为 $A^*(t)$，可以得到：

$$D(t) = A^*(t_{0b}) + S_b(t) - S_b(t_{0b}) \tag{3.81}$$

$$A^*(t_{0b}) = A(t_{0a}) + S_a(t_{0b}) - S_a(t_{0a}) \tag{3.82}$$

因此有：

$$\begin{aligned} b(t) &= A(t) - D(t) \\ &= [A(t) - A(t_{0a})] - \{[S_a(t_{0b}) - S_a(t_{0a})] + [S_b(t) - S_b(t_{0b})]\} \\ &= \alpha(t - t_{0a}) - [\beta_a(t_{0b} - t_{0a}) + \beta_b(t - t_{0b})] \end{aligned} \tag{3.83}$$

令 $\Delta t = t_{0b} - t_{0a}$，然后 $t - t_{0b} = t - t_{0a} - \Delta t$，可得：

$$\begin{aligned} b(t) &= \alpha(t - t_{0a}) - [\beta_a(\Delta t) + \beta_b(t - t_{0a} - \Delta t)] \\ &\leqslant \alpha(t - t_{0a}) - (\beta_a \otimes \beta_b)(t - t_{0a}) \\ &\leqslant \sup_{0 \leqslant s \leqslant t} [\alpha(s) - (\beta_a \otimes \beta_b)(s)] \end{aligned} \tag{3.84}$$

如果在时间 0 到 t 之间没有闲时，则可以把闲时点设为 $t_{0a} = 0^+$，$t_{0b} = 0^+$。以同样的方式，如果节点 a 和 b 的顺序调换了，依然可以得到：

$$b(t) \leqslant \sup_{0 \leqslant s \leqslant t} [\alpha(s) - (\beta_a \otimes \beta_b)(s)] \tag{3.85}$$

一个数据流 α_i 流经一组链路 s_i 时，以同样方式可以得到数据流所需的累积空间的上限和矩阵元素的顺序无关，这里 $0 \leqslant k \leqslant n$，因而本节获取的剩余服务矩阵可以用于计算数据流所需的积压上限。

3.4 软件定义网络 QoS 保障的路由

SDN 中被剥离的控制层可以提供网络的全局视图，并基于全局视图的信息提供端到端的流量评估，这为 SDN 中实现流量工程和服务质量保障的路由提供了基础。我们搭建了基于 Mininet 系统的仿真环境平台，此平台以 OVS 为数据层，采用 Ryu 作为控制器，并通过 OpenFlow 实现数据层和控制层的信息传输，以 OVSDB 协议和 ssh 协议实现了对交换机和客户终端的控制。我们在此平台中研究了 SDN 路由算法，引入了资源图记录全局网络资源，用资源锁解决资源分配时可能引发的一致性冲突，采用分层口令桶队列规则进行输出端口资源共享。我们采用网络演算理论研究了 SDN 中端到端的带宽和延迟上限，提出了基于网络演算模型的带宽资源保障的路由算法，为BE数据流提供最短距离路由，为服务质量保障数据流提供“QoS-最短路径”路由策略。基于网络演算理论的单数据流分析模型不能将SDN数据层的整体流量分布考虑在路由计算之中，并未发挥SDN范式带来的优势。流量矩阵的建立以及基于流量矩阵的剩余服务矩阵使得SDN控制器可以在考量整个网络流量分布的基础上研究流量工程和服务质量保障的路由，使得SDN控制器更加智能。我们基于流量矩阵和网络演算服务矩阵理论研究了带宽保障和延迟保障的路由算法。

3.4.1 引言

在SDN架构中，由于控制层被从数据层中剥离开来而形成一个相对集中的控制器功能，这种新的网络架构为QoS研究提供了新的机遇。在传统的计算机网络中，网络功能和网络转发都融合在集线器、交换机和路由器等网络节点中。为了在这种网络架构下为用户提供QoS保障，研究人员提出了两种不同的QoS模型，分别是综合服务模型（integrated services，IntServ）和区分服务模型（differential services，DiffServ）。在IntServ模型中，网络运行资源预留协议（resource reservation protocol，RSVP）在链路上预约资源，并定期将此预约信息发送到相邻的节点。然而随着网络规模的扩大，RSVP会恶化整个网络的性能。而DiffServ模型以逐跳的方式提供QoS，虽然不会大量地消耗资源，但不能提供端到端的QoS保障。

SDN因其网络架构的特征更容易提供端到端的QoS保障。在SDN中控制层通过OpenFlow等南向接口协议对数据层实现了一种更为集中化的管理，数据层根据创建好的流表转发或丢弃数据帧，且新到达的数据流都需要通过控制器创建流表。因此控制层可以实时地获得数据层的流量信息，而且也能通过OpenFlow协议中*packets_in*和*link_failure*等事件及时地获取网络负载情况。基于SDN范式提供的这些支持，控制器可以轻易获取全局的、实时的信息，而不需要执行类似RSVP的协议，因而为端到端的服务质量保障提供了更便捷的途径，使IntServ的实现变得可行。

部分人员已经对SDN中QoS保障展开了一系列研究，Tomovic等[89]提出了一个SDN控制器中QoS路由的工作框架，基于带宽的利用率为有优先权的数据流提供QoS路由，然而并没有为如何实现QoS路由给出更多的叙述。Celenlioglu和Ali Mantar[82]提出了基于预先建立的多条路由的资源管理和路由策略，SDN 控制器根据每条路径的代价选出最优的路径作为最终路由。Krishna 等[90]设计了一个基于 Ryu 控制器的路由算法，Ryu 控制器为 QoS 数据流设定了最宽最短路径（widest shortest path，WSP），路由为 BE 数据流设定了迪杰斯特拉（Dijkstra）算法，并基于 Python 编程部分实现了这一工作。

我们基于 Mininet 平台和 OVS 实现了一个端到端的 QoS 保障的路由算法，本算法在 Ryu 控制器中以 Python 脚本实现。数据层交换机中队列规则采用 HTB 队列规则实现资源共享。

3.4.2 网络仿真系统

本节介绍了本课题中仿真所采用的仿真平台和分析工具，实验平台采用基于 Ubuntu 系统的 Mininet 平台和 Ryu 控制器，如图 3.23 所示。

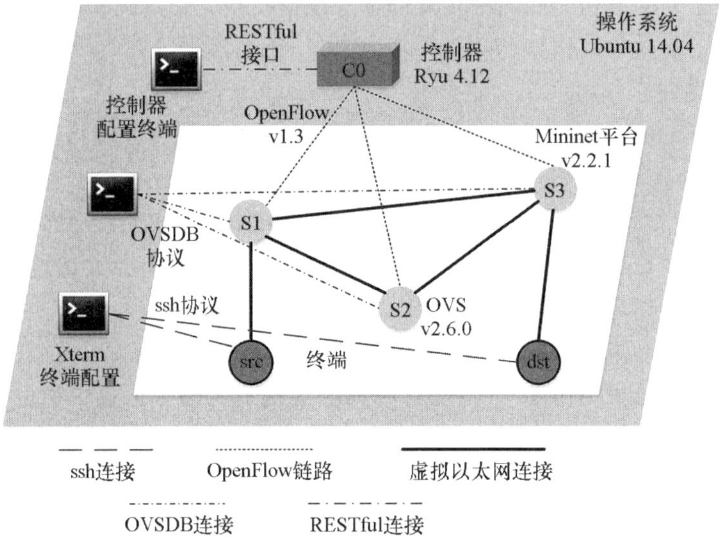

图 3.23　实验仿真平台框图

此仿真平台在 Ubuntu 操作系统中运行了 Mininet 仿真工具，Mininet 为仿真平台搭建仿真拓扑结构，并提供例如 XTerm 等相应的分析工具。在 Ubuntu 系统中，我们安装了开放虚拟交换机（OVS），平台中的 OpenFlow 交换机均设置为 OVS。Mininet 将 OVS 和客户终端构成仿真网络。SDN 的控制功能由 Ryu 控制器实现，Ryu 以 Python 脚本程序通过 OpenFlow 协议控制 OVS 的转发策略。OVS 和客户终端均可以由用户通过 ssh 接入进行配置和发起/结束数据流。

3.4.2.1 仿真平台构成

Mininet[91] 仿真器可以创造一个几乎接近现实的虚拟网络，Mininet 在内核中执行若干个进程，每个进程可以虚拟为一个单独的交换机或者客户终端。交换机和终端既可以运行于相同的网络命名空间（network namespaces），也可设置为独立的命名空间，配置不同的网络接口、路由表和 ARP 表。Mininet 既可以运行在一个系统中虚拟若干交换机和客户终端，提供一个轻量级的网络系统，也可以运行于若干独立的物理系统中。在 Mininet 中，交换机或客户终端通过虚拟以太网相互连接。Mininet 具有良好的兼容性，可以集成 OVS 等虚拟交换机、OpenFlow 协议，以及 Ryu、NOX、POX 等各种 SDN 控制器，因而采用 Mininet 搭建整个网络仿真环境。

OVS 是一个多层交换机产品，可以作为交换机系统运行于硬件交换机（例如 Pink 系列交换机）或者作为虚拟交换机运行于 KVM、VirtualBox 和 Linux 等系统中。在仿真平台中虚拟交换机和其控制器之间的通信采用 OpenFlow 协议。SDN 控制器采用 Ryu。Ryu 是由日本电信电话株式会社软件创新中心研发的模块化的 SDN 控制器架构，支持 OpenFlow、Netconf、OF - config 等多种协议管理和配置网络设备。

我们采用 ssh 协议接入交换机和客户终端，通过 ssh 协议远程控制客户终端发起或结束数据流，配置交换机且查看交换机数据采集和统计信息。同时我们采用 Ryu 控制器的 RESTful 接口配置控制器并查看其统计信息。此外，我们还采用 Wireshark 监控交换机的重要接口，统计网络信息，并用 Wireshark 监控信息分析路由算法。

仿真平台中各部分组件的版本控制如表 3.6 所示。本系统具有轻便、灵活、功能多样化等优点，可以在单个办公电脑上布置整个仿真网络。此仿真平台有两个不足：其一是 Mininet 仅支持运行于 Linux 内核；其二是 Mininet 中并无虚拟时钟，因此所有的仿真都基于实时的结果，这对于路由防火墙等功能并无妨碍，但是测试延时等参数时，在不同的硬件环境中进行的仿真将会有不同的结果。

表 3.6　平台系统的组件版本控制表

组件	版本控制	组件	版本控制
Ubuntu OS	14.04 64 bit	Mininet	v2.2.1
OVS	v2.6.0	OVSDB	v2.6.0
OpenFlow	v1.3	Ryu	v4.12

3.4.2.2　SDN 控制器的网络发现和网络监控

仿真系统在初始化过程中从 Mininet 构建网络的过程中获取网络的交换机列表以及各自的端口号，并获取网络中的链路连接信息①。仿真平台在网络发现过程中根据拓扑信息获取内部端口、接入端口，并以矩阵的形式获取网络图。在流量矩阵的研究中，仍需获取边界交换机列表和核心交换机列表。网络信息提取完成之后 Ryu 控制器启动初始化配置，在 *CONFIG_DISPATCHER* 的协商阶段监控 *EventOFPSwitchFeatures*，安装虚拟交换机初始化流表，初始化流表的指令部分是将接收到的任何数据帧转发到控制器。

控制器在完成所有信息提取和初始化之后便进入网络监控状态，例如 *MAIN_DISPATCHER* 的协商阶段监控 *EventLinkDelete* 是否含有链路删除，此外还监控交换机加入/离开、端口添加/删除、链路添加/删除等信息。

3.4.3　软件定义网络路由研究

我们在 Mininet 中实现了一个端到端的带宽保障的路由算法，在服务质量可以得到保证的前提下搜索最短路径，带宽资源的分配基于分层口令桶的队列规则。为了实时记录整个网络的剩余带宽的信息，本节创建了资源图记录网络资源实时剩余信息。基于分层口令桶队列规则研究了链路聚合，将聚合于同一输出端口的不同数据流分别置于两个输出队列中。在资源预约过程中，为了防止某一数据流不断消耗网络信息，保障网络资源的安全，我们引入了资源锁机制。本节讨论路由算法时所采用的测试环境的拓扑结构如图 3.24 所示。

① 链路信息以字典型表示 [*src.dpid*，*dst.dpid*]：[*src.port_id*，*dst.port_id*]。

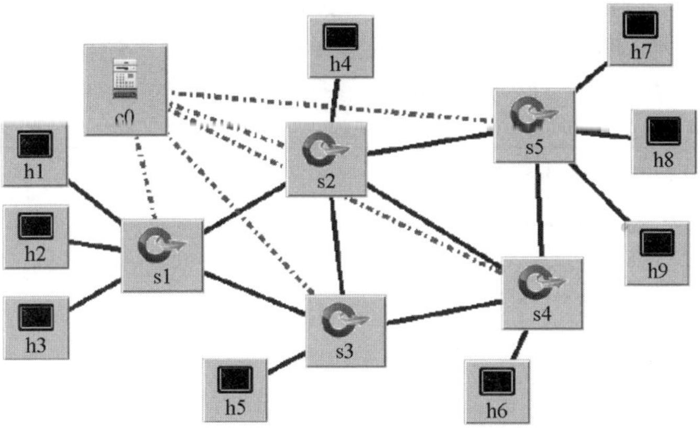

图 3.24　SDN 路由拓扑结构图

3.4.3.1　SDN 路由原理

如图 3.24 所示，当一个新数据流由客户端 *src* 发起，*src* 将这个数据流发送到其所连接的交换机 *s_src*。*s_src* 首先在既存的流表中进行匹配，如果流表匹配命中，则 *s_src* 会根据命中流表条目中的指令对数据流进行操作。如果流表查询未能命中，则 *s_src* 将数据流的帧头或者完整的数据帧发送到控制器 c_0。

控制器 c_0 首先查询目的客户端 *dst* 所连接的交换机。c_0 在网络初始化创建终端接入表（access table）记录客户终端所接入的交换机及其端口，在初始化过程中控制器也同时建立网络拓扑图记录各个交换机的连接关系和连接端口。根据终端接入表，c_0 根据 *dst* 定位出目的交换机 *s_dst* 之后，控制器将根据拓扑图和路由算法建立从 *s_src* 到 *s_dst* 的路径。在路由计算过程中，路由算法将根据每个数据流的服务类型（ToS）选择不同的路径。我们将 BE 数据流的 ToS 位标记为 0，将不同的服务类型数据流的 ToS 位标记为不同的数值。

对于 BE 数据流，路由算法将采用迪杰斯特拉算法。对于有 QoS 要求的数据流，路由算法将会采用“QoS - 最短路径”算法，此算法的伪代码如算法 3.4所示。在此算法中，控制器将会根据网络拓扑图建立一个资源剩余图 *QoS_graph*，将网络资源的实时消耗信息记录在 *QoS_graph* 中，控制器根据数据流的服务类型 ToS、网络拓扑结构和资源剩余图 *QoS_graph* 为数据流建立服务质量可以得到保障的最优路径。控制器计算出满足服务质量要求的路径之后，将会通过 OpenFlow 协议将路由策略写入 OVS 的流表，在成功地将所有流表都写入相应的交换机之后，算法会更新网络资源剩余图 *QoS_graph*。当后续数据流到达时，路由算法将实时的 *QoS_graph* 作为输入参数，在“QoS－最短路径”算法中如果路由算法预采纳的路径中网络资源不能保证服务质量，算法将此路径的权重（cost）设为 inf。

算法 3.4 SDN 中“QoS－最短路径”算法

```
Require: Graph, src, BW_resv
Ensure: Path
switch_list←Graph. keys
if src = = None or Graph = = None then
    return None
end if
if QoS_graph = = None then
    QoS_graph←Graph2QoSGraph(Graph)
end if
for all i ∈ switch_list do
    for all j ∈ switch_list do
        if BW_resu > = BW_residual then
            Qos_graph[i][J]←inf
        end if
    end for
end for
visited ←[src],path←{sre:{src:[]}},Dist_graph←{src:0}
pre←next←src,switch_list. remove(src)
while switch_list do
    for v ∈ visited do
        for d ∈ switch_list do
            new_dist←dist_src2v + dist_v2d
            if new_dist < = pre_dist then
                pre_dist←new_dist,next←d
                pre←v,dist_src2d←new_dist
            end if
        end for
    end for
    if new_dist < = pre_dist then
        path[src][next]←path[src][pre] + next
        visited. append(next),switch_list. remove(next)
    end if
end while
return Path
```

3.4.3.2 带宽资源管理

OVS 集成了 OpenFlow 的 API 以实现和控制层的通信，此 API 使得控制层可以更新 OVS 的流表、设置防火墙等。OpenFlow 是由开放网络基金会管理运行的，而 OVS 是由 Nicira 创立，历经 VMware 并最终由 Linux 基金会（Linux foundation）管理运行的开源项目，截至目前两者在流量控制和队列规则方面并未达成一致[92]，在第 3.4.2 节所述的版本中，OVS 仅支持通过 OpenFlow 实现队列的创建，并不能支持队列的管理。OVS 提供了 OVSDB 协议实现对 OVS 的管理，其中包括了队列的创建、入队列、出队列以及丢弃等操作。因此在本实验中，流表的创建是由 SDN 控制器实现，队列规则则是在数据层由 OVSDB 命令实现。

在控制器中带宽资源的分配是由 ToS 位决定的。由于 Ryu 控制器并不能通过 OpenFlow 协议修改 OVS 的数据库，因此并不能通过 Ryu 控制器完全控制 OVS 的功能。在本实验中所采用的 OpenFlow 的 v1.3 版本中，移除了入队列（enqueue）操作而添加了设置队列（setqueue），设置队列操作向数据流分配一个既存的队列号（queue ID）。我们通过 Ryu 控制器和数据层的 HTB 队列规则共同实现带宽资源的管理。

从控制器的角度看，虽然控制器不能为每个数据流分配带宽，但是 SDN 的网络架构使得控制器可以获得整个网络的全局剩余资源，并控制每个路径的准入，使每个路径仅能根据其服务能力为数据流提供准入许可，以此实现服务质量保障的路由。在网络的初始化过程中，控制器建立全局网络的资源图，并根据路由的建立和拆除动态地维护资源图的实时性。在接到新的路由请求时，控制器根据数据流的带宽请求和资源图计算是否准许此数据流流经某条路径。

从数据层的角度看，交换机的每个端口采用分层口令桶队列规则管理带宽资源。分层口令桶队列规则中引入了 *min_rate* 和 *max_rate* 的概念，*min_rate* 表示对数据流的保障比特率，*max_rate* 表示数据流所能获得的比特率的上限。分层口令桶中的“借入”机制使得不同的队列可以彼此借用闲置的带宽资源，其所能获得的资源上限为 *max_rate*。如果一个队列处于轻负载状态下，其带宽资源可以被其他队列借用，但是当新的数据流到达时，其仍能获得最低的带宽保障，即 *min_rate*。

由于控制器不能完全地控制交换机的队列，因此在数据层每个交换机的端口都被设置了两个队列，一个队列为 BE 数据流提供服务（BE 队列），另一个队列为 QoS 数据流提供服务（QoS 队列）。分层口令桶队列规则将所有 BE 数据流、QoS 数据流分别聚合为两个数据流存入 BE 队列和 QoS 队列。OVS 根据数据流的输出端口和 ToS 位将之加入相应的队列中。BE 队列和 QoS 队列之间可以根据分层口令桶规则彼此借入带宽资源给所有队列提供最优服务。

当客户端 *src* 发起一个新的数据流，其所连接的交换机 s_1 无法在流表中匹配数据流，s_1 将之转发到控制器 c_0。在控制器 c_0 进行路由计算和为数据层的交换机安装流表过程中，同一数据流的后续数据帧将继续抵达交换机 s_1，并被转发到控制器 c_0，如图 3.25 所示，当 s_1 已安装流表且 s_2 未完成安装期间，s_2 仍将继续为此数据流申请路由并申请带宽资源。在图 3.25 中，当数据帧①抵达交换机 s_1 之后，被转发到 c_0。但是 s_1 会在安装流表之前接到数据帧③，因而控制器 c_0 会重复收到请求。

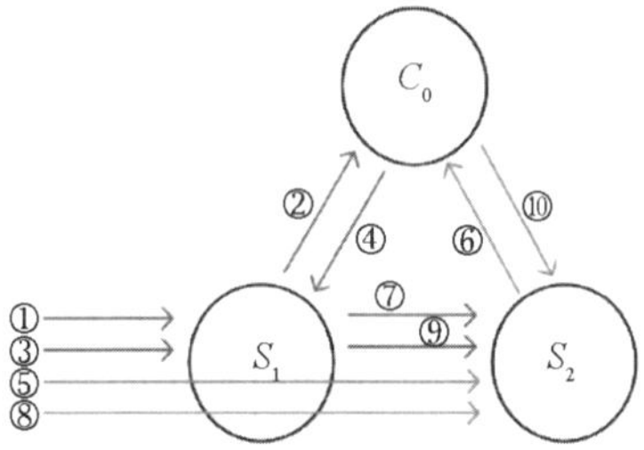

图 3.25　流表安装过程中新的数据流到达示意图

在 QoS 路由算法中，为了避免同一数据流多次向控制器申请建立路由和申请带宽资源，算法引入了资源锁机制。剩余资源图仅会在流表成功安装在路由包含的所有交换机之后才会更新剩余资源图，且期间控制器也不会接受同一数据流提出的路由申请。QoS 算法用三元组 < *ip_src*，*ip_dst*，*ip_tos* > 标记一个数据流。当后续的数据帧具有相同的 < *ip_src*，*ip_dst*，*ip_tos* > 时，路由算法将搁置其路由申请和带宽资源申请，直到流表安装成功。

3.4.3.3　路由算法仿真

为了仿真路由算法，我们在仿真系统中实现了如图 3.24 所示的 SDN。Ryu 控制器由三个模块组成，分别是网络监视模块、网络发现模块和网络资源管理模块。由于仿真系统没有仿真时钟，而是以计算机系统时钟计时的，因此本系统的仿真时间依赖于操作系统和计算机硬件环境。仿真环境的软件设置如表 3.6 所示。

3.4.3.4 分层口令桶队列规则中最大/最小比特率

在 HTB 队列规则中交换机的输出端口采用口令桶实现带宽的共享。HTB 队列规则系统由根类、中间类和叶类组成，每个节点由保证比特率 AR、最大比特率 CR 和优先级 P 描述。在任何节点中，仅当此类中含有可用的口令时才能传输数据帧。如果流经某叶类的数据比特率大于 AR 且小于 CR，且其父类中含有可用的口令时，此叶类可以向其父类借用资源。

HTB 队列规则中的 QoS 数据流与 BE 数据流链路带宽共享情形的仿真结果如图 3.26～图 3.28 所示，在这三个测试中，交换机的输出端口带宽为 200 Mbit/s，QoS 队列的最小比特率 *min_rate* 是 140 Mbit/s，最大比特率 *max_rate* 是 200 Mbit/s；BE 队列的最小比特率是 60 Mbit/s，最大比特率是 200 Mbit/s。在图 3.26 中，两个 QoS 数据流无冲突地共享输出端口的 QoS 带宽，由于路由算法不会接纳任何不能满足 Mbit/s 级数据流要求的数据流，因此在 QoS 队列中不会产生冲突。在图 3.27 中，在两个带宽分别是 80 Mbit/s 和 50 Mbit/s 的 QoS 数据流的网络环境中，对一个 70 Mbit/s 的 BE 数据流进行测试，数据显示 BE 数据流仅能在预先接纳的 QoS 数据流释放出其占用的资源之后才能获得足够的带宽资源。在两条 QoS 数据流释放其占用的资源之前，BE 数据流的最低比特率保障也是得到满足的。在图 3.28 中，网络在预先接纳两个分别是 70 Mbit/s 和 60 Mbit/s 的 BE 数据流前提下测试了新的 QoS 数据流的带宽消耗状况，数据显示 QoS 数据流可以获得其申请的保障服务质量的带宽资源，BE 数据流在 QoS 数据流安装之后仅能获得最低保证的比特率。在图 3.26～图 3.28 中，所用的时间标签均为计算机时钟。

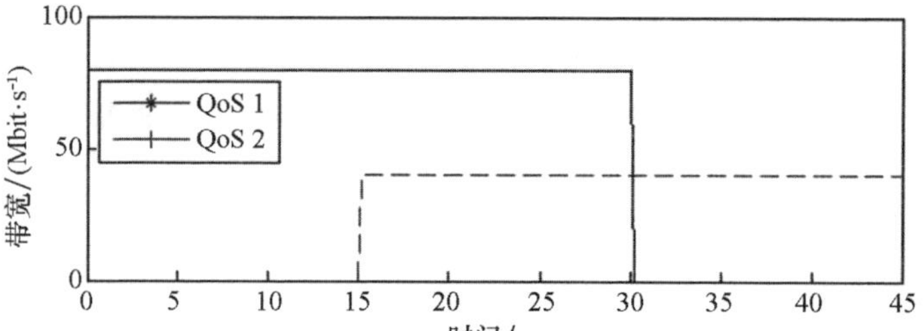

(a) 输入数据流带宽

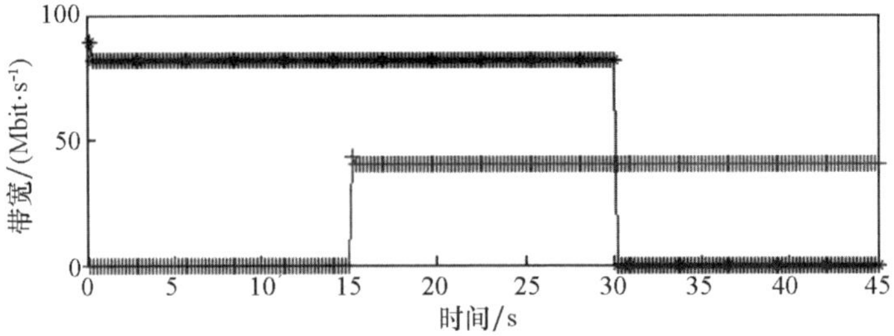

(b) HTB队列规则分配带宽

图 3. 26　HTB 队列规则中无冲突环境下的 QoS 数据流

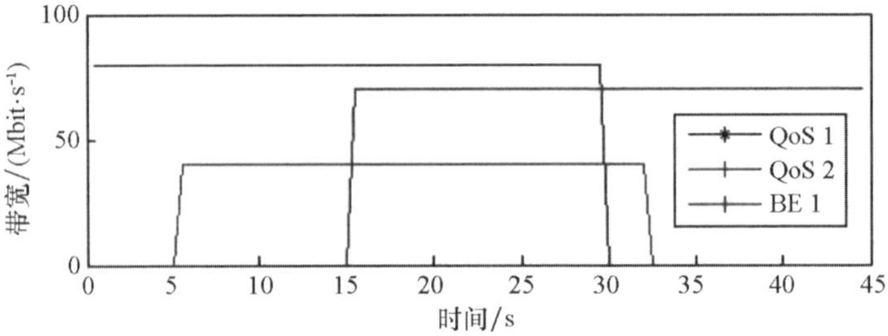

(a) 输入数据流带宽

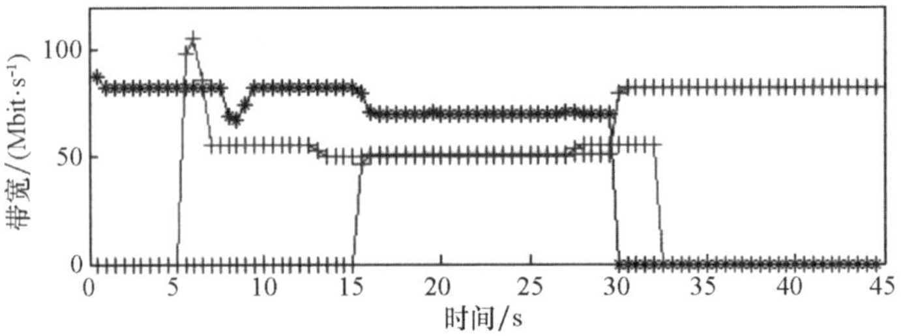

(b) HTB队列规则分配带宽

图 3. 27　HTB 队列规则中含有 QoS 冲突的 BE 数据流

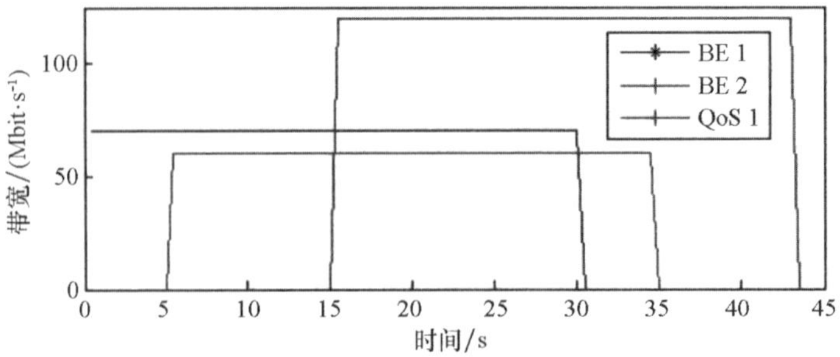

(a) 输入数据流带宽

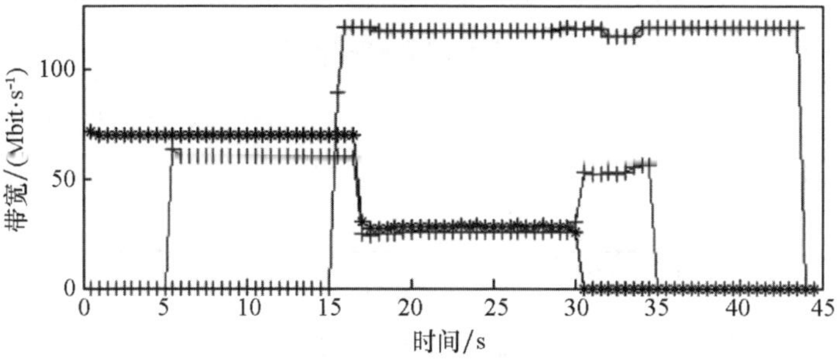

(b) HTB队列规则分配带宽

图 3.28　HTB 队列规则中含有 BE 冲突的 QoS 数据流

3.4.3.5　丢帧和重传

在 HTB 队列规则中，QoS 数据流在路由建立之初便可获得服务质量保障，因此不会由于带宽资源受限而发生丢帧。BE 数据流可以在轻负载情形中通过向父类借入口令以获得足够的带宽，但是在重负载情形中无法获得足够的带宽资源，因而重负载时 BE 数据帧可能会被丢弃。图 3.29 显示了重负载下 BE 数据流丢帧情形。在图 3.29 的仿真中，将 BE 数据流的最低比特率降低到了 20 Mbit/s。当数据流 f_3 开始时，BE 数据流的竞争会造成所有 BE 数据流丢帧率上升。

QoS 路由算法根据剩余资源创建路由，然而如果防火墙或者其他网络设置一个新的路由则可能无法正常使用。为了验证这方面功能，我们在 OVS 中进行了 *iptables* 设置，通过 *iptables* 设置防火墙和信息包过滤从而阻止部分路由发挥功能。我们在如图 3.24 所示网络的 s_1 交换机的 s_1-eth1 端口和 s_1-eth4 端口进行了如下所示的防火墙设置：

```
iptables -A FORWARD -i s1-eth1 -o s1-eth4 -j DROP
```

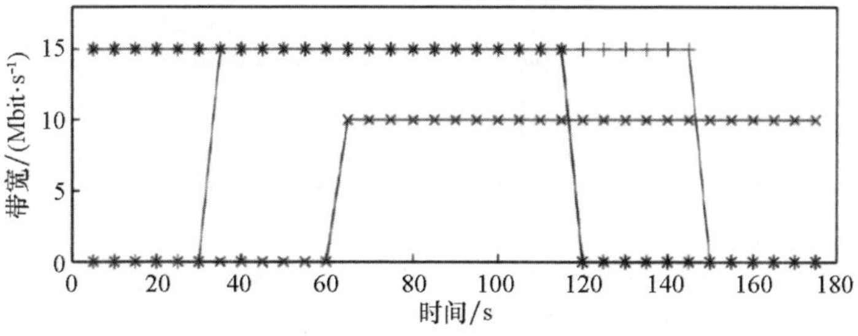

(a) 输入数据流带

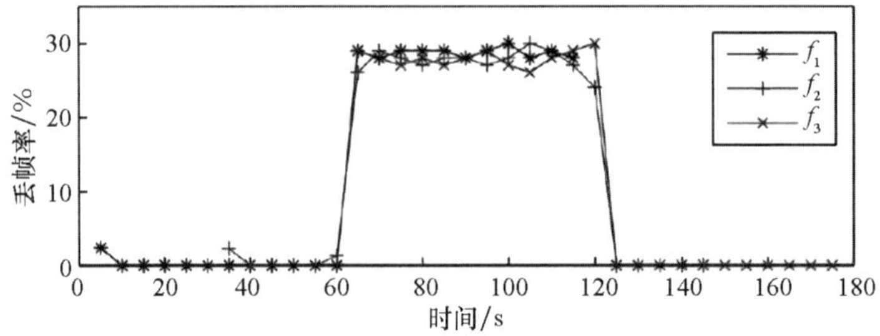

(b) 带宽资源冲突时各数据流的丢帧率

图 3.29　BE 数据流在重负载情形中的丢帧率

这条命令使得交换机 s_1 丢弃掉所有从 $s_1 - eth1$ 输入且要从 $s_1 - eth4$ 端口输出的数据包。或者从 OVS 中设置，通过 OVSDB 协议配置交换机，即通过修改 OVS 流表匹配之后的指令，将相应的数据帧丢弃，如下所示：

```
1  ovs-ofctl add-flow s1 "dl_ type=0x0800, nw_ proto=17,
2      in_port=1 idle_timeout=5 actions=drop"
```

这条指令会将交换机 s_1 中 $s_1 - eth1$ 输入端 *in_port* = 1 的 IPv4（*dl_type* = 0x0800）的 UDP（*nw_proto* = 17）数据包丢弃。

在上述的设置中，虽然路由算法为 QoS 数据流建立了路由，但是防火墙和交换机流表的安全设置使得这条路由并不能正常工作。在这种情况下，新建的路由无法正常工作，OVS 会在 *idle_timeout* 秒后拆除路由，重新建立新的路由，所分配的带宽资源也将在 *idle_timeout* 秒后释放，如图 3.30 所示。

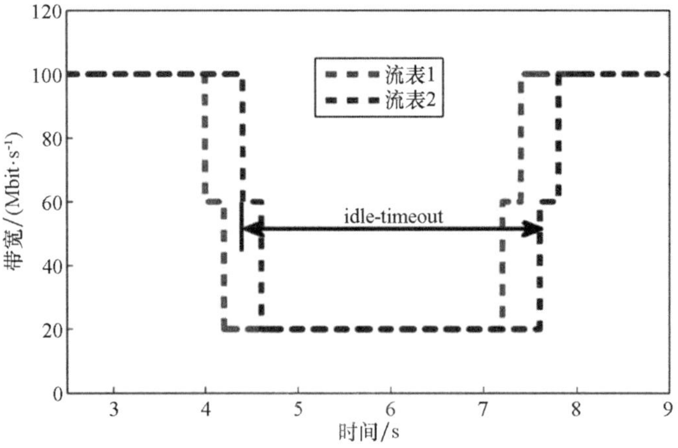

图 3.30　路由表自毁过程中的资源预约和释放

当 OVS 由于其他设置拆除某条链路时，数据层会发起一个事件给控制层，此事件包含拆除链路位置信息。同样，当一个 OVS 宕机时，相邻的交换机也会向控制层汇报相应的链路失败信息，控制器根据更新的链路信息重新计算路由路径。

3.4.3.6 QoS 路由算法仿真

“QoS－最短路径”算法根据数据流的 ToS 数据位和可用的带宽资源建立路由。在仿真平台的 Ryu 控制器中，c_0为 ToS 值为 128 的数据流分配 *min_rate* 为 8 Mbit/s 的带宽，为 ToS 值为 64 的数据流分配 *min_rate* 为 4 Mbit/s 的带宽，为 ToS 值为 32 的数据流分配 *min_rate* 为 2 Mbit/s 的带宽。BE 数据流的 ToS 数据位标志为 0，其 *min_rate* 为 1 Mbit/s，对于所有数据流，*max_rate* 均为整个链路带宽。当 BE 数据流被网络接纳后，其资源图并不会被更新。

本节对于 BE 数据流依据迪杰斯特拉算法选择最短路径，为 QoS 数据流根据“QoS－最短路径”算法选择最小权重和路径。为了测试路由算法我们引入了如表 3.7 所示的四个数据流。

表 3.7　QoS－最短路径路由算法中网络负载数据流

数据流	源端	目的端	数据流类型	带宽需求/(Mbit·s^{-1})
f_1	h_1	h_7	QoS	80
f_2	h_2	h_8	QoS	40
f_3	h_3	h_9	QoS	40
f_4	h_1	h_4	BE	—

当上述四个数据流引入网络中，可以发现网络资源的前后对比如表 3.8～表 3.9 所示。表 3.8 表示初始化网络资源表，网络初始化带宽都是140 Mbit/s，且没有建立路由。在表 3.8 中 inf 表示两个交换机没有互连，交换机与其本身之间的带宽设置为 0。当引入四个数据流之后，可以发现资源剩余如表 3.9 所示。可以推断出当数据流f_3开始时，由于链路 s_1—s_2和 s_2—s_5带宽不足，不能提供服务质量保障，因而控制器和“Qos－最短路径”算法为数据流f_3分配的路径为 s_1—s_3—s_4—s_5。对于一个 BE 数据流，控制器会根据迪杰斯特拉算法为之建立最短路径，因而虽然链路 s_1—s_2处于拥堵状态，数据流f_4的路由路径依然是 s_1—s_2。控制器为四个数据流设置的路径如图 3.31 所示。

表 3.8　初始化网络资源表　　单位：Mbit/s

交换机	1	2	3	4	5
1	0	140	140	inf	inf
2	140	0	140	140	140
3	140	140	0	140	inf
4	inf	140	140	0	140
5	inf	140	inf	140	0

表 3.9　四个数据流都启动后剩余资源表　　单位：Mbit/s

交换机	1	2	3	4	5
1	0	20	60	inf	inf
2	140	0	140	140	20
3	140	140	0	60	inf
4	inf	140	140	0	60
5	inf	140	inf	140	0

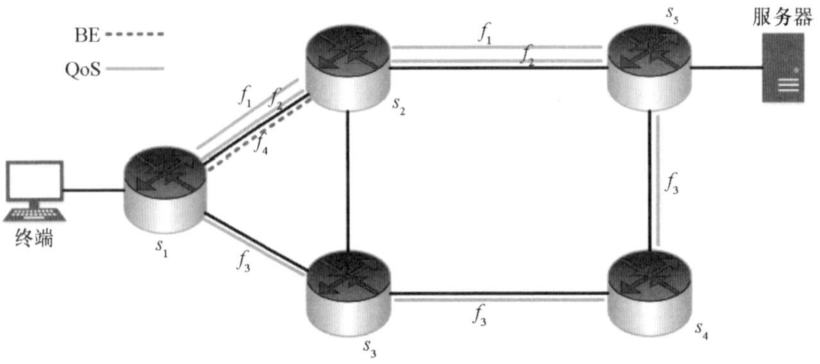

图 3.31　SDN 中路由算法对 BE 数据流和 QoS 数据流的路径选择

3.4.3.7　算法复杂度

由算法 3.4 可知，基于迪杰斯特拉算法的最短路径路由时间复杂度是 $O(n^3)$，n 是网络中 OVS 的数目。存储空间消耗是 $O(3V)$，用以存储拓扑图、中间路径和已访问的交换机列表，这里 V 是整个网络节点的数目。对于“QoS -

最短路径”算法，其计算复杂度是 $O(n^3)$，占用存储空间是 $O(4V)$。“QoS-最短路径”算法需要存储带宽资源剩余图，因而其消耗的存储空间较迪杰斯特拉算法大。

3.4.4 基于网络演算的 QoS 路由

假定存在几组拥有不同优先级的数据流，其优先级是 p_i，到达曲线是 $\alpha_{i,p_k}(t)=r_it+b_i$，这些数据流聚合到一个队列中等待服务节点的处理，这组数据流的聚合到达曲线为：

$$\alpha(t)=\sum_{p_i\in\mathbf{P}}\alpha_{i,p_i}(t)=\sum_i r_it+b_i \tag{3.86}$$

假定 $\beta(t)$ 是网络节点的服务曲线，则网络节点为聚合流提供的帧化的服务曲线是：

$$\beta_c(t)=[\beta(t)-l_{\max}]^+ \tag{3.87}$$

为了简化讨论，仅取两个具有不同优先级的数据流，其优先级分别为 p_1 和 p_2，并且 p_2 相对于 p_1 具有非排空的高优先级 $p_1<p_2$。如图 3.32 所示，两个数据流 $R_1(t)$ 和 $R_2(t)$ 经过不同的队列同时等待服务节点处理。假定 $R_1(t)$ 和 $R_2(t)$ 分别是两个数据流的累积函数，被服务节点处理之后产生的离开流累积曲线分别是 $R_1^*(t)$ 和 $R_2^*(t)$，$S_1(t)$ 和 $S_2(t)$ 分别是服务节点分别为两个数据流提供的累积处理能力。假设时间 s 是服务节点的闲期的结束时间点，即 $R_1(s)=R_1^*(s)$ 且 $R_1(s^+)>R_1^*(s^+)$，从图 3.32 中可以得到：

$$\begin{aligned}&R_1^*(t)-R_1^*(s)\geqslant S(t)-S(s)\\&\Rightarrow R_1^*(t)\geqslant R_1(s)+[S(t)-S(s)]\end{aligned} \tag{3.88}$$

定义 $\beta(t-s)=S(t)-S(s)$，然后式（3.88）可以改写为：

$$R_1^*(t)\geqslant R_1(s)+\beta(t-s)\geqslant(R_1\otimes\beta)(t) \tag{3.89}$$

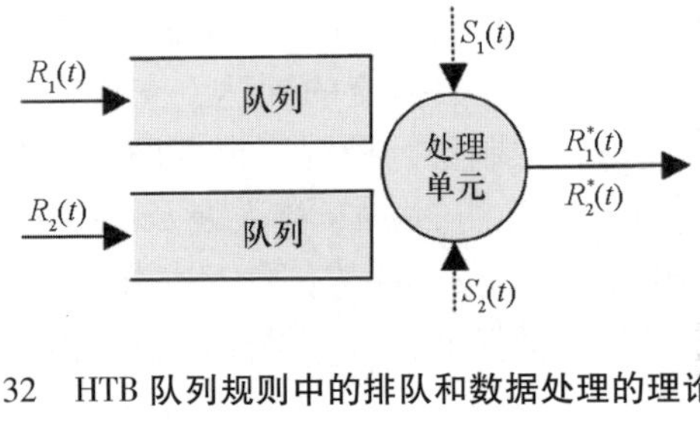

图 3.32　HTB 队列规则中的排队和数据处理的理论模型

从 Le Boudec 的确定性网络演算专著[53]中提供的定义中，$\beta(t)$即是节点为数据流 $R_1^*(t)$ 提供的服务曲线。

假设一个既存的聚合数据流 $\alpha(t)$，其得到的服务曲线是 $\beta(t)$，这里用速率－延迟曲线刻画网络节点的服务能力 $\beta(t)=R[t-T]^+$，此处 R 是网络节点的稳定服务速率。当一个新的数据流 $\alpha_{N,p_N}(t)=r_N t+b_N$ 抵达这个网络节点，根据网络演算剩余服务定理，网络节点服务单元为这个新到达的数据流提供的服务曲线是：

$$\begin{aligned}\beta^*(t) &= [\beta_c(t)-\alpha(t)-\alpha_{N,p_N}(t)]^+ \\ &= [\beta(t)-l_{\max}-\sum_{p_i\in\mathbf{P}}\alpha_{i,p_i}(t)-\alpha_{N,p_N}(t)]^+ \\ &= \left(R-r_N-\sum_{p_i\in\mathbf{P}}r_i\right)\left[t-\frac{l_{\max}+\sum_{p_i\in\mathbf{P}}b_i+RT+b_N}{R-r_N-\sum_{p_i\in\mathbf{P}}r_i}\right]^+\end{aligned} \tag{3.90}$$

从式（3.90）可以得到网络节点为达到数据流和冲突数据流 $\alpha(t)+\alpha_{N,p_N}(t)$ 提供的服务能力和附加延迟分别是：

$$r(t) = R-r_N-\sum_{p_i\in\mathbf{P}}r_i \tag{3.91}$$

$$d(t) = \frac{l_{\max}+\sum_{p_i\in\mathbf{P}}b_i+b_N}{R-r_N-\sum_{p_i\in\mathbf{P}}r_i} \tag{3.92}$$

通常如果 $r(t)>0$，则这个网络节点有能力为新到达的数据流提供服务，换言之网络节点可以在有冲突流 $\alpha(t)$ 存在的情况下为新到达流 $\alpha_{N,p_N}(t)$ 提供服务，且其服务能力可以保证冲突流和新到达流都不会因为队列溢出而被丢帧。如果 $r(t)\leqslant 0$，则这个网络节点不能保证无失地同时为冲突流和新到达流提供服务。$d(t)$ 是网络节点为新到达流 $\alpha_{N,p_N}(t)$ 附加的队列延迟上限。

根据第 3.4.3 节介绍的 SDN 路由的过程与原理，数据层会将本层中的网络事件，例如链路添加与拆除、数据流的到达、交换机与终端的接入等，以 OpenFlow 事件的方式发送到控制层。控制层根据网络初始化阶段和运行阶段的与数据层的交互信息维护拓扑图 *graph*、接入表 *access_table*、连接端口表 *link_to_port* 以及网络资源剩余图 *QoS_graph* 等信息。本节中 Ryu 控制器进行路由计算时，为了提供带宽服务质量保障，每个链路的权重由式（3.98）设定，如算法 3.5 所示。

算法 3.5　基于确定性网络演算的 QoS 路由算法

```
Require: Graph, src, BW_resv
Ensure: Path
switch_list←Graph.keys
if src == None or Graph == None then
    return None
end if
if QoS_graph == None then
    QoS_graph←GRAPH2QOSGRAPH(Graph)
end if
for i ∈ switch_list do
    for j ∈ switch_list do
        R_T←min(CR, AR + B), r←min(r, R_T)
        R←r - r_N - Σr_i
        if R≤0 then
            Qos_graph[i][j]←inf
        end if
    end for
end for
visited←[src], path←{src:{src:[]}}, Dist_graph←{src:0}
pre←next←src, switch_list.remove(src)
while switch_list do
    for v ∈ visited do
        for d ∈ switch_list do
            new_dist←dist_src2v + dist_v2d
            if new_dist≤pre_dist then
                pre_dist←new_dist, next←d
                pre←v, dist_src2d←new_dist
            end if
        end for
    end for
    if new_dist≤pre_dist then
        path[src][next]←path[src][pre] + next
        visited.append(next), switch_list.remove(next)
    end if
end while
return Path
```

本节交换机采用 HTB 作为输出端口队列规则，在服务质量保证的 QoS 算法中，队列规则的验证如图 3.33 所示。仿真中的单链路总带宽为 200 Mbit/s，

BE 数据流的最小和最大比特率分别为 60 Mbit/s 和 200 Mbit/s，QoS 数据流的最小和最大比特率分别为 140 Mbit/s 和 200 Mbit/s，三个数据流依次为 f_1，f_2 和 f_3，其数据流平均带宽分别为 75 Mbit/s、35 Mbit/s 和 37 Mbit/s，分别申请 80 Mbit/s、40 Mbit/s 和 40 Mbit/s 的服务质量保障的带宽。对于服务质量可以保证的数据流 f_1 和 f_2，控制器都选取了最短路径 $s_1—s_2—s_5$，为数据流 f_3 选取了能保证服务质量的最短路径 $s_1—s_3—s_4—s_5$。

在实验中，本节利用 Wireshark 监控了端口 s_5-eth4 的流量，采集到 f_1 和 f_2 的数据流信息如图 3.33 所示，图中数据流 f_3 的信息从端口 s_5-eth5 中采集到，这样验证了不同数据流所选取的路由。在图 3.33 中可以看到当数据流 f_2 开始时，数据流 f_1 和 f_2 同时受到了干扰，因为整个系统在同一个硬件平台上进行仿真，当数据流被引入时，控制器要进行复杂的路由计算，占用了大量的系统资源，而 Mininet 系统并不能提供仿真的逻辑时钟，当某一个节点耗用大量资源时必然引起整个系统的性能降低，所以会出现实时比特率降低的抖动。同样，当数据流 f_3 开始时也会因为资源竞争而出现抖动。

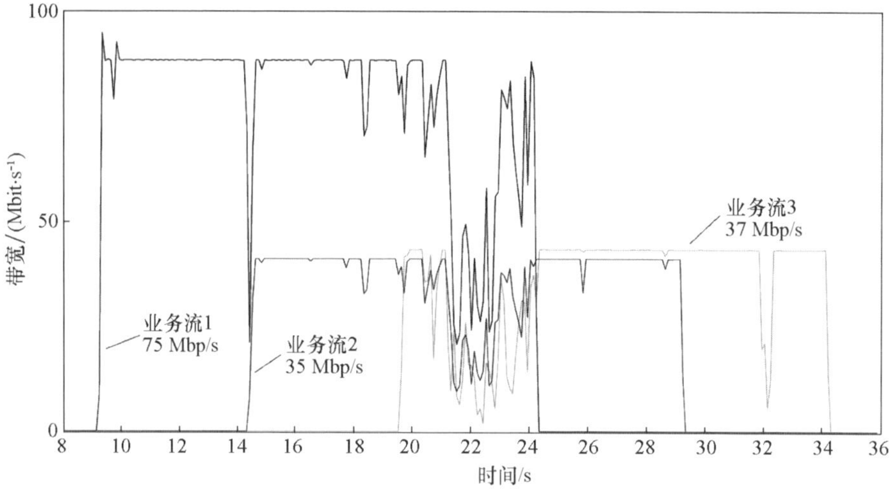

图 3.33 HTB 队列模型中的带宽资源分配

3.4.5 基于服务矩阵的路由优化

在常用的路由协议中，每个链路都被分配了权重，例如 OSPF 路由算法根据从源端到目的端的权重和的大小选择最优路径。大量的研究集中于如何选择链路权重的计算方式，例如基于链路的利用率或者根据链路的性价比等。路由算法则是通过每个链路的权重做出最优或者较优的决策。Gong 等[93]设计了一个退火算法搜索图中的最小权重路径。Jacquet 等[94]提出了一种优化的链路状态路由协议，在这种优化的协议中将链路状态经过压缩之后传输到其邻居节点，然后利用多点中继技术将链路状态信息洪泛到网络其余节点。Egilmez 等[95]在 SDN 中提供了一个名为 OpenQoS 的控制器设计，可以为多媒体数据流提供端到端的带宽保障。Lad 等[96]基于监测到的网络流量计算每条路径的权重，进而研究基于权重的路由的稳定性。

我们根据网络演算剩余服务矩阵计算每个路径的权重。在路由算法中为了满足不同的服务质量需求，权重的计算方式有所不同。定义 $L_{(i,j)}$ 是一组网络链路的集合，目标数据流表示为 α_{ij}，W 是各个链路权重的集合，$E(l)$是对链路 l 的评价函数，λ_l是路径 l 估价的目标值。在路由协议中，为了锐化链路权重的数值，为权重设计了锐化函数 $\psi(x)$：

$$x=\frac{E(l)}{\lambda_l} \tag{3.93}$$

$$\psi(x)=\begin{cases}\psi_a, x\leqslant 1\\ \psi_b, x>1\end{cases} \tag{3.94}$$

式中：ψ_a和 ψ_b为不同的权值，且 $\psi_b \gg \psi_a$。假设一个端到端的权重和是 $E_{L(i,j)}$，然后路由算法计算每条路由中所有链路的权重和，选取拥有最低 $E_{L(i,j)}$ 值的路径作为最终路由：

$$E_{L(i,j)} = \sum_{k\in L(i,j)} \psi(x_k) \tag{3.95}$$

3.4.5.1 BE 数据流路由

在路由信息协议（routing information protocol，RIP）中，路由协议设置每 30 s 就需要将路由表发送到其邻居节点。RIP 通过计算源端到目的端的跳数，选择跳数最小的作为传输路径。RIP 中每条路径的权重值都相等，且都为 1。对于开放式最短路径优先（open shortest path first，OSPF）协议，如果一个路由器探知到由于链路重新配置、链路失败与添加等操作造成的路由表变化，OSPF 协议会将路由表变化信息通过广播的方式传播到网络的其他路由器中，并更新其他路由器的路由表。OSPF 协议根据可以实时更新的链路状态信息选取最短路径作为传输路径。

在 SDN 中，由于特殊的网络架构设置，SDN 控制器可以通过 OpenFlow 协议接收数据层关于链路状态的变化，例如链路的添加与拆除、新数据流的到达、流表的删除或过时等，因而SDN不需要像RIP和OSPF协议一样进行路由表和链路状态的广播。本节为BE数据流设置了基于迪杰斯特拉算法的最短路径路由协议，路由示例如图3.34所示，伪代码如算法3.6所示。

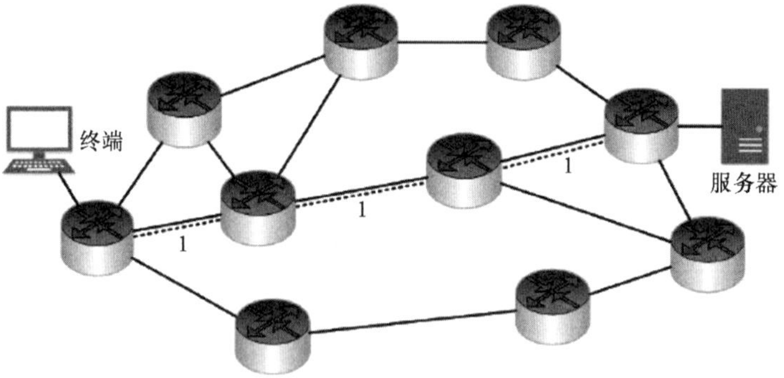

图 3.34　BE 数据流的路由计算

算法 3.6　BE 数据流路由

```
Require: Graph, src, BW_resv
Ensure: Path
switch_list←Graph.keys
if src == None or Graph == None then
    return None
end if
visited←[src], path←{src:(src:[])}
Dist_graph←{src:0}, pre←next←src
switch_list.remove(src)
while switch_list do
    for v ∈ visited do
        for d ∈ switch_list do
            new_dist←dist_src2v + dist_v2d
            if new_dist <= pre_dist then
                pre_dist←new_dist, next←d
                pre←v, dist_src2d←new_dist
            end if
        end for
    end for
    if new_dist <= pre_dist then
        path[src][next]←path[src][pre] + next
```

```
            visited.append(next),switch_list.remove(next)
        end if
end while
return Path
```

3.4.5.2 带宽服务质量保障

本节基于网络拓扑图 graph 和流量矩阵建立了网络演算服务矩阵和剩余服务矩阵。基于网络演算的分析建立了链路评价函数 $E(l)$ 和权重计算函数 $\psi(x)$，并基于获得的链路评价函数和权重计算函数进行带宽保障的路由计算。

假定存在几组拥有不同优先级的数据流，其优先级是 p_i，相对应的到达曲线是 $\alpha_{i,p_k}(t)=r_i t+b_i$，这些数据流聚合到一个队列中等待服务节点的处理，这一组数据流的聚合到达曲线为：

$$\alpha(t) = \sum_{p_i \in \mathbf{P}} \alpha_{i,p_i}(t) = \sum_i r_i t + b_i \tag{3.96}$$

假定 $\beta(t)$ 是网络节点的服务曲线，则网络节点为聚合流提供的帧化的服务曲线是：

$$\beta_c(t)=[\beta(t)-l_{\max}]^+ \tag{3.97}$$

根据第 3.4.4 节中的分析，网络节点为到达数据流和冲突数据流 $\alpha(t)+\alpha_{N,p_N}(t)$ 提供的服务能力和附加延迟分别是：

$$r(t) = R - r_N - \sum_{p_i \in \mathbf{P}} r_i \tag{3.98}$$

$$d(t) = \frac{l_{\max} + \sum_{p_i \in \mathbf{P}} b_i + RT + b_N}{R - r_N - \sum_{p_i \in \mathbf{P}} r_i} \tag{3.99}$$

用流量矩阵和路由矩阵的表达形式，式（3.79）中 $\sum_{p_i \in \mathbf{P}} r_i$ 可以改写为：

$$\sum_{p_i \in \mathbf{P}} r_i = T_{v,d} \tag{3.100}$$

然后式（3.98）可以改写为：

$$r(t)=R-r_N-T_{v,d}(t) \tag{3.101}$$

在路由的计算中，v 和 d 是链路 l 所连接的两个交换机节点。对于一个具有 QoS 带宽要求的数据流，我们基于网络演算剩余服务能力设计了路由算法。链路评估函数 $E(l)$ 可以改写为：

$$E_b(l)=r(t) \tag{3.102}$$

令 $\psi_a = 1$，$\psi_b = \text{inf}$，权重函数 $E_b(l)$ 可以改写为：

$$\psi_b(x) = \begin{cases} 1, & x \geqslant 0 \\ \text{inf}, & x < 0 \end{cases} \tag{3.103}$$

对于计算机网络系统，数据流量的到达具有突发性。数据流的突发性造成了在为数据流提供充足的带宽前提下依然会在网络节点造成数据帧的积压。为了不造成丢包现象的出现，每个输出端口会为数据流提供相应的缓存空间，根据网络演算理论，每个端口需要的空间为：

$$\begin{aligned} b_r(t) &\leqslant v(\alpha_r, ReM[i][RM[r][i]]) \\ &= \sup_{0 \leqslant s \leqslant t} (\alpha_r(s) - ReM[i][RM[r][i]](s)) \end{aligned} \tag{3.104}$$

SDN 中带宽保障的 QoS 路由算法由算法 3.7 所示，在带宽保障的 QoS 路由中，服务矩阵和流量矩阵用来计算每个链路的权重，SDN 控制器为每个数据流计算加权的最短路径。如图 3.35 所示，算法选择充裕的资源剩余链路传输后来新到达的数据流。

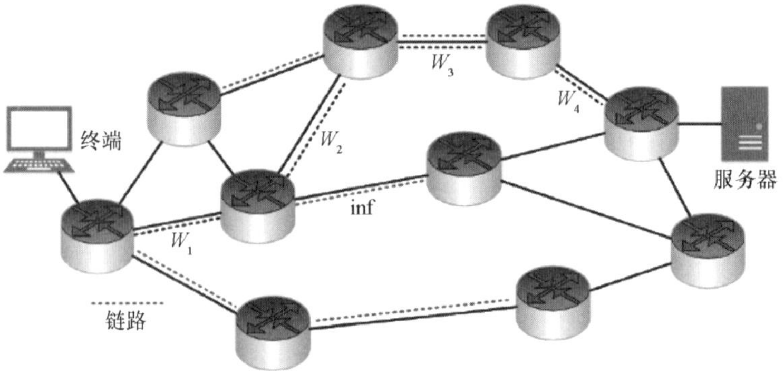

图 3.35　带宽保障的 QoS 路由

算法 3.7　基于服务矩阵的带宽保证路由算法.

Require: *Graph*, *src*, *dst*, *BW_resv*, **S**
Ensure: *Path*

```
switch_list ←Graph. keys
if src = = None or Graph = = None then
    return None
end if
if QoS_graph = = None then
    QoS_graph←Graph2QoSGraph(Graph)
end if
for i ∈ switch_list do
```

```
    for j ∈ switch_list do
        r←R − 𝕋_{i,j}
        if r ≤ r_N then
            QoS_graph[i][j]←inf
        end if
    end for
end for
visited←[src],path←{src:{src:[]}},Dist_graph←{src:0}
pre←next←src,switch_list.remove(src)
while switch_list do
    for v ∈ visited do
        for d ∈ switch_list do
            new_dist←dist_src2v + dist_v2d
            if new_dist <=pre_dist then
                pre_dist←new_dist,next←d
                pre←v,dist_src2d←new_dist
            end if
        end for
    end for
    if new_dist <=pre_dist then
        path[src][next]←path[src][pre) + next
        visited.append(next),switch_list.remove(next)
    end if
end while
return Path
```

3.4.5.3 延时服务质量保障

对于延迟敏感的数据流，每个数据包都应该在保障的延迟内传输到目的节点。Qin 等[97]提出了一个在 SDN 中的基本延迟上限模型。为了能为数据流提供延迟的 QoS 保障，我们改写了链路的评价函数，利用到达向量和服务矩阵获得端到端的延迟上限，并根据延迟上限值选择相应的路由：

$$E_t(l) = h(\alpha_r, ReM[i][RM[r][i]]) \tag{3.105}$$

$E_t(l)$的权重函数是 $\psi_b(x) = x$，数据流 α_r端到端的延迟上限是：

$$E_{t\cdot e2e}(\alpha_r) = h(\alpha_r, \bigotimes_{i=1}^{N} ReM[i][RM[r][i]]\,|_{RM[r][i]\neq \mathrm{inf}}) \tag{3.106}$$

式（3.87）提出了一个端到端的延迟上限，在算法中，首先选出最短的路径，进行延迟上限的匹配，直到选出延迟最小的 $E_{t\cdot hop}$的路径：

$$E_{t \cdot hop}(\alpha_r) = \sum_{l \in L(i,j)} E_t(l) \tag{3.107}$$

从文献［53］中，可以得到数据流在每个节点产生的各自上限延迟的总和大于将整个路由路径作为一个整体而产生的上限延迟，即：

$$\sum_{l \in L(i,j)} h(\alpha, \beta_l) \geqslant h(\alpha, \bigotimes_{l \in L(i,j)} \beta_l) \tag{3.108}$$

路由算法选出的具有最小的 $E_{t \cdot hop}$ 的路径 L（i，j），如果 $E_{t.e2e} \leqslant d_0$，则可以得到数据流的延迟要求 d_0 是可以满足的，否则将没有满足服务质量要求的路由。

本节采用速率－延迟曲线约束每个输出端口的服务能力，用仿射曲线模拟数据流的到达曲线，根据第 3.4.4 节中的分析，每个网络节点为数据流提供的延迟为：

$$d(t) = \frac{l_{\max} + \sum_{p_i \in \mathbf{P}} b_i + RT + b_N}{R - r_N - \sum_{p_i \in \mathbf{P}} r_i} \tag{3.109}$$

结合第 3.3.2 节中获取的流量矩阵，可以将式（3.90）改写为：

$$d(t) = \frac{l_{\max} + \sum_{p_i \in \mathbf{P}} b_i + RT + b_N}{R - r_N - T_{v,d}} \tag{3.110}$$

本节实验环境中采用 HTB 作为每个输出端口的队列规则，而默认的分层口令桶中队列长度上限是 100，即每个输出节点的缓冲为 100 数据帧，在网络演算中相应地将输出端口的缓存空间设置为 100 数据帧。仿真环境采用 Mininet 创建网络拓扑，而 Mininet 在仿真过程中并没有逻辑时钟，Mininet 在时间方面的仿真均是基于计算机系统的时钟。当计算机的计算能力强时，对仿真任务的处理能力强，仿真结束快；反之，仿真耗时长。因而，对于延迟的仿真随仿真环境变化，同时受计算机中启动的线程影响。而在物理交换机中，数据帧延迟的主要影响因素是数据流负载，本节基于网络演算的延迟上限计算将可以付之实用。如图 3.36 所示，算法选择充裕的资源剩余链路传输后来新到达的数据流。

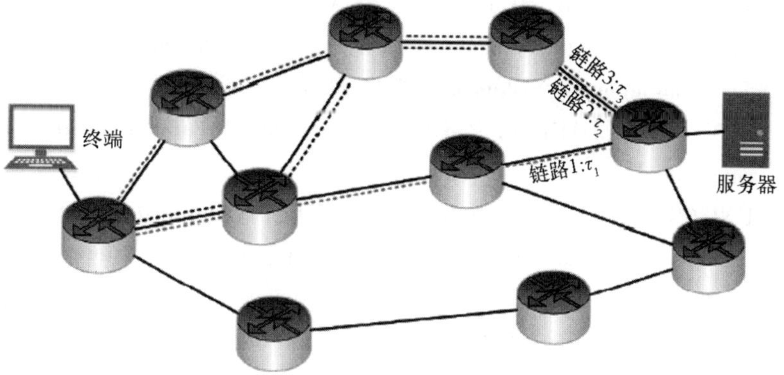

图 3.36　延迟保障的路由计算

3.5　参考文献

[1]　ZHU H, GUPTA V, AHUJA S S, et al. Network planning with deep reinforcement learning [C]//Proceedings of the 2021 ACM SIGCOMM 2021 Conference. Virtual Event, USA. New York: ACM, 2021: 258-271.

[2]　李鹏飞，邵维专. 深度学习在 SDN 中的应用研究[J]. 计算机技术与发展，2019，29(1)：1-5.

[3]　MCKEOWN N, ANDERSON T, BALAKRISHNAN H, et al. OpenFlow [J]. ACM SIGCOMM Computer Communication Review, 2008, 38(2): 69-74.

[4]　GUDE N, KOPONEN T, PETTIT J, et al. Nox: towards an operating system for networks [J]. ACM SIGCOMM Computer Communication Review, 2008, 38(3): 105-110.

[5]　SONG H Y. Protocol-oblivious forwarding: unleash the power of SDN through a future-proof forwarding plane [C]//Proceedings of the 2nd ACM SIGCOMM Workshop on Hot Topics in Software Defined Networking. Hong Kong, China. New York: ACM, 2013: 127-132.

[6]　贾庆民，丁瑞，刘辉，等. 算力网络研究进展综述[J]. 网络与信息安全学报，2021，7(5)：1-12.

[7]　张文建. 面向软件定义网络的内生安全关键技术研究[D]. 郑州：战略支援部队信息工程大学，2021.

[8] KETU S, KUMAR MISHRA P, AGARWAL S. Performance analysis of distributed computing frameworks for big data analytics: hadoop vs spark [J]. Computacióny Sistemas, 2020, 24(2): 669 -686.

[9] SCOTT L R, CLARK T, BAGHERI B. Scientific Parallel Computing [M]. Princeton: Princeton University Press, 2021.

[10] SUNDAR RAJAN C D. Retraction note to: design and implementation of fuzzy priority deadline job scheduling algorithm in heterogeneous grid computing [J]. Journal of Ambient Intelligence and Humanized Computing, 2021, 12(6): 6073 -6080.

[11] Juniper Networks. Junos operating system [EB/OL]. (2008 - 11 - 10) [2022 - 10 - 22]. https://www.juniper.net/us/en/products-services/nos/junos/.

[12] Project Floodlight. Floodlight [EB/OL]. (2012 - 09 - 15) [2022 - 10 - 22]. http://floodlight.openflowhub.org/.

[13] ERICKSON D. The beacon OpenFlow controller [C]//Proceedings of the 2nd ACM SIGCOMM Workshop on Hot Topics in Software Defined Networking. Hong Kong, China. New York: ACM, 2013: 13 -18.

[14] SHIN S, SONG Y, LEE T, et al. Rosemary: a robust, secure, and high-performance network operating system [C]//Proceedings of the 2014 ACM SIGSAC Conference on Computer and Communications Security. Scottsdale, Arizona, USA. New York: ACM, 2014: 78 -89.

[15] JAIN S, KUMAR A, MANDAL S, et al. B4: experience with a globally-deployed software defined WAN [J]. Computer Communication Review, 2013, 43(4): 3 -14.

[16] KOPONEN T, CASADO M, GUDE N, et al. Onix: a distributed control platform for large-scale production networks [C]//OSDI10: Proceedings of the 9th USENIX Conference on Operating Systems Design and Implementation, 2010.

[17] TOOTOONCHIAN A, GANJALI Y. Hyperflow: a distributed control plane for OpenFlow [C]//Proceedings of the 2010 Internet Network Management Conference on Research on Enterprise Networking, 2010.

[18] PFAFF B, DAVIE B. The open vSwitch database management protocol [J]. RFC, 2013, 7047: 1 -35.

[19] BIANCHI G, BONOLA M, CAPONE A, et al. OpenState: programming platform independent stateful OpenFlow applications inside the switch [J]. ACM SIGCOMM Computer Communication Review, 2014, 44(2): 44 – 51.

[20] YEMINI Y, SILVA S D. Towards programmable networks [C]//IFIP/IEEE International Workshop on Distributed Systems: Operations and Management, 1996.

[21] GREENBERG A, HJALMTYSSON G, MALTZ D A, et al. A clean slate 4D approach to network control and management [J]. ACM SIGCOMM Computer Communication Review, 2005, 35(5): 41 – 54.

[22] CASADO M, FREEDMAN M J, PETTIT J, et al. Ethane: taking control of the enterprise [J]. Computer Communication Review, 2007, 37(4): 1 – 12.

[23] 江苏省未来网络创新研究院. 可编程虚拟化路由器[EB/OL]. (2019 – 10 – 15)[2022 – 11 – 23]. http://www.fnii.cn/ProjectShow.html.

[24] 周桐庆，蔡志平，夏竟，等. 基于软件定义网络的流量工程[J]. 软件学报，2016，27(2)：394 – 417.

[25] 王俊辉. 高性能多核处理器的低功耗片上网络研究[D]. 长沙：国防科学技术大学，2015.

[26] Open Networking Foundation (ONF). ONF Projects have merged with the Linux Foundation[EB/OL]. (2020 – 06 – 25)[2022 – 11 – 24]. http://www.opennetworking.org.

[27] RICHARDSON L, RUBY S. Restful web services [M]. Sebastopol, CA: O'reilly Media, 2007.

[28] HINRICHS T L, GUDE N S, CASADO M, et al. Practical declarative network management [C]//Proceedings of the 1st ACM Workshop on Research on Enterprise Networking. Barcelona Spain. New York, NY, USA: ACM, 2009: 1 – 10.

[29] FOSTER N, HARRISON R, FREEDMAN M J, et al. Frenetic: a network programming language [C]//Proceedings of the 16th ACM SIGPLAN International Conference on Functional Programming. Tokyo, Japan. New York: ACM, 2011: 279 – 291.

[30] MONSANTOC, FOSTERN, HARRISONR, et al. A compiler and run-time system for network programming languages [C]//Proceedings of the 39th Annual ACMSIG PLAN-SIGACT Symposium on Principles of Programming

Languages. Philadelphia, PA, USA. New York: ACM, 2012: 217 – 230.
[31] TSOU T, ARANDA P, XIE H, et al. SDNi: a message exchange protocol for software defined networks (SDNs) across multiple domains[Z]. 2012.
[32] BOTELHO F A, RAMOS F M V, KREUTZ D, et al. On the feasibility of a consistent and fault-tolerant data store for SDNs [C]//2013 2nd European Workshop on Software Defined Networks. Berlin, Germany. IEEE, 2013: 38 – 43.
[33] Centec Networks. V350VCentec open SDN platform[EB/OL]. (2013 – 04 – 13)[2022 – 11 – 24]. http: //www. valleytalk. org/wp-content/uploads/2013/04/Centec-Open-SDNPlatform. pdf.
[34] NEC. Programmable flow networking[EB/OL]. (2013 – 06 – 12)[2022 – 11 – 24]. https: //in. nec. com/en_IN/solutions_services/software-defined-networking/index. html.
[35] SMITH G, NEHIB G. Evolved programmable network [J]. Telecommunications Science, 2014, 30: 1 – 7.
[36] Cisco. Cisco Nexus 9000 series switches[EB/OL]. (2018 – 11 – 12)[2022 – 11 – 24]. https://www. cisco. com/site/us/en/products/networking/cloud-networking-switches/nexus-9000-switches/index. html.
[37] PFAFF B, PETTIT J, KOPONEN T, et al. The design and implementation of open vSwitch [C]//12th USENIX Symposium on Networked Systems Design and Implementation, NSDI, 2015.
[38] Big Switch Networks. Project floodlight[EB/OL]. (2013 – 08 – 22)[2022 – 11 – 24]. http: //www. projectfloodlight. org/.
[39] YIAKOUMIS Y, SCHULZ-ZANDER J, ZHU J. Pantou: OpenFlow 1. 0 for OpenWRT (2011)[EB/OL]. (2011 – 10 – 09)[2022 – 11 – 24]. http: //www. openflow. org/wk/index. php/Open_Flow1. 0_forOpenWRT.
[40] CASADO M. OpenStack and network virtualization[EB/OL]. (2013 – 04 – 17)[2022 – 11 – 24]. http://blogs. vmware. com/vmware/2013/04/openstack-and-networkvir-tualization. html.
[41] BRIEF O S. SDN migration considerations and use cases [R]. Technical Report ONF TR-506, Open Network Foundation, 2014.
[42] AWDUCHE D, CHIU A, ELWALID A, et al. Overview and principles of internet traffic engineering [J]. Heise Zeitschriften Verlag, 2002, 121(6):

239 – 242.
[43] CLAISE B. Cisco systems NetFlow services export version 9 [J]. RFC, 2004, 3954: 1 – 33.
[44] SUÁREZ-VARELA J, BARLET-ROS P. Reinventing NetFlow for OpenFlow software-defined networks[EB/OL]. (2017 – 06 – 08) [2022 – 11 – 24]. https://arxiv.org/abs/1702.06803.pdf.
[45] PHAAL P, PANCHEN S, MCKEE N. InMon corporation's sFlow: a method for monitoring traffic in switched and routed networks[Z]. RFC Editor, 2001.
[46] GIOTIS K, ARGYROPOULOS C, ANDROULIDAKIS G, et al. Combining OpenFlow and sFlow for an effective and scalable anomaly detection and mitigation mechanism on SDN environments [J]. Computer Networks, 2014, 62(5): 122 – 136.
[47] CHOWDHURY S R, BARI M F, AHMED R, et al. PayLess: a low cost network monitoring framework for Software Defined Networks [C]//2014 IEEE Network Operations and Management Symposium (NOMS). Krakow. IEEE, 2014: 1 – 9.
[48] YU C, LUMEZANU C, ZHANG Y P, et al. FlowSense: monitoring network utilization with zero measurement cost [C]//International Conference on Passive and Active Network Measurement. Berlin, Heidelberg: Springer, 2013: 31 – 41.
[49] VARDI Y. Network tomography: estimating source-destination traffic intensities from link data [J]. Journal of the American Statistical Association, 1996, 91(433): 365 – 377.
[50] ROUGHAN M, THORUP M, ZHANG Y. Traffic engineering with estimated traffic matrices [C]//Proceedings of the 3rd ACM SIGCOMM Conference on Internet Measurement. Miami Beach, FL, USA. New York: ACM, 2003: 248 – 258.
[51] AWDUCHE D, BERGER L, GAN D H, et al. RSVP-TE: extensions to RSVP for LSP tunnels [R]. No. RFC 3209, 2001.
[52] ANDERSSON L, SWALLOW G. The Multiprotocol Label Switching (MPLS) Working Group decision on MPLS signaling protocols [R]. No. RFC 3468, 2003.
[53] LE BOUDEC J Y, THIRAN P. Network calculus: a theory of deterministic

queuing systems for the internet [M]. Berlin: Springer Science & Business Media, 2001.
[54] FAN B H, ZHANG H Y, DOU W H. Network analysis based on the dioid theory [J]. Computer Engineering & Science, 2011, 33(2): 17 - 22.
[55] CHANG C S. Matrix extensions of the filtering theory for deterministic traffic regulation and service guarantees [J]. IEEE Journal on Selected Areas in Communications, 1998, 16(5): 708 - 718.
[56] DOU W H, FAN B H, ZHANG H Y. A matrix interpretation of network calculus [C]//International Conference on Future Information Networks (ICFIN 2009), 2009.
[57] 樊葆华，窦强，张鹤颖. 网络演算的矩阵解释[J]. 计算机学报，2009，32(12): 2411 - 2419.
[58] JIANG Y M. A basic stochastic network calculus [J]. ACM SIGCOMM Computer Communication Review, 2006, 36(4): 123 - 134.
[59] 张信明. 基于网络演算的 Internet QoS 控制模型[D]. 合肥：中国科学技术大学，2001.
[60] 钱悦. 片上网络演算模型及性能分析[D]. 长沙：国防科学技术大学，2010.
[61] 李焕忠. 基于随机网络演算的性能分析技术研究[D]. 长沙：国防科学技术大学，2011.
[62] 陈艳平. 基于网络演算的 QoS 分析方法与保障技术[D]. 哈尔滨：哈尔滨工程大学，2012.
[63] 李宝亮. 片上网络结构设计与性能分析关键技术研究[D]. 长沙：国防科学技术大学，2015.
[64] SCHMITTJ B, ROEDIG U. Sensor network calculus: a framework for worst case analysis [C]//1st IEEE International Conference, DCOSS 2005, Marina del Rey, CA, USA, 2005.
[65] DANG D K, MIFDAOUI A. Timing analysis of TDMA-based networks using network calculus and integer linear programming [C]//2014 IEEE 22nd International Symposium on Modelling, Analysis & Simulation of Computer and Telecommunication Systems. Paris. IEEE, 2014: 21 - 30.
[66] 林云松，石兵，汪剑. 一种网络处理器数据通道的性能建模方法[J]. 现代有线传输，2005(3): 63 - 66.

[67] 张奇智，张彬，张卫东. 基于网络演算计算交换式工业以太网中的最大时延[J]. 控制与决策，2005，20(1)：117－120.

[68] 康晓凤，孙彦景. 面向煤矿工业以太网的混合调度方法仿真研究[J]. 计算机仿真，2011，28(8)：117－120.

[69] HERNANDEZ M P, TOMBI R G, KOPP S, et al. An analytic-deterministic model for traffic prioritization in software defined networks with network Calculus [C]//2015 XXXIII Brazilian Symposium on Computer Networks and Distributed Systems. Vitoria, Brazil. IEEE, 2015：70－80.

[70] AZODOLMOLKY S, NEJABATI R, PAZOUKI M, et al. An analytical model for software defined networking：a network calculus-based approach [C]//2013 IEEE Global Communications Conference (GLOBECOM). Atlanta, GA. IEEE, 2013.

[71] AZODOLMOLKY S, WIEDER P, YAHYAPOUR R. Performance evaluation of a scalable software-defined networking deployment [C]//2013 2nd European Workshop on Software Defined Networks. Berlin, Germany. IEEE, 2013：68－74.

[72] ZHANG L M, LIU J, YANG K. Virtualized wireless SDNs：modelling delay through the use of stochastic network calculus [J]. 中兴通讯技术(英文版)，2014，12(2)：50－56.

[73] CRUZ R L. A calculus for network delay. I. Network elements in isolation [J]. IEEE Transactions on Information Theory, 1991, 37(1)：114－131.

[74] CRUZ R L. A calculus for network delay. II. Network analysis [J]. IEEE Transactions on Information Theory, 1991, 37(1)：132－141.

[75] 任双印. 面向高速链路的网络演算应用研究[D]. 长沙：国防科学技术大学，2012.

[76] FROST V S, MELAMED B. Traffic modeling for telecommunications networks [J]. IEEE Communications Magazine, 1994, 32(3)：70－81.

[77] LOMBARDO A, MORABITO G, SCHEMBRA G. An accurate and treatable Markov model of MPEG-video traffic [C]//Proceedings of IEEE INFOCOM'98, the Conference on Computer Communications. 17th Annual Joint Conference of the IEEE Computer and Communications Societies. Gateway to the 21st Century (Cat. No. 98CH36169). San Francisco, CA, USA. IEEE, 1998：217－224.

[78] LAI M C, GAO L, XIAO N, et al. An accurate and highly-efficient performance evaluation approach based on queuing model for on-chip network [J]. Science China Information Sciences, 2013, 56(7): 1-20.
[79] LELAND W E, TAQQU M S, WILLINGER W, et al. On the self-similar nature of Ethernet traffic (extended version) [J]. ACM Transactions on Networking, 1994, 2(1): 1-15.
[80] PAXSON V, FLOYD S. Wide area traffic: the failure of Poisson modeling [J]. ACM Transactions on Networking, 1995, 3(3): 226-244.
[81] MCKENNEY P E. Stochastic fairness queueing [C]//Proceedings IEEE INFOCOM'90: Ninth Annual Joint Conference of the IEEE Computer and Communications Societies@m_The Multiple Facets of Integration. San Francisco, CA, USA. IEEE Computer Society, 1990: 733-740.
[82] CELENLIOGLU M R, ALI MANTAR H. An SDN based intra-domain routing and resource management model [C]//2015 IEEE International Conference on Cloud Engineering. Tempe, AZ, USA. IEEE, 2015: 347-352.
[83] MATTOS D M F, DUARTE O C M B, PUJOLLE G. A resilient distributed controller for software defined networking [C]//2016 IEEE International Conference on Communications (ICC). Kuala Lumpur, Malaysia. IEEE, 2016: 1-6.
[84] BLIAL O, BEN MAMOUN M, BENAINI R. An overview on SDN architectures with multiple controllers [J]. Journal of Computer Networks and Communications, 2016(2): 1-8.
[85] TUNE P, ROUGHAN M. Internet traffic matrices: a primer [J]. Recent Advances in Networking, 2013, 1: 1-56.
[86] SCHNITTER S, HARTLEB F, HORNEFFER M. Quality-of-service class specific traffic matrices in IP/MPLS networks [C]//Proceedings of the 7th ACM SIGCOMM Conference on Internet Measurement. San Diego, California, USA. New York: ACM, 2007: 253-258.
[87] MEDINA A, TAFT N, SALAMATIAN K, et al. Traffic matrix estimation [J]. ACM SIGCOMM Computer Communication Review, 2002, 32(4): 161-174.
[88] ZHANG Y, ROUGHAN M, LUND C, et al. Estimating point-to-point and point-to-multipoint traffic matrices: an information-theoretic approach [J].

ACM Transactions on Networking, 2005, 13(5): 947 - 960.
[89] TOMOVIC S, PRASAD N, RADUSINOVIC I. SDN control framework for QoS provisioning [C]//2014 22nd Telecommunications Forum Telfor (TELFOR). Belgrade, Serbia. IEEE, 2014: 111 - 114.
[90] KRISHNA H, VAN ADRICHEM N L M, KUIPERS F A. Providing bandwidth guarantees with OpenFlow [C]//2016 Symposium on Communications and Vehicular Technologies (SCVT). Mons, Belgium. IEEE, 2016: 1 - 6.
[91] LANTZ B, O'CONNOR B. A mininet-based virtual testbed for distributed SDN development [J]. ACM SIGCOMM Computer Communication Review, 2015, 45(4): 365 - 366.
[92] Doxygen. Mininet Python API reference manual[EB/OL]. (2016 - 07 - 04)[2022 - 11 - 23]. http://mininet.org/api/classmininet_1_1node_1_1OVSSwitch.html.
[93] GONG S L, KIM S Y, LEE J W, et al. Link weight optimization for routing considering link utilization in communication networks [C]//2009 9th International Symposium on Communications and Information Technology. Icheon, South Korea. IEEE, 2009: 1532 - 1533.
[94] JACQUET P, MUHLETHALER P, CLAUSEN T, et al. Optimized link state routing protocol for Ad Hoc networks [C]//IEEE International Multi Topic Conference, 2001. IEEE INMIC 2001. Technology for the 21st Century. Lahore, Pakistan. IEEE, 2001: 62 - 68.
[95] EGILMEZ H E, DANE S T, BAGCI K T, et al. OpenQoS: an OpenFlow controller design for multimedia delivery with end-to-end Quality of Service over Software-Defined Networks [J]. 2012 Conference Handbook-Asia-Pacific Signal and Information Processing Association Annual Summit and Conference, APSIPA ASC 2012, 2012: 1 - 8.
[96] LAD M, PARK J H, REFICE T, et al. A study of internet routing stability using link weight[Z]. Comput. Sci. Dept., Univ. California, San Diego, CA, USA, 2008.
[97] QIN Z J, DENKER G, GIANNELLI C, et al. A software defined networking architecture for the internet-of-things [C]//2014 IEEE Network Operations and Management Symposium (NOMS). Krakow, Poland. IEEE, 2014: 1 - 9.

第4章　无线 Ad Hoc 网络安全关键技术

4.1　概述

无线网络是采用无线传输媒体的计算机通信网络。无线网络的起源可以追溯到20世纪40年代第二次世界大战期间，当时美国陆军就采用了无线电信号传输资料，他们研发出了一套无线电传输技术，并且采用非常高的加密技术。后来，这项技术就在美军和盟军中间得到了广泛使用。这让一些学者对此产生了兴趣并从中得到了灵感。1971年夏威夷大学的学者创造了第一个基于数据包传输的无线网——ALOHNET，它实质上就是第一个无线局域网（wireless local area network，WLAN）。这个WLAN包括了七台计算机，采用双向星型拓扑（bi-directional star topology），横跨四座夏威夷的岛屿，中心计算机放置在瓦胡岛（Oahu Island）上。从这时起，无线网可以说是正式诞生了。进入20世纪90年代，人们要求在任何时间、任何地点都能使用网络资源，而传统的有线网络很难实现可移动的通信。因此，在这种趋势和要求的推动下，WLAN有了较大的发展与进步。1997年，电子电气工程师协会（Institute of Electrical and Electronics Engineers，IEEE）提出并制定了最早的无线标准IEEE 802.11；在1999年9月又提出了IEEE 802.11a标准和IEEE 802.11b标准。随着IEEE 802.11a、IEEE 802.11b标准的出台以及无线保真（wireless fidelity，Wi-Fi）组织的成立，促进了无线网产品的兼容化、标准化以及市场化。从此以后，无线网络随着电脑的普及受到了人们越来越多的关注。2003年7月推出的802.11g标准，速率达54 Mbit/s；2009年9月推出的802.11n标准，速率达到了600 Mbit/s；2013年推出的802.11ac Wave1标准，速率达1 Gbit/s以上；2016年7月推出的802.11ac Wave2标准，速率最高可达6.9 Gbit/s。在2018年下半年，为了让用户更方便地理解技术的代际关系，国际Wi-Fi联盟组织把目前广泛应用的802.11ac更名为Wi-Fi 5，把推广中的802.11ax更名为Wi-Fi 6；相应地，802.11b/a/g/n分别更名为Wi-Fi 1/2/3/4。Wi-Fi 6理论速率可达9.6 Gbit/s，其加强版Wi-Fi6E通过扩展6 GHz的频段，可额外提供7个160 MHz信道，传输速率进一步提高，是目前行业公认的新标准。高通2020年5月22日推出的一款Wi-Fi 6E产品（Networking Pro 1610）传输速率可达10.8 Gbit/s。

4.1.1 研究背景

无线技术为人们带来极大便利的同时，安全问题成为其发展的一个主要障碍。无线网络的开放性和无线设备资源的有限性，使得无线网络非常容易受到安全威胁，如：

（1）中断（interruption）：对可用性进行攻击，破坏系统中的硬件、线路等，使系统不能正常工作。

（2）窃听（interception）：通过搭线和磁泄漏等对机密性进行攻击，造成泄密；对业务流量进行分析，获取有用情报。

（3）窜改（modification）：对完整性进行攻击，窜改系统中数据内容，修改消息次序、时间等。

（4）伪造（fabrication）：对真实性（authenticity）进行攻击，将伪造消息注入系统，假冒合法用户接入系统，向系统中注入蛀虫、木马等来妨碍系统正常工作，否认消息的接收或发送等。

4.1.1.1 无线网络的分类

在技术与市场的推动下，新技术、新方法和新标准层出不穷，无线网络的发展可以说是日新月异。在无线网络世界里，IEEE制定的IEEE 802系列标准为无线网络通信技术的发展做出了重要贡献。由于无线网络所采用的通信技术、实现规模以及应用范围各不相同，因此存在多种分类方式。按照网络组织形式的不同，无线网络可分为有结构无线网络和自组织网络。

（1）有结构无线网络具备固定的网络基础设施，负责移动终端的接入和认证，并提供网络服务，包括蜂窝通信网络和无线局域网等。

（2）自组织网络按照自发形式组网，网络中不存在集中管理机制，各节点按照分布式途径协同提供网络服务，包括无线传感器网络（wireless sensor network，WSN）和Ad Hoc网络等。相比较而言，由于缺乏网络架构和集中式管理机制的支持，自组织网络面临着更大的安全风险。

根据传输速率、覆盖范围和用途的不同，无线网络主要可以分为无线广域网（wireless wide area network，WWAN）、无线城域网（wireless metropolitan area network，WMAN）、无线局域网（WLAN）、无线个域网（wireless personal area network，WPAN）以及无线 Mesh 网络（wireless Mesh network，WMN）等。

（1）无线广域网：蜂窝网络或移动卫星通信网络，其覆盖范围较大，通常是一个国家或者一个洲。典型的代表技术有 GPRS（general packet radio service）网络、3G（3rd Generation）、4G（4th Generation）、5G（5th Generation）、6G（6th Generation）网络等。WWAN 的目的是让分布较远的各局域网互联，它的结构分为末端系统和中间通信链路系统两部分。IEEE 802.20 是 WWAN 的重要标准，是一种适用于高速移动环境下的宽带无线接入系统空中接口规范，可以有效解决移动性和传输速率之间的矛盾问题，能够满足无线通信市场高移动性和高吞吐量的需求，具有性能好、效率高、成本低和部署灵活等特点。未来的无线广域网发展将更侧重于多种网络业务的整合。

（2）无线城域网：主要是通过移动电话或车载装置进行的移动数据通信，可以覆盖城市中大部分的地区，代表技术是 IEEE 802.16 系列宽带无线接入（broad band wireless access，BBWA）标准。由于它为无线宽带城域网设计了空中接口技术，受到全球微波互操作性（world interoperability for microwave access，WiMAX）组织的支持，所以又被称为 WiMAX 标准。

（3）无线局域网：以无线信道来代替传统有线传输介质构成的局域网络，是在有线网络的基础上发展而来的，能够使网络上的各种终端设备摆脱有线连接介质的束缚，其覆盖范围较小，典型代表技术是 IEEE 802.11 系列。IEEE 802.11 系列标准是在 1991 年成立的 WLAN 标准工作组的基础上推出的，1996 年成立了无线以太网兼容性联盟（wireless Ethernet compatibility alliance，WECA），创立了 WLAN 协议，1999 年 WECA 更名为 Wi-Fi 联盟。Wi-Fi 技术规范由 IEEE 提出，经 Wi-Fi 联盟认证后，可确保不同无线产品的互连互通。

（4）无线个域网：WPAN 为近距离范围内的设备建立无线连接，把几米范围内的多个设备通过无线方式连接在一起，使它们可以相互通信，典型的技术包括 IEEE 802.15 系列标准和蓝牙技术，覆盖范围较小。1998 年 3 月成立的 IEEE 802.15 工作组致力于 WPAN 的标准化工作，目标是为在个人操作空间内相互通信的无线通信设备提供通信标准。

（5）无线 Mesh 网络：也称为无线网状网，是一种多跳的 Ad Hoc 网络，它由固定节点及移动节点通过无线链路组成，能够对目前存在的有线或者无线网络提供扩展。针对无线 Mesh 网络的自身特性，许多标准制定小组，例如 IEEE 802.11、IEEE 802.15 和 IEEE 802.16 都已建立子工作组，专门研究相关问题。

4.1.1.2 无线网络的优势

与有线网络相比较，无线网络具有开发运营成本低、时间短，投资回报快，易扩展，受自然环境、地形及灾害影响小，组网灵活快捷等优点，弥补了传统有线网络的不足。

1. 安装便捷

一般在网络建设中，施工周期最长、对周边环境影响最大的，就是网络布线施工工程。而无线网络最大的优势就是免去或减少了网络布线的工作量，一般只要安装一个或多个接入点（access point）设备，就可建立覆盖整个建筑或地区的局域网络。

2. 使用灵活

在有线网络中，网络设备的安放位置受网络信息点位置的限制。而一旦 WLAN 建成后，在无线网络的信号覆盖区域内的任何一个位置都可以接入网络。

3. 经济节约

由于有线网络缺少灵活性要求网络规划者尽可能地考虑未来发展的需要，因此预设了大量利用率较低的信息点，一旦网络的发展超出了设计规划，又要花费较多费用进行网络改造。而无线网络可以避免或减少以上情况的发生。

4. 易于扩展

WLAN 有多种配置方式，能够根据需求灵活选择。这样，WLAN 就能胜任从只有几个用户的小型局域网到上千用户的大型网络。

4.1.1.3 无线网络面临的安全威胁

无线网络得到广泛应用，一个重要原因是无线网络的建设不受地理环境的限制，而且无线网络用户不受通信电缆的限制，这也使得无线网络具有易于部署、灵活方便、成本低廉等诸多优势。无线网络的这些优势都来自其所采用的无线通信信道和技术，而开放的无线信道在赋予无线用户通信自由的同时，也给无线网络带来了新的挑战，其中最重要的一个方面就是安全性问题。一方面，由于无线网络采用的是无线信道传输数据，在无线信号覆盖区域内的所有用户都能接触到这些数据，要将数据只传送给某一个特定的目标接收者是不可能的。另一方面，无线网络中的移动设备一般存在计算、通信、存储和能量等资源受限的情况，使得有线网络中的许多安全方案和技术不能直接应用于无线网络。因此，需要研究新的适合于无线网络环境的安全理论、安全方法和安全技术。

随着无线网络应用范围的日益拓展，对无线网络安全性的要求也在不断提高。然而，要实现真正的无线网络安全目标并非易事。除传统有线网络的安全需求外，无线网络还具有以下特殊的安全需求：

（1）无线网络采用的开放式无线信道更容易受到恶意攻击：由于无线网络采用的无线通信链路使得网络没有一个明确的防御边界，攻击者更容易对无线网络进行从被动窃听到主动干扰等各种手段的攻击。无线信道的这种开放性给无线网络带来了非法截获信息、未授权服务等一系列网络信息安全问题。

（2）无线网络的移动和漫游导致无线网络安全管理更加复杂化：无线网络终端不仅可以在较大范围内移动，还可以在区域间漫游，漫游访问网络可能对用户实施欺骗，非法用户可能伪装成合法用户滥用网络服务，漫游用户也可能通过某种攻击手段入侵访问网络，由此带来了新的安全管理问题。

（3）无线网络传输信道的不稳定性也会影响无线网络的安全：无线网络随着用户的移动其信道稳定性变差，容易产生干扰、衰落、多径和频移等多方面问题，造成信号波动较大，甚至无法进行通信。无线网络信道的不稳定性给安全方案的设计和实现带来了诸多困难。

（4）无线网络动态变化的拓扑结构导致安全方案的实施难度加大：无线网络的拓扑结构是动态的、变化的，缺乏集中管理机制，这使得安全方案和技术更加复杂更难实施。无线网络中的许多协议算法必须依赖所有节点的共同参与和协作，缺乏集中管理机制，可能导致攻击者利用这一弱点对网络进行攻击来破坏网络协议算法。

（5）无线网络中移动终端资源受限的特点导致现有的安全协议不再适用：移动终端设备的体积较小，在计算能力、通信带宽、存储空间和能量供应等方面受到严重限制，导致现有的许多有线网络中成熟的安全协议和方案不能直接应用到无线网络。其有限的计算能力还制约了公钥密码体制的应用，公钥密码运算对于移动设备来说过于复杂，在许多时候难以接受。

总的说来，由于无线信道的开放性和不稳定性、资源受限的终端移动性、动态变化的网络拓扑、缺乏集中控制机制以及灵活的组网方式，无线网络对安全性的需求更加复杂和全面。

所以，针对无线网络安全问题开展研究是很有必要且有意义的。

4.1.2 相关工作分析

国内外在无线网络安全方面的研究如火如荼，在安全体系结构、安全路由协议、密钥管理技术、拓扑安全控制、移动 IPv6、无线接入协议等方面涌现了一批研究成果；移动互联网、移动节点虚拟 IP（virtual IP，VIP）等概念相继被提出；因特网工程任务组（internet engineering task force，因特网工程任务组）确定了基于 IPv4 的主机移动支持协议规范，颁布了移动 IPv4 的新规范 RFC3344，发布了移动 IPv6 的标准 RFC3775，极大地促进了移动互联网技术的发展，一大批如 GSM、GPRS、CDMA 1X、3G、4G、5G、802.11、Bluetooth、802.15、802.16、802.20、WATM、HiperLAN、微波等无线技术相继涌现。

4.1.2.1 安全体系结构研究现状

Blumenthal 等[1]较早对 3G 无线网络的安全体系结构进行了详细的讨论。Schmidt 等[2]提出了一种针对自组织无线移动传感器网络的安全体系结构，主要包括三个过程：一个对密钥协商协议用来进行认证和初始密钥交换，一个安全成簇协议用来协助进行对密钥协商、数据加密，认证模块用来进行用户数据的安全传输。作者随后对所提出的安全体系结构进行了分析，证明了其安全性和轻量级特性。Wang 等[3]提出了一种针对战术移动 Ad Hoc 网络的安全体系结构，主要由网络模型、信任模型、安全操作三部分组成。作者同时对这三者各自所起的作用和相互之间的关系进行了分析。Wang 等[4]提出了一种类似的针对无线 Mesh 网络的安全体系结构。

Toubiana 等[5]提出了应用于混合型 Mesh 网络的安全体系结构 SATHAME（security architecture for operator's hybrid WLAN Mesh network），用来保护网络中用户数据的安全。其核心组成部分是一个鲁棒的路由体系 MG（MacroGraph）。在 MG 体系中，每一个从源节点到目的节点的通信传输都会预先进行评估，并且 MG 是一个动态结构，可以为高层应用的安全路由请求提供支持。Sun 等[6]提出了一种无线 Mesh 网络中的安全体系结构 SAT（security architecture）。该安全体系结构可以确保 Mesh 网络中合法用户网络行为的匿名性，同时确保恶意用户的非法行为能够被可靠追踪。随后分析证明了所提安全体系结构的高效性。Martignon 等[7]通过扩展 802.11i 的路由协议提出了无线 Mesh 网络中一种完善的安全体系结构 MobiSEC。该安全体系结构支持第二层加密，摆脱了底层不同种类无线网络所引起的约束，可以自动地为用户提供鉴权和加密用会话密钥。Martignon 等[8-9]随后提出了类似的无线 Mesh 网络安全体系结构 DSA-Mesh（distributed securityarchitecture for WMN）等。

Zia 和 Zomaya[10]提出了一种针对无线传感器网络的安全体系结构，主要包括了三个方面的工作：提出了安全的簇首选举机制；设计了一种安全的密钥管理机制；提出了一种安全路由机制。作者随后对所提方案进行了安全性分析，证明了能满足无线传感器网络的安全需求。Zhang 和 Fang[11]首先对无线 Mesh 网络的安全需求进行了分析，随后提出了安全体系结构 ARSA（attack-resilient security architecture）。该安全体系结构可抵抗 DoS（denial of service）攻击等多种攻击，为用户端和服务端提供良好的安全服务。Großschädl[12]等实现了一个基于 TinyOS 的无线传感器网络安全体系结构 TinySA。通过仅对初始密钥交换和路由信息认证等重要通信过程使用基于椭圆密码学（elliptic curve cryptography，ECC）的公钥密码机制，所提出的安全体系结构能够较好地适应资源受限的无线传感器网络。Alim 和 Sarikaya[13]提出了一种基于密钥预共享的无线传感器网络安全体系结构：对于相互信号覆盖范围内的节点，直接使用预共享的密钥进行密钥协商和身份认证；对于距离较远的节点则使用认证中继的方法进行身份认证。作者随后进行了模拟验证和原型系统实现，对协议的性能进行了分析。Shi 等[14]提出了一种动态可重配置的无线传感器网络安全体系结构。Ma[15]提出了一种包含信任管理的无线传感器网络安全体系结构，能满足无线传感器网络的安全需求。作者随后对无线网络的分层通信协议和信任管理进行了分析，建立了一个安全模型作为安全分析平台。Yao[16]提出了一种基于公钥密码技术的无线传感器网络安全体系结构，该安全体系结构利用了基于身份的密码技术。作者随后证明了该安全全体系结构的安全高效，以及特别适用于无线传感器网络这种资源受限的环境。

Haque 等[17]对传统认为公钥机制不适用于无线传感器网络的看法进行了讨论，并指出可以在某些条件下在无线传感器网络中采用公钥密码技术。作者随后提出了一种基于公钥体制的安全体系结构，主要包括一个基于线性机制的密钥交换机制和传输节点的密钥推导机制两部分，并证明了所提出的安全体系结构可以提供节点到基站和基站到节点的双向安全通信。Haque[18]设计了一种类似基于公钥密码的无线传感器网络安全体系结构，包括两个基本模块：轻量级的密钥协商机制和简单线性密钥推导机制。由于采用了轻量级的设计方案，其所提出的安全体系结构能够适用于资源受限的无线传感器网络。Bagci 等[19]通过使用两种资源不同的无线传感器节点，提出了一种混合型的无线传感器网络安全体系结构。能力较弱的节点主要负责对环境数据的监测，能力较强的节点则负责身份认证、密钥管理、安全路由等安全职责。该安全体系结构还包括一个多径路由协议和伪造数据验证协议，以应对路由攻击和伪造数据攻击。Shon 等[20]基于类似思想，也提出了一个无线传感器网络的安全体系结构。Tahir 等[21]通过采用 Rabbit 流密码设计了一种应用于无线传感器网络的轻量级安全体系结构。

Stępień 和 Poniszewska-Marańda[22]对移动车载 Ad Hoc 网络中的各种攻击进行了讨论，重点分析了时间攻击（丢弃、延迟报文）和伪造攻击（修改、虚假报文）两类攻击行为。Wei 等[23]提出了车载 Ad Hoc 网络中一种基于信任机制的安全体系结构，可有效防范来自内部节点的攻击。Zhang 等[24]提出了软件定义车载 Ad Hoc 网络中一种安全体系结构 SD-TAODV。体系总共分为数据转发层、控制层和应用层三层，分别负责数据转发、网络拓扑控制和路由控制。作者使用 OPNET 进行了仿真实验。Houmer 等[25]提出了车载 Ad Hoc 网络中一种基于入侵检测的安全增强机制。Cui 等[26]提出了一种基于属性的车载 Ad Hoc 网络安全体系结构，并进行了理论论证和实验性能分析。熊玲等[27]设计了一个基于物理不可克隆函数和区块链技术的适用于车联网环境的具有条件隐私的轻量级消息认证方案，能够提供消息认证、消息完整性、匿名、不可链接性以及可追踪性等安全属性。

Martignon 等[28]针对分布式无线网络安全体系结构中负责密钥管理的核心节点的位置优化部署问题进行了研究，并在数种真实场景中对所提的算法进行了验证，证明了提出的算法能够减少计算资源等的占用并提高网络整体性能。Zivkovic 等[29]针对家庭智能传感器网络耗电的问题，提出了一种能量高效的无线传感器网络安全体系结构。其利用 ECC 构建了一个可容错的基于公钥的机制，并对基于 Java 的无线传感器网络平台进行了讨论。Grochla 和 Stolarz[30]通过使用扩展认证协议（extensible authentication protocol，EAP）对传输层安全协议进行扩充，提出了一种适用于异构无线网络的安全体系结构。Singh 等[31]针对无线 Ad Hoc 网络的能量控制和安全体系结构进行了分析比较。

Kozma 和 Lazos[32]提出了一种名为 REAct（resource-efficient accountability）的 Ad Hoc 网络节点不合作监测机制。该机制基于随机审计，如果出现了网络性能下降，REAct 就通过一系列的随机审计操作来确定不合作节点。试验结果表明，一对采用了 REAct 机制的源—目的节点通过其他节点提供的网络行为记录，可以区分出路径上任意数目的不合作节点。另外由于只在某条链路出现明显性能下降时才采用随机审计，所以该机制在保证正确性的前提下，资源开销比较少。Xu 等[33]设计了一个新的基于视频的间谍软件 SVC（stealthy video capturer）。该软件可以秘密地为第三方记录视频信息，从而严重威胁智能手机用户的隐私。作者在真实的 3G 智能手机上实验了这一软件，结果表明，SVC 可以用极少的电量完成视频信息采集，并且基本不会被手机用户察觉。而且，该 SVC 软件可以躲过当时包括 McAfee、卡巴斯基等在内的众多安全软件的查杀。Yan 等[34]提出了 Mobi-Watchdog 体系结构，用来检测无线网络中经常隐匿踪迹的移动设备的不良行为。Mobi-Watchdog 通过记录一个移动设备过去的历史记录，利用一种分簇技术来区分高层的结构，然后进行一个 HHMM（hierarchical hidden Markov model）过程。如果发现不良行为，则 Mobi-Watchdog 会通过要求移动设备持有者重新认证自己的方式来发出警报。

Nohara 和 Inoue[35]提出了一种时空效率都比较高的安全认证机制。利用 d-left 哈希运算，通过把传统哈希链中废弃的哈希值合理再利用，降低了预计算开销，提高了哈希链机制的效率。Schoch 和 Kargl[36]提出了几种减少安全协议开销的机制。在保证安全性的前提下，当不是十分需要签名、证书等机制的时候，就省略这些过程。这就需要进行折中考虑，作者随后对此进行了分析，结果表明所提出的机制能带来巨大的性能提升，同时只对安全性产生很小的影响。Arackaparambil 等[37]认为接入点时钟频率的差别可以作为该接入点的指纹信息，一个无线节点可以通过验证该指纹信息来决定是否接入某个接入点。并且该指纹信息同样可以用来进行假冒接入点的识别。Raya 等[38]进行了信任机制与节点隐私之间的折中研究，通过恰当的机制，可以在满足信任机制的前提下，同时减少节点隐私的泄露。Odlyzko[39]探讨了如何在不安全的系统中提供安全服务机制。

吴振强和马建峰[40]提出了一种动态混淆的 RM（pseudo-random mix）算法，该算法主要对混淆器的管理部分进行了重新设计。RM 算法根据混淆缓冲区的情况进行决策，当缓冲区未满时采用时延转发方式，缓冲区满后采用随机数转发方式，这样既保证了无线 Ad Hoc 节点的匿名性，同时又解决了停等算法的丢包问题。余磊等[41]针对成簇协议所面临的各种安全威胁，提出了一种分布式安全成簇协议，通过网络安全初始化、可信基站的随机数广播和单向密钥链技术来有效地抵御节点伪装和簇首占据攻击、簇成员恶意征募攻击和多重簇成员身份攻击。Russo 和 Sabelfeld[42]就动态安全分析和静态安全分析折中的问题进行了研究，指出流敏感和流不敏感仅对动态分析有决定性影响。

Klonowski 等[43]设计了一种 Ad Hoc 网络中抵御 Sybil 攻击的机制。

Wei 和 Potkonjak[44]针对无线网络中基于硬件特洛伊木马攻击的问题进行了研究。作者首先将一个硬件木马模块植入目标设计中以进行攻击。植入方式设计得比较巧妙，使得植入后的 IC（Integrated Circuit）设计没有额外的延迟，并且可以躲过被广泛采用的边信道攻击检测。然后，基于该木马攻击模块，作者提出了一个在线安全模型，随后在该模型下设计了基于硬件不可复制模组的硬件木马检测机制。最后作者在一组 FPGA 上使用基准测试集对提出的机制进行了测试。Ahmed 等[45]提出了一种基于证据理论的恶意节点检测机制。通过综合多个邻居节点的检测来进行综合判断。王潮等[46]针对现有无线网络安全机制效率低的问题，提出了一种轻量级的安全体系结构，通过采用轻量化的 ECC 算法，并优化基于 ECC 的 CPK（combined public key）体制，显著减少了新安全机制的开销。王良民等[47]提出了一种基于信心值的信任评估模型，可以有效识别网络报文被丢弃的情况，并通过限制数据的篡改范围，实现对数据篡改攻击的容忍。蔡绍滨等[48]提出了一种基于云模型的无线网恶意节点识别机制。Xiao 等[49]针对无线网络中普适计算的信任问题进行了研究。

曹晓梅等[50]为传感器网络设计了一种基于流量预测的拒绝服务攻击检测方案——TPDD（traffic prediction based DoS attack detection）。在该方案中，每个节点独立地完成流量预测和异常检测，不需要特殊的硬件支持和节点之间的合作；为了提高方案的检测准确度，提出了一种报警评估机制，减少预测误差或信道误码所带来的误报。林旺群等[51]基于非合作、非零和动态博弈理论提出了完全信息动态博弈主动防御模型。通过虚拟节点将网络攻防图转化为攻防博弈树，并给出了分别适应于完全信息和非完全信息两种场景的攻防博弈算法。理论分析和实验表明相关算法在复杂度不高于同类算法的前提下，不仅适应于完全信息博弈场景，而且在非完全信息的特殊场景下仍能够得到合理的解；与采用静态博弈给出的以概率形式描述的混合策略 Nash 均衡解相比，给出的从子博弈精炼 Nash 均衡中抽出的解具有更好的可理解性和可操作性。叶阿勇和马建峰[52]提出了一个用于度量网络服务间信任关系的信任评估模型。模型采用证据理论来评价服务信任和综合多方推荐的经验；引入观察帧体现出经验的时间性；提出一个低开销的邻居共享机制用于节点间交换经验信息；采用模糊贴近度来量化描述推荐信任。荆琦等[53]综述了 WSNs 环境下信任管理的特点、分类方法、框架设计、脆弱性分析、攻击模型及对策，在此基础上介绍了 WSNs 下的典型信任管理系统。

Sombatruang 等[54]对实际生活中为什么人们仍在使用未进行安全加固的

Wi-Fi 网络进行了研究，开发了一款 App 安装到志愿者手机上进行信息收集。通过研究发现，高收入者，以及 36 ~ 65 岁的人群更倾向于接入不安全 Wi-Fi，而设备剩余电量、受教育程度等起到的影响相对较小。Schepers 等[55]对分布于 3 大洲 4 个国家的 250 137 个无线网络进行了分析，发现很多网络仍在使用不安全的已经过时的配置，并给出了建议。王伟等[56]通过对移动自组网（mobile Ad Hoc network，MANET）时空动态性、网络链路性能的推测、攻击的检测与防御进行分析，提出以网络性能为核心的 Flooding 攻击防御系统。徐恪等[57]从端设备地址、传输路径和网络服务安全，以及新型体系结构设计等方面分析了现有互联网安全问题解决方案及其内生安全特性，并对各类安全方案的可部署性进行了分析。郭萍等[58]构造出一种轻量级可移交认证中心，在通信、计算及存储代价方面优于分布式认证中心及门限认证中心。陈少华等[59]在基于身份的签密算法的基础上，引入网格的逻辑布局，为每个节点按照网格顶点分配 ID，然后再进行签密和解签密。岳笑含等[60]利用分散群模型和完全子树方法提出了新的 VANET 认证协议，所提协议在验证阶段只需获取最新的时间即能验证，无须获取最新的撤销列表。祝林等[61]基于路由代数与统一路由模型，设计并实现了多种设备的试验测试平台（TH-award），便于用户在同一平台上对协议性能和安全性进行对比测试。

4.1.2.2 安全网络协议研究现状

Rhee[62]对 IP 安全（internet protocol security，IPSec）协议进行了研究，认为其以明文方式传递的初始化向量（initialization vector，IV）存在重大缺陷，随后提出了改进措施。通过修改 IV 传输机制，采用加密后的 IV 代替原始的明文 IV，并相应地修改 IPSec 协议栈，增加对 IV 加解密的过程，改进后的 IP 安全协议能较好地抵御基于 IV 的攻击。Josset 和 Duquerroy[63]对星际网络的 IP 单播和多播问题进行了研究，提出了一种适用于星际网络的 IP 安全协议（satellite internet protocol security，SatIPSec）。Cocks 等[64]对澳大利亚军方的秘密卫星 IP 网络（secure satellite IP network，SSATIN）进行了总体描述。Xie 等[65]提出了一种集中式的多跳安全协议（generalized multi-hop security protocol，GMSP）来实现路由发现保护，该协议融合了移动 IP 安全和 Ad Hoc 安全机制，可以为多跳蜂窝结构提供灵活的安全防护。Ji 等[66]设计了一种安全游牧无线网络（secure nomadic wireless network，SNOWNET），把应用在 IEEE 802.11 WLAN 中的 WPA 协议进行了扩展，使之能应用于 Ad Hoc 模式的无线网络。周曜等[67]提出了一种基于邻居认证的安全匿名路由协议，用于解决传统移动 Ad Hoc 网络匿名路由协议无法识别伪造的路由控制分组，并且公钥运算过多导致路由建立时间延长的问题。通过基于临时身份公钥的邻居匿名认证机制鉴定邻居节点合法性并动态协商密钥，并在路由发现过程中利用邻居协商密钥对路由控制消息进行逐跳的验证与处理。

裘莹等[68]提出了无线传感器网络邻居发现的形式化的模型，指出了面临的挑战。Steinmetzer 等[69]基于 802.11ad 无线网络中节点会自动寻找最优载波方向的协议漏洞，通过在两个合法用户之间虚拟出更强的载波信号和更短的网络时延，从而将两者之间的所有网络流量都引向自己，并成功实现了中间人攻击。作者在 TP-Link Talon AD7200 上进行了实验验证，通过实验说明了针对新一代无线网底层协议漏洞进行攻击的可行性。Schepers 等[70]对 802.11 无线网络中的精细时间测量技术的安全性进行了理论分析和实验验证，并指出攻击者通过调整响应报文的发送时刻和载波功率，可以使请求者对攻击者的位置估算偏近或偏远，偏差量级可达米级。往返时间（round-trip time，RTT）测量结果也会发生偏差，量级在 100 ns 以上。作者提出六项建议来提高安全性：①发送者应首先对响应者的 MAC 头和 PHY 头进行校验；②发送者在发送 ACK 报文前应加入一个随机时间延迟；③发送者要过滤掉收到的重传的报文；④发送者应对测量结果设置上下限；⑤应强制使用随机 MAC 地址技术；⑥响应者应增加回复一个 1 字节的随机会话令牌。

卢社阶等[71]基于 Reed-Solomon 编码的纠错技术，提出了一种在存在 Byzantine 攻击节点的网络环境下的安全数据传输协议（secure data transmission protocol，SDTP）。该协议不仅能实现数据的安全传输，而且能准确判定恶意攻击的发生和攻击节点的位置；还可被用于安全路由协议中。张中科和汪芸[72]提出一种在网络层抵抗内部节点丢弃报文攻击的通信模型，还包括通信链路状态实时分析协议和分布式的节点类型判定算法两个部分。通信链路状态实时分析协议利用节点对间逐段生成的路径环路，通过引入报文成组应答机制，使得节点能实时地获取其邻居节点的报文转发状态；在通信链路状态实时分析协议基础之上，节点根据相关数学模型能有效地分析邻居节点行为是否异常，并对网络中的节点进行分类，最终将恶意节点从网络中隔离出去。付才等[73]提出采用灰色系统理论描述通信节点非完全信息状态，根据灰类白化以及灰色聚类思想进行节点风险评估。方案针对自组网络通信需求对节点行为进行多关键属性划分，采用集群方法收集原始样本，避免恶意推荐；将难以用数值精确刻画的关键属性以白化权函数量化，引入灰聚类的概念和计算方法，将实体的通信风险水平定义为实体关键属性值序列针对各评估灰类的聚类评估值，从而得到该实体通信风险水平的相对参考值。

Cordasco 和 Wetzel[74]根据攻击者的能力，建立了一个增强型的路由破坏攻击者模型，然后用该模型分析了 SAODV（secure Ad Hoc on-demand distance vector routing），得出了 SAODV 的优势。Dong 等[75]提出了一种轻量级的应对污染攻击的机制——DART，综合利用了基于时间的认证和随机线性传输来应对污染攻击。随后对 DART 进行了改进并称之为 EDART。分析和随后的实验表明，一个污染攻击报文能通过该验证过程的概率非常小，并且该机制相比于以往的机制，性能提升了 20 倍以上。Lindqvist 等[76]提出了一种新的接入点发现协议，支持快速发现和隐藏 AP，同时能保证隐蔽性。随后的原型系统对比试验表明该协议执行效率比标准隐藏网络发现协议要高。冯涛等[77]针对节点不相交多路径路由（multiple node disjoint paths，MNDP）协议在主动攻击者安全模型中的安全缺陷，提出了可证明安全的 MANET 节点不相交多路径动态源路由（secure multiple node disjoint paths，SMNDP）协议。在 SMNDP 协议路由请求算法中，建立了中间节点路由请求消息传播策略的检错机制和消息防篡改机制及身份认证机制。作者基于攻陷的网络拓扑模型，扩展了可模糊路由概念，提出了多路径可模糊路由集合概念和节点不相交多路径源路由协议的安全定义，并应用于 SMNDP 协议的安全分析。SMNDP 协议的安全性可以归约为消息认证码和签名机制的安全性。冯涛等[78]提出了基于 UC-RP（universally composable security framework for Ad Hoc networks routing protocol）框架的路由协议形式化安全定义，提出了类似的协议 SMNDP，将基于 UC-RP 框架的可证明安全路由协议的新方法应用于 SMNDP 协议的安全分析。

付才等[79]在链路状态路由（optimized link state routing，OLSR）协议的基础上提出了基于信任保留的安全路由协议（trust preserving based secure routing protocol，TPSRP），该协议采用信任保留的方式对节点进行认证，解决高速移动网络中节点认证问题。TPSRP 还针对目前信任评估方法缺少有效的自适应性提出了一种新的信任评估手段，使得节点可以通过综合的信任信息自我辨别并限制内部背叛节点的恶意行为，同时有效地检测与抵抗 Ad Hoc 网络中的协作攻击，如虫洞攻击等。黄松华等[80]为多穴嵌套移动网络的接入路由器 Mesh 引入一种双向认证机制，并基于此提出最优路径选择算法和接入失效快速恢复算法，以提高移动网络的整体性能。基于固定 AAA（authentication authorization and accounting）基础设施和动态可信邻居的安全关联转移被用于减少路由器 Mesh 的认证延时，其行为评估机制降低了路由器攻击或欺骗对路径评价的影响；基于顶层接入路由器网络前缀的移动路由器转交地址配置被用于消除嵌套接入环境下的多角路由和隧道嵌套问题，而必要时临时隧道和反向路由头可以替代随切换而来的绑定过程以缩短切换延时，最后通过接入路由器评价生成到达 Internet 的最优路径。黄清元等[81]提出了一种自适应移动自组网安全路由协议，发现多条路径，然后通过强化学习机制选择无错误的路径来转发数据，根据强化学习得到相关证据来实施对节点的信任管理。

章洋[82]对现有 MANET 匿名路由协议中一种有代表性的协议 DSR（dynamic source routing）进行了分析与改进。先从定义敌手攻击能力的角度明确敌手模型，并以数据分组与端节点不可关联性为目标定义协议的理想过程。然后，在路由发现阶段获得由 UC（universally composable）安全的会话密钥组成的路径，在数据传输阶段用该密钥构造可验证的轻型洋葱路由。最后，在 UC 框架中基于理想过程证明协议的匿名性。赵宝康等[83]针对移动自组网中三种典型的安全路由协议（ARAN，Ariadne，SEAD）进行了深入研究，对其性能与特点进行了细致的比较与分析。同时，在网络模拟器 NS2（network simulator version 2）中实现了上述协议并进行了性能测试，并认为尽管上述安全路由协议能在一定程度上提高安全性，但其性能及额外开销随网络拓扑动态变化而急剧变化。毛立强等[84]对 MANET 安全按需源路由协议的一种形式化分析模型进行了深入分析，指出其中存在的合并相邻敌手节点等不合理操作以及该模型下 endairA 协议安全性证明过程中的错误，并给出了一种针对 endairA 协议的隐蔽信道攻击，表明该协议即使在其安全分析模型下也不能满足其安全目标。

Liu 等[85]提出了一种可抵御系统内部干扰者的广播机制，主要做法是将传统的广播操作转化成一系列在时间和频率上都不相同的单播操作来执行。该机制不依赖于任何双方共享密钥，并且不需要额外的抗干扰控制信道。Mustafa 等[86]提出了一种利用多径路由来抵御干扰攻击的路由机制。利用各路径的历史可用信息来从中选择多条传输路径，只要其中有一条路径没有被干扰攻击破坏，报文就可以成功到达目的节点。Richa 等[87]提出了一种可抵御干扰攻击的无线网簇首选举机制。Chang 等[88]设计了一个可抵御干扰攻击的轻量级 MAC 协议，包括轻量级的传输策略和轻量级的信号机制，并随后使用博弈论对协议进行了分析。Zhang 等[89]通过把整个网络看成一个时变图的方法尝试对无线网络建立模型，并随后分析了基于中心的攻击对路由协议效率的影响。

陈曦和马建峰[90]设计了基于身份加密的安全架构来保证节点社会上下文的隐私性以及消息的机密性。通过可搜索的加密算法，为每一个节点的社会属性设置相应的陷门，使得中继节点可计算自身与目的节点之间上下文匹配度，并制定相应的转发策略，同时却得不到目的节点的任何属性信息；另外，使用节点的社会上下文生成公钥来加密信息，保证了消息的机密性。张招亮等[91]针对具有不同优先级的多个 WSN 受到干扰的情况，提出了一种抗 Wi-Fi 干扰的信道分配机制 EasiCAP（channel allocation for wireless sensor networks with prior）。作者采用基于干扰强度和活跃比率的干扰特征模型度量 WSN 中各信道的干扰；采用以接收端为中心的模型度量各 WSN 之间的干扰。然后，各 WSN 根据度量的结果，采用局部化贪婪信道分配算法独立、实时地选择信道。罗文宇等[92]通过放宽授权用户的最佳线性接收条件，在发送端引入预编码权值的冗余，把物理层安全问题转变为发送信号随机化问题，然后利用无线信道特征的短期可逆性、快速去相关性提出一种物理层信道加密方法，降低了信号被非法截获的概率。郭显等[93]分析了网络编码系统 DCAR（distributed coding-aware routing）路由发现过程存在的安全问题，提出了适用于编码感知安全路由协议的安全目标，设计了基于 DCAR 的编码感知安全路由协议 DCASR（distributed coding-aware secure routing）。崔宇等[94]对 IPv6（internet protocol version 6）环境下隧道流量解析安全性增强技术进行了研究，提出了广义隧道的概念，通过采用隧道流标记和后移重组两种技术，解决了恶意隧道流量可能引发的安全问题。

夏辉等[95]认为选择稳定性较高的路径进行路由，能够有效地降低重路由的频率，延长路由的生存时间，并提出一种基于信号强度的链路稳定性预测模型 LSPMR，通过模拟实验检验了机制有效性。Pani 等[96]提出了 Ad Hoc 网络中一种基于时间戳机制的安全路由协议，协议主要采用了安全距离内的本地化路由机制，对于安全距离外的路由则主要采用签名机制。李峰等[97]提出了一种基于信任机制的机会网络安全路由决策算法 TOR，该算法根据目的节点采集到的信任证据链和消息延时时间计算转发节点的信任度，存储在信任向量表中。节点证据数据被捆绑到正常消息报文内一起发送。算法同时利用了签名机制和时间戳机制保证安全。Zhou 等[98]提出了一种基于物理层通信技术的车载 Ad Hoc 网络信息交换机制。Rana 等[99]提出了 Ad Hoc 网络中一种基于 ACK 报文机制进行安全增强的改进型 AODV 协议（AODV-MDR）。所有声明有路由指向最新节点的节点，都必须提供新节点反馈的 ACK 报文，并基于此进行恶意节点检测。

Liang 等[100]提出了一种 Ad Hoc 网络中采用基于身份的签密机制加强的改进型 OLSR 路由协议 CMOLSR，并在树莓派（Raspberry Pi）上进行了实验。新协议比普通 OLSR 协议安全性高，并且由于采用的是基于身份的签密机制，额外开销并不大。夏辉等[101]以信任计算模型为基础，提出了一种抗攻击的轻量级安全组播路由协议。协议中，每一个中间转发节点都会利用自己的历史经验等对下一跳节点进行信任值的评估，进而选取可信的节点。可在有恶意节点的VANETs网络中建立可靠的传输。王庆文等[102]提出了一种基于节点度估计和静态博弈转发策略的Ad Hoc网络路由协议NGRP，采用分段函数的思想将网络场景分为中心、边和角区域，分别估算网络中节点在不同区域的节点度，避免了周期性广播Hello消息获取节点度导致的开销。Kartit和Diouri[103]对移动Ad Hoc网络中各种安全增强路由协议进行了分析对比，比较了SAODV、SEAR、SEAODV、ESARP、SRP、SARIADNE、I-SEAD、SAR等协议，分析了这些协议在加密、认证、信任机制、一致性、完整性、抗虫洞攻击、抗DoS攻击等方面的特性。

4.2 安全体系结构技术研究

目前，不同的研究机构和个人从不同的角度出发，已经研究出了一些安全体系结构，比较典型的有国际标准化组织（International Organization for Standardization，ISO）给出的开放互连系统安全体系结构和信息保障技术框架（information assurance technology framework，IATF）等。

1989年，ISO发布ISO 7498－2－1989标准[104]，确立了基于OSI/ISO的三维框架网络安全体系结构，强调将五类安全服务和八种安全机制，体现在OSI模型的七层协议中，并说明了安全服务及其相应机制在安全体系结构中的关系，从而建立了开放互连系统的安全体系结构框架。

1998年美国政府和工业界的多个组织联合组成了信息保障技术框架论坛，并提出了信息保障技术框架（IATF），目的是为保护美国政府和工业界的信息与信息基础设施技术指南。从整个体系架构和评估体系来看，IATF是一套完整的安全体系结构，它给出了不同条件和任务下的安全功能和保障级别，为全面地解决信息系统的安全问题提供了技术指导。

2012年10月1日中国信息安全国家标准GB/T25068.2—2012《信息技术 安全技术 IT网络安全 第2部分：网络安全体系结构》正式实施，标志着我国的信息安全技术达到了一个新的高度，网络安全体系结构的研究进一步深化。

4.2.1 相关工作分析

段海新和吴建平[105]提出了计算机网络的一种实体安全体系结构（entity security architecture，ESA）；然后基于ESA提出了基于政策的安全管理（policy based security management，PBSM），包括三层安全政策的定义：组织抽象安全政策、全局自动安全政策、局部可执行安全政策；同时，提出了PBSM的三个管理环节：制定、实施与验证，把网络作为一个整体来管理，实现安全管理的系统化和自动化。另外，应用实体安全体系结构，分析了现有网络安全服务的不足和安全管理中存在的问题，指出了实现ESA的进一步工作。李丽萍等[106]提出了一种基于访问控制空间的多策略安全体系结构ELSM（extended Linux security module），以解决LSM（Linux security module）在策略重用和策略共存方面存在的问题。ELSM引入了一个模型组合器作为主模块实施模块堆栈管理和模块决策管理，其中模块决策的实施采用了访问控制空间的策略规范方法。Zhou和Hass[107]首先提出了在MANET中应用门限密码的思想。在他们的方案中，安全管理权限被以门限共享的方式分配给网络中的一部分节点，这些节点共同为网络提供安全服务，如证书发放、密钥管理等。Venkatraman和Agrawal[108]针对簇结构网络提出了一种安全方案，该方案在每个簇中选举一个簇首提供安全管理功能。簇首负责对新加入簇的节点进行认证、颁发证书以及生成簇内的共享密钥。张玉臣等[109]结合组合公钥密码体制和秘密共享思想，提出了一种分布式密钥管理方案。王刚等[110]基于簇型网络结构，提出了一种组密钥协商协议ESGKAP（efficient and secure group key agreement protocol）。ESGKAP基于层簇式网络模型，由秘密分发中心构造门限秘密共享，所有成员通过协商生成簇组密钥。宋震等[111]结合固定网络环境下具有最小通信量的组密钥协商协议STR（short for Skinny TRee）协议以及基于身份标识的公钥密码技术，提出了一个基于身份标识的贡献式MANET组密钥协商管理协议CEAGKP。李小青等[112]提出一种综合运用Diffie-Hellman（DH）密钥交换算法和基于身份的密码体制的认证密钥协商方案。该方案利用分布的多项式秘密共享的思想，实现PKG分布化和网络中节点公私钥的生成。通过随机数认证和基于身份的签名以及DH密钥协商算法实现认证密钥协商。郭萍等[113]将基于身份的公钥机制与轻量级认证授权（certificate authority，CA）思想相结合，构建了一个基于身份及轻量级CA混合模型的传感器网络密码方案，克服了基于身份公钥机制中的第三方密钥托管问题，简化了基于传统证书机制中产生、验证及管理公钥的复杂性。Sen 和 Clark[114]提出了一种基于人工智能自学习机制的入侵检测方案，综合使用了语法进化（grammatical evolution，GE）和巴科斯－诺尔形式（Backus-Naur form，BNF）等方法，然后从报文丢弃攻击、路由泛洪攻击、路由破坏攻击三个方面分析了所提机制的有效性。Raya 等[38]就可信性与机密性如何进行折中进行了研究。

Filipek 和 Hudec[115]提出了一种混合式 Ad Hoc 网络安全体系架构，综合运用了公钥基础设施、分布式防火墙、入侵检测等技术，并通过使用 RSA 和 AES 等对称和非对称加密机制，共同实现网络整体安全。郝圣等[116]提出了基于学习自动机理论与稳定性控制的自适应 MANET 分簇策略（LASCA），首次利用学习自动机理论建立了分簇行为认知模型，并给出了新的簇首选择判定模型，提高了动态环境下簇的生存时间与稳定性。Jurdzinski 等[117]提出了一种确定性 Ad Hoc 网络分簇方法，新方法不依赖于随机化，不依赖位置信息，仅依赖于基于证据的强选择。宋克等[118]提出了一种基于拟态防御理论的交换机内生安全体系结构。徐恪等[119]对基于区块链的网络安全体系结构与关键技术进行了梳理，认为区块链提供的可审计、去中心化、可信任特性提供了新的技术思路，并以真实存储、真实计算、真实激励三种形式出现在各类研究中。

Bechler 等[120]提出了一种基于簇的安全体系结构，包括密钥分发、新加入节点认证、簇首委托、网络合并、访问控制等几个子过程。模拟结果显示，提出的安全体系结构具有较好的性能。但作者没有解决初始簇首产生、簇首单点脆弱性、新节点许可颁发授权等问题，并且论述的几个子过程只是给出了基本原理，没有具体讨论如何通过密码算法实现。张晓宁和冯登国[121]在文献［120］的基础上进行了改进，提出了无线自组网络中一种基于簇结构的安全方案。新的方案通过引入双重备份和簇首轮换机制解决了簇首节点单点脆弱性问题，并且讨论了节点漫游攻击的问题。相较于文献［120］的方案，文献［121］的方案在安全性上得到了加强，具有更好的安全性。但文献［121］仍然没有解决初始簇首的产生问题、新节点许可颁发授权问题、簇首轮换时网络密钥的具体如何更新等问题，并且也只是论述了基本原理，没有描述具体的实现方法。

综上所述，目前已经提出了多种针对 MANET 的安全方案，它们为 MANET 提供了一定的安全保护，但是也还存在诸多安全弱点。第一，对于簇首已经被攻破的情况，没有给出解决方案。第二，对于节点加入、退出、被俘获等不同情况，没有设计不同的簇密钥更新机制。

在现有方案的基础上，针对它们的安全缺陷，我们提出新的更加面向实际应用的 MANET 的簇型安全体系结构。与其他一些针对 MANET 的安全体系结构相比，提出的簇型安全体系结构的优越性主要在于：（1）对簇首已经被攻破的情况进行了处理，确保了在簇首被攻破或者簇首和备份簇首同时被攻破的情况下，系统仍能安全运行；（2）针对节点加入、退出、被俘获等不同情况，设计了不同的簇密钥更新机制，确保了簇密钥的安全性。由于综合考虑了系统运行过程中可能遇到的各种情况，所提出的新的安全体系结构更加完善，鲁棒性更好。下面对提出的新的面向 MANET 的簇型安全体系结构进行具体介绍。

4.2.2 面向 MANET 的簇型安全体系结构

MANET 主要可分为基于扁平结构和基于簇状结构两种：扁平网络结构下，侧重于分布式自组织的安全方案，依靠节点之间的分布式合作提供安全性保证；簇结构网络下，侧重于层次化的安全机制，通过把全网节点组织成不同的层次，从整体上提供一个安全体系结构框架。比较典型的分簇算法主要有 Gerla 和 Tsai[122] 提出的最小 ID 优先分簇算法，以及 Parekh[123] 提出的最大连接度优先分簇算法两种，这也是最早提出来的两种算法，现在常被用作比较的对象。后续又有学者陆续提出了对这两个算法的改进算法，如文献［124］等。虽然基于最大连接度的算法选举出来的簇首数目较少，但网络稳定性相对较差，当节点移动性较强的时候，表现得尤为明显。所以所采用的也是以最小 ID 为基础的，综合其他多种方法优点的混合技术。

4.2.2.1 簇型安全体系结构整体描述

如图 4.1 所示，我们提出的簇型安全体系结构首先要把所有网络节点分成若干个簇，每个簇有一个簇首节点。同时，借鉴文献［121］的思想，每个簇还设置一个备份簇首节点，以应对特殊情况。不同簇节点之间的通信通过网关转发完成，2 个相邻簇的网关可能有 1 个或多个。图 4.1 中黑色圆节点代表簇首，方节点代表备份簇首，三角形节点代表网关，白色圆节点代表普通节点。

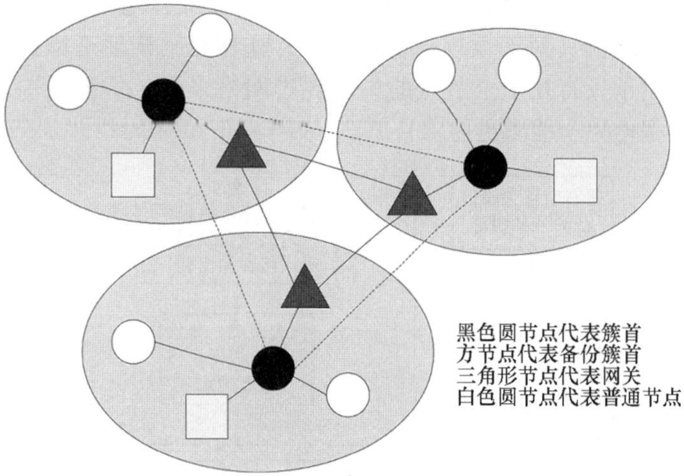

图 4.1　簇型网络拓扑图

所有簇首节点组成一个逻辑上更大的网络，并保持这个逻辑网络结构的相对稳定。簇首节点组成的逻辑网络为松耦合的平面结构网络，无中心，所有簇首节点之间为对等关系，通过协作共同完成节点加入认证等操作。每个簇的簇首负责本簇内的安全管理，并为簇内节点的路由提供支持；同时，采用门限共享的方法，在所有节点之间共享网络私钥。

在每个簇内实行集中式安全管理，簇首承担大部分安全管理职责，簇内其他节点与簇首协作，共同实现安全功能；在簇之间，采用基于 ECC 和多项式理论的分布式门限签名机制处理节点的证书及认证请求。

1. **网络组建与维护过程**

网络组建与维护过程如图 4.2 所示，按照时间先后顺序，分为几个大的步骤。当节点刚刚被部署到一个区域，此时无线网络尚未建立，每个节点都是对等的关系。这时按照第 4.2.2.2 节描述的方法选举初始簇首。经过短暂的初始簇首选举过程后，网络形成符合（t，n）门限要求的多个初始簇首。然后这些簇首按照第 4.2.2.3 节描述的过程进行网络私钥的分布式门限共享；并根据第 4.2.2.4 节描述的方法分布式生成网络公钥，并在全网络广播。在此基础上，每个簇首节点生成自己的公私钥对以及本簇的初始簇密钥，然后相互合作为所有的簇首节点签发公钥证书。签发公钥证书的方法基本参照第 4.2.2.7 节中的流程，与网络正常运行状态下为普通节点签发证书不同的是，簇首此时不需要收集担保证书即可直接进行公钥证书的签发过程。当所有簇首的公钥证书都签发完毕后，初始的网络簇结构已经形成，多个簇首之间形成了分布式松耦合的对等网络结构（对于大规模应用来说，这种簇结构缺乏可扩展性并且效率较低；但对于只有几十个节点的中小规模网络来说，这种结构足够灵活可靠，并且效率也完全能满足需求）。

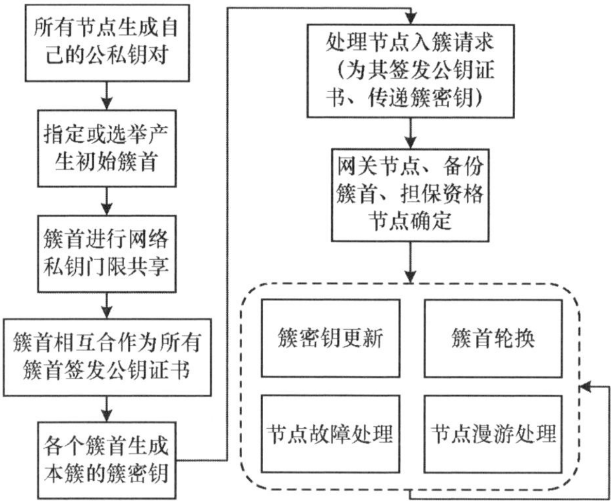

图 4.2　网络组建与维护过程

在此基础上，开始处理节点的入簇请求。具体过程按照第 4.2.2.6 节中描述的新加入节点认证过程进行。此时由于簇结构网络内只有簇首节点，所以此时新节点需要的担保证书全部由簇首节点签发。当一个节点被批准加入簇结构网络后，就需要为它生成一个公钥证书，这按照第 4.2.2.7 节描述的节点公钥证书的签发流程进行。新节点收到签发好的公钥证书后，可以按照第 4.2.2.8 节描述的证书合法性验证方法进行验证，以确定证书的有效性（当其他节点需要验证另外一个节点的公钥证书的合法性的时候，也采用第 4.2.2.8 小节中描述的方法进行）。该节点成功加入簇后，簇首使用该节点的公钥加密全网络公钥和本簇的簇密钥，然后发送给该节点，该节点用自己的私钥解密后即得到网络公钥和本簇簇密钥。后续网络运行过程中簇密钥的更新按照第 4.2.2.9 节描述的方法进行。循环对其他尚未加入簇结构的节点执行这个新节点加入簇结构的过程，直到所有节点都已经加入簇结构。根据网络连通情况和节点邻居情况，确定各个簇之间的网关节点（为便于安全通信的实施，网关节点可以加入多个簇结构，但要求该节点在其中充当网关）。此时基于簇型安全体系结构的整体无线网络已经形成。

当网络运行一段时间后，初始簇首节点根据前段时间内簇内节点的表现情况，选择其中一个诚实可靠的节点作为备份簇首；同时动态地确定具有颁发担保资格证书的节点，并根据网络运行情况不断实时更新。

在网络运行过程中，由于各种原因，还可能会出现各类节点故障、簇首被敌人攻破、簇首和备份簇首同时被敌人攻破、新加入节点不在当前已有簇结构的覆盖范围内，以及簇首任周期到期等情况，此时都需要进行簇一级结构的维护。维护的方法按照第 4. 2. 2. 5 节中混合型簇首轮换方案进行。

随着时间的推移，会不断有新节点加入簇结构以及老节点退出簇结构，还会有节点在簇之间漫游。此时簇密钥需要进行更新，也按照第 4. 2. 2. 9 节中描述的方法进行。对于恶意节点和漫游节点的处理，按照第 4. 2. 2. 10 节介绍的方法进行。对于簇首和其他网络内节点被攻破或俘获的判定，按照第 4. 2. 2. 11 节介绍的原则进行。

2. **网络通信过程**

每个簇首节点需要维护三种密钥：门限公私钥对（维护的私钥仅为本簇的共享份额），用于整个网络的安全管理；簇内共享密钥，用于簇内传输秘密信息；自身证书对应的公私钥对，用于身份认证和安全通信。

备份簇首节点和其他普通节点也需要维护三种密钥：全网络公钥，用于自身公钥证书签发过程以及对其他节点证书的验证；簇内共享密钥，用于簇内传输秘密信息；自身证书对应的公私钥对，用于身份认证和安全通信。网关节点在此基础上还要维护多个簇的簇密钥，以便能在不同簇之间转发信息。

在系统运行过程中，当一个节点获取到本簇的簇密钥后，就通过 netlink 机制写入与网络协议栈交互的内核模块，然后该内核模块负责利用该密钥对通信数据进行加密和解密（图 4. 3）。网关节点还要维护多个簇密钥形成的链表，根据通信数据报文地址信息，从密钥链表中选择正确的密钥对数据进行处理，

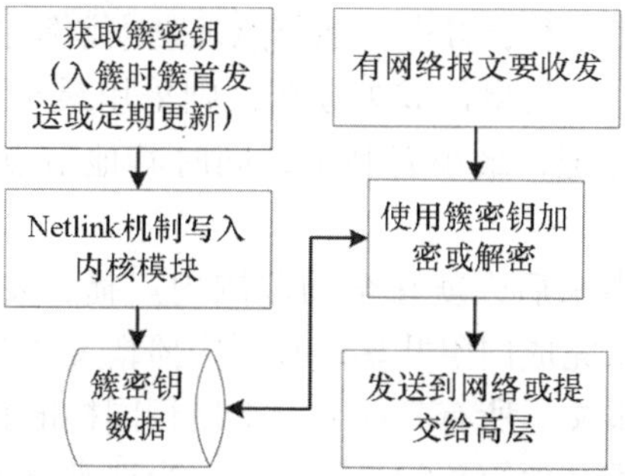

图 4. 3　网络通信过程

然后把报文提交给高层或向其他节点转发。

以下将从全网络簇状结构的角度，综合描述具体的安全机制，主要包括十个大的过程：初始簇首的产生、网络私钥（t，n）门限共享、网络公钥的生成、簇首轮换机制、新加入节点认证、节点公钥证书签发、证书的合法性验证、簇密钥更新过程、恶意节点及节点漫游攻击处理机制、簇首被攻破以及节点被俘获的判定。

4.2.2.2 初始簇首的产生

采用管理员指定和动态选举相结合的方式来确定初始的簇首，以便尽量减少网络稳定下来开始工作所需要的时间，并且该方法有足够的灵活性，可以应对复杂多变的情况。

在网络部署之前，管理员可以根据经验知识，指定其中若干个节点为簇首(0 个或多个均可)，并在所有这些节点之间配置共享相互的身份标记 ID。当网络部署之后，如果管理员指定的簇首节点已经可以满足系统预设的（t，n）门限要求，则这些簇首节点立即开始进行网络私钥的（t，n）门限共享，随后执行其他组网步骤。

如果网络部署之后，管理员并没有指定任何簇首节点，或指定了一部分簇首节点，但不能满足系统预设的（t，n）门限要求，则执行簇首的动态选举过程，并当选举出来的簇首个数能满足门限共享要求时，执行网络的初始化和组网过程。自发选举簇首的过程如图 4.4 所示，描述如下。

网络部署之后，管理员指定的簇首周期性地向外发送簇首广播包，标明自己的簇首身份。同时，不是簇首的节点监听该广播报文。如果收到了某个簇首发出的广播报文，则向其发出申请入簇请求；如果在连续两个广播报文周期内都没有收到任何簇首广播报文，则认为在自己的“视线”范围内没有预设的簇，那么自己申请成为簇首，并向周围节点发送申请簇首广播包。如果在一个小的区域内有多个节点都要申请成为簇首，则采用最小 ID 优先的原则，这些节点比较各自的身份标记，最小者胜出，同时其他节点标记为该簇首的下属节点。

当新的簇首选举出来后，就在全网范围内广播，发送新选举产生簇首报文。如果此时系统尚未完成门限共享，收到广播报文的节点自己尚未加入某个簇，则该节点转发此报文。所有其他节点也进行同样的转发操作，以保证簇首节点之间相互都能知道其他簇首的身份信息；当选举产生的簇首个数可以满足系统预设的（t，n）门限要求后，开始执行门限共享和组网过程。如果网络其

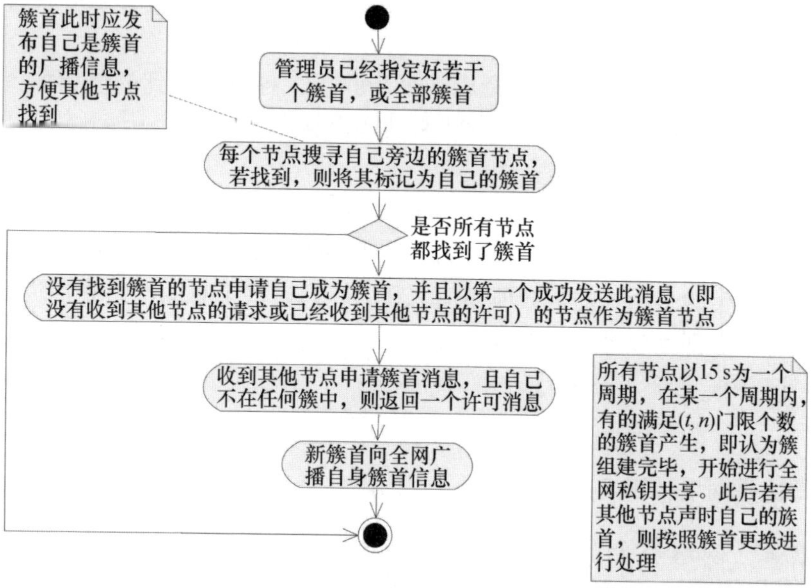

图 4.4　初始簇首产生流程图

他部分已经组建完毕，则任何已经入簇的节点或簇首节点向该新选举产生的簇首节点发送回应报文，告知其网络已经组建和当前簇首群信息，同时不再转发此广播报文。

4.2.2.3　网络私钥 (t, n) 门限共享

为了在所有簇首节点之间共享全网络私钥，我们考虑利用 $t-1$ 次的多项式函数：

$$f(x) = (S + a_1 x + a_2 x^2 + \cdots + a_{t-1} x^{t-1}) \bmod p \tag{4.1}$$

式中：p 为一个大的素数；系数 a_i 都是从 $GF(p)$ 域中随机选择的；S 为要共享的秘密信息。具体过程如下：

（1）把每一个簇第一任簇首节点的身份标记 ID 公布出来，作为这个簇的簇标记，记为 ID_i，以后本簇内的簇首轮换等操作都使用这个簇标记对外交流，直到该簇消亡。

（2）每个簇首节点自己构造一个 $t-1$ 次多项式 $f_i(x)$（要保证产生的多项式函数的常数项非零，记这些非零的常数项为 u_1，u_2，…，u_n）。

（3）把所有其他簇的簇标记信息 ID_j 代入多项式进行计算，得到一系列结果。以 P_i 节点为例，它将得到总共 n 个 $S_{i,j}=f_i(ID_j)$。

（4）将这些结果分别发送给相应的簇首节点（如把 $S_{i,j}$ 发送给簇首节点 j），但是保留 $S_{i,i}$。

（5）所有 n 个簇首节点都完成这个步骤后，各自将收到的值相加，然后加上自己保留的那个，作为自己的秘密共享份额。

此时的共享多项式会是：

$$F(x)=f_1(x)+f_2(x)+\cdots+f_n(x) \tag{4.2}$$

很明显，这还是一个 t-1 次多项式，且网络私钥为 $F(x)$ 的常数项，等于每个节点产生的多项式的常数项相加之和，我们记这个总的网络私钥为 S。在所有簇首节点都完成这个操作后，有：

$$S_i=S_{1,i}+\cdots+S_{i,i}+\cdots+S_{n,i}=f_1(ID_i)+\cdots+f_i(ID_i)+\cdots+f_n(ID_i)=F(ID_i) \tag{4.3}$$

即这是网络私钥 S 的一个（t，n）门限共享，满足 $(S_1\cdots S_n)\overset{(t,n)}{\leftrightarrow}S$。

4.2.2.4 网络公钥的生成

利用椭圆曲线技术来生成网络公钥。选择 $GF(p)$ 域上的椭圆曲线 E（p 是一个大的素数，160 位以上），并令 G 是其中一个阶为 L 的生成点［用（x，y）坐标表示的形式］。则具体的方法如下：

每个簇首节点在执行上述过程的同时，并行地执行以下过程：

（1）计算 $Q_i=u_iG$，然后发送给所有其他簇首节点。

（2）所有簇首节点都完成步骤 1 后，各自计算得出网络公钥为：

$$Q=\sum_{i=1}^{n}Q_i \tag{4.4}$$

（3）簇首负责向本簇内其他成员节点发布网络公钥。

4.2.2.5 簇首轮换机制

1. 混合型簇首轮换方案

综合考虑方案最优化以及实现的复杂度和运行效率，我们提出一种混合的簇首轮换方案。具体如下：

（1）当前簇首如果没有被俘虏，则它准备退出簇首角色时，将查看该簇内节点的历史活动记录，并从中选取一个在本簇内连续活跃时间最长的节点，然后直接指定其为下一任簇首。如果有多个备选节点，则选择其中尚未担任过簇首，或者担任簇首次数最少的一个节点胜出；如果两个节点条件相同，则身份标记 ID 较小的胜出。这样做可以最大限度地保证簇一级的稳定性，有利于维护整个网络拓扑的稳定，将节点漫游、消失等带来的影响限制在一个或少数几个簇的范围内。同时，采用直接指定的方法，可以避免簇首选举时大量地迭代，从而节省了系统资源和轮换的时间开销。

（2）如果因为检测到当前簇首被俘虏或攻破而引起簇首的轮换，则立即由备份簇首担任新的簇首。

（3）如果簇首和备份簇首同时被攻破，则簇内其余节点自发选举新簇首，都尝试发送成为新簇首的请求包，并按照自发选举簇首的方法产生新簇首。

（4）如果一个簇内的成员全部发生故障或退出，则撤销该簇，没有新的簇首产生。

（5）如果一个新的节点加入，且不在当前任何簇的覆盖范围内，则它可以声明并组建一个新的簇，并充当第一任簇首。

2. 簇首轮换时（t，n）门限共享的更新方法

这分为两种情况：一是只有新旧簇首节点的交替，但簇一级结构并没有变化；二是各种原因引起的簇一级结构的变化，包括簇首被意外攻破，有新的节点加入并成为簇首等。对于这两种不同的情况，我们采用两种不同的解决办法，下面分别进行描述。

（1）简单的新旧簇首节点交替

首先，新的簇首节点要从旧的簇首节点处获取以下信息：本簇旧的门限共享份额、本簇的簇标记 ID、其他簇的簇标记 ID、本簇节点列表和本簇路由配置等其他信息。然后在此基础上按照如下过程进行：

①在（t，n）门限共享的基础上，更新之后的每个簇首节点自己构造一个新的 $t-1$ 次多项式 $f_i(x)$，但这个多项式不包括常数项。

②把所有其他簇的簇标记信息 ID_j 代入新的多项式进行计算，得到一系列结果。

③按照与第 4.2.2.3 节相同的方法，把这些计算结果发给其他簇首节点。

④所有新簇首都完成第③步后，每个簇首各自将收到的值相加，然后加上自己保留的那个，作为新的秘密共享份额。

这实际上只是基于多项式的（t，n）门限共享的一个扩展。由于原来的共享多项式为 $F(x)$，所以新的共享多项式会是：

$$F'(x) = F(x) + f_1(x) + \cdots + f_n(x) \tag{4.5}$$

很明显，这还是一个 $t-1$ 次多项式，且常数项为 S。而且在所有节点都更新完秘密份额后，还满足：

$$\begin{aligned} S'_i &= S_i + S'_{1,i} + \cdots + S'_{i,i} + \cdots + S'_{n,i} \\ &= F(ID_i) + f_1(ID_i) + \cdots + f_i(ID_i) + \cdots + f_n(ID_i) \\ &= F'(ID_i) \end{aligned} \tag{4.6}$$

即新的秘密共享份额仍然构成了一个（t，n）门限共享。

（2）簇一级结构发生变化

如果只有旧簇的消亡，没有新簇的产生，但剩余的簇首总数还能满足门限要求，则按情况（1）过程进行操作，不同之处是参与操作的簇首个数减少了。

如果剩余的簇首总数不能满足门限要求，或者有新的簇生成，则必须重新构造整个网络的（t，n）门限共享。操作方法按照第4.2.2.3节中介绍的初始私钥（t，n）共享方法进行。由于网络私钥发生了变化，全网络公钥和所有节点的成员证书都要相应地变动。所以这种情况下整个网络的维护开销相对来说要大一些，应尽量避免这种情况的发生。

新的网络公私钥确定后，簇首节点间采用第4.2.2.7节中分布式签名的方式为所有合法节点生成新的身份证书。为保证过程的有序性，每个簇首负责为自己簇内的成员向其他簇首节点提出申请，避免所有节点无组织地自发申请证书的行为。

4.2.2.6 新加入节点认证

当一个新的节点要加入网络的时候，就要执行一个节点认证的过程。这里引入一个担保证书机制。为了实现对自己的身份认证并成功加入网络，新的节点需要收集一些担保证书，这可以通过向网络中有担保资格的合法节点请求来获得，当它收集到超过门槛数量［门槛值可合理设定，如2等，这里的门槛数量和全网密钥共享中的（t，n）门限是不同的概念］的担保证书后，就可以向网络提出加入请求。

定义一个节点A需要收集的担保证书的内容为：A的身份标记、A的公钥、担保者的身份标记、担保者对A的信任程度、担保者愿意为A提供担保的说明、担保者的私钥签名。

处理A的加入请求的簇首需要A提供担保证书，然后根据该信息向提供担保者索取担保资格证书。如果所有的证书都是合法可信的，那么该簇首就认可A的加入，并在其他簇首的协助下为A生成一个公钥证书（证书的具体生成过程在第4.2.2.7节描述）。

以合法成员的身份在网络中连续工作超过一个预设时间 T，且其间无任何恶意行为的节点可以成为一个具有担保资格的节点，并由该簇的簇首独自为其颁布一个担保资格证书；簇首节点无条件具有担保资格。在网络刚刚部署，尚未有节点具备此资格的时候，则只有簇首节点具备担保资格，新加入节点必须通过可靠途径获得簇首节点的认可。

定义一个节点 S 的担保资格证书的内容为：S 的身份标记、S 的公钥、S 具有担保资格的说明、簇首私钥的签名。担保资格证书由本簇簇首使用自己的签名私钥直接签名，所以当簇首更换时，该担保资格证书也要更新。

4.2.2.7　节点公钥证书签发

当一个新节点收集到足够的担保证书并被允许加入网络时，就要启动一个为该节点分布式生成公钥证书的过程。定义一个合法节点 N 的公钥证书的内容为：N 的身份标记、N 的公钥、N 是合法成员的说明、全网络私钥的签名。节点的公钥证书由大于 t 个的簇首节点合作完成，具体方法如下：

前提状态：当前有 n 个簇首节点以（t，n）门限共享的方式共享网络签名私钥 S。用 P_1，…，P_i，…，P_n 来表示这 n 个节点，且其对应的簇标记分别为 ID_1，…，ID_i，…，ID_n，每个节点共享的秘密份额为 S_1，…，S_i，…，S_n，满足$(S_1,\cdots,S_i,\cdots,S_n)\overset{(t,n)}{\leftrightarrow}S$。全网络用 ECC 的方式进行签名和验证，椭圆曲线选择为 $GF(p)$域上的 E，G 是其中一个阶为 L 的生成点，S 是全网络的签名私钥，系统的验证签名公钥为 $Q=SG$。$H(\,)$是一个安全的单向哈希函数，用来对待签名的数据作哈希，增加其无序性［$H(\,)$的输入为 GF（2^m）域上任意长度的二进制序列，其输出为 $GF(p)$域上固定长度的二进制序列，如 $SHA-3$ 的 224 位、256 位、384 位、512 位等］。则 t 个簇首节点合作（如果有多于 t 个的簇首参与进来，则将其按一定规则排序，并选取其中前 t 个）。分布式对一个节点的证书 m 签名的步骤如下［特别说明：所有计算都限制在 $GF(p)$域］：

（1）每个簇首节点生成一个随机数 t_i，然后计算 $B_i=t_iG=(x_i,y_i)$，并将 B_i 发送给被签名者或其代理者。

（2）每个簇首节点计算 $a_i=(S_iC_i)\times H(m)+t_i$，然后把 a_i 发送给被签名者。其中 S_i 是各个簇首的共享份额，C_i 是一个插值多项式，表示为：$C_i=\prod_{j=1,j\neq i}^{t}\dfrac{-ID_j}{ID_i-ID_j}$。

（3）被签名者收到所有 t 个簇首的 a_i，B_i 后，计算 $B=\sum_{i=1}^{t}B_i=(x,y)$，

$a = \sum_{i=1}^{t} a_i$，并令 $b = x$，则其经过签名的证书为组合（m，a，b）。

4.2.2.8 证书的合法性验证

要验证一个证书是否有效，须按照下列步骤进行：

（1）计算 $aG - H(m)Q = (x',y')$。

（2）比较 x'是否等于 b，如果相等，则认为这个证书是合法的，否则认为证书不合法。

如果证书是经过正确签名的，则以下推导过程必然成立，否则不成立。

$$
\begin{aligned}
aG - H(m)Q &= (x',y') \\
&= \sum_{i=1}^{t} a_i G - H(m)S \cdot G \\
&= \sum_{i=1}^{t} [S_i C_i \cdot H(m) + t_i] \cdot G - H(m)S \cdot G \\
&= [H(m)(\sum_{i=1}^{t} S_i C_i - S) + \sum_{i=1}^{t} t_i] \cdot G \\
&= [H(m)(S - S) + \sum_{i=1}^{t} t_i] \cdot G \\
&= \sum_{i=1}^{t} t_i \cdot G \\
&= \sum_{i=1}^{t} (t_i G) = \sum_{i=1}^{t} B_i \\
&= B = (x,y) = (b,y)
\end{aligned}
\tag{4.7}
$$

所以当证书合法的时候必然有 $x' = b$。

4.2.2.9 簇密钥更新过程

1. 正常周期更新过程

当簇密钥有效期到期时，更新方式如下：

（1）簇首产生一个新的簇密钥，然后用当前簇密钥加密新的簇密钥，随后在簇内广播加密后的新的簇密钥。

（2）每个簇内节点收到后，各自解密并取出新的簇密钥，然后向簇首发送簇密钥已经更新的 ACK 报文。

（3）当簇首收到所有簇内节点的 ACK 报文后，簇密钥更新过程结束，所有簇内节点的簇密钥已成功更新为新的簇密钥。

2. 节点加入簇时簇密钥更新过程

当有新的节点加入簇时，为保证前向安全性，必须更新簇密钥，更新过程和正常周期更新过程一样。唯一不同的是，新加入节点的簇密钥和公钥证书以及全网络公钥用其自身的公钥加密，然后簇首节点负责把加密后结果发送给新节点。新节点收到后，用自己的私钥解密并取出公钥证书和簇密钥以及全网络公钥，然后妥善保存。

3. 节点退出簇时簇密钥更新过程

当有节点退出簇时，为保证后向安全性，也必须更新簇密钥，此时更新过程如下：

（1）簇首产生一个新的簇密钥，然后对每个簇内节点，用其公钥加密新的簇密钥，随后发送给该节点。

（2）簇内节点收到后，用自己的私钥解密并取出新的簇密钥，然后向簇首发送簇密钥已经更新的 ACK 报文。

（3）簇首循环对所有簇内节点依次更新簇密钥，当收到所有簇内节点的 ACK 报文后，簇密钥更新过程结束，所有簇内节点的簇密钥已成功更新为新的簇密钥。

4. 节点失效时簇密钥更新过程

当节点意外掉电，或者被俘获时，也必须更新簇密钥，以保证通信数据的安全性，此时更新过程和有节点退出簇时更新过程一样。

4.2.2.10 恶意节点和节点漫游攻击处理机制

为应对恶意节点的恶意行为，在簇首节点维护的节点信息表中，设置一个节点可信值字段。初始时设置为 1.0，以后随着节点的行为而不断变化。所有节点在完成本身工作的同时，还负责监听邻近节点的行为，主要是监听报文转发情况、路由发布情况、报文处理情况等。每个节点监听到其他节点有恶意行为时，就向簇首报告这一情况。簇首根据具体的行为类型，在该节点的可信值字段上减去一个数值。当某个节点的可信度低于一定水平的时候，网络就标记这个节点为恶意节点，拒绝其在本网络内参与其他活动，同时把其列入黑名单，从网络中隔离出去。

为了避免被网络撤销，某些恶意节点可能实施簇间漫游攻击：当在一个簇中实施了大量破坏导致可信值降到某个水平时，漫游到另外一个簇，重新加入网络，从而刷新自己的可信值，然后对新簇实施破坏。我们采用文献［121］中提出的节点漫游攻击解决方案来应对这一类型的攻击，即基于请求的节点信息共享。当一个节点申请加入某个簇时，首先需要提交自己的证书。该簇的簇首从证书中取出序列号，将序列号用门限公钥加密后组播给其他簇首。每个簇首用自己的门限私钥解密得到该序列号，然后在自己的信息表中查找该序列号。对于任意一个其他簇首来说，若找到，则说明这个节点是从本簇漫游到当前簇中的，这个簇首将发送这个节点的记录信息给当前簇首；若未找到，则说明原来不在本簇中，此类簇首只发送一个简单应答给当前簇首。然后，当前簇首根据其他簇首发回的信息判断这个节点是漫游节点还是网络的新加入节点以及是否被其他簇撤销过，然后决定是否允许其加入本簇，并为其设置合理的节点可信度初值。

4.2.2.11　簇首被攻破以及节点被俘获的判定

簇首和网络内其他节点在以下情况下将被判定为被攻击者攻破或俘获：

（1）在设定的时间间隔内未收到该节点发出来的“心跳包”；

（2）与其他节点 ID 重复（此时两者都被标记为被俘获节点）；

（3）当其他节点请求时，不能提供自己合法的公钥证书；

（4）提交给该簇首的公钥证书签发请求以很大概率（如大于 5%）计算出错或得不到响应；

（5）簇内存在可信节点，但当前簇首长期担任簇首职责，轮换时均指定自身为下任簇首，不与簇内其他节点轮换；

（6）当簇内节点发生变化时，簇首不发起簇密钥更新过程；

（7）随意调整无线信号发射功率，被其他节点监测到不规则地在簇内消失（没有执行正常的加入簇和退出簇协议）；

（8）通信行为异常，并依据第 4.2.2.10 节的监测规则，被网络标记为恶意节点。

当网络中某个节点监测到另一个节点发生了上述情况时，就向网络内其余合法节点广播该消息，并继续执行监测，直到这个节点被成功识别出来并被隔离出网络。

4.2.3 安全性分析

4.2.3.1 全网私钥安全

在攻击者只进行窃听攻击的情况下，他只能获得网络上传输的消息，却不能获得任何 S_i、u_i 或者 t_i 的信息，根据有限域上离散对数问题的困难性，攻击者要想恢复出 S_i、u_i 或者 t_i 都是不可能的，所以更不可能恢复出系统私钥 S。如果攻击者俘虏了部分簇首节点，并获得了一部分 S_i、u_i 和 t_i（少于 t 个），此时他仍然不能恢复出网络私钥 S，也不能发布虚假的签名。这是因为网络私钥是采用（t，n）门限共享方式分布的，而且在以上协议的执行过程中，要求 t 个或以上的成员共同参与才能完成。攻击者如果想用少于 t 个的参与者执行上述协议，则其最后的结果将是杂乱无意义的，不可能通过公钥的验证，这实际上是由（t，n）门限共享的特性保证的。所以安全方案中的全网络私钥是安全的。

4.2.3.2 簇密钥安全

1. 初始簇会话密钥安全性

初始的簇会话密钥采用公钥加密的方式，由簇首使用节点的公钥加密后发送给对应的节点，然后节点使用自己的私钥解密。在节点私钥安全可靠的前提下，基于公钥密码体制数学上的难解性，则该会话密钥也是安全的。由于节点自身的私钥仅在节点自己内部使用，从不外泄出节点，所以节点自身的私钥是安全的。从而簇会话密钥是安全的。

对于不同的节点，簇首分别使用它们各自的公钥加密并发送加密结果，节点也分别使用自身的私钥解密。所以不同的节点之间互相不能解密其他节点的密文。也就是说，如果簇首不把初始的簇会话密钥发送给某个节点，那么这个节点是无法通过其他途径获取到的。

对于节点可能会被俘获从而导致私钥泄露的情况，我们设计了硬件自毁机制。在原型系统内部，所有密钥信息和其他关键信息都存储在一片具有不可复制性、不可测量性、可自毁性的特殊芯片中，一旦检测到节点被俘获，就会启动该芯片的自毁程序，导致系统重要参数和通信密钥全部销毁，从而最大限度避免了关键信息因节点被俘获而导致的泄露。同时，其他节点在该节点被俘获后，立即启动簇密钥更新程序，使得即使出现了簇密钥的泄露，也不会影响后续通信过程的安全性。这双重机制的共同作用，保证了在有节点被俘获情况下簇密钥的安全性。

综上可知，初始簇会话密钥是安全可靠的。

2. **前向安全性**

根据第 4.2.2.9 节的描述，当有新节点加入簇时，会启动一个簇密钥更新过程。当新节点成功加入簇后，簇密钥已经更新为新的簇密钥，新加入的节点不能获得加入簇之前所使用的簇密钥。并且，由于新的簇密钥为簇首完全新生成的，也不能由新的簇密钥（或结合其他现有信息）推出以往簇密钥的任何信息，所以设计的簇密钥机制能够保证前向安全性。

3. **后向安全性**

根据第 4.2.2.9 节的描述，当有节点退出簇时，也会启动一个簇密钥更新过程。在节点退出簇的同时，簇密钥就已经更新为新的簇密钥了。并且由于此时的更新方式采用的是公私钥数字信封的形式，即使要退出簇的节点截获了这些报文，也不能利用旧的簇密钥从中获取任何新的簇密钥的信息，所以设计的簇密钥机制能够保证后向安全性。

4. **防合谋破解安全性**

在有多个节点合谋的情况下，它们所能获得的信息，也仅限于已经截获的加密后的新旧簇密钥，除可以截获更多的报文并具有更强的计算能力外，多个合谋者并不比单个攻击者在安全性上有更大的威胁。基于基本密码模块的安全性，对这些加密后的密钥报文进行暴力攻击是困难的。

对于个别合谋者位于系统内部的情况，系统会通过恶意节点检测机制（第 4.2.2.10 节）在极短的时间内检测出该节点，并把其从网络中隔离出去。当该节点被隔离出去后，它就只能实施一般的报文截获类攻击了。并且根据第 4.2.3.2 节的结论，该节点不能获得在此之前和之后的任何簇密钥信息，所以不具有更大的破坏性。在该节点被隔离之前的短暂时间内，他可以窃取为数不多的通信报文，这会造成一定影响，但系统内的其他应用（内核模块、高层应用等）完全可以通过其他机制进行弥补，如宣告在恶意节点攻击期间的数据作废等。

因此，设计的簇密钥机制能够防合谋破解攻击。

4.2.3.3 通信安全

根据第 4.2.3.1 节和第 4.2.3.2 节的结论，在正常情况下全网络私钥和簇密钥都是安全的，并且节点自身私钥由于只存储于节点内部，不对外泄露，所以正常情况下节点私钥也是安全的。在这个前提下，基于基本密码模块的不可破解性，使用这些密钥加密和通信的过程在正常情况下是安全的，如节点公钥证书签发、担保证书签发、基于簇密钥的簇内和簇间数据通信等。

现在考虑特殊情况：簇首被攻破，备份簇首或其他节点被攻破，簇首和备份簇首同时被攻破，簇内节点全部被破坏，系统内部存在恶意节点。下面逐个进行讨论。

1. 簇首被攻破

此种情况下，系统将按照第4.2.2.5节中设定的机制，进行簇首被攻破时的簇首轮换。备份簇首将迅速接过簇首的责任并成为新的簇首，然后进行全网络私钥的重新门限共享，从而各个簇的共享份额都得到更新，本簇相应的共享份额也更新为新的共享份额。

随后，簇内将按照第4.2.2.9节设定的机制，进行簇密钥的更新过程。由第4.2.3.2节的讨论可知，簇密钥将在极短的时间内被更新。

由第4.2.3.1节和第4.2.3.2节的讨论可知，上述两个过程都是安全的。另外，假设攻击者对被俘获后的节点进行逆向工程，以图恢复出会话密钥和其他系统关键信息，则这个过程必须由人工实施或干预。逆向工程的时间花费将是一个可观的量级，在此期间，系统早已按照上述的两个过程重新构造了相关的安全参数。即使攻击者一段时间后从被俘获的节点中获得了密钥等“关键信息”，对系统的安全运行也不会构成任何影响。并且，自毁机制的运用将会使得逆向工程成功率极低，大大降低其收效。所以，即使存在簇首被攻破的情况，系统仍可以安全运行。

2. 备份簇首或其他节点被攻破

此种情况下将会进行簇密钥的更新。由于对全网络私钥不构成威胁，所以无须进行网络私钥的重新门限共享。类似地，可立即由第4.2.3.2节的结论推出此种情况下，系统仍可以安全运行。

3. 簇首和备份簇首同时被攻破

此时的情况与簇首被攻破的情况类似，不同之处是没有新的继任者来接替簇首职能。根据第4.2.2.5节的方案，此时系统首先会进行一个自发选举簇首的过程，待新簇首选举出来后，继续执行全网络私钥的重新门限共享和簇密钥的更新。

在新簇首选举出来以前，簇内不进行其他的数据通信，从而与簇首单独被攻破的情况相比，除多了簇首选举过程的时间开销，并且此段时间内会积压部分通信数据外，其他方面一致。从而由簇首单独被攻破时系统仍然安全的结论，可以立即得出此种情况下系统仍然可以安全运行。

4. 簇内节点全部被破坏

按照第 4.2.2.5 节的方案，这个簇将被系统撤销，随后系统会进行网络私钥门限共享份额的更新。根据第 4.2.3.1 节全网络私钥门限共享更新过程的安全性，此时系统仍可以安全运行。

5. 系统内部存在恶意节点

根据第 4.2.2.10 节的方案，系统引入了节点监测机制，能实时检测出恶意节点的存在并适时做出处理，从而可大大减少内部恶意节点的直接攻击和漫游攻击对系统安全性的影响。根据第 4.2.3.2 节的结论，在恶意节点被系统隔离出去前后，系统都是安全的。并且在恶意节点实施攻击期间造成的影响可以通过原型系统内其他模块进行弥补，所以此种情况下系统仍然可以安全运行。

综上所述，本安全体系结构是安全的。

4.2.4 实验结果

4.2.4.1 实验环境

我们利用 NS3 进行了模拟实验，分别进行了 15 节点和 100 节点两种不同规模的无线网络模拟实验。15 节点模拟实验中的网络拓扑如图 4.5 所示；100 节点模拟实验中的网络拓扑如图 4.6 所示。其中以簇首为中心的虚线圆圈表示该簇首可直接通信的范围，节点边上的数字为节点 ID 编号。

实验中使用 NS3 的默认信号衰减模型和信道干扰模型。经过实验测量，此时无线通信的传输距离为最远可达 656 m，故实验中的节点通信范围都按此距离设置。15 节点实验中网络整体上划分为 3 个簇；100 节点实验中网络整体划分为 20 个簇。相应的，其（t，n）门限值分别设置为（2，3）和（13，20）。

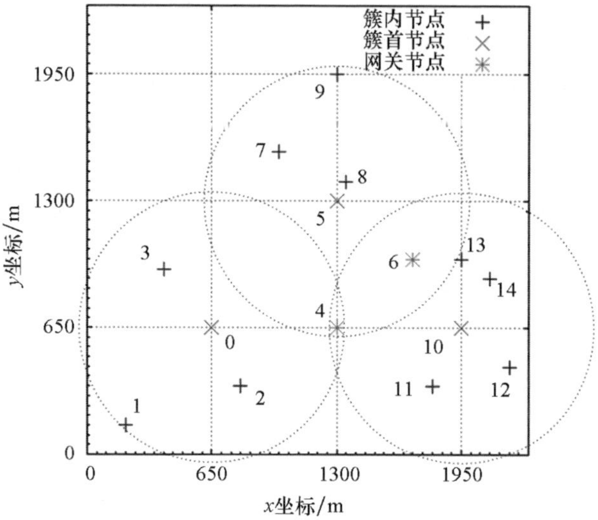

图 4.5　15 节点实验拓扑图

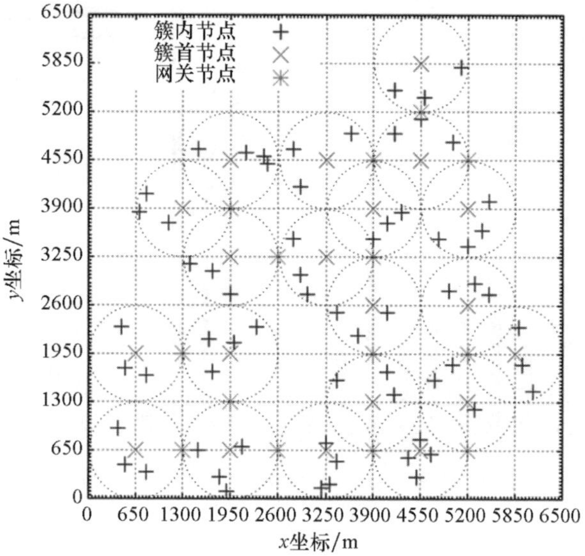

图 4.6　100 节点实验拓扑图

15 节点实验中采用的是 AODV 路由协议；100 节点实验中采用的是 OLSR 路由协议。除路由协议的这个区别外，两种实验其他参数一致，具体设置如下：

NS3::WifiRemoteStationManager::FragmentationThreshold　　2200

NS3::WifiRemoteStationManager::RtsCtsThreshold　　2200

NS3::WifiRemoteStationManager::NonUnicastMode　　DsssRate1 Mbit/s

RxGain　　－10

PropagationDelay　　NS3::ConstantSpeedPropagationDelayModel

PropagationLoss　　NS3::FriisPropagationLossModel

WifiMacStandard　　WIFI_PHY_STANDARD_80211b

NS3::ConstantRateWifiManager::DataMode　　DsssRate1 Mbit/s

NS3::ConstantRateWifiManager::ControlMode　　DsssRate1 Mbit/s

实验中仿真开始时间设置为 60 s，仿真时间总长度设置为 3600 s。

4.2.4.2　实验结果

1. 网络私钥门限共享时间

测量了不同规模下网络私钥共享耗费的时间，结果如图 4.7 所示。

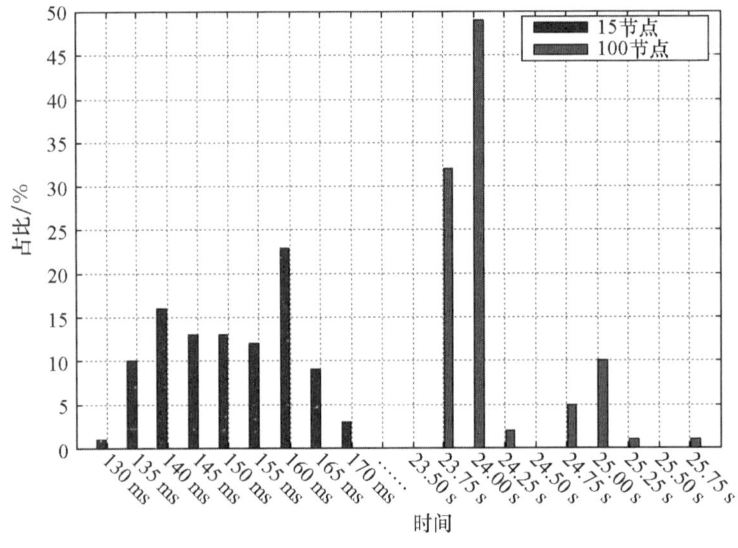

图 4.7　网络私钥门限共享时间开销

其中 15 节点规模的网络私钥共享所需时间较短，大约为 150 ms，最长不超过 170 ms。100 节点规模的网络私钥共享所需时间相对较长，大约为 24 s，个别时候超过 25 s。

2. 网络公钥生成时间

测量了不同规模下网络公钥生成耗费的时间，结果如图 4.8 所示。

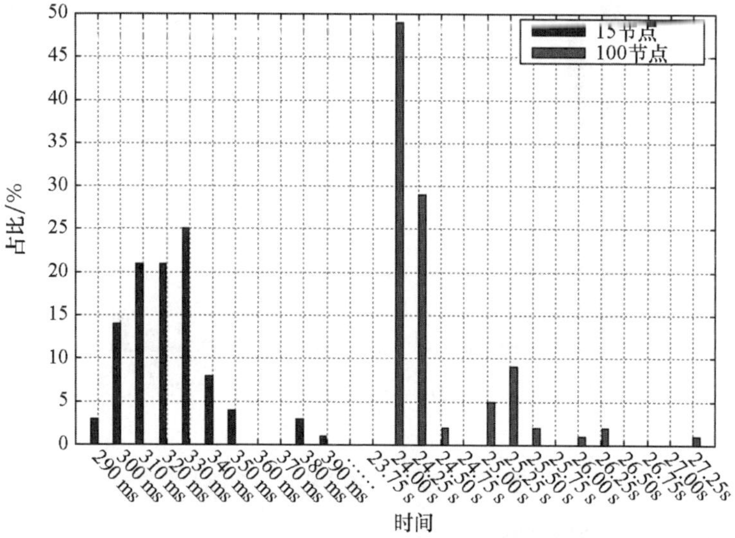

图 4.8　网络公钥生成时间开销

与私钥共享类似，网络规模较大时所需时间也较长。15 节点规模下公钥生成耗费时间为 320 ms 左右；100 节点规模下则为 24 s 左右。

3. 担保证书签发时间

测量了签发担保证书耗费的时间，如图 4.9 所示。

担保证书的签发时间基本不受网络规模的影响，两种规模的实验中都维持在 21 ms 左右。

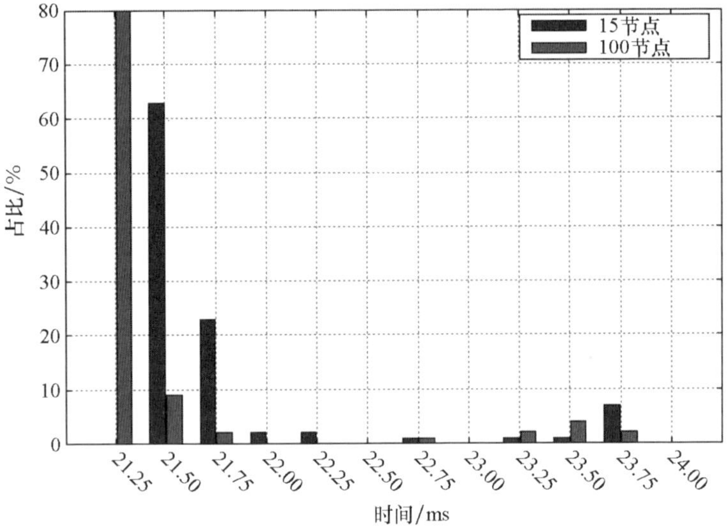

图 4.9　担保证书签发时间开销

4. 节点公钥证书签发时间

测量了节点公钥证书签发时间，结果如图 4.10 所示。

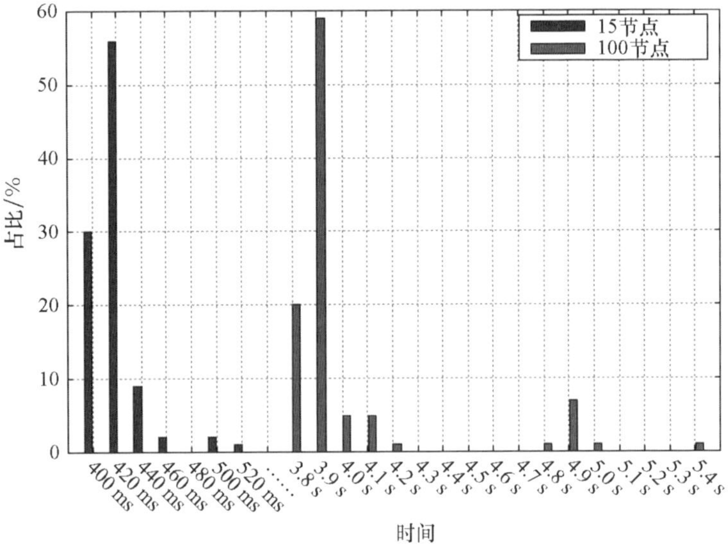

图 4.10　节点公钥证书签发时间开销

网络规模较大时，签发节点公钥证书所需时间也相应增加。15 节点规模时签发公钥证书约需 420 ms；100 节点规模时，签发公钥证书约需 3. 9 s。

5. 证书合法性验证时间

测量了对证书进行合法性验证需要花费的时间，如图 4. 11 所示。

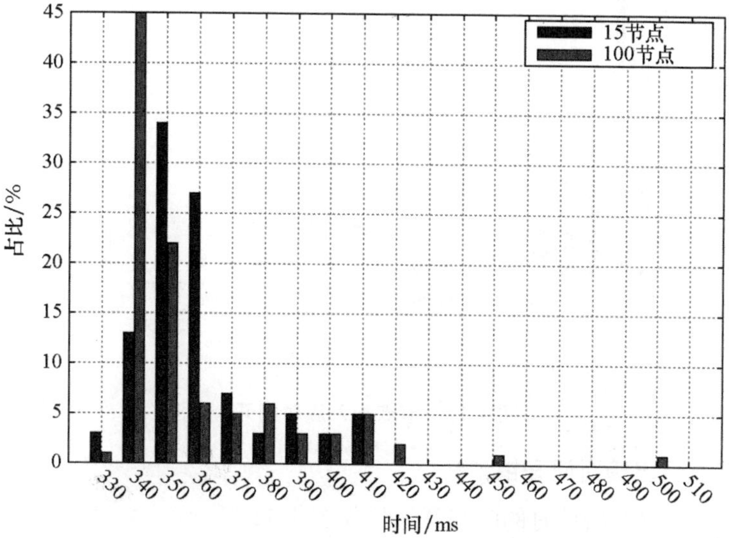

图 4. 11 证书合法性验证时间开销

由于证书合法性验证在本地进行，所以耗费时间与网络规模无关，两种网络规模下，所需时间都约为 350 ms。

6. 节点加入簇时间开销

测量了节点加入簇需要花费的时间，如图 4. 12 所示。

15 节点网络规模下，节点入簇时间开销约为 490 ms；100 节点规模下，节点入簇时间开销约为 4 s。

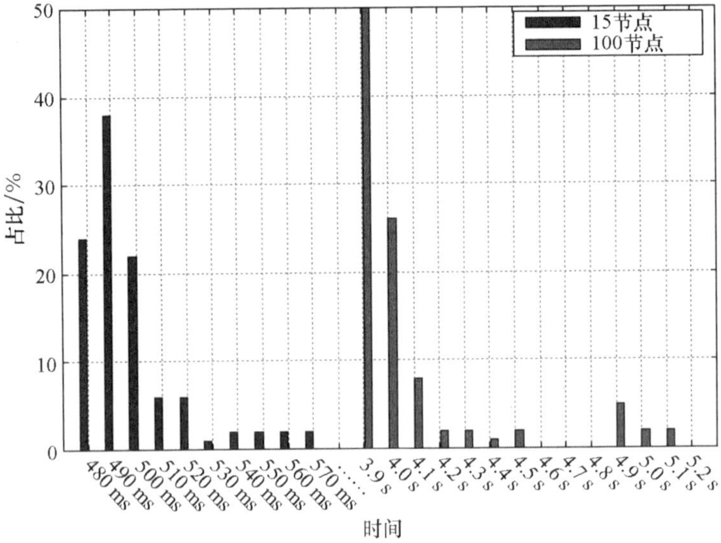

图 4. 12　节点加入簇时间开销

7. **节点退出簇时间开销**

测量了节点退出簇时的时间开销，如图 4. 13 所示。

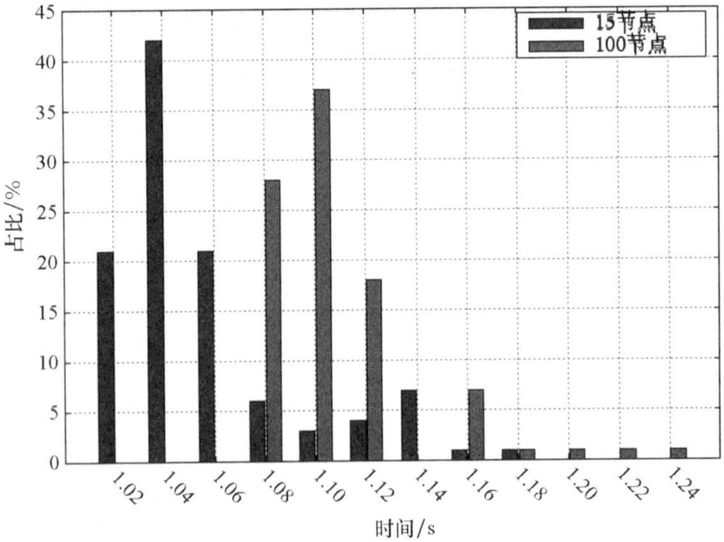

图 4. 13　节点退出簇时间开销

15 节点规模下节点退出簇时间开销约为 1.04 s；100 节点规模下节点退出簇时间开销约为 1.10 s。

8. **簇密钥周期更新时间开销**

测量了簇密钥周期更新所需的时间，如图 4.14 所示。

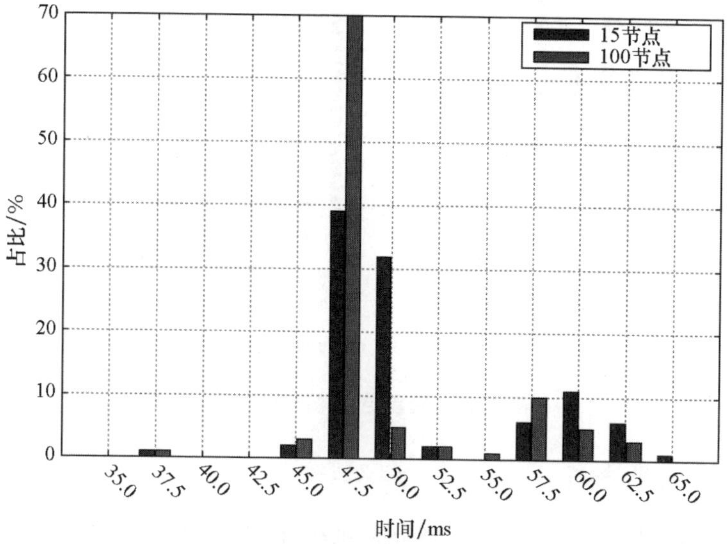

图 4.14　簇密钥周期更新时间开销

由于仅与簇内节点相关，所以簇密钥更新时间基本不受网络规模影响，两种网络规模下簇密钥更新时间都约为 47.5 ms。

9. **簇首轮换时间开销**

测量了簇首定时轮换的时间开销，结果如图 4.15 所示。

15 节点规模时大约需要 150 ms；100 节点规模时大约需要 24 s。

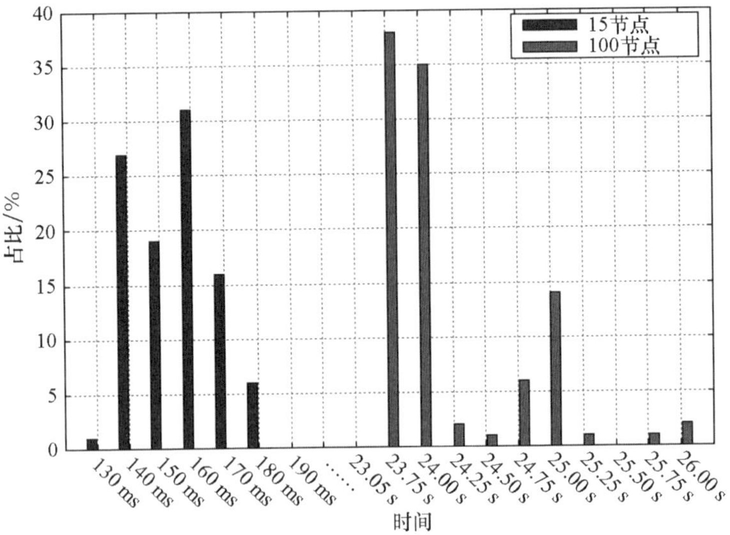

图 4.15　簇首定时轮换时间开销

4.2.4.3　结果分析

从实验结果看，协议的某些部分时间开销受网络规模影响较大，如私钥门限共享、公钥生成、新节点入簇和簇首轮换，这是由于这些操作需要与分布于网络各处的簇首进行交互。而另外一些部分的时间开销则基本不受网络规模的影响，如担保证书签发、公钥证书验证、节点退出簇、簇密钥定期更新等，这是由于这些操作基本在本地进行或仅需与同簇内的少数节点交互。但无论协议的性能与网络规模的关系是怎样的，协议的安全性都是完善的。

4.3　安全 IP 协议栈技术研究

本节关注于 IP 协议栈的安全性，设计了安全 IP 协议 SIP。基于 TCP/IP 协议栈，在网络层和数据链路层之间添加了一个无连接的安全层，所有的数据发送和接收都要经过安全层。而新的安全层与原网络层一起构成新的 SIP 层，保证数据在每一步的无线传输过程中都有认证和加密保证。

新的 SIP 安全协议将原 IPSec 的安全运算过程分布到了传输链路中的各个节点，因而各个节点只需维护自己邻居节点的通信安全协定 SSA（SSA 是

IPSec 中 SA 的精简定义，它把 IPSec 端到端的安全通信协定管理分散到通信路径中的各个节点），而不再需要维护所有端到端的通信安全协定。SIP 可以看作为 MAC 层提供点到点的安全通信服务，因而节点中的 SSA 表项只需管理和维护邻居节点的安全通信协定状态。节点发送数据时，数据报文从协议栈的 IP 层进入 MAC 层的过程将被 SIP 的安全层截获，进入发送加密过程。节点接收数据是发送数据的逆过程，数据报文从协议栈的 MAC 层提交进入 IP 层的过程，提交函数根据 MAC 帧中关于上层协议类型的字段，将整个 MAC 帧提交到 SIP 安全层的接收函数，进入接收解密过程。

4.3.1 相关工作分析

Ahmad 和 Tadakamadla[125]针对 802.11w 协议的特性进行了研究，指出协议中的一些特性可能会被误用从而导致严重的冲突，并讨论了避免的方法。李小青等[126]基于 D-S 证据理论，设计了一个 MANET 信任评估模型，为路由建立提供安全的网络环境。协议根据信任评估结果选择可信节点建立路由，并提出在路由表中存储节点匿名身份的 Hash 路由登记表，保证 ARAN 协议认证安全，实现匿名安全和提高路由查找效率，同时协议在路由建立过程中，完成会话密钥协商。付颖芳等[127]提出了无线 Mesh 网中一种基于端到端的虫洞攻击检测机制。

冯涛等[128]针对 Ad Hoc 网络提出了一种安全有效的分布式组密钥管理方案，实现了组密钥的前向保密与后向保密。李慧贤等[129]提出了一个不需要安全信道的门限密钥管理方案。该方案中，可信中心的功能由局部注册中心和分布式密钥生成中心共同实现；通过门限技术，网络内部成员相互协作分布式地生成系统密钥；利用基于双线性对的公钥体制实现了用户和分布式密钥生成中心的双向认证；通过对用户私钥信息进行盲签名防止攻击者获取私钥信息。张串绒等[130]提出了一个基于身份的新签密算法，对其安全性和效率进行了分析及证明，并以 Ad Hoc 网络分布式门限密钥管理中各服务节点所拥有的系统密钥份额的更新为例，说明了将新签密算法用于 Ad Hoc 网络安全协议的方法及其意义。

Shu 等[131]分析了无线 Ad Hoc 网络中的丢包究竟是由于链路差错还是恶意丢弃引起的，并提出了一种基于 HLA（homomorphic linear authenticator）的检测机制来检测不同原因引起的丢包。刘方斌等[132]将民主签名与无中心的秘密分享方案相结合，提出一种无可信中心的门限追踪 Ad Hoc 网络匿名认证方案。

韩磊等[133]基于组合公钥思想，将 ElGamal 方案与预分配密钥方式相结合，提出一种基于身份的预分配非对称密钥管理方案（identity-based pre-distribution asymmetric key management scheme，PAKMS）。通过私钥生成中心为节点预分配主密钥子集及基于时间获得节点密钥更新的方式，从方法上降低了移动 Ad Hoc 网络非对称密钥管理中的通信开销，弱化了基于身份密钥管理中存在的私钥托管问题对网络安全的影响。吴呈邑等[134]在可信平台模块（Trusted Platform Module，TPM）的安全体系结构基础上，提出了一种基于动态第三方的可信公平非抵赖协议，以取代固定 TTP（trusted third party），提高协议效率。

肖阳等[135]提出了一种基于朋友节点间信任关系的轻量级 Ad Hoc 网络入侵检测机制，并进行了黑洞攻击模拟实验。Gupta 和 Bansal[136]对 Ad Hoc 网络面临的各种拒绝服务攻击（DoS）进行了分析，分析了 Email 攻击、DDoS 攻击、第 7 层泛洪、SQL 注入等攻击方式，并指出了防御机制。Shastri 和 Joshi[137]对 Ad Hoc 网络中的虫洞攻击进行了研究，讨论了基于报文时延、信任机制、基于节点的检测等机制。冯景瑜等[138]对认知 Ad Hoc 网络中的多径路由安全威胁进行了研究，指出信任管理是解决多径路由安全威胁的基础。丑义凡等[139]设计了一种基于 MF-DL（membership XVI function XVI and XVI deep XVI learning）的 DDoS 攻击快速防御机制，主要基于 MF-DL 检测机制和响应机制实现防御功能。MF-DL 检测机制以流量隶属函数和深度学习两种技术为核心实现对网络异常的实时监测和对发生异常后的 DDoS 攻击检测。响应机制则在发生攻击时通过 IP 管理实现轻量级的处理来降低网络负载。

IPSec 是 IETF 下的 IPSec 工作组于 1994 年对 IP 安全协议（IP security protocol，IPSP）和对应的 Internet 密钥管理协议（internet key management protocol，IKMP）进行标准化工作的结果，总体上其由四部分组成：安全加密封装（encapsulated security payload，ESP）、报文认证（authentication header，AH）、安全协定（security associations，SA）和密钥管理。IPSec 可提供如下安全服务：数据源鉴别，非连接 IP 信息机密性，IP 通信流量机密性，非连接信息完整性，强制存取控制或 IP 双向鉴别，密钥分配。但 IPSec 也存在着一定的局限性，最重要的一点是其复杂性，要在无连接的 IP 层保持安全连接，需要记录较多的管理状态。其次的问题是如何为 IP 进行密钥分配特别是密钥交换。除上述两个关键的问题外，IPSec 还有其他一些局限性，如需要已知范围的 IP 地址或固定范围的 IP 地址等。

在深入研究 MANET 的安全特性的基础上，通过借鉴 IPSec 的核心思想，并引入新的安全机制，我们提出了应用于 MANET 的安全的 IP 协议（secure IP，SIP）。通过简化 IPSec 的 SA 安全协定为 SSA，并且在报文流入流出协议栈之前进行预处理，在保证安全性的前提下，大大降低了协议复杂度。与已有协议相比，SIP 的优势主要体现在：（1）基于 IPSec 的核心安全机制，安全性较高；（2）新协议复杂度大大降低，便于实际实现和应用；（3）使用基于邻居表触发的 SSA 更新机制，使得协议开销较小，并且密钥新鲜度高。

4.3.2 IPSec 安全协议简介

目前，存在很多网络安全协议和技术，可以在网络的各个层次实施，达到保障网络安全性的目的。决定在网络的哪个层次应用安全措施，取决于用户对安全性的实际要求。

应用层的安全协议可以根据具体的应用为其提供相应的安全保障。在应用层提供安全保障有以下几方面的优点：首先，由于是以用户为背景执行，所以更容易访问用户凭据，比如私人密钥等；其次，一个应用可以自由扩展，不必依赖操作系统来提供安全服务；最后，应用程序对数据有着充分的理解，可以采取最适合的安全措施。应用层安全措施的缺点在于：针对每个应用，都要单独设计一套安全机制。这意味着对现有的应用来说，必须对其进行改进，才能提供安全保障。而且，由于每个应用都要定义自己的安全机制，所以出错误的概率增大，为攻击者打开了更多的安全漏洞。

与应用层的安全措施相比，在传输层提供安全服务具有一个非常明显的好处，即不需要强制要求每个应用都在安全方面做出相应的改进。但传输层的安全只能在端系统中实现。

在网络层实现安全服务具有多方面的优点：首先，由于多种传输协议和应用程序可以共享由网络层提供的密钥管理系统，所以密钥协商的开销大大地降低了；其次，安全服务在较底层实现，需要改变的应用程序要少得多，不必在较高的网络层次实现大量的安全协议。在网络层提供安全服务的缺点是很难解决像数据的“不可否认性”之类的问题。这样的问题最好还是在较高的层次解决。另外，如果在网络层提供安全服务，很难在一台多用户的主机上实现逐个用户的控制。IPSec 协议就是在网络层提供安全服务的，能为任何形式的 Internet 通信提供安全保障。此外，IPSec 协议也允许提供逐个数据流或者逐个连接的安全，能实现非常细致的安全控制。

如果两个主机或路由器之间存在一条专用通信链路，就可以用硬件设备来进行数据链路层加密，保护所有通信信息的安全。但是，这种方法仅在专用通信链路上才能很好地实现。而且，进行通信的两个实体必须在物理上连接在一起。

在 TCP/IP 协议栈中各个协议层的安全机制如图 4.16 所示。

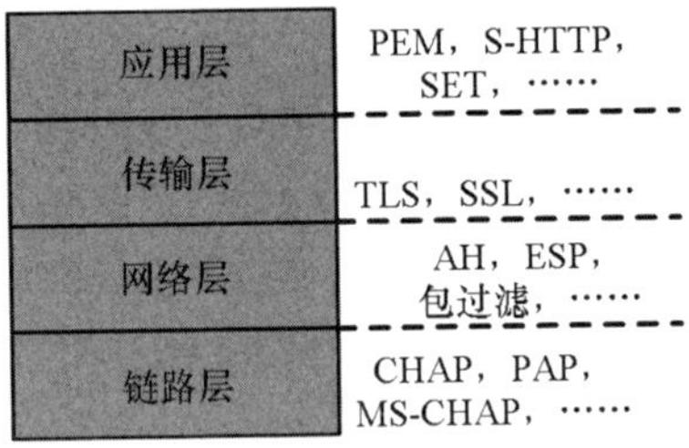

图 4.16　TCP/IP 协议栈上的安全协议

4.3.2.1　IPSec 协议框架

为了实现网络层安全，Internet 工程任务组 IETF 于 1994 年开始了一项 IP 安全工程，专门成立了 IP 安全协议工作组 IPSec，来制定和推动一套称为 IPSec 的 IP 安全协议标准。其目标就是把安全集成到 IP 层，以便对 Internet 的安全业务提供底层的支持。

历史上曾经出现了几种在网络层保障通信网络安全性的方案。例如，“安全协议 3 号（SP3）”，是美国国家安全局以及标准技术协会将其作为“安全数据网络系统（secure data network system，SDNS）”的一部分而制定的。“网络层安全协议（network layer security protocol，NLSP）”，是由国际标准化组织为“无连接网络协议（connectionless network protocol，CLNP）”制定的安全协议标准。“集成化 NLSP（I-NLSP）”是美国国家科技研究所提出的包括 IP 和 CLNP 在内的统一安全机制。所有这些方案的共同点多于不同点，共同点在于它们用的都是 IP 封装技术。其本质是，纯文本的报文被加密，封装在外层的 IP 报头里，并使用外层的报头对加密后的报文进行路由选择。到达另一端时，外层的 IP 报头被解开，报文被解密，然后解密后的报文被提交给合适的处理进程。

然而，对 IP 层安全性影响最大的还是 IPSec 体制。该体制不仅能在目前通行的 IP（IPv4）下工作，也能在 IP 的新版本（IPng 或 IPv6）下工作。它还与算法无关，即使加密算法替换了，也不对其他部分的实现产生影响。此外，该体制能实行多种安全策略，避免给不使用该体制的人造成不利影响。图

4.17 描述了 IPSec 的协议框架。

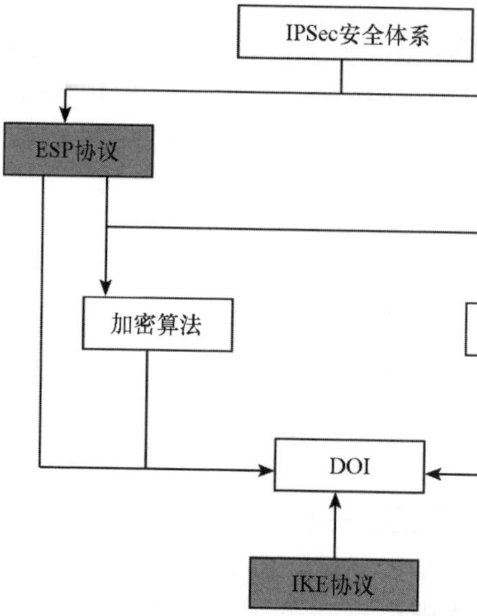

图 4.17　IPSec 协议框架

IPSec 制定了两个安全协议：认证头（authentication header，AH）和封装安全载荷（encapsulating security payload，ESP）。总体而言，AH 提供 IP 包的真实性和完整性，ESP 提供机密性。AH 指一段消息认证码（MAC），在发送 IP 报文之前被事先计算好。发送方用一个加密密钥算出 MAC，接收方用相应的密钥对其进行验证。ESP 的基本思想是对整个 IP 包进行加密封装（隧道模式），或者只对 IP 报文中的上层协议数据进行封装（传输模式）。在隧道模式下，需要附加一个新的 IP 头，用来对 IP 报文在网络上做路由选择。接收方根据 ESP 头，对原来的 IP 报文或更高层协议的数据进行处理。

在最简单的情况下，IPSP（IP 安全协议）用手工来配置密钥，然而，当 IPSP（IP 安全协议）大规模发展的时候，就需要提供自动管理密钥的方法。这是 IPSec 工作组的另一主要任务。他们在 1998 年公布了一个自动密钥管理方案，称为 Internet 密钥管理协议（IKE）。

IP 安全协议（IPSec）总体上由四部分组成：安全加密封装 ESP（RFC2406）、报文认证 AH（RFC2402）、安全协定（SA）和密钥管理。其中，SA 是由密钥管理协议（ISAKMP，IKE）创建的与保密有关的参数集合，它定义了参与通信的两个安全 IP 实体之间的联系。每个 IP 实体用 SPI 指针指向自己的 SA。ESP 头和 AH 在 IPv6 中被定义为扩展报头，在 IPv4 中作为 IP 数据域的一部分。

在 IP 层实现安全服务有多方面的优点。首先，它具有透明性，也就是说，提供安全服务不需要应用程序做任何改动。其次，对于任何传送协议，它都可为其“无缝”地提供安全保障。最后，多种传送协议和应用程序可以共享由网络层提供的密钥管理架构。

4.3.2.2 IPSec 的局限性

IPSec 的一个局限性是其复杂性，要在无连接的 IP 层保持安全连接，需要记录较多的管理状态，因而 IPSec 相对较为复杂。IP 是面向非连接的网络层协议，参与通信的 IP 主机之间不建立固定的物理信道，IP 数据报在网上传输时不依赖任何具体的路由设备，从而使网络在整体上具有较高的鲁棒性。安全机制通常要求密文在传送中不出现乱序现象，以实现加解密同步，所以，如何在非连接的 IP 层上实现密码同步是实现安全 IP 首先要解决的问题。

其次的问题是如何为 IP 进行密钥分配，特别是密钥交换。基于会话（session oriented）的密钥分配需要在 IP 双方之间预先建立一条面向连接的安全信道以交换会话密钥（通常建立在多个密码学难题上），显然，这种方案增加了 IP 的计算处理时间，同时，一旦安全信道依托的某个路由设备崩溃（受到系统攻击或物理攻击特别是军事破坏），IP 需要重新建立安全信道。基于非会话（sessionless）密钥分配方案的 IP 双方无须预先建立安全信道，每一 IP 数据报携带必要的密钥信息，从而保持了非连接 IP 的优点，但其安全程度比前者弱。

4.3.3 应用于 MANET 的安全 IP 协议栈 SIP

4.3.3.1 SIP 层次

我们设计的无连接网络层安全协议 SIP 基于 TCP/IP 协议栈，在网络层和数据链路层之间添加了一个无连接的安全层（图 4.18）。

新的安全 IP 体系结构在原来的网络层次结构上插入了一个安全层，所有的数据发送和接收都要经过安全层。而新的安全层与原网络层一起构成新的 SIP 层，保证数据在每一步的无线传输过程中都有认证和加密保证。新的 SIP 安全协议将原 IPSec 的安全运算过程分布到了传输链路中的各个节点（在

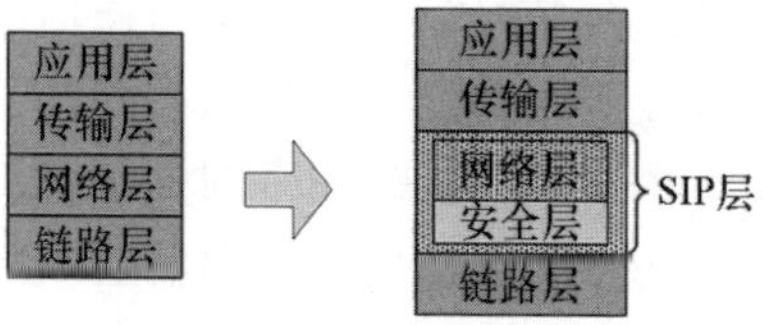

图 4.18　SIP 的协议层次

MANET 模式中，中转节点和端节点是对等的），因而各个节点只需维护自己邻居节点的通信安全协定（SA），而不需要维护所有端到端的通信安全协定。新的 SIP 正是基于这个简化定义的通信安全协定（SSA）连接了数据链路层和网络层。

4.3.3.2　SIP 报文格式

定义新的 IP 层安全协议的功能为：一个透明的协议层在 IP 层与 MAC 层之间，以 SSA 为核心，对节点的无线接入进行认证，对 IP 报文的关键信息进行加密，对整个 IP 报文进行验证，同时防重放攻击。简化的安全协定 SSA 主要包括对方 MAC 地址、密钥包以及 Linux 内核相关的结构维护信息等。而 SIP 报文格式的具体定义如图 4.19 所示。

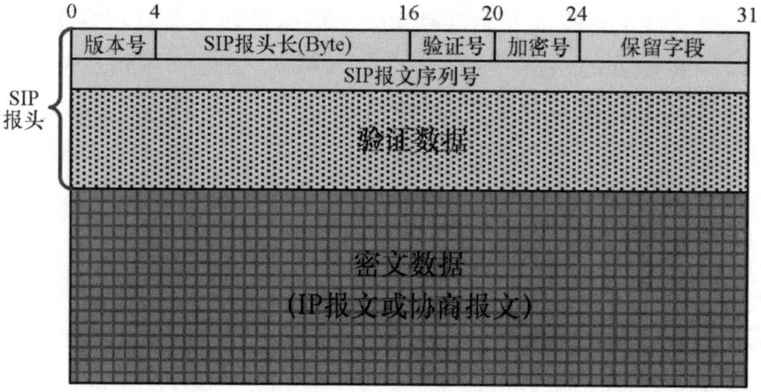

图 4.19　SIP 报文格式

（1）版本号：用于区别不同的 SIP 版本，以支持后续设计和版本升级。

（2）SIP 报头长：SIP 报头的长度（以字节为单位），SIP 报头之后的密文数据不计算在内。

（3）验证号：指定 SIP 报文中生成验证数据的算法，验证号与验证算法的对应关系不在网络上传输，而是内定在各个参与通信的节点中。各个节点内部的对应关系严格一致，而且作为系统秘密信息不对外公开。

（4）加密号：指定SIP报文中数据加密的算法，加密号与加密算法的对应关系不在网络上传输，而是内定在各个参与通信的节点中。各个节点内部的对应关系严格一致，而且作为系统秘密信息不对外公开。

（5）保留字段：默认都置空，以备后续版本扩展使用。

（6）SIP报文序列号：指示通信双方当前通信报文的报文序列号，用于防止重放攻击，同时用作通信双方同步通信密钥的索引。

（7）验证数据：由验证算法生成的报文验证数据，数据验证范围包括SIP报头和紧跟其后的密文数据，生成验证数据时，作为输入的SIP报头中的验证数据字段全部填0。

（8）密文数据：受加密保护的IP层数据报文（出于效率考虑，这里只加密IP层的关键数据），或者SIP自身的SSA协商和管理报文（SIP协商报文全部以密文的形式进行，初始的密钥基于ECC密码机制协商生成）。

4.3.3.3 SIP报文处理过程

SIP的协议交互和处理过程以SSA为核心。SSA是IPSec中SA的精简定义，它把IPSec端到端的安全通信协定管理分散到通信路径中的各个节点，整个SIP数据报文通信过程的安全性是由安全的通信转发节点和安全的点到点通信链路一步一步保证的。SIP可以看成是为MAC层提供点到点的安全通信服务的，因而节点中的SSA表项只需管理和维护邻居节点的安全通信协定状态。

围绕节点SSA表项的维护和使用，SIP的协议交互和处理过程可以分为两个大的方面：SSA的生成与维护、根据SSA进行的SIP通信。

1. SSA的生成与维护

（1）SSA的生成

由前述分析，节点中的SSA表项只保存相邻节点的安全通信协定，若节点收到的申请来自某个新节点（在当前的SSA表中未有该节点对应的表项），则启动协商生成新的SSA表项。初始的协商过程采用与IPSec IKEv2。类似的机制，使用ECDH密码机制来完成。现假定A在通信网络中（已通过无线接入认证），B为新加入的节点，则SSA生成过程具体如下（设参与协商的双方分别用A和B表示），如图4.20所示。

第一，B向A发出参与通信的申请，并给出有限域Fp（其中$q=p^r$，p为素数）上自己支持的一组椭圆曲线。

第二，A 从其中选定一条椭圆曲线 E，以及随机点 $P \in E$（该点要保证能生成一个规模接近 E 的子群）。随后 A 选定一个随机数 $a \in \{1, 2, \cdots, q-1\}$，并计算出 aP，将 E、P、aP 一起反馈给 B。

第三，B 选定一个随机数 $b \in \{1, 2, \cdots, q-1\}$，并计算出 bP 发送给 A。

第四，A 计算 $key = bP \cdot a = abP$，并用计算出的 key 加密 AB 之间的初始 SSA 信息，然后发给 B。

第五，B 计算 $key = aP \cdot b = abP$，并用计算出的 key 解密收到的初始 SSA 信息。然后初始化对应的 SSA 表项，并用 key 加密一个确认信息，回复给 A 以确认 SSA 初始化完成。

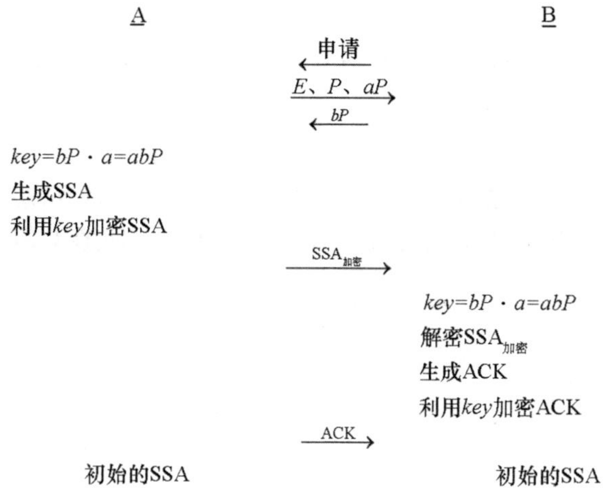

图 4.20　SSA 生成过程

（2）SSA 的维护

由于节点 SSA 表中只保存了相邻节点对应的表项，这与 IP 协议栈中的 ARP 邻居表是相对应的，因而 SSA 邻居表项与 ARP 的邻居表项可以建立起一一对应的关系，从而 SSA 邻居表项的配置、生成、更新、删除等维护操作都由 ARP 邻居表的变化来触发。这样做还可以带来额外的一个好处：ARP 动态邻居表项的更新时间周期为几分钟，正好自动使得 SSA 表项同步进行更新，从而保证了 SSA 的新鲜性。

如果是更新周期到期或当前 SSA 密钥包耗尽引起的 SSA 更新，则由当前节点直接生成一个新的 SSA，使用当前 SSA 生成通信密钥后，加密新 SSA 然后发送给对方，对方成功收到并解密后，发送一个回应信息。然后双方更新为新的 SSA 即可。

如果是新邻居节点加入或怀疑当前密钥泄露等其他网络故障引起的 SSA 更新，则按照初始 SSA 的生成过程执行新的 SSA 协商过程并生成新的 SSA。

2. SIP 通信过程

（1）通信密钥生成过程

如第 4.3.3.2 节中所述，SSA 中有一个密钥包字段。密钥包中包含了一批可供当前通信加密使用的密钥。当需要对一个报文进行加密或解密操作时，首先根据目的节点 MAC 地址找到该报文对应的 SSA，然后从该报文中取出报文序列号，再计算序列号的哈希值并对密钥包中包含的密钥总数求余，以得到的余数作为密钥索引，从密钥包中取出对应的密钥并用作通信密钥。如果取出的密钥已经被使用过，则按顺序取出其后面的第一个未被使用过的密钥。如果密钥包中密钥已耗尽，则启动一个 SSA 更新过程，然后用新的 SSA 生成通信密钥。

（2）发送过程

节点发送数据时，数据报文从协议栈的 IP 层进入 MAC 层的过程将被 SIP 的安全层截获，进入发送加密过程，具体步骤如下，如图 4.21 所示。

图 4.21　SIP 报文发送过程

第一步，SIP 根据数据报文要发往的下一跳节点在 SSA 邻居表中找到对应的 SSA 表项。

第二步，根据 SSA 的信息生成通信密钥流中的下一个加密密钥，同时记录报文对应的序列号。

第三步，根据 SSA 的信息选择报文的验证算法和加密算法。

第四步，加密上层报文的关键数据，用加密报文替换原来的报文。

第五步，添加 SIP 报头，将加密报文封装为 SIP 报文（其中的验证数据全填零）。

第六步，计算整个 SIP 报文的验证数据，填入 SIP 报头的验证数据字段，形成完整的 SIP 报文格式。

第七步，将生成的新的 SIP 报文重新封装为 MAC 帧（修改帧长度和上层协议类型），然后将新的 MAC 报文交由 MAC 层发送。

（3）接收过程

节点接收数据是发送数据的逆过程，数据报文从协议栈的 MAC 层提交进入 IP 层的过程，提交函数根据 MAC 帧中关于上层协议类型的字段，将整个 MAC 帧提交到 SIP 安全层的接收函数，进入接收解密过程，如图 4.22 所示，具体步骤如下。

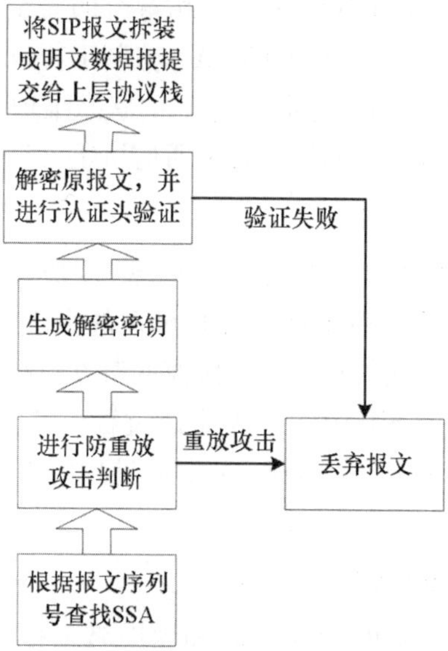

图 4.22　SIP 报文接收过程

第一步，SIP 根据 MAC 帧的源地址在 SSA 邻居表中找到对应的 SSA 表项。

第二步，根据报文的序列号进行防重放攻击判断。

第三步，根据报文的序列号和 SSA 信息生成通信密钥流中对应的解密密钥。

第四步，根据报文中的验证号、加密号和 SSA 的信息找到对应的验证算法和解密算法。

第五步，提取 SIP 报文中的验证数据，然后把 SIP 报文验证数据字段全部填零。

第六步，重新计算 SIP 报文的验证数据，与提取的验证数据进行比较验证。

第七步，解密 SIP 报文中的密文数据，得到上层协议报文的明文。

第八步，将上层协议报文的明文提交到网络层接收函数入口。

4.3.4 SIP 安全性讨论

4.3.4.1 SSA 生成与维护过程安全性

SIP 提供了网络层安全和 WLAN 安全相融合的安全服务，考虑到 IPSec 在 WLAN 中的适用性，精简 IPSec 中的 SA 为适用于 MANET 的 SSA；把原来 IPSec 复杂的端到端的安全通信协定（SA）的状态维护分布到了通信链路中的各个节点，形成了一个点到点的链路安全通信协定（SSA）。

1. SSA 生成过程的安全性

SIP 核心的安全技术基于 SSA 完成，而 SSA 生成和维护的安全性则取决于协商生成初始 SSA 的过程。由于精简后的 SSA 的生成过程与 IPSec 中的 SA 的生成过程基本一样，所不同的只是参与协商的双方由端节点变成了链路中的两个相邻节点，因此提出的 SIP 中的 SSA 生成过程，其安全性与 IPSec 中 SA 的生成安全性是等价的。由 IPSec 协议 SA 生成过程的安全性可得 SIP 的 SSA 生成过程是安全的。

2. SSA 维护过程的安全性

SSA 维护主要分为正常的 SSA 更新和因网络拓扑变化或密钥泄露等引起的特殊更新两种。所以分两种情况进行讨论。

在正常更新情况下，新的 SSA 采用高强度密码算法加密后发送给对方，攻击者除密文外不能获得任何其他信息，在当前密钥安全的前提下，攻击新

SSA 的难度等同于破解基本的密码模块，所以此时新的 SSA 是安全的。

在密钥泄露等特殊情况下，新的 SSA 采用重新协商的方式进行更新。此时更新的过程与 SSA 生成过程基本一致，所不同的只是省去了选择椭圆曲线和生成元的操作，所以此种情况下 SSA 更新的安全性等价于 SSA 生成过程的安全性。

综合以上两种情况可知 SSA 维护过程是安全的。

4.3.4.2 SIP 通信过程安全性

SIP 采用了全新的网络报文格式，因此采用普通 IP 协议的节点无法进行协议的交互，更不能进行相互之间网络数据的传输，这杜绝了一大批攻击者，大大提高了系统安全性。

SIP 对每个报文进行认证，保证了数据报文的完整性和不可否认性；对原有载荷字段的全长度加密则保证了数据报文的机密性；通过对不同的报文动态选择不同的密码算法和密钥，加强了实施攻击的难度。防重放攻击机制的设置，进一步增强了协议安全性。通信过程用到的密钥基于报文序列号和 SSA 生成，故其安全性由 SSA 保证，由第 4.3.4.1 节的结论可知这些密钥是安全的，所以 SIP 通信过程是安全的。

综上所述，新设计的安全网络层协议 SIP 既能够提供类似于 IPSec 的安全服务，又能够很好适用于 MANET 特殊的无线通信环境，是无线网络中简单实用的网络层安全通信协议。

4.3.5 实验结果

我们基于嵌入式 Linux 平台实现了 SIP 原型系统，并进行了相关测试。由于原型系统已上交有关部门，故本节的实验结果为后期整理的结果。其中定性实验结论部分，是根据原型系统验收测试报告中的记录整理而成。定量实验结论部分，是利用 NS3 编写模拟程序重新测试得到。模拟的结果与原型系统结果存在微量出入，但数据总体保持吻合。

4.3.5.1 初始 SSA 建立时间

测量了初始 SSA 建立需要花费的时间，结果如图 4.23 所示。从图中可以看出，建立初始 SSA 所需要的时间基本在 350 ms 左右，相对于 AODV 路由协议网络发现过程大约需要十几秒来说，SSA 生成的时间开销是完全可以接受的，不会对网络性能造成任何可察觉到的影响。

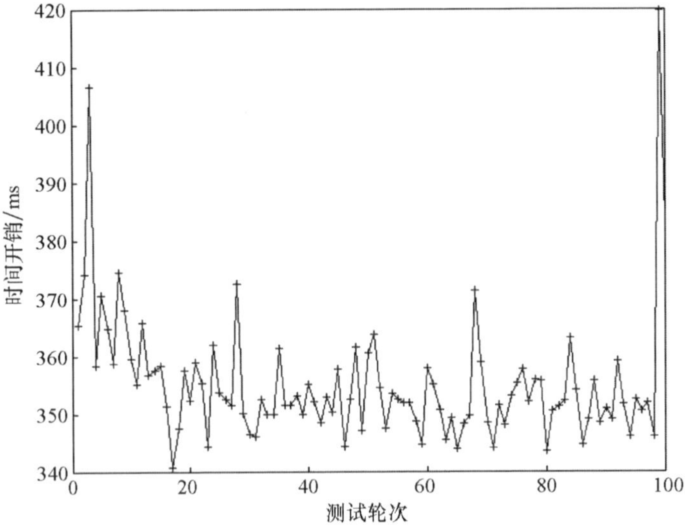

图 4.23　初始 SSA 建立时间

4.3.5.2　SSA 更新时间开销

测量了 SSA 更新所花费的时间，如图 4.24 所示。

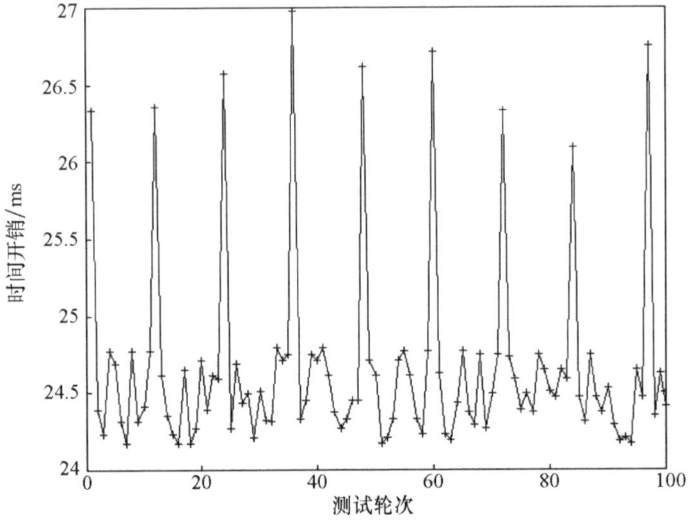

图 4.24　SSA 更新时间

SSA 更新的开销基本在 24.5 ms 左右，仅相当于数次报文传输时间，相对于大量的网络数据传输来说，这个 SSA 更新的时间开销是微不足道的。

4.3.5.3 报文收发额外时间开销

测量了 SIP 因对数据报文进行安全处理而带来的额外时间开销，结果如图 4.25 所示。

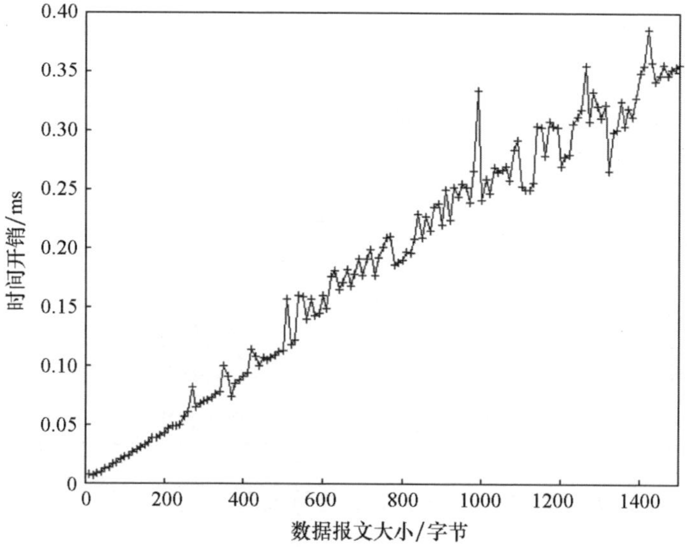

图 4.25 报文收发额外时间开销

测试中分别设置了不同的报文长度，有效载荷部分的长度从 10 字节到 1500 字节均匀变化。可以看出，随着报文载荷部分的增大，进行安全处理所需要的额外的时间也线性变化，处于可控范围内。而总的时间开销，最多的时候也没有超过 0.4 ms，平均在 0.2 ms 左右。这相对于 1 ms 以上的无线网 RTT 来说，是完全可以接受的。

4.3.5.4 抗重放攻击结果

进行了抗重放攻击的实验，实验网络拓扑如图 4.26 所示。

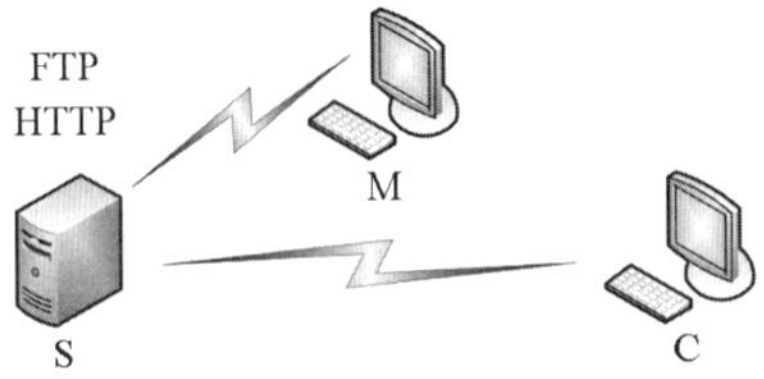

图 4.26 抗重放攻击实验网络拓扑

其中 S 为服务提供者，提供 FTP（file transport protocol）、HTTP（hyper text transport protocol）等服务；C 为客户节点，向 S 申请服务；M 为攻击者，通过截获 C 的正常报文并重放，试图获取 S 提供的服务。测试的结果如表 4.1 所示。

表 4.1 抗重放攻击测试结果

攻击类型	攻击结果
FTP	成功检测并拦截
HTTP	成功检测并拦截
随机报文俘获与重放	检测拦截率 100%

原型系统成功检测出并拦截了全部的重放攻击报文。

4.3.5.5 抗 DoS 攻击结果

进行了抗 DoS（Denial of Service）攻击实验，网络拓扑如图 4.27 所示。其中 S 为服务提供者，提供 FTP、HTTP、视频点播等服务；C 为客户节点，

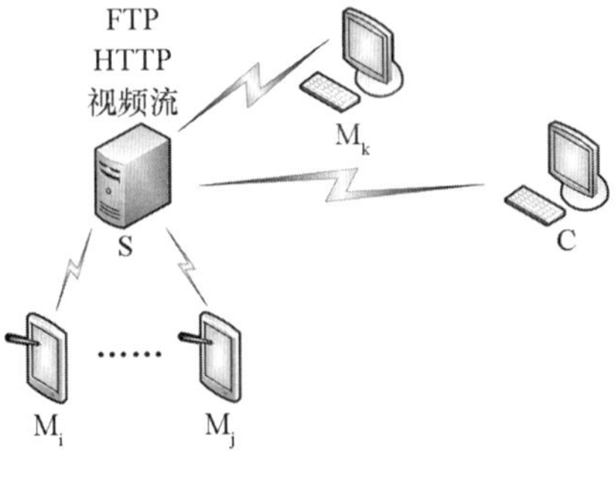

图 4.27 抗 DoS 攻击网络拓扑

向 S 申请服务；M_i、M_j、M_k 等为攻击者，对 S 发送大量恶意报文，并通过各种方式干扰 S 和 C 的通信，试图瘫痪 S 使其不能正常提供服务。测试的结果如表 4.2 所示。

由于来自系统外部的攻击者的攻击报文不符合 SIP 报文格式要求，故被全部丢弃，根本没有进入 MAC 层以上。从而攻击者的攻击除造成一定的无线电干扰效果外，对系统正常运行没有任何其他影响。

表 4.2　抗 DoS 攻击测试结果

服务类型	可用情况
FTP	可正常使用
HTTP	可正常使用
视频流比特率	基本不变

4.4　参考文献

[1] BLUMENTHAL U, MARCOVICI M, MIZIKOVSKY S, et al. Wireless network security architecture [J]. Bell Labs Technical Journal, 2002, 7(2): 19 -36.

[2] SCHMIDT S, KRAHN H, FISCHER S, et al. A security architecture for mobile wireless sensor networks [C]//European Workshop on Security in Ad-Hoc and Sensor Networks. Berlin, Heidelberg: Springer, 2005: 166 -177.

[3] WANG H J, WANG Y D, HAN J H. A security architecture for tactical mobile Ad Hoc networks [C]//2009 2nd International Workshop on Knowledge Discovery and Data Mining. Moscow, Russia. IEEE, 2009: 312 -315.

[4] WANG N, WANG H J. A security architecture for wireless mesh network [C]//2010 International Conference on Challenges in Environmental Science and Computer Engineering. Wuhan, China. IEEE, 2010: 263 -266.

[5] TOUBIANA V, LABIOD H, REYNAUD L, et al. A global security architecture for operated hybrid WLAN mesh networks [J]. Computer Networks, 2010, 54(2): 218 -230.

[6] SUN J Y, ZHANG C, ZHANG Y C, et al. SAT: a security architecture achieving anonymity and traceability in wireless mesh networks [J]. IEEE Transactions on Dependable and Secure Computing, 2011, 8(2): 295 - 307.

[7] MARTIGNON F, PARIS S, CAPONE A. Design and implementation of MobiSEC: a complete security architecture for wireless mesh networks [J]. Computer Networks, 2009, 53(12): 2192 - 2207.

[8] MARTIGNON F, PARIS S, CAPONE A. DSA-Mesh: a distributed security architecture for wireless mesh networks [J]. Security and Communication Networks, 2011, 4(3): 242 - 256.

[9] MARTIGNON F, PARIS S, CAPONE A. MobiSEC: a novel security architecture for wireless mesh networks [C]//Proceedings of the 4th ACM Symposium on QoS and Security for Wireless and Mobile Networks. Vancouver, British, Columbia, Canada. New York: ACM, 2008: 35 - 42.

[10] ZIA T, ZOMAYA A. A security framework for wireless sensor networks [C]//Proceedings of the 2006 IEEE Sensors Applications Symposium. Houston, Texas, USA. IEEE, 2006: 49 - 53.

[11] ZHANG Y, FANG Y. ARSA: an attack-resilient security architecture for multihop wireless mesh networks [J]. IEEE Journal on Selected Areas in Communications, 2006, 24(10): 1916 - 1928.

[12] GROßSCHÄDL J. TinySA: a security architecture for wireless sensor networks [C]//Proceedings of the 2006 ACM CoNEXT Conference. Lisboa, Portugal. New York: ACM, 2006: 1 - 2.

[13] ALIM M A, SARIKAYA B. EAP-sens: a security architecture for wireless sensor networks [C]//Proceedings of the 4th International ICST Conference on Wireless Internet. Maui, HI, USA. ICST, 2008: 29.

[14] SHI K, QIN X A, CHENG Q F, et al. Designing a reconfigurable security architecture for wireless sensor networks [C]//2009 WRI World Congress on Software Engineering. Xiamen, China. IEEE, 2009: 154 - 158.

[15] MA B. A novel stereoscopic security architecture with trust management for wireless sensor networks [C]//2009 International Conference on Communication Software and Networks. Chengdu, Sichuan, China. IEEE, 2009: 797 - 800.

[16] YAO J B. A security architecture for wireless sensor networks based-on

public key cryptography [C]//2009 5th International Conference on Wireless Communications, Networking and Mobile Computing. Beijing, China. IEEE, 2009: 1 -3.

[17] HAQUE M M, PATHAN A S K, CHOI B G, et al. An efficient PKC-based security architecture for wireless sensor networks [C]//MILCOM2007-IEEE Military Communications Conference. Orlando, FL, USA. IEEE, 2007: 1 -7.

[18] HAQUE M M. An asymmetric key-based security architecture for wireless sensor networks [J]. KSII Transactions on Internet and Information Systems, 2008, 2(5): 265 -279.

[19] BAGCI F, UNGERER T, BAGHERZADEH N. SecSens-security architecture for wireless sensor networks [C]//2009 3rd International Conference on Sensor Technologies and Applications. Athens, Greece. IEEE, 2009: 449 - 454.

[20] SHON T, KOO B, CHOI H, et al. Security architecture for IEEE 802. 15. 4-based wireless sensor network [C]//2009 4th International Symposium on Wireless Pervasive Computing. Melbourne, Australia. IEEE, 2009: 1 -5.

[21] TAHIR R, JAVED M Y, TAHIR M, et al. LRSA: lightweight rabbit based security architecture for wireless sensor networks [C]//2008 2nd International Symposium on Intelligent Information Technology Application. Shanghai, China. IEEE, 2008: 679 -683.

[22] STEPIENK, PONISZEWSKA-MARANDA A. Security solution methods in the Vehicular Ad-Hoc Networks [C]//Proceedings of the 17th International Conference on Advances in Mobile Computing & Multimedia. Munich, Germany. New York: ACM, 2019: 127 -135.

[23] WEI Z X, YU F R, BOUKERCHE A. Trust based security enhancements for vehicular Ad Hoc networks [C]//Proceedings of the 4th ACM International Symposium on Development and Analysis of Intelligent Vehicular Networks and Applications. Montreal, QC, Canada. New York: ACM, 2014: 103 -109.

[24] ZHANG D J, YU F R, WEI Z X, et al. Software-defined vehicular Ad Hoc networks with trust management [C]//Proceedings of the 6th ACM Symposium on Development and Analysis of Intelligent Vehicular Networks and Applications. Malta, Malta. New York: ACM, 2016: 41 -49.

[25] HOUMER M, HASNAOUI M L. Enhancing vehicular Ad-Hoc networks security using intrusion detection system techniques [C]//Proceedings of the 4th International Conference on Smart City Applications. Casablanca, Morocco. New York: ACM, 2019: 1 – 5.

[26] CUI H, DENG R H, WANG G L. An attribute-based framework for secure communications in vehicular Ad Hoc networks [J]. ACM Transactions on Networking, 2019, 27(2): 721 – 733.

[27] 熊玲, 李发根, 刘志才. 车联网环境下基于区块链技术的条件隐私消息认证方案[J]. 计算机科学, 2020, 47(11): 55 – 59.

[28] MARTIGNON F, PARIS S, CAPONE A. Optimal node placement in distributed wireless security architectures [M]//NETWORKING 2011. Berlin, Heidelberg: Springer Berlin Heidelberg, 2011: 319 – 330.

[29] ZIVKOVIC M, BRANOVIC I, MARKOVIC D, et al. Energy efficient security architecture for wireless sensor networks [C]//2012 20th Telecommunications Forum (TELFOR). Belgrade. IEEE, 2012: 1524 – 1527.

[30] GROCHLA K, STOLARZ P. Extending the TLS protocol by EAP handshake to build a security architecture for heterogenous wireless network [M]// Computer Networks. Berlin, Heidelberg: Springer Berlin Heidelberg, 2013: 258 – 267.

[31] SINGH B, BANSAL A, KUMAR S, et al. Analysis for power control and security architecture for wireless Ad-Hoc network [C]//International Conference on Contemporary Computing. Berlin, Heidelberg: Springer, 2010: 205 – 216.

[32] KOZMA W, LAZOS L. REAct: resource-efficient accountability for node misbehavior in Ad Hoc networks based on random audits [C]//Proceedings of the 2nd ACM Conference on Wireless Network Security. Zurich Switzerland. New York, NY, USA: ACM, 2009: 103 – 110.

[33] XU N, ZHANG F, LUO Y S, et al. Stealthy video capturer: a new video-based spyware in 3G smartphones [C]//ACM WiSec'09, Zurich, Switzerland, 2009: 69 – 78.

[34] YAN G H, EIDENBENZ S, SUN B. Mobi-watchdog: you can steal, but you can't run! [C]//ACM WiSec'09, Zurich, Switzerland, 2009: 139 – 150.

[35] NOHARA Y, INOUE S. A secure and scalable identification for hash-based RFID systems using updatable pre-computation [C]//Proceedings of the 3rd

ACM Conference on Wireless Network Security. Hoboken New Jersey USA. New York, NY, USA: ACM, 2010: 65 -74.

[36] SCHOCH E, KARGL F. On the efficiency of secure beaconing in VANETs [C]//Proceedings of the 3rd ACM Conference on Wireless Network Security. Hoboken New Jersey USA. New York, NY, USA: ACM, 2010: 111 -116.

[37] ARACKAPARAMBIL C, BRATUS S, SHUBINA A, et al. On the reliability of wireless fingerprinting using clock skews [C]//Proceedings of the 3rd ACM Conference on Wireless Network Security. Hoboken New Jersey USA. New York, NY, USA: ACM, 2010: 169 -174.

[38] RAYA M, SHOKRI R, HUBAUX J P. On the tradeoff between trust and privacy in wireless Ad Hoc networks [C]//Proceedings of the 3rd ACM Conference on Wireless Network Security. Hoboken New Jersey USA. New York, NY, USA: ACM, 2010: 75 -80.

[39] ODLYZKO A. Providing security with insecure systems [C]//Proceedings of the 3rd ACM Conference on Wireless Network Security. Hoboken New Jersey USA. New York, NY, USA: ACM, 2010: 87 -88.

[40] 吴振强，马建峰. 一种无线 Ad Hoc 网络动态混淆匿名算法[J]. 计算机研究与发展，2007，44(4)：560 -566.

[41] 余磊，李建中，骆吉洲. 一种无线传感器网络分布式安全成簇协议[J]. 软件学报，2009，20(10)：2705 -2720.

[42] RUSSO A, SABELFELD A. Dynamic vs. static flow-sensitive security analysis [C]//2010 23rd IEEE Computer Security Foundations Symposium. Edinburgh, United Kingdom. IEEE, 2010: 186 -199.

[43] KLONOWSKI M, KOZA M, KUTYLOWSKI M. Repelling sybil-type attacks in wireless Ad Hoc systems [C]//Australasian Conference on Information Security and Privacy. Berlin, Heidelberg: Springer, 2010: 391 -402.

[44] WEI S, POTKONJAK M. Wireless security techniques for coordinated manufacturing and on-line hardware Trojan detection [C]//Proceedings of the 5th ACM Conference on Security and Privacy in Wireless and Mobile Networks. Tucson, Arizona, USA. New York: ACM, 2012: 161 -172.

[45] AHMED M R, HUANG X, SHARMA D. A novel misbehavior evaluation with dempster-shafer theory in wireless sensor networks [C]//Proceedings of the 13th ACM International Symposium on Mobile Ad Hoc Networking and

Computing. Hilton Head, South Carolina, USA. New York: ACM, 2012: 259 -260.
[46] 王潮，胡广跃，张焕国. 无线传感器网络的轻量级安全体系研究[J]. 通信学报，2012，33(2)：30 -35.
[47] 王良民，郭渊博，詹永照. 容忍入侵的无线传感器网络模糊信任评估模型[J]. 通信学报，2010，31(12)：37 -44，54.
[48] 蔡绍滨，韩启龙，高振国，等. 基于云模型的无线传感器网络恶意节点识别技术的研究[J]. 电子学报，2012，40(11)：2232 -2238.
[49] XIAO H N, MALCOLM J, CHRISTIANSON B, et al. Trustworthiness and authentication in ubiquitous computing [C]//Proceedings of the 10th ACM International Symposium on Mobility Management and Wireless Access. Paphos, Cyprus. New York: ACM, 2012: 135 -138.
[50] 曹晓梅，韩志杰，陈贵海. 基于流量预测的传感器网络拒绝服务攻击检测方案[J]. 计算机学报，2007，30(10)：1798 -1805.
[51] 林旺群，王慧，刘家红，等. 基于非合作动态博弈的网络安全主动防御技术研究[J]. 计算机研究与发展，2011，48(2)：306 -316.
[52] 叶阿勇，马建峰. 一种移动自组网中信任评估模型的设计[J]. 计算机研究与发展，2008，45(5)：765 -771.
[53] 荆琦，唐礼勇，陈钟. 无线传感器网络中的信任管理[J]. 软件学报，2008，19(7)：1716 -1730.
[54] SOMBATRUANG N, ONWUZURIKE L, SASSE M A, et al. Factors influencing users to use unsecured Wi-Fi networks: evidence in the wild [C]//Proceedings of the 12th Conference on Security and Privacy in Wireless and Mobile Networks. Miami, Florida. New York: ACM, 2019: 203 -213.
[55] SCHEPERS D, RANGANATHAN A, VANHOEF M. Let numbers tell the tale: measuring security trends in Wi-Fi networks and best practices [C]//Proceedings of the 14th ACM Conference on Security and Privacy in Wireless and Mobile Networks. Abu Dhabi, United Arab Emirates. New York: ACM, 2021: 100 -105.
[56] 王伟，王嘉郡，王明明，等. 以网络性能为核心的移动自组网 Flooding 攻击防御技术[J]. 计算机科学，2017，44(1)：159 -166.
[57] 徐恪，付松涛，李琦，等. 互联网内生安全体系结构研究进展[J]. 计算

机学报, 2021, 44(11): 2149 - 2172.
[58] 郭萍, 傅德胜, 朱节中, 等. 轻量级可移交 CA 的 MANET 网络认证体系[J]. 计算机科学, 2017, 44(3): 145 - 149, 157.
[59] 陈少华, 樊晓光, 丛伟, 等. 基于网格的 Ad Hoc 网络签密算法及应用[J]. 计算机科学, 2017, 44(6): 168 - 173.
[60] 岳笑含, 惠明亨, 王溪波. 基于群签名的前向安全 VANET 匿名认证协议[J]. 计算机科学, 2018, 45(S2): 382 - 388.
[61] 祝林, 孟坤, 林闯, 等. 无线多跳网络性能与安全性测试平台[J]. 计算机研究与发展, 2015, 52(3): 661 - 670.
[62] RHEE Y J. Secure initialization vector transmission on IP security [C]//International Conference on Networking. Berlin, Heidelberg: Springer, 2005: 852 - 858.
[63] JOSSET S, DUQUERROY L. Satellite IPSec: an optimized way of securing multicast wireless communications [M]//IFIP International Federation for Information Processing. New York: Springer-Verlag, 2005: 111 - 122.
[64] COCKS C, COX T, VAN BARNEVELD P, et al. The secure satellite IP network: SSATIN [C]//2007 IEEE/MTT-S International Microwave Symposium. Honolulu, HI, USA. IEEE, 2007: 129 - 132.
[65] XIE B, KUMAR A, SRINIVASAN S, et al. GMSP: a generalized multi-hop security protocol for heterogeneous multi-hop wireless network [C]//IEEE Wireless Communications and Networking Conference, 2006. WCNC 2006. Las Vegas, NV, USA. IEEE, 2006: 634 - 639.
[66] JI L S, FELDMAN B, AGRE J. Self-organizing security scheme for multi-hop wireless access networks [J]. IEEE Aerospace Conference Proceedings, 2004, 2: 1231 - 1240.
[67] 周曜, 平萍, 徐佳, 等. 移动 Ad Hoc 网络可认证安全匿名通信研究[J]. 计算机科学, 2009, 36(5): 51 - 55, 71.
[68] 裘莹, 李士宁, 徐相森, 等. 传感器网络邻居发现协议综述[J]. 计算机学报, 2016, 39(5): 973 - 992.
[69] STEINMETZER D, YUAN Y M, HOLLICK M. Beam-stealing: intercepting the sector sweep to launch man-in-the-middle attacks on wireless IEEE 802.11ad networks [C]//Proceedings of the 11th ACM Conference on Security & Privacy in Wireless and Mobile Networks. Stockholm, Sweden.

New York: ACM, 2018: 12 - 22.
[70] SCHEPERS D, SINGH M, RANGANATHAN A. Here, there, and everywhere: security analysis of Wi-Fi fine timing measurement [C]//Proceedings of the 14th ACM Conference on Security and Privacy in Wireless and Mobile Networks. Abu Dhabi, United Arab Emirates. New York: ACM, 2021: 78 - 89.
[71] 卢社阶，崔国华，陈晶，等. Ad Hoc 网络的数据安全传输方案研究[J]. 计算机科学, 2008, 35(8): 21 - 25.
[72] 张中科，汪芸. 无线自组织网络下抵抗内部节点丢弃报文攻击的安全通信模型[J]. 计算机学报, 2010, 33(10): 2003 - 2014.
[73] 付才，洪亮，彭冰，等. 移动自组网中非完全信息节点风险评估[J]. 计算机学报, 2009, 32(4): 805 - 816.
[74] CORDASCO J, WETZEL S. An attacker model for MANET routing security [C]//Proceedings of the 2nd ACM Conference on Wireless Network Security. Zurich Switzerland. New York, NY, USA: ACM, 2009: 87 - 93.
[75] DONG J, CURTMOLA R, NITA-ROTARU C. Practical defenses against pollution attacks in intra-flow network coding for wireless mesh networks [C]//Proceedings of the 2nd ACM Conference on Wireless Network Security. Zurich Switzerland. New York, NY, USA: ACM, 2009: 111 - 122.
[76] LINDQVIST J, AURA T, DANEZIS G, et al. Privacy-preserving 802.11 access-point discovery [C]//Proceedings of the 2nd ACM Conference on Wireless Network Security. Zurich Switzerland. New York, NY, USA: ACM, 2009: 123 - 130.
[77] 冯涛，郭显，马建峰，等. MANET 节点不相交多路径安全源路由协议[J]. 计算机学报, 2009, 32(6): 1126 - 1133.
[78] 冯涛，郭显，马建峰，等. 可证明安全的节点不相交多路径源路由协议[J]. 软件学报, 2010, 21(7): 1717 - 1731.
[79] 付才，洪帆，洪亮，等. 基于信任保留的移动 Ad Hoc 网络安全路由协议 TPSRP [J]. 计算机学报, 2007, 30(10): 1853 - 1864.
[80] 黄松华，孙玉星，黄皓，等. 支持路径选择与快速切换的移动网络接入路由器安全 Mesh [J]. 计算机学报, 2009, 32(3): 531 - 542.
[81] 黄清元，曾迎之，苏金树. ASR: 一种自适应移动自组网安全路由协议[J]. 计算机研究与发展, 2008, 45(12): 2087 - 2094.
[82] 章洋. 一种典型 MANET 匿名路由协议的分析与改进[J]. 计算机研究与

发展，2008，45(7)：1142－1150.
[83] 赵宝康，欧嵬，黄清元，等. 移动自组网安全路由协议性能分析[J]. 计算机研究与发展，2009，46(S1)：365－369.
[84] 毛立强，马建峰，李兴华. 可证明安全的 MANET 按需源路由协议分析[J]. 通信学报，2009，30(1)：38－44.
[85] LIU S S, LAZOS L, KRUNZ M. Thwarting inside jamming attacks on wireless broadcast communications [C]//Proceedings of the 4th ACM Conference on Wireless Network Security. Hamburg, Germany. New York: ACM, 2011: 29－40.
[86] MUSTAFA H A, ZHANG X, LIU Z H, et al. Short paper: jamming-resilient multipath routing leveraging availability-based correlation [C]//Proceedings of the 4th ACM Conference on Wireless Network Security. Hamburg, Germany. New York: ACM, 2011: 41－46.
[87] RICHA A, SCHEIDELER C, SCHMID S, et al. Self-stabilizing leader election for single-hop wireless networks despite jamming [C]//Proceedings of the 12th ACM International Symposium on Mobile Ad Hoc Networking and Computing. Paris, France. New York: ACM, 2011: 1－10.
[88] CHANG S Y, HU Y C, LAURENTI N. SimpleMAC: a jamming-resilient MAC-layer protocol for wireless channel coordination [C]//Proceedings of the 18th Annual International Conference on Mobile Computing and Networking. Istanbul, Turkey. New York: ACM, 2012: 77－88.
[89] ZHANG D S, GOGI S A, BROYLES D S, et al. Modelling wireless challenges [C]//Proceedings of the 18th Annual International Conference on Mobile Computing and Networking. Istanbul, Turkey. New York: ACM, 2012: 423－426.
[90] 陈曦，马建峰. 基于身份加密的机会网络安全路由架构[J]. 计算机研究与发展，2011，48(8)：1481－1487.
[91] 张招亮，陈海明，黄庭培，等. 无线传感器网络中一种抗无线局域网干扰的信道分配机制[J]. 计算机学报，2012，35(3)：504－517.
[92] 罗文宇，金梁，黄开枝，等. γ 约束均方误差下的无线信道加密方法[J]. 电子学报，2012，40(7)：1289－1297.
[93] 郭显，冯涛，袁占亭. 编码感知多跳无线网络安全路由协议[J]. 通信学报，2012，33(6)：133－142.

[94] 崔宇，张宏莉，田志宏，等．IPv6 环境下隧道流量解析安全性增强技术[J]．计算机学报，2013，36(5)：957－966.
[95] 夏辉，贾智平，张志勇，等．移动 Ad Hoc 网络中基于链路稳定性预测的组播路由协议[J]．计算机学报，2013，36(5)：926－936.
[96] PANI N K, RATH B K, MISHRA S. Localization adaptive secure routing for Ad-Hoc cloud networks based on synchronized timestamp approach [C]//Proceedings of the 2nd International Conference on Information and Communication Technology for Competitive Strategies. Udaipur, India. New York: ACM, 2016: 1－6.
[97] 李峰，司亚利，陈真，等．基于信任机制的机会网络安全路由决策方法[J]．软件学报，2018，29(9)：2829－2843.
[98] ZHOU L, LIU Q, WANG Y, et al. Secure group information exchange scheme for vehicular Ad Hoc networks [J]. Personal and Ubiquitous Computing, 2017, 21(5): 903－910.
[99] RANA K G, CAI Y Q, AZEEM M, et al. Detection of malicious node in wireless Ad Hoc network by using acknowledgement based approach [C]//Proceedings of the 2017 7th International Conference on Communication and Network Security. Tokyo, Japan. New York: ACM, 2017: 76－80.
[100] LIANG J, PENG W, LIU S. An improved identity-based secure mobile Ad-Hoc network routing protocol [C]//Proceedings of the 2017 International Conference on Wireless Communications, Networking and Applications. New York: ACM, 2017: 64－71.
[101] 夏辉，张三顺，孙运传，等．车载自组网中基于信任管理的安全组播协议设计[J]．计算机学报，2019，42(5)：961－979.
[102] 王庆文，戚茜，程伟，等．节点度估计和静态博弈转发策略的 Ad Hoc 网络路由协议[J]．软件学报，2020，31(6)：1802－1816.
[103] KARTIT Z, DIOURI O. Security extension for routing protocols in Ad Hoc mobile networks: a comparative study [C]//Proceedings of the 2nd International Conference on Networking, Information Systems & Security. Rabat, Morocco. New York: ACM, 2019: 1－7.
[104] Information processing systems—Open Systems Interconnection—Basic Reference Model—Part 2: Security Architecture: ISO 7498-2: 1989[S]. International Organization for Standardization, 1989.

[105] 段海新，吴建平. 计算机网络的一种实体安全体系结构[J]. 计算机学报，2001，24(8)：853－859.

[106] 李丽萍，卿斯汉，贺也平，等. 基于访问控制空间的多策略安全体系结构[J]. 通信学报，2006，27(2)：107－112，118.

[107] ZHOU L D, HAAS Z J. Securing Ad Hoc networks [J]. IEEE Network, 1999, 13(6): 24－30.

[108] VENKATRAMAN L, AGRAWAL D P. A novel authentication scheme for Ad Hoc networks [C]//2000 IEEE Wireless Communications and Networking Conference. Conference Record(Cat. No.00TH8540). Chicago, IL, USA. IEEE, 2000.

[109] 张玉臣，王亚弟，韩继红，等. 自组网环境下基于组合公钥的分布式密钥管理[J]. 计算机科学，2011，38(10)：75－77.

[110] 王刚，温涛，郭权，等. MANET 中高效的安全簇组密钥协商协议[J]. 通信学报，2009，30(12)：68－78.

[111] 宋震，周贤伟，窦文华. 一种基于身份标识的 MANET 组密钥协商协议[J]. 电子学报，2008，36(10)：1862－1868.

[112] 李小青，李晖，马建峰. 无线自组网中有效的证密钥协商方案[J]. 计算机科学，2011，38(3)：73－75.

[113] 郭萍，张宏，傅德胜，等. 一种混合轻量型无线传感器网络公钥密码方案[J]. 计算机科学，2012，39(1)：69－72，81.

[114] SEN S, CLARK J A. A grammatical evolution approach to intrusion detection on mobile Ad Hoc networks [C]//Proceedings of the 2nd ACM Conference on Wireless Network Security. Zurich, Switzerland. New York: ACM, 2009: 95－102.

[115] FILIPEK J, HUDEC L. Advances in distributed security for mobile Ad Hoc networks [C]//Proceedings of the 17th International Conference on Computer Systems and Technologies 2016. Palermo, Italy. New York: ACM, 2016: 89－96.

[116] 郝圣，张沪寅，宋梦凯. 基于学习自动机理论与稳定性控制的自适应移动无线 Ad Hoc 网络分簇策略[J]. 计算机学报，2018，41(9)：2089－2105.

[117] JURDZINSKI T, KOWALSKID R, RÓZANSKI M, et al. Deterministic digital clustering of wireless Ad Hoc networks [C]//Proceedings of the

2018 ACM Symposium on Principles of Distributed Computing. Egham, United Kingdom. New York: ACM, 2018: 105 - 114.
[118] 宋克, 刘勤让, 魏帅, 等. 基于拟态防御的以太网交换机内生安全体系结构[J]. 通信学报, 2020, 41(5): 18 - 26.
[119] 徐恪, 凌思通, 李琦, 等. 基于区块链的网络安全体系结构与关键技术研究进展[J]. 计算机学报, 2021, 44(1): 55 - 83.
[120] BECHLER M, HOF H J, KRAFT D, et al. A cluster-based security architecture for Ad Hoc networks [C]//INFOCOM 2004. 23rd Annual Joint Conference of the IEEE Computer and Communications Societies. IEEE, 2004, 4: 2393 - 2403.
[121] 张晓宁, 冯登国. 无线自组网络中基于簇结构的安全方案[J]. 计算机研究与发展, 2006, 43(2): 238 - 243.
[122] GERLA M, TSAI J TC. Multicluster, mobile, multimedia radio network [J]. Wireless Networks, 1995, 1(3): 255 - 265.
[123] PAREKH A K. Selecting routers in Ad-Hoc wireless networks [C]//SBT/IEEE International Telecommunications Symposium. 1994: 420 - 424.
[124] HABETHA J, HETTICH A, PEETZ J, et al. Central controller handover procedure for ETSI-BRAN HiperLAN/2 Ad Hoc networks and clustering with quality of service guarantees [C]//2000 First Annual Workshop on Mobile and Ad Hoc Networking and Computing. MobiHOC (Cat. No. 00EX444). Boston, MA, USA. IEEE, 2000: 131 - 132.
[125] AHMAD M S, TADAKAMADLA S. Short paper: security evaluation of IEEE 802.11w specification [C]//Proceedings of the 4th ACM Conference on Wireless Network Security. Hamburg, Germany. New York: ACM, 2011: 53 - 58.
[126] 李小青, 李晖, 杨凯, 等. 一种基于 D-S 证据理论的 Ad Hoc 网络安全路由协议[J]. 计算机研究与发展, 2011, 48(8): 1406 - 1413.
[127] 付颖芳, 张兴, 张婷, 等. 无线 mesh 网络中的虫洞攻击检测研究[J]. 通信学报, 2011, 32(1): 59 - 65.
[128] 冯涛, 王毅琳, 马建峰. 一种新的基于椭圆曲线密码体制的 Ad Hoc 组密钥管理方案[J]. 电子学报, 2009, 37(5): 918 - 924.
[129] 李慧贤, 庞辽军, 王育民. 适合 Ad Hoc 网络无需安全信道的密钥管理方案[J]. 通信学报, 2010, 31(1): 112 - 117.

[130] 张串绒，张玉清，李发根，等. 适于 Ad Hoc 网络安全通信的新签密算法[J]. 通信学报，2010，31(3)：19－24.
[131] SHU T，KRUNZ M. Detection of malicious packet dropping in wireless Ad Hoc networks based on privacy-preserving public auditing [C]//Proceedings of the 5th ACM Conference on Security and Privacy in Wireless and Mobile Networks. Tucson，Arizona，USA. New York：ACM，2012：87－98.
[132] 刘方斌，张琨，李海，等. 无可信中心的门限追踪 Ad Hoc 网络匿名认证[J]. 通信学报，2012，33(8)：208－213.
[133] 韩磊，刘吉强，韩臻，等. 移动 Ad Hoc 网络预分配非对称密钥管理方案[J]. 通信学报，2012，33(10)：26－34.
[134] 吴呈邑，熊焰，黄文超，等. 移动自组网中基于动态第三方的可信公平非抵赖协议[J]. 电子学报，2013，41(2)：227－232.
[135] 肖阳，白磊，王仙. 基于朋友机制的移动 Ad Hoc 网络路由入侵检测模型研究[J]. 通信学报，2015，36(S1)：203－214.
[136] GUPTA P，BANSAL P. A survey of attacks and countermeasures for denial of services (DoS) in wireless Ad Hoc networks [C]//Proceedings of the 2nd International Conference on Information and Communication Technology for Competitive Strategies. Udaipur，India. New York：ACM，2016：1－5.
[137] SHASTRI A，JOSHI J. A wormhole attack in mobile Ad-Hoc network：detection and prevention [C]//Proceedings of the 2nd International Conference on Information and Communication Technology for Competitive Strategies. Udaipur，India. New York：ACM，2016：1－4.
[138] 冯景瑜，杜续，王宏刚，等. 认知 Ad Hoc 网络中的多信道路由安全威胁及其对策研究[J]. 通信学报，2016，37(S1)：92－97.
[139] 丑义凡，易波，王兴伟，等. IPv6 网络中基于 MF-DL 的 DDoS 攻击快速防御机制[J]. 计算机学报，2021，44(10)：2047－2060.